稀土概论

Introduction to Rare Earths

李永绣　李东平　李　静　刘　越

—————————————————— 编著

化学工业出版社

·北京·

内容简介

本书系统总结了稀土资源的特点与产业发展，稀土的功能性质与材料应用，稀土元素的电子结构与基本性质，稀土产品、萃取分离技术与功能配合物，稀土生产相关的环境保护与质量管理以及稀土研发平台与政策支持。有助于读者全面认识稀土，了解稀土产业、资源、相关政策与人才培养等方面。

本书可作为稀土专业本科生教材，化学、材料科学与工程、环境科学与工程、化学工程与技术等专业研究生的基础课教材，以及稀土行业从业人员和管理部门专业技术人员的参考用书。

图书在版编目（CIP）数据

稀土概论 / 李永绣等编著. —北京：化学工业出版社，2024.9
ISBN 978-7-122-45759-2

Ⅰ.①稀… Ⅱ.①李… Ⅲ.①稀土金属-矿产资源-教材 Ⅳ.①TG146.4

中国国家版本馆 CIP 数据核字（2024）第 108093 号

责任编辑：李晓红　　　　　　　文字编辑：王文莉
责任校对：宋　玮　　　　　　　装帧设计：刘丽华

出版发行：化学工业出版社
　　　　　（北京市东城区青年湖南街 13 号　邮政编码 100011）
印　　装：北京机工印刷厂有限公司
787mm×1092mm　1/16　印张 17½　字数 410 千字
2024 年 9 月北京第 1 版第 1 次印刷

购书咨询：010-64518888　　　　售后服务：010-64518899
网　　址：http://www.cip.com.cn
凡购买本书，如有缺损质量问题，本社销售中心负责调换。

定　　价：78.00 元　　　　　　　版权所有　违者必究

前言
。

　　稀土是战略资源。习近平总书记在 2019 年 5 月视察赣州和 2023 年 6 月视察内蒙古自治区时都对稀土产业的发展作出了重要指示。南昌大学遵照习近平总书记的指示精神，积极投身到江西省委和省政府组织的做大做强江西稀土产业、提高科技创新研发能力、着力培养高层次人才的攻坚战之中。重要举措包括：为政府部门制定稀土科技和产业发展计划献计献策，提出建设性方案；依靠南昌大学在稀土科学研究和人才培养方面的工作成绩和学科交叉优势，以江西省稀土材料前驱体工程实验室和南昌大学稀土与微纳功能材料研究中心为基础，组建跨学科、跨学院的"稀土研究院"，并在双一流建设中确立了"稀土资源环境与材料化学"一流科研平台建设任务；自 2020 年起，开办了"稀土实验班"，并纳入南昌大学拔尖创新人才培养体系，在学校领导的直接关心下，制定了稀土实验班的培养方案和教学计划，并在 2020 年 9 月顺利开班。稀土实验班起初设立了 7 个专业方向（应用数学、应用物理、应用化学、材料科学与工程、材料成型及控制工程、测控技术与仪器、环境工程），其基础和通识课程依靠各学院的教学力量组织实施。

　　南昌大学稀土学科的发展源于 1958 年建立的江西大学化学系。其中，在无机化学专业开设了稀有元素化学专业方向，研究和传授稀土、钨、钼、钽、铌等稀有金属资源开发的基础理论和新技术。1977—1993 年，江西大学化学系每年招收 30 名左右无机化学专业学生，培养了一批以稀土为主的稀有元素化学专门人才。1988—1992 年，江西大学化学系开办了稀土化学专科班，共招生培养了 5 届，每届 25 人的专业人才。1995 年，南昌大学无机化学硕士学位点获批，开始招收稀土化学、稀土资源和稀土材料方向的硕士研究生。1999 年，南昌大学获得"材料物理与化学"和"工业催化"两个博士学位授权点，2012 年获得"化学"一级学科博士学位授权点，随后相继被批准为"材料科学与工程""化学"等博士后流动站。其中，稀土材料化学都是主要研究方向之一。

稀土实验班秉承"以生为本、因材施教、崇德尚能、高端发展"的教育理念，按照"宽口径、厚基础、重品行、强实践、塑卓越"的理工结合型人才培养模式，面向稀土高端应用研究和稀土产业高质量发展要求，培养既有崇高理想与责任担当、国际视野与家国情怀、攻坚创新与务实卓越等综合素养，又有宽厚基础知识、扎实专业技能、敢于创新求实、创业求益的稀土领域拔尖创新人才。

《稀土概论》作为稀土实验班的第一门平台主干课程，贯穿科普与基础相结合的编写原则。学生的课前基础主要是高中阶段学习的数学、物理、语文、外语等相关知识。因此，除了稀土电子结构及其基本性质外，其他内容均以科普的形式来介绍。主要目的是让学生在掌握稀土电子结构及其基本性质的基础上，对稀土及其稀土产业、稀土科技、稀土教育与人才培养、稀土政策、国内外稀土资源、稀土应用及其对社会发展的贡献等有一个全面的了解，尤其是中国稀土产业的发展给人们带来的对于创新发展的认识和启迪。稀土产业的发展得益于中国领先国际的稀土提取冶炼技术，而体现中国在这一领域的整体领先水平以及中国几代科学家和科研工作者艰苦奋斗的精神，是这一课程的关键点。另外，对本书内容的编排和取材方面也做了充分的比较和对接，一是与前序课程"无机及分析化学"的对接，二是为后续课程"稀土冶金与环境保护""稀土材料化学与应用"做铺垫。重点通过中国稀土产业的发展历史和典型技术突破实例的介绍，来诠释理想与担当、视野与情怀、创新与务实、基础与专业的内涵。

本书在编著过程中吸取了笔者团队一些科研项目中的部分新成果，包括主持承担的国家重点研发计划项目（离子吸附型稀土高效绿色开发与生态修复一体化技术，2019YFC06005000）和国家自然科学基金（多重化学平衡调控离子吸附型稀土与铝铀钍的浸取及其综合回收，21978127；硫酸铝高效浸取离子吸附型稀土和尾矿污染物控制技术的机理和性能，51864033；风化壳中稀土元素三维空间分布与注入液体流动方向的基础研究，51274123）等项目，国家863计划课题（先进镧、铈材料制造与应用技术，2010AA03A407；高性能钇锆结构陶瓷先进制造与应用技术，2010AA03A408）、国家973计划课题（稀土资源高效利用和绿色分离的科学基础，2012CBA01204）、科技支撑计划课题（离子吸附型稀土高效提取与稀土材料绿色制造技术，2012BAB01B02），江西省重大科技研发专项2022年关键技术揭榜挂帅项目"高品质高功率白光LED用紫外/近紫外激发稀土发光材料和LED器件封装集成关键技术"（20223AAE01003）以及稀土资源高效利用国家重点实验室和白云鄂博稀土资源高效开发利用国家重点实验室开放基金。本书的出版不仅仅是为了满足稀土实验班教学内容的需要，而且也可以作为化学、材料科学与工程、环境科学与工程、化学工程与技术等专业研究生的基础课教学用书。更希望本书能够给稀土行业从业人员和管理部门专业技术人员提供参考。

本书共分7章，分别是：稀土家族：资源特点与产业发展（第1章）；稀土荣耀：功能性质与材料应用（第2章）；稀土血脉：电子结构与基本性质（第3章）；稀土产品：化学指标与物性调控（第4章）；稀土配位：萃取分离与功能配合物（第5章）；稀土生产：环境保护与质量管理（第6章）；稀土科技：研发平台与政策支持（第7章）。其中，第1、7章由李永绣主笔，第2章由李永绣、刘越共同主笔，第3、5章由李东平主笔，第4、6章由李静主笔。书稿整体框架和内容由李永绣规划和统稿，第6章有关稀土生产的内容邀请了赣州湛海祝文才、晨光稀土陈燕对相关内容进行修改把关，李东平承担所有章节的润色修改及图表、参考文献等的格式统一。周雪珍老师和丁正雄、刘历辉、孔维长、李勋鹤、郭峰、胡晓倩、冶晓凡、赵晴、卢平、秦启天、卢曦、曾森彪等负责本书内容和素材的整理、图表制作等工作。本书内容最后由原广晟有色的韩建设正高级工程师审校完成。

因作者水平有限，书中难免存在一些疏漏和不当之处，敬请读者批评指正。本书的出版得到了南昌大学教材出版基金和双一流学科建设基金的支持，在此一并表示感谢。

最后感谢家人、老师、同事和学生的帮助与支持。

李永绣
2024 年 5 月于南昌大学前湖校区

目录
。

第3章　稀土血脉：电子结构与基本性质 // 079

第4章 稀土产品：化学指标与物性调控 // 142

第1章
稀土家族：资源特点与产业发展

1.1　稀土元素的发现、命名和分类

稀土元素（rare earth elements，REEs）是元素周期表ⅢB族中原子序数为21的钪（Sc）、39的钇（Y）和原子序数从57到71的镧系元素共17个元素的总称。根据国际纯粹与应用化学联合会（IUPAC）的规定，镧系元素（用符号"Ln"表示）包括：镧（La）、铈（Ce）、镨（Pr）、钕（Nd）、钷（Pm）、钐（Sm）、铕（Eu）、钆（Gd）、铽（Tb）、镝（Dy）、钬（Ho）、铒（Er）、铥（Tm）、镱（Yb）、镥（Lu）。稀土元素是典型的金属元素，其活泼性仅次于碱金属和碱土金属。其特征是随着镧系元素原子序数的增加而增加的电子被填充到倒数第三层的4f轨道上。而4f轨道上的电子对外层轨道电子的屏蔽作用比较完整，使原子核的有效核电荷增加不多，对外层电子的束缚能力也增加不多，致使原子半径和离子半径随原子序数的增加收缩很小，它们的一些主要化学性质也就非常接近。稀土元素在自然界中往往共生，分离困难，这是稀土元素发现、鉴定和应用年代较晚，并被称为稀土元素的主要原因。如果把是否包含4f电子作为镧系元素的判据，那么，镧元素本身将被划归在镧系元素之外。而在研究镧系元素性质递变规律时，一般都会把镧作为起点。所以通常会把镧作为镧系元素的一员来研究。

各种稀土元素的化学性质极其相似，使得它们紧密共生，分离异常困难。因此，早期发现的稀土矿物很少，且很难把它们分离成单独的元素，只能把稀土作为混合氧化物分离出来。那时习惯上将不溶于水的固体氧化物称为"土"，因此也将镧系元素和钇的氧化物称为"稀土"。

1.1.1　稀土元素的发现时间与命名

稀土元素最早是由芬兰著名化学家加多林（J. Gadolin）发现的，他在1794年从硅铍钇矿中发现了"钇土"（yttria，即氧化钇）。从最早发现钇土到1974年马林斯基（J. A. Marinsky）和洛伦迪宁（L. E. Gelendenin）等用人工方法从核反应堆的铀裂变产物中提取稀土元素钷为止，共经历了180年，跨越了3个世纪。

（1）重稀土

图1-1是重稀土和钪的发现关联图及其矿物。1787年，瑞典人阿伦尼乌斯（C. A. Arrhennius）在伊特比（Ytterby）小村发现了一种新矿物。1794年，芬兰化学家加多林（J. Gadolin）

分析这种矿物时，发现除硅、铁、铍外，还有未知的新元素，因其氧化物似泥土，称它为"新土"。1797 年，瑞典化学家捷克伯格（A. G. Ekeberg）确认了这种"新土"。为纪念伊特比村和加多林，将这种"新土"命名为"钇土"，将这种矿物命名为加多林石（gadolinilc），即硅铍钇矿。也就是说，发现硅铍钇矿的时间是 1787 年，而发现或确定为"钇土"是在 1794 年。

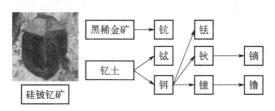

图 1-1　重稀土和钪的发现关联图及其矿物

加多林发现的"钇土"并不是单一稀土元素钇的氧化物，而是包含钇在内的混合稀土氧化物。1843 年，莫桑德（K. G. Mosander）在研究"钇土"时发现，除钇外还有两个以前不知道的新元素。这两个新元素就用伊特比村名"Ytterby"的后半部定名为铽（terbium）和铒（erbium）。1878 年，马利格纳克（Jean Charles G. de Marignac）又在"铒"中发现了新的稀土元素，同样以伊特比村之意将其命名为镱（ytterbium）。1879 年，克利夫（Per Theodore Cieve）在马利格纳克分离出"镱"后的"铒"中又发现了两个新元素：一个以瑞典首都斯德哥尔摩（Stockholm）的后半部命名为钬（holmium）；另一个以北欧斯堪的纳维亚的古名"Thule"命名为铥（thulium）。1886 年，波依斯包德朗（Lecog de Boisbaudran）又将克利夫发现的"钬"分离为两个元素，一个仍称钬，另一个叫镝（dysprosium），后者在希腊语中为"难得到"之意。1907 年，韦尔斯巴克（Auer yon Wehbach）和乌贝恩（G. Urbain）各自进行研究，用不同的分离方法从 1878 年发现的"镱"中分离出一个新元素。乌贝恩将这个新的稀土元素命名为镥（lutecium），取名来自巴黎古代名称"Lutetia"。韦尔斯巴克根据仙后座（Cassiopeia）星座的名字将新元素命名为"cassiopium"（Cp），德国人仍称镥为"cassiopium"。从 1794 年发现钇土到 1907 年发现镥等 8 个重稀土元素，共经历了 113 年。

1979 年，瑞典生物学家尼尔森（Lava F. Nibson）在分析黑稀金矿（euxenite）时发现了新元素，他以自己的故乡斯堪的纳维亚（Scandinavia）为意，将它命名为钪（scandium）。钪的性质与其他稀土元素相比有较大差异，在自然界中的分布比较分散，没有表现出明显的与轻稀土或重稀土更亲近的行为，所以，也一般不把它归为重稀土或轻稀土，但其离子半径与重稀土的更接近一些。

（2）轻稀土

轻稀土的发现晚于重稀土。图 1-2 为轻稀土的发现关联图及矿物。1803 年，伯齐利厄斯（J. J. Berzelius）、黑辛格（W. Hisinger）和克拉普罗斯（M. H. Klaproth）在分析瑞典产的"tungsten"（"重石"之意）矿样时，分别发现了一种新的"土"。为纪念 1801 年发现的小行星 Ceres（谷神星），他们将这种新"土"取名为"铈土"（ceria，即氧化铈之意），同时将"tungsten"改名为"cerite"（硅铈石）。1839 年，莫桑德发现"铈土"中还含有其他新元素，取其名为镧，在希腊语中为"隐藏"之意，即隐藏于铈中的新元素。1841 年，莫桑德又在他发现的"镧"中发现了新元素，其性质与镧相近，二者犹如双胞胎，就借希腊语中"双胞胎"之意将其命名为"didymium"（锚）。

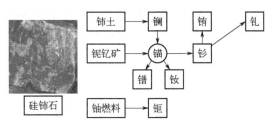

图 1-2　轻稀土的发现关联图及其矿物

其实"锚"并不是一个单独的元素，而是多个元素的混合物。1879 年，波依斯包德朗（Lecog de Boisbaudran）从铌钇矿（samarskite）得到的"didymium"中又发现了新元素，并根据这种矿物的名称将其命名为钐（samarium）。1880 年，马利格纳克又将"钐"分离成两个元素：一个是钐，另一个是钆（gadolinium）。钆是 1886 年马利格纳克为纪念钇土的发现者加多林而给新元素起的名字。1885 年，韦尔斯巴克又从 didymium（锚）中分离出两个元素：一个以"新双胞胎"之意命名为 neodymium，另一个以"绿色双胞胎"之意命名为 praseodidymium。后来简化为 neodymium 和 praseodymium，也就是"钕"和"镨"。1901 年，德马克（E. A. Demarcay）又从"钐"中发现了新元素，命名为铕（europium），是根据欧洲（European）取名的。

1947 年，马林斯基（J. A. Marinsky）、格伦迪宁（L. E. Glendenin）与科里尔（C. E. Coryell）从原子能反应堆用过的铀燃料中分离出原子序数为 61 的元素，以希腊神话中为人类取火之神普罗米修斯（Prometheus）将其命名为钷（promethium）。

从发现钇土到分离出钷，人类不断地探索和追求了 153 年。这也体现了稀土元素化学性质十分近似，彼此分离十分困难的基本特征。因此，镧系收缩及其对稀土元素化学性质的影响机理和效果一直是稀土元素化学研究的关键科学问题。

1.1.2　稀土家族及其分组归类

尽管稀土元素之间的性质十分相近，但还是有一些差别。除了钪的性质差异大一些外，几个变价元素（铈、镨、铕、镱）和镧元素在沉淀、水解、氧化、还原性质上也存在差异，且这些差异可以被用于分离提纯这些元素本身。

早期研发的一些分离提纯方法，尤其是针对镧和铈的分离提纯，就是以这些差异来开展的。但分离的效果不是很好，主要用于稀土的分组。因此，派生出了轻稀土、中稀土、重稀土等名词，主要依据是它们的离子半径大小差异导致的性质差异。按照两分组的方法，镧系元素和钇分为轻稀土（镧、铈、镨、钕、钷、钐、铕、钆）和重稀土（铽、镝、钬、铒、铥、镱、镥、钇）两组。以钆为界，钇为重稀土，一般介于钬、铒之间。按照三分组的方法，镧系元素和钇分为轻稀土（镧、铈、镨、钕、钷）、中稀土（钐、铕、钆、铽、镝）和重稀土（钬、铒、铥、镱、镥、钇）三组。由于分类所依据的性质不同，中稀土所涵盖的范围会有所不同。例如，以硫酸稀土复盐溶解度不同的工业分离技术，常温下在硫酸稀土溶液中加入钠盐可直接析出轻稀土的沉淀结晶，过滤后的溶液经过加热所析出的是中稀土，留在溶液中的是重稀土。以 P507 从盐酸介质中萃取稀土的能力大小也可以将稀土进行分组。但现在的分组还包含一些人为的因素，通过调节体系的酸度、相比等因素，可以将不同元素分开。早期常用的铈钐分组和镝钬分组，其依据包括相邻元素之间的分离系数、原料组成与产品需求。

1.2　稀土不"稀"

人们说稀土是战略资源，不单是因为储量少，提取分离困难，更主要的是其应用价值高。"稀有元素"一词的定义，其实是有其历史意义的。一种元素之所以被称为"稀有元素"，主要是因为该元素在某一历史时期里确实稀少，或虽不稀少但分散、很难提取，或者价格高、没有获得大规模提取和应用，从而导致人们对它们没有很好的认识。在 20 世纪 70 年代，中国的一些稀土金属领域的前辈就曾提出在中国可以把"稀土元素"一词改成"丰土元素"。因为中国的稀土资源十分丰富，仅内蒙古包头白云鄂博一个地方的稀土资源量就足够全世界所有国家用上几百年。但我们还是尊重"稀土"这一名词的历史烙印，这并不是说"稀土"真的就是"稀有"的"土"了。

1.2.1　稀土元素在地壳中的丰度

事实上，稀土元素在地壳中的分布很广，数量也不少。表 1-1 所列的是稀土元素在地壳中的丰度数据，17 种稀土元素的总量在地壳中占 0.01447%～0.02503%（质量分数），即 144.9～250.3mg/kg。表 1-2 对比列出了一些常见元素的丰度数据。

表 1-1　稀土元素在地壳中的丰度　　　　　　单位：mg/kg

稀土元素	丰度范围	稀土元素	丰度范围	稀土元素	丰度范围
La	18.0～39.0	Sm	5.3～8.0	Ho	0.8～1.7
Ce	46.0～70.0	Eu	0.5～2.0	Er	2.1～3.5
Pr	5.5～9.2	Gd	4.0～8.0	Tm	0.3～0.5
Nd	24.0～41.5	Tb	0.7～2.5	Yb	0.3～3.4
Pm	0.0	Dy	3.0～5.2	Lu	0.4～0.8
Sc	10.0～22.0	Y	24.0～33.0	总量	144.9～250.3

表 1-2　一些常见元素在地壳中的丰度　　　　　单位：mg/kg

元素	丰度	元素	丰度	元素	丰度	元素	丰度
Cu	100	Ni	80	Li	65	Zn	50
Sn	40	Co	30	Pb	16	Mo	3
W	1	V	150	Zr	200	Nb	10
B	3	Ta	2	I	0.3	Ag	0.1
Au	0.005	Hg	0.07	Br	160	Se	60

基于表 1-1 和表 1-2 中数据，可以归纳出地壳中稀土元素的分布特点：

① 就稀土在地球中的储量来说，稀土并不"稀"。稀土元素在地壳中的丰度和一般常见元素相当，例如铈的丰度接近锌，钇、钕和镧的丰度接近钴和铅。稀土总量在地壳中的丰度甚至比一些常见元素还要高。例如，稀土丰度是锌的 3 倍多，铅的 9 倍高，金的 3 万多倍。就单一稀土元素来说，分布最多的是铈，其次是钕、钇、镧等，多数稀土元素比锑和钨的含量还要高。

② 在地壳中铈组元素的丰度大于钇组元素的丰度。

③ 稀土元素的分布一般服从奇偶规则（Oddo-HarKins 规则），即原子序数为偶数的元素其含量较相邻的奇数元素的含量大。但也有例外，例如中国某些离子吸附型矿物中镧的含量比原子序数为偶数的铈高。

表 1-3 是稀土元素在一些岩石中的含量，证明稀土是亲石元素，在岩石圈的分布广泛，储量不低。在地壳中，稀土元素集中于岩石圈中的花岗岩、伟晶岩、正长岩等岩石中，特别是在碱性岩浆岩中更加富集。钇组稀土和花岗岩岩浆结合得紧密，倾向于出现在花岗岩类有关的矿床中，而铈组稀土倾向于出现在不饱和的正长岩中。稀土元素不仅存在于地壳中，而且在海水、月球表面也有发现，但含量很低。近十年来，国内外对许多潜在的稀土资源开展了广泛的研究，包括海底淤泥和沉积物中的稀土元素、煤中稀土，以及磷矿、铝土矿、金红石、钛铁矿等其他大宗矿产中微量的稀土元素，并研发了从它们的废渣中回收利用稀土的技术。

表 1-3 一些岩石中的稀土含量

岩石种类	样品数	含量/(mg/kg)	岩石种类	样品数	含量/(mg/kg)
北美页岩	40	235	玄武岩	混合物	174
海洋堆积物	8	102~271	花岗岩	多	334
碳酸盐岩	8	16~159	苏联花岗岩	3	225~475
砂岩	5	52~126	辉长岩	3	28~123

注：为了保证测试的准确性，相同岩石种类中采取了不同地域的样品数目。

1.2.2 世界稀土资源分布

1992 年，邓小平在"南方谈话"中曾指出：一定要把稀土的事情办好，把我国稀土的优势发挥出来。根据 1985 年公布的全球已探明的稀土储量数据，中国稀土占全球稀土资源的 80%，储量全球最高（见表 1-4）。所以，中国的稀土工业应该大有作为，应该为全球做出巨大的贡献。

几十年过去了，情况如何呢？引用 2009—2011 年间的一个公众说法："中国用 36% 的世界稀土储量，供应了全球 97% 的稀土需求。"这里的 36% 与 1985 年的 80% 相比是下降了很多，明确表达了中国稀土资源量占全球稀土资源量百分比下降的事实，但稀土资源量仍然是全球第一。在后来的《中国的稀土状况与政策》白皮书中，类似的说法变成"中国以 23% 的稀土资源承担了世界 90% 以上的市场供应"，进一步强调了中国稀土资源占比下降和贡献之大的事实，但中国的稀土资源量占比还是全球最高的。当然，稀土的开采和应用也肯定要

表 1-4　1985 年公布的全球稀土储量及占比

国家	储量/万吨	占比/%	远景储量/万吨	国家	储量/万吨	占比/%	远景储量/万吨
中国	3600	80	3800	美国	490	10.9	520
加拿大	18.2	0.4	19.7	马来西亚	3	0.067	3.5
巴西	2	0.044	7.3	印度	222	4.93	250
苏联	45	1	50	朝鲜	4.5	0.1	5
芬兰、瑞典、挪威	5	0.11	5.5	斯里兰卡	1.3	0.03	1.4
澳大利亚	18.4	0.41	20	泰国	0.1	0.002	0.1
南非	35.7	0.79	32.1	马达加斯加	5	0.11	5.5
埃及	10	0.22	11	肯尼亚	1.3	0.03	1.3
马拉维	29.7	0.66	33	布隆迪	0.1	0.002	0.1

消耗一些稀土资源，但在目前，消耗的稀土量还是赶不上新勘探出来增加的资源量。中国稀土资源占全球资源量的比例在不断下降，是因为国际上的稀土资源在不断被发现，探测的稀土储量数据在不断更新。尤其是国外稀土资源量数据的公开和采纳，使全球的总资源量在增大。例如，2022 年，土耳其宣称在贝伊利科瓦（Beylikova）地区新勘探出来 6.94 亿吨稀土矿石。一旦其工业储量得到确认，将使土耳其稀土资源的全球占比大大提高。如果中国稀土资源量不增加，或者增加的幅度不如国外，则中国稀土资源占全球资源量的比例就会下降。

表 1-5 对比列出了 2009—2016 年全球主要稀土资源国及地区的稀土储量数据。这些数据主要是基于美国地质调查局公布的数据来核算的。

表 1-5　2009—2016 年全球主要稀土资源国及地区的稀土储量　　　　单位：万吨

国家	2009 年	2010 年	2011 年	2012 年	2013 年	2014 年	2015 年	2016 年
中国	3600	5500	5500	5500	5500	5500	5500	4400
美国	1300	1300	1300	1300	1300	180	180	140
澳大利亚	540	160	160	160	210	320	320	340
巴西	4.8	4.8	4.8	3.6	2200	2200	2200	2200
独联体	1900	1900	1900	1900	1900	1900	1900	1800
印度	310							690
加拿大	83	83	83	83	83	83	83	83
马来西亚	3	3	3	3	3	3	3	3
越南								2200
南非								86
格陵兰岛								150
马拉维								13.6
合计	7740.8	8950.8	8950.8	8950.8	11196	10186	10186	12105.6
中国占比	36.2%	50%	50%	50%	39.3%	42.3%	42.3%	36.7%

事实上，近 40 年来，在中国南方各省及山东等地都相继发现了很多类型的稀土资源，有些资源量已经被统计到中国的稀土资源量数据中了。但还有很多资源没有完成工业储量勘探，在现有的储量数据中没有得到体现。例如，由中国地质科学院矿产资源研究所承担的"稀有

稀土稀散矿产调查"二级项目中，就提交了离子吸附型重稀土矿产地 1 处、离子吸附型轻稀土矿产地 3 处（大中小各一处）、离子吸附型稀土矿化点 10 处、稀土找矿靶区 27 处、评价中型以上可再利用轻稀土尾砂矿 1 座。

迄今，在自然界中发现稀土矿物 250 余种，但能够用于生产稀土的工业矿物仅 10 余种。含铈族矿物：氟碳铈矿、氟碳铈钙矿、独居石；含钐和钇矿物：黑稀金矿、硅铍钇矿；钇族稀土矿物：氟碳钙钇矿、磷钇矿、褐钇铌矿。最常见的矿物有：独居石、氟碳铈矿和磷钇矿。

美国地质调查局（USGS）2002 年公布的《稀土矿及赋存状态报告》中列出了当时全球的稀土矿情况，包括具有经济开采价值以及尚不具备经济开采价值在内的稀土矿 800 多个，广泛分布在亚洲、欧洲、非洲、大洋洲、北美洲、南美洲六大洲。2009 年以来，世界范围内出现了稀土探矿热潮，除了中国、美国和澳大利亚外，丹麦、巴西、加拿大、越南、缅甸、老挝、挪威以及非洲国家也发现了大量稀土资源。根据美国地质调查局《矿产品概要 2020》报道，截至 2019 年末，世界稀土资源储量约 1.2 亿吨，其中，中国稀土资源（稀土氧化物，REO）储量 4400 万吨，为世界最大稀土资源国；巴西和越南稀土（以 REO 计）储量并列第二，各 2200 万吨；再次是俄罗斯、印度、澳大利亚、美国等国也有众多稀土储量。其中，澳大利亚逐渐成为中国以外全球主要的稀土供应国。

1.2.3　国外主要稀土资源

（1）澳大利亚稀土资源

澳大利亚拥有大量具有高价值的稀有金属矿藏，2016 年公布的稀土（$REO+Y_2O_3$）资源量（EDR）为 344 万吨。澳大利亚大量的稀土资源赋存在含有独居石成分的重矿砂矿床中，据估算独居石资源储量大约为 780 万吨，稀土氧化物资源量大约为 468 万吨（REO 约占 60%）。目前澳大利亚无经济开采价值的资源量为 2957 万吨（以 REO 计），大部分（主要为镧和铈）源自奥林匹克坝矿体（氧化铁-铜-金矿，位于南澳大利亚州），该矿的总资源量超过 20 亿吨，稀土品位 0.5%（以 REO 计），总稀土氧化物含量 1000 万吨以上，大约含 0.17%（质量分数）镧和 0.25%（质量分数）铈。

澳大利亚地球科学局网站公布了包括莱纳斯公司拥有的韦尔德山稀土矿在内的 15 个公司旗下的 15 个稀土项目。韦尔德山稀土矿石资源量为 5540 万吨，平均品位 5.4%（REO），折合 300 万吨稀土氧化物，其中韦尔德山稀土矿石探明的可能储量大约为 1970 万吨，总稀土氧化物（TREO）品位 8.6%，折合 169 万吨 REO。

（2）美国稀土资源

美国是世界上稀土资源较为丰富的国家之一，主要有氟碳铈矿、独居石及在选别其他矿物时作为副产品可回收的黑稀金矿、硅铍钇矿和磷钇矿等矿物。世界上最大的单一氟碳铈矿是位于加利福尼亚州的圣贝迪诺县芒廷帕斯矿。该矿山 1949 年勘探放射性矿物时发现，稀土品位为 5%～10% REO，储量达 500 万吨之多，是一个大型稀土矿。美国怀俄明州贝诺杰稀土矿床，采用 1.5% REO 为边界品位，推断资源量为 980 万吨，其中 RE_2O_3 平均品位为 4.1%，折合稀土金属量为 36.3 万吨。

美国的独居石开采较早且储量较为丰富，开采的砂矿为佛罗里达州的格林科夫斯普林斯矿。

（3）印度稀土资源

印度拥有大量的重矿砂矿床，其中独居石和少量的磷钇矿含有稀土。独居石是印度的主要稀土来源，其生产从 1911 年开始，最大矿床分布在喀拉拉邦、马德拉斯邦和奥里萨拉邦。有名矿区是位于印度南部西海岸的恰瓦拉和马纳范拉库里奇，被称为特拉范科的大矿床，它在 1911—1945 年间的供矿量占世界的一半，现在仍然是重要的产地。1958 年在铀、钍资源勘探中，在比哈尔邦内陆的兰契高原上发现了一个新的独居石和钛铁矿矿床，规模巨大。2012 年 10 月，印度原子矿物勘探与研究理事会报道，印度独居石储量约为 1193 万吨。按照独居石约含 58% REO 计算，印度独居石矿折 REO 约有 692 万吨。印度稀土公司（印度政府企业）是印度唯一经过许可处理稀土矿的企业，产品包括混合氯化稀土，年产能为 1.1 万吨；此外，还有磷酸三钠年产能为 1.35 万吨，硝酸钍年产能为 150t。

（4）巴西稀土资源

巴西是世界稀土生产的最古老国家，1884 年开始向德国输出独居石，曾一度名扬世界。巴西主要稀土资源是独居石重矿砂，主要集中于东部沿海，从里约热内卢到北部福塔莱萨，长达约 643km 地区，矿床规模大。2020 年，美国稀土工业年评报告中公布巴西稀土储量为 2200 万吨（以 REO 计）。美国地质调查局列出的主要稀土矿中（不包括重砂矿及磷酸盐矿），巴西占有 6 个，均属于未分类资源，品位 0.15%～10.5%，资源量在 4350 万吨（以 TREO 计）左右。例如：巴西米纳斯吉拉斯州阿拉萨铌稀土碳酸岩型矿床，矿体主要赋存于杂岩体中部的红土风化壳层中，估计稀土质量分数为 10%～11% 的矿石储量为 54.6 兆吨。

（5）加拿大稀土资源

加拿大主要从铀矿开采中回收稀土，铀矿位于安大略省布来恩德里弗-埃利特地区，铀矿由沥青铀矿、钛铀矿、独居石和磷钇矿组成，在湿法提取铀时，稀土作为副产品回收。另外，在魁北克省奥卡地区有烧绿石矿，也是很大的潜在稀土资源。纽芬兰岛和拉布拉多省境内的斯特伦奇矿含有钇和重稀土，在做开采准备工作。

加拿大拥有许多稀土矿，例如，加拿大耶罗奈夫城雷神湖蚀变正长岩型铌、钽、锆、铍、稀土金属矿床，已划分出 T、S、R 和 F 这四条矿带，其中 T、S、R 三个矿带内铍、铀、铌、钽、稀土矿石储量约为 1 亿吨，Y_2O_3 储量约为 21 万吨；加拿大魁北克省拉布拉多地区怪湖蚀变花岗岩型锆稀土钇铌矿床，已探明矿石储量为 3000 万吨，其矿石中 RE_2O_3、Y_2O_3 质量分数分别为 1.3%、0.66%；加拿大萨斯喀彻温省霍益达斯湖稀土矿床，以 1.5% REO 为边界品位，探明+控制级别资源量为 115 万吨，RE_2O_3 平均品位为 2.36%；推断级别资源量为 37 万吨，RE_2O_3 平均品位为 2.15%，金属量为 3.5 万吨。

（6）俄罗斯稀土资源

美国地质调查局 2020 年公布俄罗斯稀土资源储量为 1800 万吨（以 REO 计）。据报道，俄罗斯稀土矿超过 35 个，但是大部分稀土矿稀土含量较低。俄罗斯多数稀土资源富集在磷灰岩中，如磷灰石和独居石。俄罗斯的铈铌钙钛矿还含有大量的钛、铌和钽，俄罗斯 Lovozero 矿生产铈铌钙钛矿，2014 年生产了不足 0.5 万吨铈铌钙钛矿精矿。除了铈铌钙钛矿资源外，独联体还有大量的磷灰石，主要用于生产化肥，磷酸盐精矿中稀土含量为 0.9%～1.1%，但是目前生产化肥时还未回收稀土，还处于试验研究阶段。此外，独联体留存有 20 世纪 40 年代的独居石，约 8.2 万吨（4.4 万吨 TREO）。

（7）越南稀土资源

越南稀土储量也很丰富。2020 年，美国地质调查局报道越南稀土储量为 2200 万吨（以 REO 计）。多数越南稀土矿集中在越南西北部，沿东海岸线靠近中国边境地带。其中，越南莱州省封土南塞稀土矿，原生矿均为氟碳铈矿-氟碳钙铈矿-重晶石-萤石组合，其中北段 RE_2O_3 平均质量分数为 1.4%，已计算的 RE_2O_3 总储量为 779.8 万吨；南段 RE_2O_3 平均质量分数为 10.6%，已证实的 RE_2O_3 储量为 94 万吨；越南莱州省东堡稀土矿，矿带产于古近纪正长岩体边缘剪切带内，其中占储量 90% 的 3 号矿体（RE_2O_3）为 3%～10.7%（质量分数），储量可能达 760 万吨。

目前只有莱州稀土合资公司（越南与日本丰田）进行一些小规模、非系统性、季节性、非专业性的作业。

（8）格陵兰稀土资源

格陵兰发现的许多稀土矿正处于勘探中。格陵兰加达尔省依加里科莫茨费尔特正长岩型铌钽稀土矿床，矿体赋存于莫茨费尔特碱性杂岩体中，具有 RE_2O_3 品位为 0.6%～1.5% 的矿石资源 1250 万吨，相当于拥有稀土氧化物 75 万～187 万吨；格陵兰萨法托克碳酸岩型稀土矿，在 RE_2O_3 边界品位为 0.8%、平均品位为 1.53% 时，推断资源量为 1400 万吨；格陵兰可凡湾稀土矿，总资源量为 619 万吨，其中探明资源量 RE_2O_3 为 6.6 万吨，Zn 为 1.4 万吨，U_3O_8 为 15.87 万吨；格陵兰克林雷恩稀土矿，探明资源量为 1000 万吨，RE_2O_3 平均品位为 0.5%，Y_2O_3 平均品位为 0.1%。

（9）南非稀土资源

南非稀土资源主要赋存在富集磷钙土（独居石和磷灰石）的重矿砂矿床以及碳酸岩侵入岩中。南非是非洲地区最重要的独居石生产国，位于开普省的斯廷坎普斯克拉尔的磷灰石矿，伴生有独居石，是世界上唯一单一脉状型独居石稀土矿。目前，该矿已经获得了采矿所需的所有许可证。此外，在东南海岸的查兹贝的海滨砂中也有稀土，在布法罗萤石矿中也伴生独居石和氟碳铈矿。

（10）智利稀土资源

智利的 Aclara 稀土项目是一个独特的富含钇镝的重稀土项目，目前正在开发的是 Penco 稀土资源，面积约为 600 公顷，主要是富含稀土元素（REE）的黏土，是典型的离子吸附型稀土资源。该矿床几乎不含任何放射性物质。未来 Aclara 产出的稀土精矿中的镝产品将占全球镝生产总量的 2% 左右，或成为除中国和缅甸以外的 28% 的镝供应。

（11）其他稀土资源信息

马来西亚主要从锡矿的尾矿中回收独居石、磷钇矿和铌钇矿等稀土矿物，曾一度是世界重稀土和钇的主要来源。近年来，发现有大量的离子型稀土资源分布。

印度尼西亚板卡砂锡矿含独居石和磷钇矿，地质储量为 1539.3t，百里屯砂锡矿含独居石和磷钇矿地质储量为 5262.8t。

朝鲜平壤炯居稀土矿床，初步估计潜在矿物总量为 60 亿吨，总计 2.162 亿吨稀土氧化物，其中 2.6% 为重稀土，其含量大约为 545 万吨。

蒙古国科布多哈尔赞-布雷格提过碱性花岗岩型锆铌稀土矿床，矿床的资源储量为 ZrO_2 400 万吨、Nb_2O_5 60 万吨、REE 100 万吨、Y_2O_3 100 万吨、Ta_2O_5 3.5 万吨。蒙古国中南部木苏盖-胡达格碳酸岩-粗面岩型稀土矿床，矿床划分出粗面岩和碳酸岩（REE 质量分数为 0.1%～0.8%）、磁铁矿-磷灰石（REE 质量分数为 1%～14.5%）及氟碳铈矿碳酸岩（REE 质量分数为 1%～18%）这三类矿石。

阿富汗赫尔曼德省瑞基斯坦汉涅辛碳酸岩型轻稀土矿床，其杂岩体赋存的轻稀土元素氧化物（LRE_2O_3）至少有 129 万吨。

在西澳州埃斯佩兰萨附近的萨拉扎尔发现了离子型稀土，按照 0.06% 的总稀土氧化物（TREO）边界品位，其资源量 1.9 亿吨、含 0.1172% REO，折合为约 22 万吨 REO。其中，新峰矿床资源量为 8300 万吨，品位 0.1117%，约 9.27 万吨 REO；奥康诺尔矿床首个资源量为 1.07 亿吨，品位 0.1216%，约 12.8 万吨 REO。

乌干达马库图的离子型稀土矿石量为 5.32 亿吨，按千分之一的平均品位计算，其储量有 53 万吨 REO。

巴西已公布资源量最大的离子型稀土矿之一，位于米纳斯吉拉斯州的卡尔德拉，其推测矿石资源量为 4.09 亿吨，TREO 品位 0.2626%，约 107 万吨 REO。在巴西戈亚斯州的卡舒埃里尼亚离子型稀土矿首个资源量已估算完成。其中最大的一个矿石资源量为 4620 万吨，TREO 品位 0.2888%，折合成 13.3 万吨 REO。

缅甸离子吸附型稀土矿主要分布在北部佤邦、克钦邦、掸邦等地区，南部德林达依省、墨吉地区和中部的实皆地区。缅甸与中国云南接壤，云南滇西腾冲-陇川地区估算稀土氧化物资源量 73.02 万吨。缅甸正处于滇西花岗岩带的南延，在缅北的道茂-平梨铺地区、英昆-密支那地区、南坎-抹谷地区和孟宾-孟马地区等 4 个区域出露有多期与稀土有关的花岗岩与风化壳，面积达 $35000km^2$，稀土资源潜力巨大。在缅甸南部的钙碱性花岗岩带存在风化壳，蕴含关键稀土元素和高附加值的富钇型重稀土矿。缅甸东部毗邻的老挝北部已发现中重稀土矿资源，属于离子吸附型矿床，中重稀土元素富集，平均品位可达 0.04%～0.07%。缅甸南部毗邻的泰国南已发现离子吸附型稀土矿，在普吉、春蓬、攀牙湾等地区二叠纪白垩纪到花岗岩中发现大量离子吸附型稀土元素矿化。

1.2.4 稀土的"稀"与"不稀"的相对意义

稀土的"稀"与"不稀"是相对的。说其"不稀"，是因为稀土元素是一个大家族，包括元素周期表中位于ⅢB族第 4、5、6 周期中的共 17 个元素。从 17 个元素的总量来看是不稀有的，但对于其中的某些元素（如铥、铽、铥、钪、镥等）来讲，其储量则是"稀"少的。如果把第三副族这三个周期中的稀土元素看成是三兄弟家的成员，那么老大家有 15 个兄弟姐妹，包括镧、铈、镨、钕、钷、钐、铕、钆、铽、镝、钬、铒、铥、镱和镥，称作镧系元素；老二、老三家各有一个成员，分别是钇和钪，它们可以算作镧系元素的"堂兄弟"。15 个镧系元素是稀土元素的主体，它们相亲相爱，化学性质非常相似，但在物理性质上和某些化学性质上也有各自的特性。从化学和核物理的观点来讲，镧系元素之间的性质往往呈规律性变化，这与它们电子结构的相似性和电子填充的周期性直接相关。镧系 15 个元素，原子序数每增加一个，核电荷和核外电子也都增加一个。核电荷是增加到原子核上，处于一个很小的区域，其直接的结果就是增加了一个正电荷，即增加了一份原子核对核外电子的吸引力。增加的核外电子放到其内层的 4f 轨道上，外面还有 5d、6s 轨道，而内层电子不太容易跑到外面去参与化学反应，所以对元素化学性质的影响小。当然，增加的这一个电子也抵消不了核电荷增加对最外层电子的吸引作用。所以，原子核对外层电子的吸引会增强，但增强的幅度很小。这将导致它们的原子半径和离子半径随原子序数的增加而缓慢降低，即所谓的"镧系收缩"现象，这也导致了它们的化学性质呈规律性的小幅度渐进变化。由于稀土元素的性质非常接近，在自然界中稀土元素往往是共生存在的，只是在不同产地和不同类型矿物中它们的比例不同而已。例如，包头稀土矿的主要稀土矿物是独居石和氟碳铈镧矿，四川和山东稀土矿的主要矿物是氟碳铈镧矿，这些矿物中的轻稀土（指镧、铈、镨、钕和钐）含量都很高；而在南方的离子吸附型稀土矿和磷钇矿，以及一些铀矿中伴生的稀土元素则含有较大比例的中重稀土（指铕、钆、铽、镝、钬、铒、铥、镱、镥、钇、钪）。相对来讲，钪的性质与其他稀土元素性质相差得大一些，且含量低，在自然界中往往是分散在一些稀土矿物以及钨、钼、铌、钽、钛、锆、铪和铝的矿物中。

稀土元素的性质接近不总是可喜可贺的，因为稀土元素之间的性质越相近，它们之间的分离就越困难。在稀土应用上，若它们的性质表现方向一致，不相互"拆台"，则可以直接用它们的混合物，无须彻底分离。但在许多稀土功能材料中，稀土的表现并不一致，或相互"拆台"，这时就不能让它们混在一起，而要将其一个一个分离开来。而且，在许多应用场合，这些稀土元素还需要分离得很彻底，要有很高的纯度。例如，作为荧光材料稀土的纯度要在99.99%以上，用作激光材料时稀土的纯度要求更高。所以，稀土分离一直是全球化学与冶金领域的重点任务。好在近 30 年来，在全球，尤其是中国稀土科学工作者的艰苦努力下，稀土元素的大规模分离难题得到基本解决，已经可以满足绝大多数稀土应用对其化学纯度的要求。当然，还有许多应用场合，不只是对化学纯度有要求，而且对它们的形貌和状态也有严格要求，有时候这种影响还相当大，这对于化学家来讲可能是一个很大的挑战。因为相对于化学指标的把控来讲，这些物理性能指标对材料性能的影响更难以琢磨，不好用直接的方法来调控，需要化学家和物理学家联手一起攻关。所以，稀土的开发应用需要多学科交叉，需要跨学科、跨部门的联合攻关。

稀土的"稀"与"不稀"，不能单看它的实际存量，还要看它们的分布是集中的还是分散的，更主要的还是要看提取技术水平的高低和市场需求。随着稀土提取技术水平和稀土应用价值的提高，圈定稀土矿的边界品位就可以下调，稀土工业储量的勘探方法和计算要求也在变化，那些原本不能算是资源的稀土也能归为稀土资源，工业储量数据将大大增加。这就需要人们花大力气去研究、开发提取新技术。若通过技术攻关，解决了从更低品位的原生矿床中或更低含量的稀土溶液中提取稀土的技术难题，并能在满足环境保护要求的前提下与其共存的很多杂质离子实现高效分离，就可以下调稀土勘探的边界品位。例如，某类稀土矿床的工业储量数据是按边界品位 0.1% 来圈定和计算的，如果现在的开采成本可以下降 50%，那么稀土资源的圈矿品位就可以下调到 0.05% 甚至更低。由于原来低于 0.1% 的稀土矿区都没有计算到储量表里，边界品位下调后则需要计算进去。这样一来，原来很多不能算作稀土矿区的广大区域都将成为稀土矿区了，稀土资源量的增加可能就不止一倍、两倍了，甚至可以是十倍、百倍。另一方面，通过创新研究，发现了稀土的新用途，或者说使稀土的应用价值更高，这将大大提高市场对稀土的需求量，导致稀土价格的上涨，且完全可以弥补由矿石品位下降导致的开采成本增加的缺陷。这样，稀土资源的圈矿品位也可以下调，资源量将大大增加。所以说，稀土提取分离和应用技术的研究成果对于调谐稀土的"稀"与"不稀"起着十分重要的作用。

稀土的"稀"与"不稀"也与其年消耗量有关。人们常用一种元素在地壳中的含量，或称克拉克值来表示该种资源的丰富程度。当然，这个克拉克值也会由于资源统计量的变化而变化。根据这一数据可知，稀土的储量与铜相当。这意味着什么呢？铜不是稀有元素，不是因为它的数量多，而是因为它发现得早、应用得早。江西新干大洋洲青铜器和瑞昌铜冶金遗址证明在南方的铜冶炼历史可以追溯到 3500 年前，历史相当悠久。江西铜业公司贵溪冶炼厂一年的铜产量就有 100 多万吨，江西德兴铜矿、永平铜矿、东乡铜矿等矿山的精矿产量还不够贵溪冶炼厂一家用，每年还要从国外进口很多。按照全球的铜资源量和用量来计算，现有的铜资源量大概就够几十年用的。而目前，全球的稀土年消耗量只有十几万吨，按照现有的资源量来计算，其开采年限可以有几百年，甚至上千年！所以说，稀土"不稀"，可以供应各国大面积开发应用。尤其是轻稀土资源，像内蒙古包头、四川、山东等地的稀土资源都是以轻稀土为主，这种资源在全球其他地方也有很多。而南方离子吸附型稀土中的铽、镝、镥、钬、铒、铥、镥等元素是"稀有"的，因为这些元素的存量相对其他稀土元素要少得多，用途多，其供应量较少，价格也高。但这些年由于 LED 照明技术的发展和稀土荧光粉应用技术的进步，对稀土荧光材料的需求下降了，铕的需求也不断下降，好像显得也不那么"稀有"了。从长远的发展来看，稀土的功能性质总是在不断提高的，稀土的一些新功能性质也将不断被发现，当这些应用得到推广时，其需求就会增加，市场供求关系就会发生变化，原来"不稀"的元素也可能成为"稀有"的了。

1.3　世界稀土工业的发展及格局变迁

任何一个工业领域的发展都是以满足人们生活需求为导向而逐步发展起来的，稀土工业的发展也是如此，稀土应用是稀土工业发展的动力。而作为一个以资源开发应用为目的的工业领域，稀土资源的发现与开发技术的进步才是稀土工业的主要内容，也是决定国际稀土工业发展格局的核心内容。图 1-3 是我们对世界稀土工业发展格局变迁的基本看法，分别从地域、资源类型、时间跨度、发展动力和特色等几个方面，归纳出了四个主要阶段。

图 1-3　世界稀土格局的变迁

1.3.1 以欧洲为主的独居石时代

1886年，奥地利采用硝酸钍加少量稀土制造汽灯纱罩的技术在德国获得制造发明专利。为获取钍，挪威和瑞典开始开采稀土矿，从而拉开了世界稀土工业的序幕。随后，美国在其本土，德国先后在巴西和印度开采独居石矿。此时，稀土还只是作为副产品回收，应用范围很窄。

第一次世界大战后，电灯逐渐取代汽灯，对独居石的需求量减少，开采量下降。为解决稀土的出路问题，人们开始寻求稀土的新应用，开拓其新的应用领域。先后开发了稀土在打火石、电弧碳棒、玻璃着色、玻璃抛光及制造光学玻璃方面的应用，特别是稀土镁合金等用于飞机结构材料的新用途意义重大。

第二次世界大战后，原子能工业的发展，需要处理大量的独居石，以获得核燃料铀和钍。但独居石中的铀和钍含量低，稀土含量却高达40%～65%。为此，迫切需要开发稀土副产物的应用，降低处理成本。因此，这一时期的稀土应用主要是与钍的开发应用相关联的，所用的稀土主要是混合稀土化合物和金属。

1.3.2 以美国为主的氟碳铈矿时代

20世纪50年代，美国埃姆斯实验室斯佩丁博士发明了用离子交换法分离稀土，制得了各种高纯单一的稀土产品，并投入工业化生产，取代了传统的分级结晶稀土分离工艺，促进稀土产品价格大幅度下降，为发展稀土工业，促进稀土应用奠定了很好的基础。

20世纪60年代初，有机溶剂萃取法分离稀土技术得到迅速发展。由于其工艺流程短，且可以实现连续化、大规模、低成本生产而逐步取代离子交换法，使稀土产量大增，价格再度大幅度下降。至此，溶剂萃取法与离子交换法的同时应用，使稀土工业进入了一个新的发展阶段。基于工业生产技术的突破，科学家们开展了许多基础研究，发现了稀土的一些新功能新应用，从而推动了稀土在冶金、机械、石油、化工、玻璃、陶瓷、磁性材料、彩色电视、电子工业、原子能工业、能源、医药和农业等行业的应用和发展。例如，1962年将稀土用作石油裂化催化剂，1963年将钇和铕制成的红色荧光粉用于彩色电视等，这些新用途又促进了稀土工业的新发展。

20世纪70年代，美国将稀土用于高强度低合金钢的炼制，使稀土用量大增，促进了稀土工业的进一步发展。美国芒廷帕斯氟碳铈矿产量于1985年达到2.5万吨，使美国成为当时世界最大的稀土生产国。此外，澳大利亚、马来西亚、印度、巴西、俄罗斯、南非等国的稀土矿产量也得到发展。

随着世界稀土矿产品产量的增加和科学技术的发展，稀土精矿处理和分离加工技术也得到不断的发展和完善。美国氟碳铈矿的处理工艺是采用焙烧-酸浸-萃取法及酸碱联合流程；而法国、印度的独居石主要采用氢氧化钠分解法；对于磷钇矿，则采用高压、高温氢氧化钠分解法。单一稀土元素的生产主要采用液-液溶剂萃取法，并与离子交换色谱法和萃淋树脂色谱法相结合。稀土金属的生产一般采用氯化物体系和氟化物体系的熔盐电解法（轻稀土）和金属热还原法（重稀土）。

在这一时期，稀土工业逐步由开发独居石资源和应用混合稀土金属和富集物向开发氟碳铈矿和应用单一稀土方向发展。因此，除了英国火石与铈制造公司生产稀土金属和打火石，印度稀土公司生产独居石，以及镧、铈、钇氧化物和富集物外，主要特征是美国发展成为了最大的稀土生产国。像最大的钼公司，几乎垄断了美国氟碳铈矿的开发，矿石的年处理能力达到5万吨。另一个特点是稀土分离技术的发展促进了单一稀土的新应用，体现了单一稀土应用的价值，促进了各种单一稀土产品的生产，年生产能力达到1.4万吨。20世纪80年代初，法国普朗克公司在美国建立了一个年处理0.4万吨稀土的分离厂，从而大大增强了美国分离单一稀土的能力。隆森公司是美国最大的稀土金属生产厂，混合稀土金属年产量达到0.18万吨。

除美国外，世界稀土分离加工企业还分布在法国、日本、德国、英国、俄罗斯、印度、加拿大、奥地利和比利时等国。法国的罗纳-普朗克公司曾经是这一时期世界上最大的稀土分离工厂，精矿年处理能力为10000t，能生产除钷以外的所有单一稀土化合物，纯度从99%到99.9999%。其氧化钇、氧化铕供应量曾占西方国家的40%，抛光粉产量2200t，占世界产量的一半以上。日本三德金属工业公司年处理稀土能力达到1.0万吨（以REO计），并生产不同级别的15种稀土元素的化合物、金属和合金、打火石和磁体。日本钇公司则以钇为主，生产除钷以外的16种单一稀土化合物，纯度在99%～99.9999%。德国的哥特斯密特公司主要生产稀土混合金属、单一稀土金属、钐-钴磁体和钕-铁-硼合金磁体。奥地利特莱巴赫化学有限公司生产各种稀土化合物、稀土金属、抛光粉、打火石和稀土永磁材料。

1.3.3 以中国为主的白云鄂博矿和南方离子吸附型稀土时代

这一时期的标志性成果是白云鄂博混合轻稀土资源和南方离子吸附型中重稀土资源的提取和冶炼分离技术。以此为基础，中国先后在20世纪80年代和90年代分别以优质稀土矿产品和分离的精加工产品供应国际稀土市场，两次对国际稀土产品市场产生了有效冲击。从1984年开始，中国稀土矿产品进入国际稀土市场，引领了国际稀土工业的快速发展。尽管在20世纪80年代末，西方国家对中国的矿产品出口进行了人为的抵制，但这正好给中国分离技术的发展提供了极好的机会。中国的稀土分离企业在世纪之交的十年时间内，解决了稀土分离中几乎所有的分离技术难题，能够生产出高质量的单一稀土产品，并为稀土的应用提供了非常好的物质基础，使中国的稀土材料生产技术得到快速发展，促进了磁性材料、发光材料、储氢材料、催化材料的国产化与推广应用，使中国稀土产业链更加完整全面并且更具独立性。中国稀土不只是资源量第一，生产量和应用量也第一。随着中国稀土资源开发技术水平提高，生产成本下降，产量增加，美国逐步削减其开发力度，到2004年，美国稀土矿产品生产企业被迫破产，中国成为稀土产品的全球供应中心和世界稀土产业的主导力量，并延续至今。

中国稀土产业链完备，具有采选、冶炼分离及部分功能材料生产的专业技术优势，能够生产稀土化合物、稀土金属以及钕铁硼类等功能材料，部分产品出口供全球消费。据美国地质调查局统计，1996年中国稀土矿产品产量为5.5万吨，约占全球总量的65%，2016年产量为15万吨，约占全球总量的87%，产量增长了1.7倍。2018年，中国出口稀土总量（实物量）为5.30万吨，较2017年增长3.6%，出口产品涉及稀土化合物、稀土金属、钕铁硼类产品等。

中国作为全球稀土第一消费大国，受资源环境等因素影响，2018年不仅扭转了以往稀土产品净出口的态势，而且进口稀土产品大幅增加，进口稀土（实物量）9.84万吨，较2017年增长179.9%，其中：进口稀土矿2.89万吨，较2017年增长3729%；进口稀土化合物6.95万吨，较2017年增长102%。按稀土化合物（折REO）进口国别统计，2018年中国进口数量前5位的国家分别为美国、缅甸、马来西亚、法国和日本，共占进口总量的99.51%，其中美国占43.82%；进口金额前3位的国家分别为缅甸、马来西亚和美国，共占进口总额的90.57%，其中美国占18.60%。除了稀土化合物和稀土金属外，2018年中国进口稀土矿产品2.89万吨，其中2.75万吨来自美国。

2018年第一季度，美国芒廷帕斯矿开始恢复生产，但是由于其冶炼分离工厂仍处于恢复阶段，稀土消费依然以进口为主。2018年，美国进口稀土金属与化合物消费约1.6亿美元，较2017年增长16.8%。从进口来源看，中国占80%，爱沙尼亚占6%，法国占3%，日本占3%，其他国家占8%。此外，美国还从中国进口稀土永磁体和钕铁硼磁粉等功能材料。2018年，中国出口稀土永磁体3.27万吨，其中出口到美国4103t，占当年出口量的12.55%。

表1-6列出了2019年主要国家的稀土开采量。

表1-6　2019年主要国家稀土开采量（以REO计）

产地	合计	中国	美国	缅甸	澳大利亚	印度
产量/万吨	21.29	13.2	2.6	2.2	2.1	0.3
占比/%	100	62.00	12.21	10.33	9.86	1.41
产地	俄罗斯	马达加斯加	泰国	巴西	越南	布隆迪
产量/万吨	0.27	0.20	0.18	0.10	0.08	0.06
占比/%	1.27	0.94	0.85	0.47	0.38	0.28

2019年全球稀土冶炼分离产品产量合计约17.6万吨（以REO计），同比增长21%。其中，中国产量约15.5万吨，占比88.1%。中国总产量包括六大稀土集团计划内产量和利用进口矿以及化合物生产的冶炼产品产量；国外成熟的冶炼分离生产线只有Lynas在马来西亚的配套冶炼厂。目前，澳大利亚Lynas作为中国以外最大的稀土冶炼分离产品供应商，其位于马来西亚的关丹稀土分离厂产量稳步提升，年生产规模在2万吨左右，2019年产量约1.87万吨，占全球10.6%。

需要注意的是，国外在产和新上稀土矿山项目上主要是生产轻稀土产品，加上中国北方轻稀土已形成的供应能力，全球轻稀土供应能力充裕，可供采购的轻稀土矿产品将会有更大的选择空间。但是，对重稀土而言，其稀缺性已为世界公认，特别是稀土永磁同步电机正成为新能源汽车发动机的主流机型。随着战略性新兴产业的发展，镝、铽、钬、铒、铥、镥等这些几乎没有替代元素的中重稀土的全球需求缺口将增大，整个新技术产业链将可能出现重稀土产品供给断裂的危险。

1.3.4　中国稀土占主导地位的多元化全球稀土供应格局

2009年以来，中国对稀土生产过程的绿色化提出了更高的要求，导致稀土供应紧张，价格急剧上涨。这对于下游稀土发光材料、稀土磁性材料和稀土抛光材料的发展带来了直接的影响。例如，荧光材料所需氧化铕价格从以前的每千克 2000 元上涨到接近 40000 元，抛光材料用的氧化铈价格也上涨了十几倍。在这种形势下，应用厂家必须从应用水平的提高或直接改用其他原料来满足企业盈利的基本要求。从技术上来讲，催生了节能灯用荧光粉生产水平和涂管水平的提高，大大减少了含稀土元素荧光粉的用量。抛光材料也促进了复合化和掺杂抛光粉的兴起。

另一方面，随着中国稀土产业政策的调整，资源开发过程中环境保护措施的落实导致了资源开采量的降低。全球范围内出现了稀土探矿热潮，巴西、加拿大、越南、缅甸、老挝、挪威以及部分非洲国家都发现了稀土，但是全球稀土资源储量并没有明显增长。据美国地质调查局统计，2018 年全球稀土资源储量为 1.2 亿吨（以 REO 计，下同），主要分布在中国、巴西、越南、俄罗斯等国家，其中中国为 4400 万吨，占全球 36.7%。美国 2018 年稀土资源储量为 140 万吨，占全球 1.2%。欧盟主要国家无重大找矿发现及相关报道，推测资源占全球比重会更低。而到 2019 年末，世界稀土资源储量仍然约为 1.2 亿吨，其中，中国稀土资源储量仍然维持 4400 万吨，是世界最大稀土资源国；巴西和越南稀土储量并列第二，各 2200 万吨；其次是俄罗斯（1200 万吨），印度（690 万吨），澳大利亚（330 万吨），丹麦（格陵兰岛）（150 万吨），美国（140 万吨），坦桑尼亚（89 万吨），加拿大（83 万吨），南非（79 万吨）。可见，全球稀土资源分布极不均衡，中国稀土资源储量仍然是全球第一，美国的稀土资源够用，欧盟稀土资源匮乏。

稀土有轻稀土和重稀土之分。在应用上，轻稀土虽然应用广泛，但由于储量丰富，其价格相对低廉；重稀土可用于航空航天、军事、国防，以及新材料合成等高科技领域，且资源相对稀缺。除钇外，其他一些中重稀土的价格较为昂贵，可替代性小，使得其重要性更加突出，并成为各国追逐的重点。中国江西、广东、广西等省（自治区）离子吸附型稀土矿资源相对丰富，重稀土资源储量在全球仍具有相对优势。

伴随稀土永磁等应用产业发展的旺盛需求，以及受包括中美贸易摩擦等因素影响，稀土产品价格上涨，使国外一些稀土矿山项目开始重新启动，全球稀土产品供应量持续增加，中国稀土产品产量占世界的比重出现回落。据不完全统计，在中国以外有 30 余个国家的 200 多家公司开发了 400 余个稀土项目，其中进展程度较高的 50 余个稀土项目分布于加拿大、巴西、澳大利亚、美国等 16 个国家。新启动的 8 万～10 万吨稀土矿山产能，使得全球稀土生产格局正在发生变革。2018 年，全球稀土产量为 22.0 万吨，较 2017 年增长 28.79%，主要生产国有中国、澳大利亚、美国、缅甸、俄罗斯等。其中，中国产量为 18.0 万吨，约占全球 81.8%，依然是全球第一稀土生产大国；美国产量为 1.5 万吨，约占全球 6.8%；欧盟国家拥有少量的稀土资源，但品位低、开采条件差，早在很多年以前就已不再生产。2019 年世界稀土产量 21.29 万吨（表 1-6），其中，中国稀土产量 13.2 万吨（生产配额，不包括无证生产），占比近 63%，是世界最大稀土生产国；美国稀土产量 2.6 万吨，跃居中国境外第一生产国；其次是缅甸（2.2 万吨）、澳大利亚（2.1 万吨）、印度（3000t）、俄罗斯（2700t）、马达加斯加（2000t）、泰国（1800t）、巴西（1000t）、越南（900t）、布隆迪（600t）。

如表 1-7 所示，中国仍然是全球稀土资源最为丰富、品种最为齐全的国家，产品供给量也最大。但是随着全球不断有新稀土资源被发现，以及随着国外稀土企业投产，全球稀土产品供应多元化格局显现，中国在全球稀土供给中的主导地位逐步下降。

表 1-7 2021 年全球、主要国家及地区稀土产量和储量占比

国家及地区	2021 年储量		产量/t				2021 年产量/储量
	储量/t	占比/%	2020 年	2021 年	增幅/%	占比/%	
中国	44000000	35.20	140000	168000	20.0	60.0	0.4
美国	1800000	1.44	39000	43000	10.3	15.4	2.4
缅甸	未知	未知	31000	26000	−16.1	9.4	未知
澳大利亚	4000000	3.20	21000	22000	4.8	7.9	0.6
泰国	未知	未知	3600	8000	122.2	2.9	未知
马达加斯加	未知	未知	2800	3200	14.3	1.2	未知
印度	6900000	5.52	2900	2900	0.0	1.0	0.0
俄罗斯	21000000	16.80	2700	2700	0.0	1.0	0.0
巴西	21000000	16.80	600	500	−16.7	0.2	0.0
越南	22000000	17.60	700	400	−42.9	0.1	0.0
布隆迪	未知	未知	300	100	−66.7	未知	未知
加拿大	830000	0.66	0	0	0.0	0.0	0.0
南非	790000	0.63	0	0	0.0	0.0	0.0
格陵兰岛	1500000	1.20	0	0	0.0	0.0	0.0
坦桑尼亚	890000	0.71	0	0	0.0	0.0	0.0
其他国家	280000	0.22	100	300	200.0	0.1	0.1
全球合计	124990000		244700	277100	13.2		

2008 年以来，美国、欧盟、日本都发布《关键原材料战略评估报告》，遴选战略性新兴产业发展所需的关键原材料，其中稀土成为各国共同关注的关键原材料。尤其是 2018 年以来，中美贸易战对整个国际经济发展产生了影响，对稀土产业的影响也备受瞩目。相关国家一定会把稀土供给的安全风险考虑在其各自的经济发展之中。各国对稀土资源的勘探和开发，也正是为了降低其对中国稀土的依赖性，以保障稀土资源的安全供应。

（1）美国

美国曾经是世界上主要的稀土原材料生产国。20 世纪 80 年代以前，美国加州芒廷帕斯稀土矿采用独有的溶剂萃取法和离子交换法工艺分离单一稀土，包括高纯重稀土元素，是当时全球最大的稀土原料供应商。美国在稀土采矿、稀土分离，以及石油裂化催化剂、超导、磁体等应用领域中都具有开创性的研究。

但是，20 世纪 80 年代后，中国通过使用稀土溶剂串级萃取理论及 P507 萃取剂，提高了稀土规模生产的效率，同时大幅度降低了稀土工业规模生产的成本。加之中国具有丰富的稀土资源，使全球稀土工业生产的重心逐渐转移到中国，美国芒廷帕斯矿的生产被迫关停。

美国稀土生产的关闭，抑制了美国稀土分离提取技术的研究，导致美国在近二十年的稀土原料生产中并没有突破性的研究成果，从业科技人员锐减。为了减少对中国稀土材料供应的依赖，2011 年美国能源部公布了《关键材料战略》（Critical Materials Strategy）。其中，将 5 种稀土元素，包括镝、钕、铽、铕、钇纳入美国确定的关键材料目录中。白宫科学技术政策办公室对关键材料的发展非常重视，专门成立一个工作组，协调美国国防部等对其应用领域、发展方向和实施步骤进行了翔实的规划。

《关键材料战略》的基本理念是立足于发展清洁能源技术，重点关注风力发电机、电动汽车、光伏技术、太阳能电池和高效照明。美国能源部实施关键材料战略的三个核心方针是供应多样化、开发替代品和提高回收利用。

针对关键材料的研发，美国能源部采取了多种措施：

① 通过资助关键材料的学术、产业和国家实验室的研究，以及为硕士生、博士生提供研究机会，培养下一代人才和实施知识创新。

② 资助各种不同类型的研发项目，从基础研究到高风险、高收益的早期项目到技术路线图驱动的项目，并协调跨部门、跨学科、多领域、多大学的协作。一方面增加研发工作的凝聚力，另一方面避免重叠、重复和碎片化的研究。例如，阿姆斯实验室是隶属美国能源部的国家实验室，多年来在稀土材料的研究中一直具有领导地位，但在先进电池技术、减少或消除稀土材料应用需求的研究中，也联合许多其他国家实验室，包括美国阿贡国家实验室（ANL）、布鲁克海文国家实验室（BNL）、太平洋西北国家实验室（PNNL）、桑迪亚国家实验室（SNL）和劳伦斯伯克利国家实验室（LBNL）进行了从基础到应用的协作研究。

目前在稀土相关领域的研究主要有：

① 分离提取技术。虽然美国能源部在改善分离提取工艺研究方面还没有投入大量资金，但是通过基础能源科学办公室、"关键技术稀土替代"、小企业创新研究、小企业技术转移等计划对一些适合的项目进行了资助，这些项目有可能成为未来更广泛深入研究开发的孵化器。例如除溶剂萃取外，他们正在广泛探索替代分离技术，包括超临界流体萃取、利用细菌吸附从稀释溶液中提纯稀土元素的生物富集方法、离子交换技术、氧化还原、结晶和挥发方法等。电化学材料和电化学研究公司也采用电化学方法制备高纯稀土氧化钕，并获得了小企业创新研究的奖励。

② 磁体及其在风力发电、电动车中的应用。美国能源部加大了电动汽车电机和风力发电机中使用的稀土永磁替代品的研发和投入，着重减少稀土在这些领域中的使用，减少或消除对稀土材料的依赖，将对稀土成分含量高的材料的替代研究划入能源或清洁能源的应用项目。

稀土永磁材料替代技术的研究范围主要通过两种方法：研发具有相当于或优于现有稀土材料磁特性水平的替代磁性材料；研究减少或消除使用稀土永磁体且能够达到相同或更高功能但低成本的替代组件或系统（例如，超导或先进的电机拓扑结构）。这两种稀土磁体替代品的研发都在"关键技术稀土替代计划"中进行。

例如，在 2011 年前后，美国能源部先进研究项目局（能源）通过"关键技术稀土替代计划"资助了电动汽车（EV）电机和风力发电机方面的 14 个风险项目，总计 3160 万美元。

除了"关键技术稀土替代计划"，先进研究项目局（能源）还资助了几个磁体和电池项目：两个减少或脱稀土含量的下一代永磁体研究项目共计 660 万美元；在"运输中电能储存用电池"计划中投资 3500 万美元用于研究新电池和存储化学、结构与技术。

③ 荧光粉。美国能源部也资助了劳伦斯伯克利国家实验室两个稀土荧光粉替代项目。一个项目是开发一系列新的铈基，无铕、铽和钇的荧光发光材料；另一个是通过精确控制稀土的定位而提高掺杂效率、减少稀土用量的新合成路线。

④ 回收。废弃产品中所含稀土元素的回收率不到 1%，增加回收率将减少采矿对环境的影响。美国能源部不断扩大从废弃产品中回收稀土的研究范围。2017 年 6 月，美国能源部化

石能源办公室宣布通过两个科研管理基金投资 695 万美元用于资助稀土元素的研究。其中，300 万美元用于三个稀土回收项目，研究从美国国内煤炭和煤炭副产品中制备合格、可销售的稀土产品；395 万美元用于改进提高美国从煤炭副产品中分离和提取稀土的技术。

三个稀土回收项目都是利用现有煤矿的副产品作为提取稀土元素的来源，进行实验室试验和设计建造一个中试厂从煤或煤副产品中回收稀土，制备能够用于商业销售的稀土产品。三个煤灰原料分别来自肯塔基东部选煤厂、宾夕法尼亚东部无烟煤煤矿和西弗吉尼亚选煤厂。

从煤或煤副产品中回收稀土元素主要是将含量大于 300mg/kg 的稀土元素从煤和/或煤灰中分离出来，并将稀土元素富集到大于或等于 2%（质量分数）的处理过程。

从煤灰中回收稀土项目的研究是一个多领域、多机构协作的系统工程，包括资源取样和鉴定、开发分离技术、研制用于资源现场识别稀土元素的便携传感器、过程与系统建模、技术经济分析等 5 个方面的内容，论证到 2023—2025 年美国从煤中实现分离稀土的技术经济可行性中。

（2）日本

虽然日本没有稀土资源，但是日本在稀土材料、应用和器件等方面的研究一直处于世界领先地位。随着日本逐渐感觉到稀土材料供应的压力，日本经济产业省于 2009 年出台了一份《保证稀土金属稳定供应的战略》，其中对于稀土研究开发方面的思想导向是稀土回收、高效利用以及替代材料的研究。

2007 年，日本文部科学省和经济产业省以及经济、经贸和工业部分别发起了"元素战略计划"和"稀有金属替代材料开发计划"。文部省的"元素战略计划"目的是，在不使用稀有或者危险元素的前提下开发高性能材料，研究将在充足、可用、无害的元素中展开。经济产业省的"稀有金属替代材料开发计划"是将降低稀有金属的使用量作为基础研究的一部分，包括将稀土磁体中镝的使用量降低 30%。

根据经济产业省发布的《2010 科学与技术白皮书》，经济产业省优先的研发项目包括开发稀土金属的替代材料以及开发稀土金属的高效回收系统，由其下属的新能源与产业技术综合开发机构负责落实实施。根据《新能源与产业技术综合开发机构 2008—2009 报告》，从 2008 年开始，该机构进行了为期 4 年（2008—2011）的稀有替代材料开发计划，当年投入预算 10 亿日元；同时，环境省通过环境管理研究基金优先资助从燃烧灰尘中回收稀土金属的研究。

2013 年以来，日本在降低或消除稀土（"脱稀土"）的应用技术以及稀土回收利用技术上取得了明显的突破，参见表 1-8 和表 1-9。

表 1-8 2012 年日本削减稀土应用的阶段性成果

研究机构	创新产品	相关技术
东北大学、JFE 钢铁公司、英耐时锂电池	脱稀土"SR 发动机"	不使用稀土永磁体，以切换电流的方式运转
信越化学工业	减少一半镝使用量的高性能磁体	镝金属表面涂层新技术
TDK	不加镝的新型铁氧体磁体	对磁性体粒子进行细微粉碎等新工艺
东芝	不含镝的高铁含量钐钴磁体	热处理技术
本田	削减 30% 镝使用量的新型电机磁体	无需使用稀土的电机用磁体
九州大学	不使用稀土类金属的新型有机电致发光材料	—

表 1-9　2013 年日本有关稀土回收利用技术的发展

研究机构	稀土回收利用技术
森下仁丹、三菱商事	利用胶囊技术研制出生物胶囊，从工业废水中回收稀土
本田、TDK、日本重化学工业公司	基于储氢合金技术，从混合动力车使用的镍氢充电电池中提取稀土重新用于电池，研发重新用于电机磁体的技术
广岛大学、爱信 COSMOS 研究所	用三文鱼或鳟鱼 DNA 来回收高科技产品零部件废弃物中所含稀土

（3）欧盟

同日本一样，欧盟的稀有金属也严重依赖进口。为了应对随着新兴技术对稀土需求的增加，控制材料供应短缺可能对欧洲经济造成的影响，欧洲委员会于 2008 年制订了一份《原材料倡议》，并于 2010 年 6 月发布了一份名为《欧盟关键原材料》的报告。报告中，欧盟委员会评估了每种材料供应短缺对欧洲经济的影响，确定了 41 种金属元素具有高风险、高经济重要性，包括稀土金属，特别是钕和镝。

为应对此风险，欧盟提出了一系列市场措施。在研发方面，提倡提高资源利用效率和循环利用，降低原材料消耗，加强寻找替代品的研究，同时评估是否在创新联盟的欧洲 2020 战略资源高效利用旗舰计划框架下启动一项关于原材料研发与供应合作的欧洲创新伙伴关系。

从发达国家的中短期材料战略看，各国稀土材料战略存在共性，因评估稀土供应存在风险而认定稀土元素，特别是重稀土元素为关键材料。由此而制定的研发方向大体相同：①研究开发少稀土或无稀土的替代材料；②加大稀土回收技术的研究。

未来，随着全球稀土项目的开发以及美国本土稀土冶炼分离项目的推进，美国稀土供应能力将进一步加强，并且通过联合日本等国，可以打造完全独立于中国的稀土全产业链生产能力。日本和美国在高端材料以及应用方面的优势，或将对中国稀土产业产生影响。

对于钪和钇元素，美国几乎全部从中国进口。其中，对于钪元素，由于美国国内既未开采含钪的矿物，也没有从尾矿中回收钪，对外依存度 100%。对于钇元素，美国目前消费量约为 400 吨，随着芒廷帕斯矿开采，美国可以生产少许，但是 95%主要从中国、日本和朝鲜进口。至于欧盟，虽然稀土消费量仅约占全球的 7%，但是欧盟主要国家稀土资源均比较匮乏。为满足催化剂、玻璃陶瓷、磁性材料、稀土合金等方面的需要，欧盟一方面从中国及其他国家进口精矿与化学中间产品，另一方面还从中国进口钕铁硼磁粉、钕铁硼合金、稀土永磁体等产品。同时，欧盟也有少量加工的稀土氧化物出口到中国，但数量极为有限。总的来看，欧盟稀土原料几乎 100%依赖进口。

就重稀土而言，中国主导全球供应的地位很突出，但是全球多元化的格局也开始显现。据日本《稀有金属新闻》统计，2018 年全球分别供应 Tb_4O_7 441t、Dy_2O_3 2274t、Y_2O_3 12627t，其中，中国分别供应 425t、2247t、12563t，各品种产量占全球的比重均超出 95%（其中有约 20%的矿产原料是从缅甸等境外进口的）。目前，除东盟供应重稀土产品外，巴西塞拉贝尔德公司已在戈亚斯州的米纳苏市投资 7000 万美元进行勘探，并将投资 1.5 亿美元建设一座稀土选矿厂，可能成为世界最大的离子型稀土矿山之一，使得全球重稀土生产供应多元化的格局加速到来。

1.4 中国稀土产业的主要发展阶段和特色

中华人民共和国成立前，中国没有稀土工业。在中华人民共和国成立初期，中国开始了稀土的研究，至 1958 年完成了从独居石中提取稀土和分离出 15 种高纯单一稀土的试验研究工作，为从混合稀土逐步过渡到单一稀土的工业生产创造了条件。20 世纪 60 年代以来，国内开展了广泛的稀土分离化学、络合物化学和分析化学的研究工作，提出了许多具有先进水平的稀土分离提纯工艺以及分析方法，促进了稀土工业的发展。

丰富的稀土资源是发展稀土材料和稀土工业的物质基础。中国稀土工业的发展具有十分显著的资源开发特征。图 1-4 是根据中国稀土产业发展的主要历史进程所做的一个历史划分。我们主张年份最后一位以 9～8 为转折点来划分，也即以年份最后一位 9 为起点，8 为转折点，十年或二十年为一个发展阶段。在国家发展需求的驱动下，围绕相继发现的包头稀土、南方离子吸附型稀土、山东微山稀土和四川凉山牦牛坪稀土，中国稀土科技人员协同攻关，走出了一条自力更生的发展之路，写下了自主创新的历史篇章。其中以包头稀土资源和离子吸附型稀土矿的研究最为突出，参与的单位和人员最多，持续的时间最长，成效也最显著。

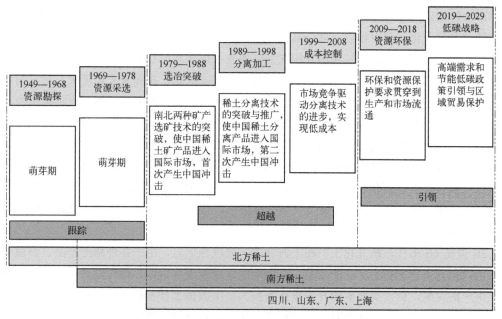

图 1-4　中国稀土产业的发展历程与阶段划分

1.4.1　在跟踪发展中孕育创新

1949 年中华人民共和国成立，作为中国稀土的发展元年，在前一个 30 年中，中国稀土产业的发展是针对包头稀土资源和南方离子型稀土两大新资源的开发要求，实现了在"跟踪发展中孕育创新"的目标。其主要成绩是证明了国外现成的技术不适合包头混合稀土资源和南方离子吸附型稀土资源的开发，并独创性地提出了具有中国自主知识产权的采选技术。同时，也采用当时国际上流行的离子交换和萃取分离技术，从独居石等传统稀土资源中提取分离稀土，为中国稀土的后续创新发展奠定了基础，建设了工业化生产线。例如，1957年，上海永联化工厂开始采用碱法处理独居石，生产汽灯纱罩用硝酸钍时，稀土仅作为副产品堆存。为此，中国科学院长春应用化学研究所和北京有色金属研究总院开始研究单一稀土的分离。1960年在北京有色金属研究总院采用离子交换法和半逆流萃取工艺试制单一稀土氧化物，为16种单一稀土的制备创造了条件，也为稀土冶炼厂的建设提供了设计依据。20世纪60年代初，长沙602厂、南昌603厂、上海跃龙化工厂、包钢8861厂相继建成投产，使中国稀土工业由实验室走向工业化。

中国稀土矿物类型齐全，稀土储藏量居世界首位。因此，围绕稀土的地、采、选、冶技术的研究也自然是中国的强项。但其发展历程也异常艰辛，尤其是由于包头稀土和南方离子型稀土的特殊性，没有现成技术可用，必须通过自主创新才能解决其选冶难题。在20世纪70年代末，针对两类主要资源的选矿技术已经形成，并实现了小规模的生产。中国稀土资源分北、南两大板块。北方以包头白云鄂博特大型铁-稀土多金属共生矿为主，稀土矿物嵌布复杂、粒度极细，又是氟碳铈矿和独居石的混合矿，十分难处理。南方以江西、广东、广西、福建、湖南五省（自治区）的离子吸附型稀土资源为主，稀土不以独立矿物存在，而是以离子态赋存于黏土之中。也就是说，国内外对以上两种矿物均无可借鉴的生产工艺和技术。我国科学家针对这两种资源的特点研究开发了一系列独特的采选、冶炼、分离提取工艺和技术，并迅速使其产业化，其中相当一部分具有世界领先水平。

20世纪50年代中后期，我国开始在上海建立了处理独居石来生产打火石、钍和稀土的一些粗化合物的工厂，开创了我国稀土工业的先河。1956年，在周恩来总理亲自领导制定的"十二年科技规划"（即《1956—1967年科学技术发展远景规划》）中，第一次将稀土的冶金和提取列入了国家计划。1958年我国开始实施第二个五年计划，同时也开始执行"十二年科技规划"。中国科学院和冶金工业部的有关科研机构（长春应用化学研究所、北京有色金属研究院等）先后研究开发成功离子交换和液-液溶剂萃取等分离工艺，提出了熔盐电解法、金属热还原法制备稀土金属和合金的方法。利用这些方法，中国第一次制得了除元素钷外的所有单一稀土金属、化合物和合金；配以其他化学方法，还制得了各种稀土盐。这些工作为中国稀土的产业化迈出了可贵的一步。

20世纪60年代，跃龙化工厂在上海建成，处理独居石，生产各种稀土产品、金属和打火石等，拉开了我国稀土工业的帷幕。在此期间，随着包头钢铁公司（以下简称为"包钢"）钢铁生产的发展，白云鄂博矿的开采量逐渐扩大，中国稀土开发的注意力被集中到该稀土矿的综合回收利用方面来。在当时的国家科委主任聂荣臻元帅的领导下，先后在包头开过两次包头稀土资源综合利用会议，集中了全国有关专家，讨论白云鄂博稀土资源综合回收和利用问题。在这一背景下，建立了专门从事包头稀土资源综合回收和利用的包头冶金研究所（现为包头稀土研究院）。这期间，中国科学院的著名学者邹元曦领导的课题组与包钢合作，发明了以含稀土的高炉渣为原料，以含硅75%的硅铁为还原剂，在电炉中生产稀土硅化物（稀土硅铁合金）的硅热还原工艺，并以此工艺为主要技术路线，在包头建成了当时亚洲最大的稀土铁合金生产厂家——包钢稀土一厂。稀土硅铁合金一直被成功用于球墨铸铁、蠕墨铸铁等延性铁的生产，用于炼钢的添加剂等。至今，该类合金仍是中国最主要的稀土消费产品。可以说，用高炉渣为原料炼制稀土硅化物并将其用于延性铁的生产这两项成果构成了 20 世纪 60 年代中国稀土工业和应用开发的主要成就。

20 世纪 60 年代中期至 70 年代中期，虽然正值中国"文化大革命"时期，整个经济形势不好，但在稀土科技界和产业界的努力下，还是新建和改、扩建了一批稀土工厂，例如广州的珠江冶炼厂，包头钢铁公司的稀土二、三厂，甘肃稀土公司，包头市东风钢铁厂，包头市稀土冶炼厂，哈尔滨稀土材料厂，九江有色金属冶炼厂，等等，形成了中国稀土工业的主体框架。

这期间最重大的发现是江西、广东、福建、湖南、广西等南方五省（自治区）的罕见新型稀土资源，其后被赣州有色冶金研究所命名为离子吸附型稀土矿，并研究开发了特殊的浸取工艺。在应用开发上最重大的进展是北京石油研究院开发的稀土石油催化裂化剂，成功用于炼油业，取得了巨大的经济效益，极大地促进了中国稀土工业的发展。与此同时，中国稀土科研进入活跃期，中国科学院系统、冶金（含有色）系统和其他有关行业系统的研究单位成功地开发了新的萃取剂和萃取工艺，研究了稀土永磁材料、荧光材料、储氢材料、特种玻璃材料、重稀土硅化物及其应用等。稀土农用也开始起步。

1972—1974 年，北京大学徐光宪教授领导的课题组在分离包头轻稀土方面取得重大进展。1974 年该课题组与包钢稀土三厂合作，进行了工业试验，仅用 80 级槽子就得到 99.5% 的氧化钕、氧化镧，99% 的氧化镨和钐铕钆富集物四种产品。在此实践的基础上提出具有世界先进水平的稀土串级萃取理论。1976 年在上海跃龙化工厂举办串级理论研讨班，使这一理论在全国得以推广应用，为提高我国稀土分离技术水平打下了坚实的基础。

1976 年，广州有色金属研究院率先突破了包头稀土矿的选矿难关，选出了 REO 品位为 60% 的精矿，为包头稀土资源的综合回收奠定了产业化基础。随后北京有色金属研究院、包头稀土研究院、中国科学院长春应用化学研究所和包头钢铁公司等推出被称为"五朵金花"的工艺，包括处理包头矿的硫酸化焙烧、氢氧化钠分解法等五大工艺流程，为包头稀土资源的产业化回收铺平了道路。

1978 年，中国共产党十一届三中全会召开，确定了以经济建设为中心的总路线，实行对外开放方针。时任国务院副总理、国家科委主任的方毅同志受党中央、国务院和邓小平同志的委托，亲自领导包头稀土资源综合利用的科技攻关及产业化工作，恢复了 1975 年成立的全国稀土领导小组的工作，并组建了领导小组办公室，有力地加强了中国稀土开发的领导和组织工作。方毅同志身体力行，不顾年迈，以锲而不舍的精神先后七次到包头搞调查研究，组织全国的科技力量对包头资源的综合利用进行了前所未有的大规模科技攻关。1978 年成为中国稀土工业起飞的转折点。

1.4.2 在优化创新中实现超越

1978 年，也就是我国改革开放的第一年，党中央、国务院对开发利用我国丰富的稀土资源，使其为国民经济服务给予了前所未有的重视，北、南两大稀土资源的综合回收被列入了国家"六五"和"七五"科技攻关计划。我国科技工作者克服了白云鄂博资源结构复杂、嵌布粒度细等难题，提出了一系列适合中国稀土资源特点的选治流程，解决了我国北、南两大稀土资源的产业化回收工艺技术问题，为我国稀土的产业化铺平了道路。

在第二个30年里，中国稀土工业的发展成绩是在"创新优化中实现超越"。1979—1988年，两类矿产资源采选技术的突破，实现了大规模工业化生产，以矿产品冲击国际稀土市场。其中，以江西大学等单位研发的硫酸铵浸矿-草酸（碳酸氢铵）沉淀工艺在龙南县（2022年7月25日撤县设市）、定南县、寻乌县、信丰、赣县、万安、全南等地的稀土公司和厂矿企业推广应用，满足了该类新资源的开发技术要求，使产量和质量得到大大提升；广州有色金属研究院、长沙矿冶研究院、包头稀土研究院等单位采用新工艺、新技术、新药剂，实现了高品位包头混合稀土精矿的大规模工业化采选和生产，满足了国际上主要分离企业的要求，使中国稀土矿产品打入国际稀土市场。至此，中国两大稀土矿产品进入国际稀土市场，并对国际稀土市场产生了第一次冲击，也促进了中国稀土工业的发展。

1989—1998年，以北京大学、长春应用化学研究所、北京有色金属研究总院、包头稀土研究院等单位研发的萃取分离技术和串级萃取分离技术在上海跃龙稀土冶炼厂、珠江稀土冶炼厂、甘肃稀土公司、南昌603、九江806、上饶713-昌隆、赣州所南方、龙南稀土冶炼厂、赣加稀土、赣州稀土冶炼厂、南昌曙光等分离企业推广应用。稀土分离技术的突破与推广应用，使中国稀土分离产品进入国际稀土市场，完成了对国际稀土市场的第二次冲击。

"六五"期间，北方建立了以包头钢铁公司和甘肃稀土公司为轴心的稀土产业，以工业化规模回收利用包头稀土资源。南方在江西等地建立了离子型骨干稀土矿山，在上海、广东等地扩建了稀土冶炼厂。"七五"以来，稀土行业的技术改造、技术进步工作纳入了国家计划，国务院稀土领导小组和国家计委采取了"技术改造与科技开发相结合，生产与内外市场开发并重"的工作方针，有效地缩短了科技成果向产业化发展的周期。

首先，下大力气开发推广稀土在大产业中的应用，同时开发稀土新材料，推动高新技术产业的发展。在增加效益、不断开发和扩大稀土消费市场的同时，拉动了稀土产业的大发展。因此，"七五"及其以后，北方稀土产业进一步扩大，形成了世界级的生产基地。南方继上海和广东之后，又在江苏、江西等省新建和扩建了一批骨干稀土企业，开始大规模开采、冶炼和分离离子型稀土资源。"八五"期间，国家进一步加大了对稀土产业的投资力度，5年间共安排技改项目168个，总投资8.3亿元。

1996年以来，我国稀土在国家"九五"稀土行业发展计划的指导下，把主要力量放在产业结构调整上，开始走集团化发展的道路，建立了包钢稀土高科有限公司。中共中央总书记、国家主席江泽民，中共中央政治局常委、国务院总理朱镕基，中共中央政治局常委、国务院副总理李岚清等中央领导同志先后访问包头，对稀土工作发出一系列指示。经过"六五"期间的发展，1985年我国稀土产量猛增至8500t，与1978年相比净增7.5倍，整个"六五"期间我国稀土生产年均递增达27%。"七五"第一年，即1986年我国稀土的总商品量达到11860t，第一次超过了一直处于稀土世界第一的美国（当年产量11000t），跃居世界第一。1988年，我国稀土矿产品产量达到29640t，超过美国1984年达到的年产量峰值25950t的水平。"七五"期间我国稀土生产年均增长率为23%。"八五"期间我国稀土生产保持了年均递增21%的高速度，1995年我国稀土总商品量达到4万吨，矿产品产量达到4.8万吨，达到当年世界总产量的 70%～80%，产销率几乎达到 100%。

我国稀土生产在产量方面已处于世界的主导和支配地位。"九五"期间我国稀土产业在继续进行结构调整的同时，生产保持了稳定发展。1997 年稀土商品量达到 46500t，矿产品产量达到 53250t，产品结构进一步完善，高纯、高附加值的单一稀土化合物和金属产量达到 14742t，中国成为世界上唯一能够大量供应各种级别、不同品种稀土产品的国家。

经过 1999—2008 年的又一个十年，中国稀土分离技术的节能降耗和低成本生产技术得到进一步的提升，并与稀土应用相关联，涌现了一批新的分离企业和应用企业，在江西就有虔东东利、江西明达、南方稀土、晶环稀土、金力永磁、赣州晨光、全南新资源、龙南有色、龙南和利、龙钇重稀土、五矿定南、金世纪等。这些企业也使国际上其他国家的稀土采选和分离加工均不具备竞争力，并相继破产，使中国稀土产品成为国际市场上的主流，稀土产品的市场份额达到 97%。

图 1-5 是稀土产业链的各个技术环节和上下游关系，以及中国稀土多次冲击国际稀土市场的时间、内容和技术基础。

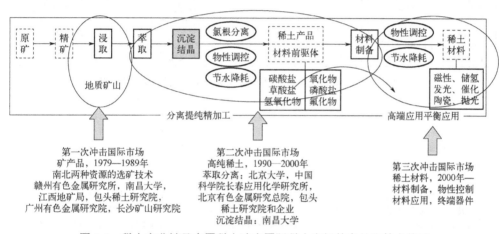

图 1-5　稀土产业链及中国稀土冲击国际稀土市场的产品和技术基础

第一、二次冲击的完成，奠定了中国稀土产业在国际上的主导地位。其技术基础是中国领先国际的稀土资源开发和提取分离技术。图 1-6 是中国稀土产业的主要技术领域及其优势研究和生产单位。这是中国通过几十年、几代人的共同努力所取得的，也是今天中国稀土规划下一阶段稀土产业发展战略和具体内容可以很好依靠的技术基础。

美国稀土消费最主要的是催化剂（占消费量的 60%），包括机动车尾气净化催化剂、石油炼制催化剂、化学催化剂等。美国油气产量的不断增长，将驱动石油炼制方面对稀土产品消费增加，但是尾气净化和化学催化方面对稀土的需求量变化不会太大，需求总规模将向 3万吨逼近，但主要消费的是比较丰富的镧铈轻稀土，供应短缺的局势不会加重。

欧盟历史上虽然有部分轻稀土矿山，但是资源品位低，有的矿山已经停产多年，所需的稀土原料几乎 100%依赖进口，并且进口主要源自中国。美国比欧盟情况略好，但是其所需的稀土氧化物、稀土永磁体和钕铁硼磁粉等功能材料，也主要从中国进口，特别是钪和钇，几乎全部依赖中国。

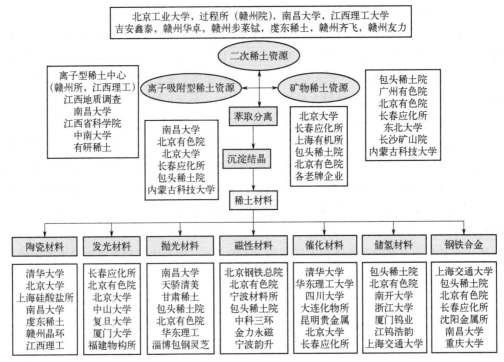

图 1-6　中国稀土产业的主要技术领域及优势研发和生产团队

注：吉安鑫泰（吉安鑫泰科技股份有限公司）；过程所（中国科学院过程工程研究所）；赣州华卓（赣州华卓再生资源回收利用有限公司）；赣州步莱铽（赣州步莱铽新资源有限公司）；赣州齐飞（赣州齐飞新材料有限公司）；赣州友力（赣州稀土友力科技开发有限公司）；虔东稀土（虔东稀土集团股份有限公司）；赣州所（赣州有色金属冶金研究院）；江西地质调查（江西地质调查勘查院）；长沙矿山院（长沙矿山研究院有限责任公司）；有研稀土（有研稀土新材料股份有限公司）；包头稀土院（包头稀土研究院）；广州有色院（广州有色金属研究院）；北京有色院（北京有色金属研究总院）；长春应化所（中国科学院长春应用化学研究所）；上海有机所（中国科学院上海有机化学研究所）；福建物构所（中国科学院福建物质结构研究所）；甘肃稀土（甘肃稀土新材料股份有限公司）；天骄清美（包头天骄清美稀土抛光粉有限公司）；甘肃稀土（甘肃稀土新材料股份有限公司）；淄博包钢灵芝（淄博包钢灵芝稀土高科技有限公司）；上海硅酸盐所（中国科学院上海硅酸盐研究所）；赣州晶环（赣州晶环稀土新材料有限公司）；北京钢铁总院（中国钢研科技集团公司）；宁波材料所（中国科学院宁波材料技术与工程研究所）；中科三环（北京中科三环高技术股份有限公司）；金力永磁（江西金力永磁科技股份有限公司）；宁波韵升（宁波韵升股份有限公司）；大连化物所（中国科学院大连化学物理研究所）；昆明贵金属（昆明贵金属研究所）；厦门钨业（厦门钨业股份有限公司）；江钨浩韵（江西江钨浩运科技有限公司）；沈阳金属所（中国科学院金属研究所）

　　欧盟稀土产业在整个工业结构中所占比重不大，更何况近年来欧盟在稀土高新功能材料的研究与开发方面明显落后于日本，稀土消费量变化不大，消费量总体稳定在每年 1.5 万～2.0 万吨的水平。由于欧盟国家不再开采稀土矿，故未来消费的稀土产品仍将完全依赖进口。

1.4.3　在超越突围中实现引领

　　自 2009 年以来的第一个十年里，中国稀土产业的发展以资源环境保护为特征，走绿色发展道路；在第二个十年中，正以低碳节能为特色，突出高端应用与平衡高效利用难题，在"超越突围中实现引领"。

　　2011 年 5 月，国务院正式颁布《关于促进稀土行业持续健康发展的若干意见》；2011 年

10月1日，环保部批准的《稀土工业污染物排放标准》（GB 26451—2011）为国家标准开始实施。其主要目标是要优化管理，促进环境保护、稀土平衡利用（钇镧铈）和材料提质增效。尤其是在2019年以来，低碳战略将成为稀土产业发展的新引擎。节能环保和军工等新兴产业的发展，需要高质量稀土材料的稳定供应。

稀土作为战略新兴产业发展的基础原材料之一，中国、美国、欧盟都把它作为战略性（关键）矿产进行管理。中国稀土产业在全球具有体系性优势，中国稀土勘查开发在国际市场上仍处于主导地位。但是，随着新材料产业发展，中国稀土需求量还会快速增长，在资源环境的约束下，中国重稀土将不断趋于短缺。

美国和其他西方国家利用近10年时间，通过全球资源整合，已经打造了Mountain Pass矿＋Mount Weld矿＋马来西亚关丹Lamp工厂的年产近6万吨稀土矿（以REO计）＋近2万吨冶炼分离产品的产能，初步建成了独立于中国的稀土资源供应链。而在2019年，美国稀土表观消费量1.3万吨（以REO计），表明已实现稀土独立。

与此同时，中国稀土功能材料产量稳步增长，稀土产品需求持续扩张，进口大幅增加，中国重稀土产品供应也面临资源短缺问题。为此，中国稀土产业的未来发展需要突破西方国家的围堵，超越现有技术和产品的束缚，寻求新的发展思路。按照我们曾经提出的"醉翁之意不在酒，在乎山水之间也"的发展思路，通过顶层设计，确定若干稀土新材料的先进制造与应用攻关目标，尤其是高丰度稀土的高值化平衡应用与生产过程高效化、绿色化目标。解决稀土材料生产过程的化学问题和应用要求上的物理问题，获得众多可以满足社会发展需要的不同层次和应用目标的新材料。

另一方面，需要对自身的稀土生产及其科技开发进行科学规划和有效实施。其中最为重要的任务是加快推进稀土行业兼并重组。通过联合、兼并、重组等方式，大力推进资源整合，大幅度减少稀土开采和冶炼分离企业数量，提高产业集中度，形成以大企业为主导的行业格局。如图1-7所示，从2021年底开始中国稀土集团有限公司的组建以来，这一工作已经启动。以此为基础，将进一步超越现有稀土生产格局，突破西方国家的围堵，才能实现引领世界稀土产业发展的目标。

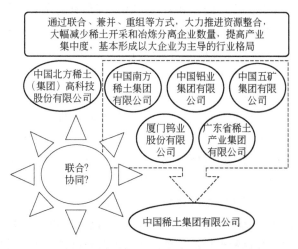

图1-7 中国稀土集团的组建及其未来发展趋势

1.5　稀土产业格局变迁的动力

稀土应用是稀土产业发展的动力，是稀土产业向各基础产业和支柱产业渗透的主要途径，也是体现稀土产业在国民经济中重要作用的关键。稀土产业发展的根本目标是要促进稀土材料的应用，并通过稀土应用的效益来促进整个社会的发展。随着高新技术的发展，稀土新材料的开发与应用将更加引人注目。这是因为稀土元素内层 4f 电子数从 0 到 14 逐个填充所形成的特殊组态，造成稀土元素在光学、磁学、电学等性能上出现明显的差别，繁衍出许多不同用途的新材料。同时，稀土元素还能与其他金属和非金属形成各种各样的合金和化合物，并派生出材料各种新的化学和物理性质，这些性质是开发稀土新用途的基础。

在稀土材料的发展过程中，制备技术往往会成为整个稀土新材料研究和开发的关键步骤。然而，制约材料性能的因素很多，不是每一个性能都能得到很好的应用，也不是每一个性能仅能得到一个方面的应用。作为一种材料，其物质属性是最为基本的要素，更关键的是必须具备特殊的、能满足人们应用要求的性能。而作为高新技术应用的新材料，这种性能的发挥应该力求达到最大限度。要做到这一点，则必须从材料制备的整个过程来加以控制。因而稀土新材料制备原理和合成方法也就成为稀土材料研究的核心和热点，是提高稀土应用价值的基础。

历史证明，一种新的稀土材料的获取及其特性的发现可以导致一个新型科技领域或产业的兴起。因此，稀土材料与应用是促进稀土产业发展的强劲驱动力。与此同时，其他可替代材料和技术的兴起，也会导致某一材料和技术的衰退，甚至消失。以发光材料为例，一代稀土发光材料支撑和引领着一代照明和显示器件的发展。随着液晶显示器替代阴极射线管显示器、LED 照明替代稀土三基色节能照明，稀土在荧光材料中的应用量已大幅减少。

稀土发光材料是决定照明和显示器件品质的核心材料。稀土红色荧光体 Y_2O_3:Eu 的发现推动了彩色电视机的发展，极大地丰富了现代文化生活，加上稀土荧光材料在节能灯中的应用，导致市场对高纯稀土的需求量大增。这些需求大大促进了稀土分离技术的发展，也曾使荧光材料成为稀土应用中最为重要的领域之一。LED 因具有高光效、无污染、技术成熟度高等诸多优点，成为半导体照明和液晶显示背光源的主流技术。白光 LED 器件的发光效率从不足 20lm/W 提升至目前 200lm/W，特别是从最初的低显色（$Ra<70$）功能照明到高显色（$Ra>90$）健康照明、从普通色域（<70% NTSC）中低端显示到广色域（>90% NTSC）高品质显示的变化过程中，荧光粉发挥了核心作用。尽管中国白光 LED 荧光粉的研究起步较晚，早期严重依赖高价进口，但目前主流的铝酸盐、氮化物、氟化物和硅酸盐系列荧光粉的核心制备技术和产品均已取得重要突破。中国也已连续多年是稀土发光材料生产和消费第一大国。除短波 β-塞隆绿粉、高稳定性正硅酸盐绿粉等极少数荧光粉外，没有特别突出的"卡脖子"材料和技术问题，整体呈现接近国际领先水平的良好态势。目前，LED 荧光粉的国产化率超过 80%，部分高端产品销往日本、韩国和中国台湾等国家和地区。

白光 LED 光源对传统三基色节能灯的替代，意味着全国 400～500t/a 的白光 LED 荧光粉替代了原来 8000t/a 的三基色荧光粉消费量，使稀土发光材料需求总量持续降低。目前，三基色荧光粉的技术创新几近停滞、产业规模急剧缩减至原来的 10%～20%。三基色荧光粉产品用量也从 2011 年的年消耗 8000 多吨降低到 2020 年的 1000 多吨，导致材料所需稀土元素的价格也急剧降低，每千克氧化铈价格从 2011 年的 3 万多元下降到 2020 年的数百元。

随着绿色照明、高端显示、信息探测器件的迅速发展，人们对白光 LED 光源的要求已从光效、节能等方面上升到追求光品质、健康及生物安全等"健康绿色照明"层面，高品质、全光谱照明已成为新的发展趋势。与有机发光二极管显示（OLED）、量子点显示（QLED）、激光显示（LD）和 Mini/Micro LED 等新型显示技术相比，基于白光 LED 背光源的液晶显示在电视领域仍具有极强的生命力，亟需通过荧光粉的技术创新达到超高色域显示要求。近红外光源，特别是峰值波长在 700～1600nm 范围的 LED 光源，在安防监控、生物识别和食品医疗检测等领域已显示出巨大的市场前景。

类太阳全可见光覆盖的全光谱健康照明、超高色域（>100% NTSC）显示和荧光转换型近红外光源已成为稀土发光材料技术及产业发展的前沿热点，迫切需要全新体系、高性能、适合紫光激发的全可见光波段多色荧光粉、蓝光激发的窄带绿色和红色荧光粉以及高效高可靠性的近红外发光材料。荧光转换型近红外光源在光谱调谐和成本上更具独特优势，前景广阔。目前，国内外已开始专利和产品布局，如欧司朗的用于食品检测的荧光转换型近红外光源，三菱化学提供的全光谱照明的新型荧光粉样品，GE 宣布即将推出新一代窄带绿色荧光粉等。但这些荧光粉在材料设计、制备技术和应用探索方面还不成熟，未来专利突破、科技创新和产业拓展的空间巨大。

未来，我们要努力聚集国内稀土发光材料领域丰富的科研、技术和产业优势力量，搭建集材料设计、制备、产业化和应用于一体的协同创新平台；以材料技术创新和终端应用需求为双驱动力，实现科技提升产业、产业带动科技发展的良性循环，形成中国在稀土发光材料领域的技术和产业先端优势，实现从"跟并跑"到"领跑"的跨越之路。摆在眼前的发展之路有很多，但有两个基本的发展方向：一是延续当前稀土荧光材料转换 LED 的发展路线，在稀土发光材料上跟踪并跑，并占据一席之地；二是彻底颠覆现有路线，走无荧光粉 LED 照明器件发展之路，在硅基 LED 芯片制造和各种波段照明和显示芯片研发上取得突破，占领国际领先势头，实现跨越式发展。这正是南昌大学硅基 LED 发光器件发展的未来之路，是对稀土发光材料发展的新挑战。因此，稀土发光材料的研究必须考虑在未来照明与显示领域如何发挥自身的优势，发展一些与新路线相匹配的技术产品和技术方案，以促进稀土应用的增长。

这些年稀土应用的增长主要体现在稀土永磁材料、抛光材料和陶瓷材料。这几种材料的增长得益于汽车、移动通信、节能电机、视频监控、电子信息器件、人工智能、机器人等新兴产业的快速发展，加上稀土合金等功能材料的产量增长快速，导致全球稀土产品需求持续增加。尤其是在上述领域，中国消化了不少的稀土材料。目前，全球稀土消费的大致格局是，中国约占全球消费总量的 60%，日本占 20%，美国占 9%，欧盟占 7%，其他国家占 4%。

1.6 稀土产业链及其高质量发展

稀土产业链包括原矿采选、冶炼分离加工和材料应用 3 个主要环节。上游的采矿和选矿是开采含有稀土的原矿石并经过加工处理后形成精矿；中游的冶炼分离加工环节是将稀土精矿通过湿法和火法冶金技术制备稀土化合物或单一稀土金属，生产出可以满足稀土材料制备的基础原材料；下游的材料应用是通过稀土化合物或稀土金属来生产永磁材料、催化剂、抛光材料、冶金材料等并应用于终端产品。

稀土的终端应用范围广，在新能源汽车、石油、化工、冶金、纺织、陶瓷、玻璃等领域均有广泛运用，同时在高端装备制造领域也发挥着不可或缺的核心基础材料作用。随着高新技术的发展以及"建设美丽中国""推进绿色发展、循环发展、低碳发展"等理念的提出，新一代信息技术、高档数控机床和机器人、节能与新能源汽车等十大领域对包括稀土在内的基础材料从质量和环保方面均提出了更高的要求，稀土材料的发展迎来了新的挑战、机遇和未来。因此，突破先进稀土功能材料及其应用技术、积极开发和推广应用节能环保的稀土绿色制备技术是新时期稀土行业应用发展的重要方向。

稀土产业健康稳定发展的关键在于加快高丰度稀土的高值化平衡利用技术研发，以提高稀土行业的技术水平和经济效益。而要达到这一目标，迫切需要破解稀土分离低成本与绿色化的尖锐矛盾，解决合成材料的化学和物性指标调控与稳定的技术难题，提高高丰度稀土材料的应用性能和附加值。

由图 1-8 所示，如何根据材料应用要求，灵活调整萃取分离方案是降低酸碱消耗、促进高丰度稀土大量应用的有效途径。而沉淀结晶是衔接稀土萃取分离和材料物性调控的关键环节，是从稀土产业链上下游各环节技术的联动来解决上述关键问题的桥梁。但沉淀结晶受动力学因素的影响大，过程复杂难控，同时需要与萃取和材料制备过程联动，为此，需要围绕萃取和沉淀分离与物性调控的科学技术问题。

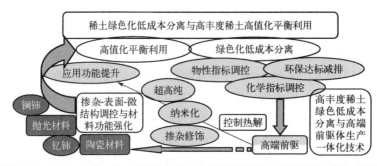

图 1-8　稀土绿色低成本分离与高丰度稀土高质化平衡利用研究所涉及的对象（⬭ ▮）、
关键问题（◯）、技术内容（⬭）和创新技术（▭）

以沉淀结晶为突破口，以使用高丰度稀土为主的抛光、催化及陶瓷材料为对象，开展创新研究。实现稀土高纯化和特殊物性控制与过程低消耗、低排放、绿色化目标的统一，提高稀土抛光和陶瓷材料的品质和国际市场竞争力，扩大镧铈钇等高丰度稀土的应用面，缓解稀土应用的不平衡问题，促进稀土产业的高质量发展。

1.6.1　高丰度稀土高值化平衡利用要求

鉴于北方稀土中镧铈占比达 75%，龙南离子型稀土中钇占 62% 以上。这些高丰度稀土元素的应用量占比远低于它们的产量占比，导致产品积压，价格低于成本价。稀土元素之间由于应用量与产出量的不平衡，直接影响到稀土应用效益，甚至导致资源浪费，拉低了稀土行业的整体效益，被认为是影响稀土产业高质量发展的两大关键问题之一。为此，自 2010 年以来，国家通过顶层设计，安排了一批科技攻关项目来解决这一现实问题。

在国际上，各个国家的稀土应用在各领域的分布不尽相同。例如：美国和欧盟国家主要以催化材料为主体，消耗的稀土主要是高丰度的镧和铈，而中国和日本则以磁性材料应用为主，消耗的是镨、钕和铽、镝。所以，稀土资源的需求就以磁性材料中应用量多的镨、钕和铽、镝为依据来确定。根据中国磁性材料的需求来推算，2018年中国需要分离稀土氧化物18万吨才能满足实际需求，其中轻稀土14.5万吨，离子吸附型稀土3.5万吨。这样，中国稀土市场上有大量的镧、铈和钇过剩。因此，必须针对镧、铈、钇的开发应用来提高稀土的应用量。2019年，中国在稀土催化材料方面的稀土消耗量占比呈下降趋势，主要原因在于汽车用的尾气净化装置仍然采用进口催化材料，而且汽车的销量并没有呈现增长趋势。但稀土抛光和陶瓷材料的应用量在增长，尤其是抛光材料的产销量增长幅度大。这得益于手机和电子通信等行业的高速发展以及抛光材料生产技术水平的提高和成本的下降。

南昌大学的研究证明，球形抛光粉可以有更好的抛光速率和抛光质量，而且抛光粉表面电性和化学相互作用以及抛光过程中抛光粉颗粒的运动方式对抛光粉设计与制备具有重要的参考借鉴作用。20世纪末，草酸或含氟硅的碳酸盐沉淀法是抛光材料的传统生产方法，但其产品用于聚氨酯高速抛光时对软质光学玻璃的抛光合格率极低，即使是进口抛光粉也只有60%～70%。为此，创立了以碳酸镧和碳酸铈为原材料，通过机械活化和掺杂来改善烧成氧化物表面特征和球形度的新型稀土高速抛光粉的生产新技术。制备的稀土聚氨酯高速抛光粉性能优异，抛光合格率超过英国970AB产品；以此为基础，开发了生产微米、亚微米和纳米类球形抛光粉系列的新技术，满足了抛光材料的绿色制造要求，促进镧、铈的高值化平衡利用。

掺杂氧化铈微粒的微结构和元素分布可控制备及抛光性能研究首次证明了抛光粒子表面电位与抛光速率之间的线性关系，而掺杂是调谐微结构、堆密度、表面电位和悬浮稳定性、促进颗粒球形化的有效方法；确定了合成镧、钐、钛等掺杂氧化铈抛光粉的最佳条件；通过镧掺杂来调控堆密度和悬浮性，结合氟掺杂来调谐结构，直接用二组分多出口生产的镧、铈来生产抛光粉，降低了成本；新技术在淄博包钢灵芝稀土高科技股份有限公司得到应用。通过针对中国工程物理研究院可控核聚变"神光"工程大尺度高精度光学器件的磁流变抛光的应用要求，开发了单分散类球形抛光粉，性能评价可以替代进口。用相态转化和碳酸铵及氨水沉淀法制备的碱式碳酸稀土的掺杂效果好、反应快、节能减排，产品质量好、生产成本低。

龙南重稀土资源中钇的占比在60%以上，随着荧光材料应用市场的减弱，钇的产量过剩，而陶瓷材料是钇应用的主要领域之一。为此，以虔东稀土、晶环稀土为主的企业，联合清华大学、南昌大学、江西理工大学、金力永磁等单位开展了稀土钇锆结构陶瓷产业化制造技术的研发与应用推广工作。在科技部863计划课题"高性能稀土复合钇锆结构陶瓷产业化制备及应用技术"中，基于钇、铈、钆、铒、钕、镨、铈等稀土元素对氧化锆陶瓷晶格畸变、四方相稳定性、致密化烧成区间和显色性能的影响，开发出多元稀土复合结构陶瓷材料，以消除材料晶格畸变所带来的内部微应力，提高材料的四方相含量、强度、韧性、耐老化性、耐磨损性等性能。开发了超微细研磨介质、刀具、光通信连接元件、人造牙齿、节能电机轴承等陶瓷制品。该技术2012年通过科技部验收。创建了多稀土钇锆、铈锆复合粉体的物相和颗粒调控技术并制定了国家标准，建立了通过多稀土复合来降低应力、提高四方相含量、优化工艺性能的钇锆陶瓷材料设计与制造技术体系，创立了与氢氧化物共沉淀且和水热合成方法相匹配的陶瓷超微球成型技术和装备。

国家产业振兴计划"年产 6000 万套稀土陶瓷光纤连接元件产业化"项目集成了固相合成和化学合成亚微米粉体、机械研磨准纳米粉体和水热合成纳米粉体等技术，优化了干压等静压成型+素坯雕刻预加工技术，开发了高效自动化注射近净成型方法和多模腔热流道模具技术，实现了三机一体卧式全自动成型和注射自动化成型。热流道模具穴数由 32 提高至 48，产品大小头由 0.035mm 降低至 0.012mm，提高了效率，减少了尾料，且产品浇口处无任何毛刺，无水口，产品同心度小于 0.04mm，大幅度降低了成本。2018 年通过工信部验收。

研发并集成了具有知识产权的超微细陶瓷球成型设备，使陶瓷研磨珠尺寸达到 0.05～0.09mm，使用这种研磨珠可以将物料研磨到 50nm 的细度，使机械研磨法制备低成本纳米粉体大规模应用；全封闭高效自动成型压机，使陶瓷刀具的斑点率降低至 1%以下；天然气隧道窑烧结钇锆陶瓷工艺和装备，克服了陶瓷产品性能离散度高的顽疾，提高了品质一致性。研发了生坯加工料和磨削料回收利用技术，避免了物料的浪费和环境影响，实现了资源的综合利用。

在上述抛光和陶瓷材料的研发过程中，始终将材料性能提高和节能降耗目标同时贯穿在高丰度稀土材料生产过程，实现了特殊物性高端前驱体产品的工业化生产，并以此为基础，开发了高性能稀土抛光材料和稀土结构陶瓷材料，产品指标和技术水平达到国际先进或领先水平，促进了镧铈钇等高丰度稀土应用面的快速提升，体现了习近平总书记在赣州视察时强调的绿色化、可持续、高质量发展的目标。

稀土材料平衡利用的另一途径是通过技术研发，降低紧俏元素的用量水平。近十年来的一个显著成果是将高丰度稀土元素铈或钇用于磁性材料，在不降低或不显著降低性能水平的前提下提高高丰度稀土元素的使用量，降低镨、钕、铽、镝等紧俏元素的用量。中国钢研科技集团公司（原钢铁研究总院）和中国科学院宁波材料所分别在铈和钇替代部分紧俏元素的磁体开发方面取得了很好的效果。如前所述，中国钢研科技集团公司成功开发了"双（硬磁）主相"技术和新型铈磁体制备技术，拓展了高丰度铈的应用，为稀土资源的平衡利用提供了新的方向，并已经实现了大规模推广应用。烧结钕铁硼磁体目前的研究热点主要集中在开发不含铽、镝（晶界扩散新工艺）或含少量重稀土的磁体（晶粒细化工艺）、热压/热流变磁体制备技术等方面。

1.6.2 稀土产业可持续发展与科技创新

稀土产业高质量发展需要有资源、产品、环境以及政策、管理和科技创新等多方面的保障。

1.6.2.1 稀土产业的链式发展

稀土已成为具有强大竞争力的新材料产业中的重要物质基础。基于中国的资源优势，中国已研发了世界领先的稀土开采和分离技术，形成了集采选、冶炼分离、材料制备和终端应用为一体的完整产业链，稀土材料产品产量居世界第一，为高技术产业的发展提供了强有力的保障。这得益于中国蕴藏十分丰富的稀土矿资源，包括内蒙古包头的混合型轻稀土矿、四川的氟碳铈稀土矿以及南方诸省的离子吸附型稀土矿。其中，稀土矿中的中重稀土是当前十分珍贵的矿产资源之一，已经成为当前高新技术产业中的重要组成元素。

未来稀土产业的发展必须向稀土材料产业链的纵深发展，这就需要从稀土产业链的末端切入，通过优化产业链来开发特定性能的稀土新材料，为稀土产业发展提供多样化的产品，进一步链接产业供需的两端，合理解决当前稀土产业链的问题，最大程度提高稀土产品的附加值，最终实现稀土产业链的纵深发展。

随着中国终端应用产业的扩大和技术水平提高，加上美国的技术封锁，可能会更加积极地促进中国在终端应用产品上的开发力度，消除原来一些习惯性的产品配套要求，有助于国产化产品对原有配套产品的替代，像汽车尾气净化催化剂、集成电路抛光浆料等等。

在终端应用产品国产化进程中，需要解决一些关键的共性技术难题。我们知道，稀土新材料的开发主要依靠稀土与其他化合物经过一系列工艺过程形成复合稀土材料。复合化是稀土化合物产品的发展趋势，稀土化合物的粒度将影响应用材料的质量，这是因为随着粒度的减小，比表面积也加大，表面活性不断改善，稀土的功能将得到更充分的发挥。稀土化合物的超细化既是一项复杂的高技术，也是提高稀土化合物经济价值的重要手段。对于稀土化合物比表面积、晶体、形貌、密度等特殊指标的调控，如果单纯在材料制备环节中完成，所花费的精力和消耗会更大。而如果放在一个产业链的生产模式下，则可以通过前后工序的相互协作来完成，并取得更好的效果。

稀土产品的高纯化、复合化和超细化是未来的发展方向，并且稀土在高技术领域的作用只有在高纯化后，才能充分发挥出来。如发光材料、激光材料、光电子材料等要求稀土纯度5N（99.999%）以上；非稀土杂质含量要求越来越低，如 Fe、Cu、Ni、Pb 等重金属含量要求小于 1mg/kg。中国的稀土冶炼、分离工业发展十分迅猛，其品种数量、产量、出口量及消费量均占世界首位，但在稀土精细化工产品质量、一致性方面还有待于进一步提高。稀土精细化工产品具有技术密度高、投资回报大、技术垄断性强、销售利润高的特点。因此，国内稀土企业必须在该领域取得突破，才可能保持企业较高利润率和发展速度。

1.6.2.2 稀土产业的科技创新

稀土产业的未来发展应该集中到稀土材料产业的科技创新上来。对于稀土产业的发展来说，科技自主创新起到了十分关键的作用，不仅能够推动整个产业的改造和升级，还能够让产业结构获得科学调整。从目前的情况来看，将资源优势转变为产业优势，关键点就在于如何有效利用。可见，科技创新就成为了当前稀土产业发展的主要力量和技术保障，一方面要加强基础理论和原创性技术的开发，不断加强资源合理利用和节能环保等方面技术的研发；另一方面，还需加大对相关科技研发的投入，鼓励、扶持科研院所、企业进行科技自主创新。

以发光材料的研究和产业化为例，虽然国内外科学家在稀土纳米发光材料的控制合成、发光性能调控、表面修饰和应用等方面都取得了可喜的进步，但仍有很多问题亟待解决。在具体的研发工作中，应该面向国际前沿，面向国家重大需求，面向发光领域的"痛点"和"冷门"来做一些"顶天立地"的工作。

氮化物荧光粉的出现以及对稀土发光材料研究和 LED 产业的促进作用正是基于认识水平的提高和思路的改变，是在深入理解发光机理、掌握材料构效关系基础上进行产品开发的典型案例。在传统的发光材料设计中，人们会习惯性地考虑和选择具有合适晶格的化合物作为发光材料的基质。然而，在 β-SiAlON 和 AlN 的晶体结构中，并不存在可被掺杂离子占据的传统晶体学格位，甚至在经典的氮化物陶瓷有关论文中都一直认为金属元素难以固溶于 β-SiAlON。如果仍从陈旧的思维角度考察这两种材料，就会错过发现这些具有优异发光性能和实用价值的荧光粉的机会。

稀土纳米材料的光学性能主要取决于其局域电子结构和激发态动力学。例如，通过金属离子的掺杂改变材料的物相或晶胞参数进而调控材料的局域晶体场环境，是提高材料发光效率的有效途径之一。但对其电子结构与发光性能之间相关性的基础研究还较缺乏，一些关键问题如稀土离子的局域位置对称性、晶体场强度、激发态的辐射跃迁概率、多声子无辐射跃迁概率等影响材料发光的重要光谱参数变化规律等还有待阐明，在进行材料的发光性能优化时缺乏针对性。

纳米科技和表征技术的巨大进步，使得纳米尺度单颗粒的光学研究成为可能。事实上，即使是同一批次合成出的纳米材料，每个颗粒在大小、形貌、组成和表面性质方面都不尽相同。这些是与材料学、物理学和界面化学等相关的核心问题，对于材料的可重复性、性能优化和应用至关重要。电子显微镜可以观察单个纳米颗粒的结构与形貌特征，但它几乎无法分析其光学性质。常规的荧光光谱测试只能研究纳米颗粒聚集体的平均光学特性，像整体荧光谱峰的强弱、展宽和荧光衰减的快慢等。单颗粒光谱法是一种近年来快速发展的技术，能够识别单个颗粒的各个特征，从而提供有关不同颗粒异质性的直接信息。通过测量单个颗粒的光学特性，可以分析其特定尺寸、形状、电荷、表面性质和受局部环境的影响，发现新的客观规律。随着材料体系的日益复杂和表征技术的不断完善，可以通过材料科学、光学成像和光谱学的跨学科整合，实现更精细的光谱分析和发光调控。

稀土纳米探针是目前普遍看好的新一代荧光生物标记材料，有望替代分子探针在重大疾病和突发传染病的早期诊疗和靶向示踪等生物医学领域发挥重要作用。作为新型生物探针，稀土无机纳米发光材料应满足尺寸形貌可控、发光强、水溶性好、易于生物连接等要求。与传统有机染料等分子荧光探针相比，时间分辨/上转换荧光纳米探针在重要疾病标志物体外检测方面的实用化研究尚处于起步阶段。

发光材料研究领域的快速成长得益于产学研合作。氮化物荧光粉之所以能够在日本国立材料研究所和德国慕尼黑大学开花结果也是得益于他们与知名公司的合作研究。随着科研人员评价体制的改革以及企业自主创新意识和能力的提升，产学研融合的深度和广度将会加强，解决国家重大产业需求的使命将不再只停留在纸面上。

氮化物荧光粉登上发光材料的舞台并在 LED 技术中发挥关键性作用，可以认为是发光材料研究中的一个奇迹。而且，它的出现也带给人们很多思考。例如有关激光显示的讨论，可以使人意识到发光材料在超高功率密度激发下存在的一些科学问题，为荧光玻璃、荧光陶瓷制备以及激光照明的研究提供明确的方向，也提供了材料设计的新思维、材料探索的新方法、材料应用的新尝试。科学研究不仅要满足科学家的好奇心，还要面向国家重大需求和"卡脖子"的问题，力求实现成果的应用。只有敢于啃硬骨头，敢于坐冷板凳，敢于走出我们每个人在自己所擅长领域的舒适区，把研究工作做细、做扎实，勇于与其他学科进行交叉融合才能拓展研究的深度和维度，树立自己的标识性工作。

1.6.2.3　产业政策与管理思路

产业政策是政府为了实现一定的经济和社会目标而对产业的形成和发展进行干预的各种政策的总和。其功能主要是弥补市场缺陷，有效配置资源、减少浪费、扩大就业、保障社会、保护幼小民族产业的成长、熨平经济震荡、发挥后发优势、增强适应能力等。产业政策主要通过制定国民经济计划（包括指令性计划和指导性计划）、产业结构调整计划、产业扶持计划、财政投融资、货币手段、项目审批来实现。

在稀土产业发展的不同阶段，产业政策是不一样的。在稀土工业发展的早期，国家鼓励稀土资源开发，鼓励出口创汇，在相当长的一个时期内执行退税政策，这对稀土工业的初期发展起到了很好的作用。这一时期，稀土企业由于行业的特殊性，利润率较高，门槛较低，稀土矿山和分离企业发展迅速，产量激增，企业相互之间竞价销售的现象非常严重，导致价格和利润的下降，资源浪费和环境污染的加重。在这种情况下，一些规模比较小的企业，经济实力也比较弱，它们的集群效应非常差，产生的经济效益也比较低，导致中国稀土产业在整体的市场化能力都呈现出比较弱的状态。

中国依托资源优势和国家力量，在稀土提取和分离技术上取得了很大成绩，技术水平居国际领先。但知识产权意识薄弱，对稀土制备技术的知识产权保护不够，侵权和被侵权现象十分严重，致使各生产企业缺乏核心竞争力。自20世纪90年代开始，以法国罗地亚公司、加拿大AMR公司为代表的外资进入中国稀土企业，先进的管理经验、通畅的销售渠道、加上本土资源和人力优势，给这些合资企业带来了丰厚的回报。

稀土产业的进一步发展，不能仅仅依靠企业自身的力量，而是要加强对稀土产业的宏观管理，将各种资源结合在一个区域内，从而实现多元化发展。同时还需要使用现代科学技术催生新的稀土产业和项目，通过产业集群来让整个产业获得转型和升级，变得更有活力，从而进一步推进稀土产业结构的升级改造。这种改造，需要从横向和纵向来整合内力，逐步建立起多元化的稀土产业目标市场，提升产品品牌的附加值，进一步拓展新兴的市场，加强经贸合作，不断扩大稀土产业的市场规模，提升自身的市场份额，让稀土产业获得更大的发展。

为此，从2009年开始，国家开始加强对稀土行业的宏观管理，开始重视对稀土行业发展的扶持力度，积极调整产业结构，投入大量的资金，推动稀土行业不断提升自主创新能力，同时与稀土产业相关的产业链技术也得到了全面的提升。特别是自2011年国务院印发《关于促进稀土行业持续健康发展的若干意见》以来，国家对稀土产业结构进行了有效整合，通过组建包括北方稀土、中铝集团、五矿集团、南方稀土、广东稀土和厦门钨业等，建立起规范有序的稀土资源开发、冶炼分离和市场流通秩序。

2019年，习近平总书记视察赣州时指出："要加大科技创新工作力度，不断提高开发利用的技术水平，延伸产业链，提高附加值，加强项目环境保护，实现绿色发展、可持续发展。"为深入贯彻落实习近平总书记关于稀土产业发展的重要指示精神，加快推进稀土产业高质量发展，江西省人民政府办公厅制定《关于促进稀土产业高质量发展的实施意见》（赣府厅发〔2020〕2号），指出要加大创新平台建设力度，加快推进中国科学院稀土研究院建设，支持高校院所、科研机构、龙头企业等牵头组建稀土产业领域创新平台；要加强基础研究与技术积累，聚焦离子型稀土矿山高效绿色开采、钇等高丰度元素平衡利用等关键领域，突破一批国家亟须、引领未来发展的稀土新材料及绿色制备关键技术。这些举措的实施，必将对稀土产业的发展产生很大的影响。

国家从 2009 年开始调整稀土行业结构，2011 年 5 月国务院正式颁布《关于促进稀土行业持续健康发展的若干意见》，2011 年 10 月 1 日环保部批准《稀土工业污染物排放标准》（GB 26451—2011），实施国家污染物排放标准。从总体上来看，出台的这些政策、意见和标准均体现了国家对稀土市场流通管理、生产过程环境保护、稀土材料研发与提质增效以及稀土平衡利用（钇、镧、铈）的重视。

污染物排放标准偏离了环境保护和资源循环利用以及节能、减排、低碳要求，导致稀土生产企业的实际污染物排放量依然降不下来。在新实施的稀土工业污染物排放标准中，对氨氮的排放提出了比其他行业更严格的要求，而对无机盐的排放没有要求。因此，在环保核查中曾经要求企业不能用含氨的原料来生产，应把氨水皂化和铵盐沉淀作为落后技术淘汰。事实上，在稀土萃取分离和沉淀分离过程中，用氨水皂化和铵盐沉淀稀土的技术是最为先进和最为环保的。因为它们对分离过程和产品质量的影响最小，成本也不高，这在过去几十年的实践中已经得到明确的证明。当然，产生的含盐废水必须处理以循环利用，而铵盐的回收利用方法是最为经济的，易于实现物质回收和循环利用。在淘汰氨水皂化和铵盐沉淀的形势下，许多企业不得不采用钠、钙、镁来替代铵。其中钠的成本高，钙镁的纯度低，且都会对产品质量产生不良影响，也会增加有机相的损耗，导致废水中磷和 COD 等指标超标。大量的这种高盐废水的排放导致农田的盐碱化和灌溉水的盐浓度超标。另外，在稀土工业污染物排放标准中，并没有对离子吸附型稀土矿山生产的废水提出具体的标准。但在管理上，又把原地浸矿作为矿山开采的必选方式。而事实上，这一方式的环境危害是很大的，是矿区废水和尾矿大量产生的主要原因。表面上看，短期内植被破坏小，但长期的废水量大，滑坡塌方导致的水土和资源流失更加严重。因此，离子吸附型稀土开采的环保问题，不是简单地采用非铵原料就能解决的，必须从浸矿剂选择、流程制定、采浸方式、尾矿处理与生态修复等多方面来考虑，实现一体化技术才是最终解决问题的根本途径。

修订稀土工业污染物排放标准，参照国外稀土工业的氨氮和无机盐排放标准，按不同地区实施不同的排放标准，适度放松浓度限值，严格控制排放总量，促进企业全面开展物质回收利用工作，实施真正意义上的减排增效，低碳节能；继续支持节能减排和绿色高效稀土提取和生产技术的研究开发和推广应用。重新评价离子吸附型稀土原地浸出技术的危害，杜绝不可控的技术方案对环境带来的长期危害；取消离子吸附型稀土开采的原地浸取要求，研究开发和推广可控精准浸矿和可修复堆浸技术，充实资源开发环境工程模式的技术内涵；完善和推广以回收利用矿区废水、废渣和减少废水、废渣产生的硫酸铝来浸取稀土的新技术，解决历史余留的废水、废渣和尾矿修复难题。重视稀土资源共生放射性元素的合理处置和富集回收技术研究，与核工业部门和研究单位联合，开发潜在的核能材料和应用技术，规划和制定核材料和技术的储备；继续支持稀土应用技术，尤其是富余稀土（镧、铈、钇、钆）的应用技术研究工作，提高稀土资源开发综合效益。

我们认为能够很好地解决离子吸附型稀土资源开发环境影响问题的必然选择就是我们倡导的环境工程模式。图 1-9 展示出了环境工程模式的流程，包括技术和管理两个层面。从技术层面来看，资源圈定与生产勘探是确定技术类型和完成可行性研究报告的基础，且在提交的技术方案中必须包含对尾矿和尾水的合理处置等环境工程内容和要求。技术实施效果和环境影响评价是判断技术方案和管理措施是否执行到位、环境保护目标是否达到的主要依据。考虑到浸矿液的循环使用问题，企业的开采作业要有连续性，前一矿块产生的沉淀废水需要用于下一矿块的采冶。因此，在一个流域内只需选择一家具备稀土开采和环境保护技术的大企业来承接，避免多个企业的全面开花式开采。

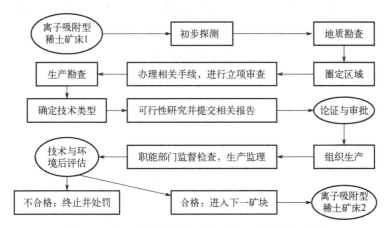

图 1-9　离子吸附型稀土提取环境工程模式的流程

"环境工程模式"是解决离子吸附型稀土开发环境影响问题的必然选择。我们主张以资源勘探和生产勘探结果为基础来确定具体的技术方案，不强制推广原地浸矿，为发展精细的堆浸和原地浸矿技术提供良好的政策氛围。将离子吸附型稀土成矿机理的研究成果用于资源勘探和生产勘探，可以发展一些新的探测方法和技术，这对于保障稀土资源的利用率、减少环境影响非常重要。浸矿剂和浸矿工艺的选择必须同时满足高收率和低污染的基本要求，不是简单的无铵化就能解决离子型稀土开发的环境问题。其中，合理配置不同类型的浸矿剂，并与浸矿方式方法相配合才是今后的主要发展方向。这需要通过基础和技术研究来解决尾矿的稳定性问题，并切实降低有害废水的产生。从低浓度稀土浸出液和废水中富集回收稀土的技术研究仍然需要加强。目前的萃取和膜法富集技术还不具备全面取代沉淀法和吸附法的技术条件。但在一些需要分离共存杂质离子的场合，可以充分体现萃取的优势。例如在对铝的分离和钪的回收、稀土的分组以及铀、钍等放射元素的处置上，萃取法的应用潜力很大，尤其是在高价离子电解质用于稀土的浸取时更具应用价值。尾矿修复与水处理是解决矿山废渣废水的主要内容，需要在矿山资源开采环境工程模式中得到切实的体现和发展。将化学与生物技术相结合是发展生态修复和低成本废水处理技术的新方向。

21 世纪之初，我们便倡导了"醉翁之意不在酒，在乎山水之间也"的稀土产业发展思路。其基本观点是：稀土产业的发展不以开采量和规模大小来论英雄，而是要在保证开发过程绿色化的前提下，大大提升稀土的应用价值和推广应用范围，既要绿水青山（环境保护），也要金山银山（应用效益）。这需要从以下几方面来提出一些有效的调控措施。

① 加快稀土新材料及绿色制备技术的研发，促进稀土资源绿色高效提取分离技术的产业化应用，从源头削减三废污染，提高资源综合利用率。创建稀土绿色产业体系，包括稀土行业绿色产品、绿色工厂评价体系及相应的政策配套机制。将基础研究、原始创新成果与工程

化转化为能力对接，全面提升行业自主创新能力。尽快地将中国的稀土资源优势转化为技术和经济优势，使中国成为世界的稀土大国和稀土强国。

② 加强人才培养和创新基地建设，提高科技创新能力。建立人才培养和创新基地的长效发展机制，突出"高精尖缺"导向，依托稀土行业创新平台，着力培养前沿、基础科学、工程化研究等科技领军型人才。

③ 制定和完善强制有效的知识产权保护法律法规，建立和完善专利、标准及评价保障体系，严厉打击知识产权侵权行为，保护知识产权，为技术创新成果的推广提供法律依据和保障。建立功能材料分析检测与应用性能评价体系，搭建稀土标准化信息平台，加快中国稀土标准的国际布局。建立完善产品评价与标准化体制机制，提升创新实力。

第2章
稀土荣耀：功能性质与材料应用

2.1 稀土不"土"

稀土的"土"与"不土"，不是说稀土氧化物的性质有没有"土"性，而是指稀土应用的"土"与"不土"。事实上，稀土应用不仅不"土"，还可以说是十分的"高、大、上"。

2.1.1 稀土应用提升稀土战略价值

资源开发的目标是要满足人类生活需求，因此，任何一种矿物要成为资源，首先必须是该矿物具备应用价值，而且其应用价值要大大高于其开发成本。稀土的第一个应用是 1885 年韦尔斯巴克发现的 99%氧化钍和 1%氧化铈混合物在加热时会发出强光，利用这一现象他发明了汽灯纱罩。这种汽灯一直应用到 20 世纪 60～70 年代，在农村当时还没有电灯，晚上看戏的戏台上就需要用到几个戏灯照明。这在当时看来是很神奇的。在后来的节能灯里用的红绿蓝三基色荧光粉都是用稀土做的。

要说明稀土应用的高大上，我们可以拿铜来比较。众所周知，铜的应用很广泛，大到电线电缆和古时候的青铜器，小到集成电路和线路板中的铜线等等。很多人都知道铜主要还是用作导线。江西贵溪冶炼厂生产的电解铜大部分是用作导体，不管是铜线，还是铜箔、铜片等等，都与其导电性相关。稀土的应用也很广泛比如手机、电灯、电视、汽车，又如高强高韧的钢和细韧的震旦丝，大多数人都接触过，甚至可以说很熟悉，但是不知道其中起关键作用的就是稀土！有人说，铜的导电性好，用作导线非常好，可就是太贵了，要省着用。稀土能导电吗？能做导线吗？你若这样问，那你肯定是外行了。光纤、超导及高强度铝导线，都用到了稀土，所以，可以说稀土早已渗入了我们生活的方方面面。当然，还有一些"高、大、上"的应用是不能出现在我们日常生活中的，比如激光制导导弹、激光武器或者是激光诱导的核聚变、潜艇的声呐系统等。这些应用可都是稀土材料在起主要作用。还有很多其他应用，就不一一列举了。当然一定还有很多没有发现的新用途，还需要我们不断地探索和开发。

2.1.2 稀土功能性质与4f电子排布

稀土的功能性质及其变化规律与它们的电子层结构直接相关。就镧系元素而言，从镧到镥，前面说了，序号每增加一个，原子核就增加一个正电荷，同时外层增加一个负电荷的电子。这个增加的电子排在内层轨道（4f）上，而4f轨道一共有7个。按照泡利不相容原理，每个轨道上只能容纳2个自旋方向相反的电子，7个轨道总共能容纳14个电子。如果电子数不足7，一般是在每个轨道上容纳1个电子，这时候轨道里面没有电子之间的相互排斥作用，体系能量最低。当然，电子数不足7时，也可能存在2个自旋方向相反的电子填充在1个轨道里的情况，这需要克服电子间的相互排斥，提供额外的能量。电子在轨道里的每一种填充方式就对应于一种能量状态或称为能级。在没有外界干扰时，电子总是选择没有相互排斥、体系能量最小的方式填充在轨道里面，并且所有电子自旋方向一致。当电子数超过7时，第8个电子必须与前面的电子以自旋相反的方式配对，此时就会出现1个轨道容纳2个电子的情况。但是，当外界给它能量时，比如用光照、用电激发时，电子在轨道中的排布状态将会改变，变成所谓的激发态。这些能量状态与稀土的光、磁、电性质直接相关。光吸收和荧光发射就是电子在这些不同能级状态之间转换时所要吸收和放出的能量；而磁性则与那些成单的电子相关，成单电子越多，磁矩越大。最大的磁矩出现在7个电子分占7个轨道时的状态，对应于三价的钆离子，所以钆是作为磁共振造影应用效果最好的离子。当然，两价的铕也有7个成单的4f电子，可以用作磁共振造影试剂，但价格高，不稳定，所以还是钆用得多。

俗话说，老大一根木，老二善唱曲，老三会打拳，老四学做屋……在镧系元素中，镧排行老大，确实有点"木"。其他"弟弟妹妹"都有4f电子，就它没有，单纯靠点"硬本领赚饭吃"，凡事总做配角。铈排行老二，确实是会"唱曲"。三价铈离子有一个4f电子，受镧的影响，它时常把这个电子丢掉，变得跟镧一样，让所有的"床"都空着，变成四价。所以铈的价态有三价和四价，而且容易转变，是催化的好材料，谁要电子它给谁，谁电子多它帮谁收。铈还是个十足的"媒婆"，什么硬的东西都能被它"抛光"。老三老四分别是镨和钕，它们的4f电子多了一些，总是要显得独具一格性能也多元化。镨和钕在"性格"上更为亲近，所以二者之间的分离很难。好在作为磁性材料时，也不需要把它们分开来用，省了很多事。但在作为发光材料时，则需要把二者分开，因为它们喜欢的颜色还是不同的。常用的固体红外激光器便是用钕激发的钇铝石榴石单晶来做的，这里用到的钕、钇、铝原料都要是高纯度的。钷排行老五，在自然界中很难找到，因为它的半衰期短，只能在要用的时候通过核反应来少量制备。老六老七的电子多，但也没超过轨道数，性质上显得自由一些，在它们的4f轨道上有较多的成单电子，是作为发光材料和磁性材料的"好坯子"。其中排行老六的钐作为磁性材料的用途更大一些，而且主要用在一些需要耐高温的场合，例如导弹和航天器等。而排行老七的铕性质更善变一些，有两价和三价两种价态，可以作为多种颜色的发光材料，节能灯里的红、绿、蓝三基色荧光粉有两种用到了铕。在原子结构理论里有一种说法，当这些具有相同能量的轨道上处于全空、半满和全满时的状态是更稳定的，这是导致铈有四价和铕有两价的主要原因。从铕之后的钆开始，又是一轮新的周期性变化，因为它们的4f电子数开始要超过7了。在每个轨道上已经安排了一个电子之后，增加的电子只有采用配对的方法，除了配对需要能量且成单电子数减少外，其他填排方式与前面7个有类似规律。在新一轮中，钆排行老大，铽排行老二，镝钬排行老三老四。但老五铒没有失踪，因为在老四老五之间插入了"大叔家的堂兄弟"钇，使钬铒之间也更亲密一些。后面还有老六老七老八，最后加上"二叔家的堂弟"钪。钪和钇的共同点是没有4f电子，而镥是4f电子最多，14个，但轨道只有 7 个，所有电子都成对排列。与钪、钇、镧一样，任由外界条件改变，它的电子排布是不变的，性质也相当稳定。所以，它们都是靠硬本事赚饭吃，常常用作荧光和激光材料的基质，为其他性质多样化的兄弟姐妹发挥各自的功能提供良好的场所。作为钢铁和合金的增强剂，它们在大型铸件和高强度大跨度钢材生产上发挥着十分重要的作用。像高铁钢轨、航母、大桥、重型机械装置等等，都期盼着它们的广泛应用。

2.1.3 稀土应用的王者风范

稀土应用的一个特点是不以量取胜，而是以功能的最优最好闻名。稀土发光和激光材料不仅用作节能灯、LED 灯、电视机，更主要的是应用在尖端武器和医疗设备上，是目前发光材料与器件中用途最广和性能最好的；稀土磁性材料的应用更广，手机、汽车、制导武器、风力发电，大的小的都要用，也是因为稀土磁性材料是目前磁性材料中最好的；稀土抛光材料用在光学镜头、激光玻璃、手机盖板和集成电路抛光，其效果也是所有抛光材料中最好的；还有稀土催化材料，主要用在石油重整、汽车尾气净化和工厂废气净化；稀土储氢材料用作动力电池和高纯氢制备及冰箱；稀土陶瓷材料用作各种电子器件和工程陶瓷、刀具等等。这些应用都能充分体现了稀土应用的"高、大、上"。当然，稀土也能在许多传统领域得到应用，例如，作为有色金属和钢铁的添加剂，能显著提高材料的性能，包括强度和韧性，在一些大型铸件和工程应用上的作用也是"高、大、上"的，这对于提高中国制造水平非常重要。换句话说，稀土应用研究关乎了稀土的丰富还是稀缺。所以，稀土应用研究一直是全球各国的重点发展领域。这不仅仅是化学家和冶金学家的事，也是物理学家、生物学家、材料学家、机械学家和广大工程师的艰巨任务。化学家和冶金学家能不能为材料研究提供各种规格和类型的稀土产品则是决定稀土稀缺与否的关键。

稀土应用重大技术挑战包括如下几个方面：

● 智能制造、信息技术、机器人技术的突破，以及能源、环境等现实问题的解决，要求稀土新材料向着更高性能的方向跨越。

● 新能源汽车、轨道交通装备，海洋工程装备及高技术船舶，航天航空装置，智能电网，大容量储能和新能源装备，节能电机，大容量清洁发电机组。

● 新一代信息技术：集成电路及专用设备，网络通信设备。

● 数控机床，智能机器人：精密，高速高效软性数控机床；高可靠高精密度机器人。

● 生物医药，诊断设备：个性化诊断，高性能影像设备，可穿戴设备及康复辅助设备。

2021 年，主要稀土功能材料产量保持平稳增长，表现在以下几方面[1]。

● 稀土磁性材料：烧结钕铁硼毛坯产量 20.71 万吨，同比增长 16%；黏结钕铁硼产量 9380t，同比增长 27.2%；钐钴磁体产量 2930t，同比增长 31.2%。

● 稀土催化材料：石油催化裂化催化剂产量 23 万吨（国产催化剂），同比增长 15%；机动车尾气净化剂产量 1440 万升（自主品牌），同比下降 0.6%。

● 稀土发光材料：LED 荧光粉产量 698t，同比增长 59%；三基色荧光粉产量 831t，同比下降 25.3%；长余辉荧光粉产量 262.5t，同比增长 8.1%。

● 数据来源于中国稀行业协会。

- 稀土储氢材料：产量 10778t，同比增长 16.7%。
- 稀土抛光材料：产量 44170t，同比增长 29.7%。

2.2 稀土荣耀及其战略意义

在当代社会经济和高技术诸多领域中，稀土新材料发挥着重要作用，并且派生出许多新的高科技产业。这些稀土新材料主要包括稀土磁性材料、稀土发光和激光材料、稀土特种玻璃和高性能陶瓷、稀土发热与电子发射材料、稀土储氢与电池材料、稀土催化与能源环境材料、稀土抛光材料、稀土超导材料、稀土核材料等等。

2.2.1 稀土荣耀

稀土的荣耀来源于它们在不同领域的非凡应用性能。尽管稀土的化学性质相近，但它们的物理性质所派生的功能特征却是千差万别。一种元素，其状态和形态不同，应用也可以不同。而在一些应用中，稀土元素较其他种类的元素在同类应用中的效果更佳，且更具经济价值。这为稀土在新材料、节能与新能源汽车、新一代信息技术、航空航天装备、高档数控机床及机器人、先进轨道交通装备、生物医药及高性能医疗器械、海洋工程装备及高技术船舶、电力和农机装备、核能与国防军工等未来的十大重点应用领域发挥作用奠定了基础。

人们之所以重视稀土、研究稀土、开发稀土，就是因为稀土中每个成员均有特性，个个身手不凡，在高精尖科技领域各显神通。目前，由稀土元素生产的稀土永磁、发光、储氢、催化等功能材料已是先进装备制造业、新能源等高新技术产业不可缺少的原材料，还广泛应用于电子、石油化工、冶金、机械、新能源、轻工、环境保护、农业等。

例如，稀土可以作为优良的荧光、激光和电光源材料以及彩色玻璃、陶瓷的釉料；稀土离子与羟基、偶氮基或磺酸基等形成络合物，使稀土广泛用于印染行业；某些稀土元素具有中子俘获截面积大的特性，如钐、铕、钆、镝和铒，可用作原子能反应堆的控制材料和减速剂；而铈、钇的中子俘获截面积小，则可作为反应堆燃料的稀释剂；铈的合金耐高热，可以用来制造喷气式推进器零件，若作为玻璃添加剂，则能吸收紫外线与红外线；铈还是用作优良的环保材料，可应用到汽车尾气净化催化剂中，从而有效防止大量汽车废气排到空气中；钕的最大用户是钕铁硼永磁材料，以其优异的性能广泛用于电子、机械等行业，钕铁硼永磁体的问世，为稀土高科技领域注入了新的生机与活力。在医疗上，钆的水溶性顺磁络合物，可提高人体的核磁共振成像信号；铥可用作医用轻便 X 射线源，用以制造便携式血液辐射仪，这种辐射仪放射出的 X 射线照射血液能使白细胞下降，从而减少了器官移植早期的排异反应。此外，由于对肿瘤组织具有较高亲和性，铥还可应用于肿瘤的临床诊断和治疗。

基于稀土的战略价值，各国政府和科学家都十分重视稀土的基础研究和产业化应用技术开发，希望科学家能够不断地发现稀土的新用途。据统计，在每 6 项发明中，就有一项与稀土相关。随着科学技术的发展，稀土的科技领域得到了进一步的拓展和延伸，稀土元素也将会有更广阔的利用空间。下面，我们来看看各种稀土元素的禀赋及其应用领域。

（1）钪（Sc）——功夫小子，大有作为

在稀土元素中，钪的储量很少，且分散在许多矿物资源中。天南海北，许多矿物中都能见到钪的踪迹，例如钨精矿、钛铁矿、锆英砂、铝土矿等。钪的生产主要来自这些资源提取后的回收废渣。所以，钪是一种价格高昂的稀土元素。

钪是门捷列夫当初所预言的"类硼"元素。与钇和镧系元素相比，离子半径特别小，氢氧化物的碱性也特别弱。因此，用氨（或极稀的碱）处理混合稀土时，钪将首先析出。用"分级沉淀"法就可把它与其他稀土元素分离。另一种方法是利用硝酸盐的分级分解进行分离，硝酸钪很容易分解。

用电解的方法可制得金属钪。在炼钪时，将 $ScCl_3$、KCl、$LiCl$ 共熔，以熔融的锌为阴极电解，使钪在锌极上析出，然后将锌蒸去可得金属钪。另外，在加工生产铀、钍和镧系元素时也易回收钪。钨、锡矿中综合回收伴生的钪也是钪的重要来源之一。钪在化合物中主要呈 +3 价态，在空气中容易氧化成 Sc_2O_3 而失去金属光泽变成暗灰色。

钪的应用很多，但多半用在附加值高的产品中，主要的用途有：

① 在冶金工业中，钪常用于制造合金（合金的添加剂），来改善合金的强度、硬度和耐热性能。例如，在铁水中加入少量的钪可显著改善铸铁的性能，少量的钪加入铝中可改善其强度和耐热性。这样，一些高强度的钢就可以通过加入适量的钪来生产，像一些大跨度的高强度钢板，已被用于大型建筑、桥梁、航母、军舰的制造。

② 在电子工业中，钪可用作各种半导体器件，如钪的亚硫酸盐在半导体中的应用已引起了国内外的注意，含钪的铁氧体在计算机磁芯中也颇有前景。

③ 在化学工业上，用钪化合物作酒精脱氢及脱水剂，也将其用作生产乙烯和废盐酸生产氯时的高效催化剂。

④ 在玻璃陶瓷工业中，可以制造含钪的特种玻璃、特种陶瓷等等。

⑤ 在电光源工业中，含钪和钠制成的钪钠灯具有效率高和光色正的优点。

⑥ 自然界中钪均以 ^{45}Sc 形式存在，另外，钪还有 9 种放射性同位素，即 $^{40\sim44}Sc$ 和 $^{46\sim49}Sc$。其中，^{46}Sc 作为示踪剂，已在化工、冶金及海洋学等方面使用。在医学上，已有用 ^{46}Sc 来治疗癌症的研究。

（2）钇（Y）——才子佳人，稀土公仆

龙南离子吸附型稀土富含钇等重稀土元素。在这一资源发现以前，钇的产出极其有限。加上它的用途很广，尽显出一副"才子佳人"的气度，以钇定价，红极一时。最为经典的用途就是用作钇铝石榴石激光材料的基质，用作掺铕的钒酸钇及掺铕的氧化钇彩色电视机荧光粉的基质。离子吸附型稀土资源的开发，使储量丰富的钇成为常见的大宗稀土产品，价格实惠，用途广泛。即使这样，它也还在进一步开拓其应用范围，以高丰度稀土元素的姿态，服务稀土新材料。典型的用途有：

① 发光材料。含钕的钇铝石榴石（YAG）是优良的激光材料，一种钇、铝和氧的化合物可获得强大的激光。YAG 激光器是一种"强大的固态激光器"，应用于焊接、切割、孔加工、表面改性等各个领域。激光器用于医疗器械、激光武器、激光通信等等。用功率 400W 的钕钇铝石榴石激光束对大型构件进行钻孔、切削和焊接等机械加工。医用激光不仅具有切开作用，还具有止血和凝血作用。钇铁石榴石和钇铝石榴石是新型磁性材料，用于微波技术及声能换送。铈掺杂的钇（钆、镥）铝（镓）石榴石发光材料已经广泛用于白光 LED 的荧光转换材料。电视和节能灯中所用的红色荧光粉，都是以钇的化合物为基质的。掺入少量的铕，

就可以发出很强很纯的红光。钇用作磷光体使电视屏幕产生红色。由 Y-Al 石榴石单晶片构成的电子显微镜荧光屏，荧光亮度高，对散射光的吸收低，抗高温和抗机械磨损性能好，可用于某些射线的滤波器。氧化钇主要应用于电视 CRT 或 LED 的内部，以发出红光和白光。钇所属的稀土被广泛应用于 IT 电子产品，如 LCD、LED、智能手机、相机，甚至混合动力汽车。

② 陶瓷和耐高温涂层材料。钇氧化物耐高温和耐腐蚀，可作核燃料的包壳材料，还可以用于耐高温喷涂材料、原子能反应堆燃料的稀释剂，永磁材料添加剂以及电子工业中的吸气剂等。含钇 6% 和铝 2% 的氮化硅陶瓷材料，可用来研制发动机部件。钇稳定的氧化锆陶瓷是钇的主要用途之一，江西省赣州虔东稀土集团股份有限公司和赣州晶环稀土新材料有限公司都能生产各种稀土陶瓷，包括陶瓷刀具、光纤插芯、微纳米材料生产用的耐磨介质和内衬等等。氧化钇是固体电解质和精密陶瓷的优良稳定剂，氧化钇稳定的氧化锆（YSZ）中，氧化钇被固溶在氧化锆中，消除了温度变化导致的材料体积变化所引起的裂纹。含 8% 氧化钇的 YSZ 已被用作固体氧化物燃料电池的电解质，钇还用于这种电池的多孔阳极材料（Ni-YSZ）。这种固体燃料电池可以用柴油、煤气为燃料发电，电能转化效率达到 60% 以上。备受关注的掺钇 $SrZrO_3$ 高温质子传导材料，对燃料电池、电解池和要求氢溶解度高的气敏元件的生产具有重要的意义。

③ 超导材料。钇钡铜氧超导体是最为熟悉的一种材料，钇是其关键组分。2004 年，我国采用该类超导材料薄膜成功研制了 CDMA 移动通信用高温超导滤波器系统，获得实际应用。标志着我国是继美国之后第二个实现超导滤波器在移动通信中应用的国家。

④ 钢铁及有色合金的添加剂。含钇达 90% 的高钇结构合金，可以应用于航空和其他要求低密度和高熔点的场合，被誉为"稀土超合金"。钇的不同用途取决于金属本身是钇还是氧化钇。金属钇是一种"极好的添加剂"，当以极少量添加到其他金属中时，它会成为一种功能性合金。因此，它可用于制造需要在高温下保持稳定的零件，例如火花塞、喷气发动机和导弹零件。FeCr 合金通常含 0.5%~4% 钇，钇能够增强这些不锈钢的抗氧化性和延展性；MB26 合金中添加适量的富钇混合稀土后，合金的综合性能得到明显的改善，可以替代部分中强铝合金用于飞机的受力构件；在 Al-Zr 合金中加入少量富钇稀土，可提高合金导电率。该合金已为国内大多数电线厂采用；在铜合金中加入钇，提高了导电性和机械强度。江西龙钇重稀土科技股份有限公司主要生产富钇稀土合金，在许多大型钢铁企业的应用效果显著。

⑤ 特种玻璃。钇可以添加到玻璃中以增加强度和热稳定性，这就是它被用于制造对损坏敏感的高精度光学镜片的原因。

（3）镧（La）——带头大哥，舞动镧系

在稀土元素家族中，镧无疑是个非常重要的成员。论地位和名气，它居于稀土家族主体"镧系元素"之首，但还是有人不把它当镧系元素看。因为它和钪、钇一样，没有 4f 电子。所以与电子自旋和排布方式相关的一些功能性质似乎都与它无关。在稀土材料中，与钪和钇一样，常用作基质材料。但作为 15 个镧系元素的领头羊，占据了化学元素周期表主表中的一个空格，并以它的名字来命名这个元素族系，也凸显出它与其他 14 个镧系元素的亲密关系，都有 4f 轨道。镧在地壳中的丰度为 32mg/kg，占稀土总丰度（238mg/kg）的 13.4%，仅次于铈和钇，居第三位。从发现年代看，它也仅排在钇和铈之后，是第三个被发现的稀土元素。

活跃的化学活性和丰富的储量，使镧广泛应用于冶金、石油、玻璃、陶瓷、农业、纺织和皮革等传统工业领域。尽管生产镧并不困难，但为了降低成本，在充分发挥镧及稀土共性的前提下，经常以混合轻稀土或富镧稀土的产品形式使用。镧可直接与碳、氮、硼、硒、硅、磷、硫、卤素等反应，形成一系列镧化合物。镧的化合物呈反磁性，高纯氧化镧可用于制造精密透镜。镧镍合金可做储氢材料，六硼化镧广泛用作大功率电子发射阴极。在海湾战争中，加入稀土元素镧的夜视仪成为美军坦克压倒性优势的来源。

镧的应用非常广泛，如应用于压电材料、电热材料、热电材料、磁阻材料、发光材料（蓝粉）、储氢材料、光学玻璃、激光材料、各种合金材料等。例如，镧主要用于制造特种合金精密光学玻璃、高折射光学纤维板，适合做摄影机、照相机、显微镜镜头和高级光学仪器棱镜等；还用于制造陶瓷电容器、压电陶瓷掺入剂和 X 射线发光材料溴氧化镧粉等；现代工业中，金属镧常用于生产镍氢电池，这是镧最主要的应用之一。下面做分类介绍：

① 金属材料的净化剂和变质剂。通常，生产中稀土元素常以混合金属或中间合金的形态被使用。镧作为最活泼的一员，在去除氧、硫、磷等非金属杂质和铅、锡等低熔点金属杂质、细化晶粒等方面自然发挥首当其冲的作用。以银-氧化镧复合镀层取代纯银作为电接触材料，可节约用银 70%～90%，有很大的经济效益。

② 石油裂化催化剂。这曾经是稀土最大的应用领域，也是当前的主要应用领域之一。当用作 Y 型沸石催化剂时，以镧的催化活性最强。在美国，一直采用富镧稀土作为石油裂化催化剂，曾占美国稀土总消费量的 40%以上。为了从原油中获得更多的汽油、柴油等轻质油，必须在石油精炼加工中对重质油采用催化裂化处理，同时必须使用石油裂化催化剂。稀土分子筛裂化催化剂与不含稀土的催化剂，相比，稀土分子筛裂化催化剂催化活性和热稳定性均有明显提高，可使轻质油收率提高 4%，使催化剂寿命延长 2 倍，炼油成本降低 20%，并使裂化装置生产能力提高 30%～50%。但由于稀土的加入也造成轻质油辛烷值降低，而不得不加入四乙基铅作抗爆剂，进而导致铅污染。基于人类对环保要求越来越高，1985 年后超稳 Y 型分子筛逐步取代稀土分子筛，使稀土用量大幅下降。但由于催化活性和选择性下降，造成汽油产量下降。为此，许多企业又采用含稀土 0.5%～2%的超稳 Y 型分子筛，使催化活性、选择性和辛烷值均比较理想，使富镧稀土应用又得到回升。在我国，石油化工仍是镧、铈等轻稀土的主要消费领域。

③ 光学玻璃。镧玻璃既是经典用途，也是目前的主要应用领域之一。镧系光学玻璃（含 La_2O_3 50%～70%），具有高折射率（$n_D = 2.50$）和低色散（平均色散为 3500）的优良光学特性，可简化光学仪器镜头、消除球差、色差和像质畸变，扩大视场角，提高分辨率和成像质量，已广泛用于航空摄像机、高档相机、高档望远镜、高倍显微镜、变焦镜头、广角镜头和潜望镜头等方面，是光学精密仪器和设备不可缺少的镜头材料。世界年需要量约为 4000t，并有持续上升的趋势。

④ 储氢材料。$LaNi_5$ 合金是一种优良的储氢材料，每千克可储存氢约 160L，可使高压储氢钢瓶体积缩小到 1/4。利用其可以"呼吸"氢气的特性，把纯度为 99.999%的氢气提纯到 99.99999%，也可用作有机合成的加氢或脱氢反应的催化剂。利用其吸氢放热、呼氢吸热的本领把热量从低温向高温传送，用来制作"热泵"或"磁冰箱"。目前，这种储氢材料的最大用途是用于稀土镍氢电池的负极材料。稀土镍氢电池与镍镉电池在构造、性能和规格上具有极大的相似性和取代性，且不含镉、汞等毒性大的元素，电池容量高，一致性好，使用温度

范围广,寿命长(可反复充放电 500 次以上),属于环保型绿色电池。为了降低成本,这种储氢合金多用富镧混合金属(La≥40%)为原料。稀土镍氢电池目前已广泛用于手提电脑、便携式办公设备和电动工具方面。最有发展前景的是用于汽车、摩托车的动力电池。

⑤ 功能陶瓷。镧在功能陶瓷材料中具有特别好的应用前景,如在钛酸钡($BaTiO_3$)电容器陶瓷中加入氧化镧,可明显提高电容器的稳定性和使用寿命。溴氧化镧(LaBrO)对 X 射线有很强的吸收特性并能非常有效地将 X 射线转化为可见光,用它制作医用 X 荧光增感屏,相比传统用的钨酸钙($CaWO_4$)增感屏,大大提高了成像清晰度,并减少 X 射线辐照剂量,尤其适用于脑部敏感部位和儿童、孕妇的透视检查。富镧的稀土无机和有机盐是制造农用添加剂、饲料添加剂和医药的理想材料。

⑥ 农用和医疗药物。镧也应用到光转换农用薄膜中。科学家把镧对作物的作用赋予"超级钙"的美称,可以用作稀土微肥,甚至饲料添加剂。碱式碳酸镧还是一种用于治疗高磷脂症的口服药物,能够脱除血液中的磷,起到净化血液的作用。当然,利用这一性质,也可以净化水体,降低水中的磷含量。

(4)铈(Ce)——善变铈大夫,应用全能王

铈在地壳中的含量约 0.0046%,是稀土元素中丰度最高的品种。铈主要存在于独居石和氟碳铈矿中,也存在于铀、钍、钚的裂变产物中,是物理和材料学的研究热点之一。在稀土这个元素大家族中,铈是当之无愧的"老大哥"。其一,稀土在地壳中总的丰度为 238mg/kg,其中铈为 68mg/kg,占稀土总配分的 28.6%,含量居第一位;其二,几乎所有的稀土应用领域都离不开铈,可谓稀土元素"高富帅"、应用全能"铈大夫"。铈可作催化剂、电弧电极、特种玻璃等。铈的合金耐高热,可以用来制造喷气推进器零件。铈的应用领域非常广泛,几乎所有的稀土应用领域中都含有铈。此外,如抛光粉、储氢材料、热电材料、铈钨电极、陶瓷电容器、压电陶瓷、铈碳化硅磨料、燃料电池原料、汽油催化剂、某些永磁材料、各种合金钢及有色金属等都包含铈的身影。

① 玻璃陶瓷与颜料。铈化合物能吸收紫外线与红外线,现已被大量应用于汽车玻璃。不仅能防紫外线,还可降低车内温度,从而节约空调用电。从 1997 年起,日本汽车玻璃全加入氧化铈。1996 年用于汽车玻璃的氧化铈至少有 2000t,美国大约 1000t。

二氧化铈可以用作微晶玻璃(包括玻璃)脱色剂、澄清剂以及呈色剂。由于国内透明浮法玻璃原料中氧化铁的含量在 0.07%~0.15% 之间,而国外或合资线浮法玻璃的含量在 0.05% 左右。因此,国内同国外或合资线的浮法玻璃相比普遍呈现不良的颜色,玻璃的透明度和光泽度也相对较低,影响了玻璃制品的质量。铁含量较高时加入物理脱色剂,玻璃的灰度增加,整体质量得不到明显的改善。针对我国矿物中含铁量比重较高的缺点,玻璃脱色主要采用化学脱色。化学脱色是在配合料中加入氧化剂,如氧化铈、氧化砷、氧化锑等化学物质,然而氧化砷和氧化锑会在熔制过程中从玻璃中挥发扩散到熔化车间和大气中,造成严重污染。

二氧化铈可用作脱色剂和澄清剂,其原理是二氧化铈在 1400℃ 以上可以还原分解出氧气,放出的氧气一方面有利于 Fe^{2+} 和 Fe^{3+} 之间的平衡向 Fe^{3+} 方向移动,达到减小 Fe^{2+} 呈色(Fe^{2+} 的呈色作用大于 Fe^{3+} 的呈色作用),实现脱色的作用;另一方面,放出的氧气增加了玻璃液中的氧分压,有利于氧气向玻璃液中残余气泡的扩散,造成气泡的直径增大,达到了气泡上浮、排除、澄清的目的。在用作微晶玻璃(包括玻璃)的呈色剂时,二氧化铈主要呈黄色。此外，二氧化铈与二氧化钛组合可制备出特有的金黄色微晶玻璃（包括玻璃），其制作工艺简单，配方范围较宽，不同温度与气氛下的烧成范围也较宽。在这方面，钛铈组合的微晶玻璃的稳定性比镉黄微晶玻璃要好。

由于 Ce^{3+} 和 Ce^{4+} 之间的可逆氧化还原过程，使二氧化铈陶瓷在还原性气氛中表现出混合的离子和电子传导性。它们优异的催化活性也与二氧化铈容易形成氧空位。根据其纯度，二氧化铈可以是白色、浅黄色或棕色，迄今为止是商业上使用最广泛的铈化合物。二氧化铈在陶瓷工业中主要可用于釉料及微晶玻璃（包括玻璃）的生产。在釉料中，二氧化铈可用作乳浊剂及着色剂。因为二氧化铈的折射率较高，可制备遮盖力较强的乳浊釉（包括底釉、面釉）。特别是在 1050～1100℃ 范围内的乳浊釉。此外，在釉料中，还可以通过二氧化铈与二氧化钛的配合引入制备出美丽的黄色釉。同时，在生产锡钒黄釉和铅锑黄釉时，二氧化铈的引入可以稳定发色。当釉中加入较多的二氧化铈（>8%）时，还可以开发出别具风格的闪光釉。

硫化铈可以取代铅、镉等对环境和人类有害的金属应用到颜料中，可对塑料着色，也可用于涂料、油墨和纸张等行业。在该领域领先的法国罗纳普朗克公司，在包头建设了生产硫化铈颜料的生产线。

②机动车尾气和工业废气净化催化剂。铈的变价性质决定了它既具有氧化作用，又具有还原作用。汽车尾气中含有烃类（HC）、氮氧化物（NO_x）、一氧化碳（CO）等污染物，它们的净化反应涉及氧化和还原。三效催化剂就是能同时对多个组分产生净化效果的催化剂。其中铈起到非常重要的作用，能够显著降低贵金属的用量，应用到汽车尾气净化器中，可有效防止大量汽车废气排到空气中。

汽车尾气排放已成为主要的大气污染源，主要污染物是 CO、HC、NO_x，可导致酸雨和城市光化学烟雾，严重影响生态环境和危害人体健康。当前世界上控制汽车尾气排放的最有效的技术是电子控制燃油喷射系统加三效催化剂。其中以三效催化剂为核心，能同时催化净化汽车尾气中的 CO、HC 和 NO_x 三种有害气体，尽可能地降低尾气中有害气体的排放量。三效催化剂主要分为贵金属催化剂和稀土催化剂。但是，贵金属资源短缺、价格昂贵，难以推广。稀土催化剂则以其价格低、热稳定性好、活性较高、使用寿命长等特点备受青睐。稀土汽车尾气净化催化剂所用的稀土主要是以氧化铈、氧化镨和氧化镧的混合物为主，其中氧化铈是关键成分。由于氧化铈的氧化还原特性，能够有效地控制排放尾气的组分，即在还原气氛中供氧或在氧化气氛中耗氧。将稀土成分（CeO_2、Ce_2O_3）加入催化剂活性组分中，还能提高催化剂的抗铅、硫中毒性能及耐高温稳定性，一并改善催化剂的空燃比工作特性。

工业废气是产生重霾的主要源头，是大气污染治理的重中之重。目前，稀土催化技术治理工业废气主要集中在挥发性有机废气治理、烟气脱硫脱氮。在挥发性有机物（VOCs）方面，等离子-光催化净化技术具有较好的治理空气污染物的性能，比单一的等离子体技术或光催化技术都好，是传统的空气净化技术无法比拟的。

在烟气脱硫脱氮方面，NO_x 和 SO_2 主要来源于钢铁、火力发电、燃煤锅炉等排出的废气和汽车尾气，NO_x 和 SO_2 易形成酸雨和光化学烟雾。稀土催化材料在烟气脱硫脱氮中显现出独特的吸收和催化性能：含铈铝酸镁尖晶石，可同时控制烟道气中的 NO_x 和 SO_2 的排放量，但必须处理反应放出的 H_2S。目前，联合脱硫脱氮技术是燃气治理技术的发展方向之一。

当前，煤炭、石油、天然气等化石燃料仍然是主要的能源，通过燃料的直接燃烧而获取能量。传统的燃烧方式燃烧温度高，超过 1500℃，在这个温度下燃烧很容易产生 NO_x，增加全球温室效应，燃烧效率低且产生污染和噪声。利用催化燃烧技术可改变燃烧方式，提高燃烧效率，降低燃烧温度，减少 NO_x 的形成，且燃烧过程中噪声低，廉价燃料能被大量应用，还具有高效节能、环境友好等优点。可查数据表明，催化燃烧技术可提高热效率 64%，燃烧效率可达 99.5%，节能效果达 15% 以上。稀土催化剂有稀土、碱土取代的钙钛矿型氧化物、六铝酸盐等催化剂，由此可见，稀土元素用于废气污染治理，不仅能直接催化净化，而且可直接发力于废气源头。

③ 抛光与研磨材料。信息和光电子领域的高速发展促进了化学机械抛光（CMP）技术的不断更新。除了设备和材料外，超高精度表面的获取更有赖于高效研磨粒子的设计与工业化生产，以及相应的抛光浆料的调配。而且随着表面加工精度和效率要求的不断提高，对高效抛光材料的要求也越来越高。二氧化铈在微电子器件和精密光学元器件表面精密加工中已经得到广泛应用。氧化铈抛光粉因具有切削能力强、抛光效率高、抛光精度高、抛光质量好、操作环境清洁、污染小和使用寿命长等优点，而在光学精密抛光和 CMP 等领域占有极其重要的地位。

二氧化铈是铈的稳定氧化物。铈还能形成 +3 价的 Ce_2O_3，但不稳定，会和 O_2 生成稳定的 CeO_2。氧化铈微溶于水、碱和酸。密度 $7.132g/cm^3$，熔点 2600℃。CeO_2 颗粒的硬度并不高，远低于金刚石、氧化铝，也低于氧化锆和氧化硅，与三氧化二铁相当。因此，仅从机械性能来看，以低硬度的氧化铈去抛光基于氧化硅的材料，如硅酸盐玻璃、石英玻璃等，是不具有技术可行性的。但是氧化铈却是目前抛光氧化硅材料甚至氮化硅材料的首选抛光粉。可见氧化铈抛光还具有机械作用之外的其他作用。常用研磨、抛光材料的硬度材料金刚石在 CeO_2 晶格中通常会出现氧空位使得其理化性能发生变化，并对抛光性能产生一定的影响。此外，常用的氧化铈抛光粉中均含有一定量的其他稀土氧化物，氧化镨（Pr_6O_{11}）也为面心立方晶格结构，可适用于抛光，而其他镧系稀土氧化物没有抛光能力，它们可在不改变 CeO_2 晶体结构的条件下，在一定范围内与之形成固溶体。对高纯纳米氧化铈抛光粉而言，氧化铈的纯度越高，抛光能力越大，使用寿命也越长，特别是硬质玻璃和石英光学镜头等长时间循环抛光时，以使用高纯氧化铈抛光粉为宜。

氧化铈抛光粉，主要用于玻璃制品的抛光，包括：眼镜，玻璃镜片，光学镜头，光学玻璃、透镜，手机屏玻璃，手机面板，液晶显示器等各类液晶屏，水钻，烫钻，灯饰球，水晶工艺品以及部分玉石的抛光。最为突出的是在集成电路芯片领域的抛光应用，需要高纯化、纳米化的氧化铈抛光浆料。这类抛光粉不仅需要有较高的抛光速率和质量，还要有区分氧化硅和氮化硅的抛光选择性。这是其他抛光材料无法比拟的。

④ 闪烁晶体与固体激光器。Ce:LiSAF 激光系统是美国研制出来的固体激光器，通过监测色氨酸浓度来探查生物武器，还可用于医学。溴化镧铈是测量电离辐射闪烁计数器中的一个组成部分。溴化铈（$CeBr_3 \cdot H_2O$）的水溶液可以通过 $Ce_2(CO_3)_3 \cdot H_2O$ 与 HBr 反应来制备。$CeBr_3$ 掺杂的溴化镧单晶表现出优异的闪烁性能。$CeBr_3$ 的应用包括安全性、医学成像和地球物理探测器。$CeBr_3$ 的未掺杂单晶也显示出在类似领域以及石油勘探和环境修复中的 γ 射线闪烁探测器的前景。铈掺杂的硅酸钇镥闪烁晶体已经用于医疗器械的生产，是医院里所用的 PET 中的核心材料。

⑤ 药品和治疗。早在 19 世纪中叶，铈化合物已经在药物和药物中得到应用。1854 年，硝酸铈被首次报道的作用是缓解呕吐。草酸铈（Ⅲ）在之后的几十年中，在胃肠道和神经系统疾病，特别是怀孕的情况下，具有抗呕吐作用。草酸铈（Ⅲ）用作止吐剂，直到 20 世纪 50 年代中期，才被今天仍在使用的抗组胺药氯苯甲唑替代。

三价铈与 Ca^{2+} 具有相似的尺寸和结合特性，这是极其重要的生物学阳离子。由于 Ce^{3+} 和 Ca^{2+} 有相似的离子半径，故可替代生物分子中的 Ca^{2+}，因此 Ce^{3+} 化合物强烈地表现出作为抗凝血剂的能力。几种镧系元素，包括铈，因其抗凝血性质而被熟知，并被用作抗血栓药物。

铈化合物由于其抑菌和杀菌作用而特别用于局部燃烧处理中。最常用的是 Ce(Ⅲ)乙酸酯和 Ce(Ⅲ)硬脂酸酯处理。后来，研究证实了氯化铈（Ⅲ）、硝酸铈（Ⅲ）和硫酸铈（Ⅳ）的防腐作用，并证明了革兰氏阴性和革兰氏阳性菌（其易于包裹烧伤伤口）对其有效果。硝酸铈（Ⅲ）能广泛用于烧伤创伤的治疗，与施用硝酸银治疗的患者相比，施用硝酸铈使危及生命的烧伤患者的死亡率降低了近 50%。

⑥ 冶金添加剂。虽然 Ce 的商业用途很广，但是它最常用于冶金的形式是混合稀土金属，也即是以各种天然比例存在的混合稀土金属或合金。典型的混合稀土金属包括约 50% 的 Ce 和 25% 的 La，以及少量的 Nd 和 Pr。杂金属与主金属中共存的杂质反应，形成的固体化合物可以降低这些杂质对金属性能的影响。冶金添加剂用于钢铁制造，以改善形状控制，减少热缺陷，增加耐热和抗氧化性，Ce 对氧和硫的高清除能力可用于提高合金的耐氧化性。然而，除了混合稀土金属之外，由于元素 Ce 的高反应性和即时的氧化电位，可以与多种元素组合以产生分类的铈化合物，并得到广泛应用。

⑦ 能源材料。二氧化铈和倍半氧化铈在氧化铈循环过程中是非常有用的组合。氧化铈循环是氢气生产的重要途径，通过这一热化学过程将水分解成氢气和氧气。Ce_2O_3 与蒸汽的高反应性在这个循环中起到关键作用。水是氧化铈循环的唯一材料投入，热是唯一的能量输入。利用氧化铈热化学循环制氢气是很有前途的一个清洁应用领域。

固体氧化物燃料电池（SOFC）在提供清洁可靠的电力方面被认为具有很大的潜力。许多报告表明，基于二氧化铈的离子导体具有巨大的抗碳沉积能力，并可以向阳极供应干烃燃料。使用 SOFC 在 973K 和 1073K 下用铜和二氧化铈复合材料显示了碳氢化合物如甲烷和甲苯的直接电化学氧化反应。阳极为 $Cu/CeO_2/YSZ$，Cu 主要用作集电器，CeO_2 的功能是为所需的氧化反应赋予催化活性。这种阳极具有高的氧化还原稳定性，耐硫能力强，当硫含量高达 400mg/kg 时也不会失去其原有的催化性能。

（5）镨（Pr）——亮绿三姑娘，磁光抛釉陶

镨的应用性能一是基于与其电子结构相关的光谱特征和磁学性质；二是由于电子填充趋于全空时的相对稳定结构所导致的部分+4 价态，使其颜色和氧化还原特征独具特色。溶液中三价离子的亮绿色（展示活泼少女的本色）与煅烧氧化物中两种价态共存时显示出与电荷转移吸收相关的深褐色（聪明懂事的底色）。因此，镨的主要用途有：

① 陶瓷颜料。镨被广泛应用于建筑陶瓷和日用陶瓷，其与陶瓷釉混合制成色釉，也可单独做釉下颜料，制成的颜料呈淡黄色，色调纯正、淡雅。这就是我们常说的镨黄颜料，是稀土最为经典的用途之一。

② 永磁材料。用于制造永磁体。稀土永磁材料是当今最热门的稀土应用领域。镨单独用

作永磁材料的性能并不突出，但它却是一个能改善磁性能的优秀协同元素。无论是第一代稀土永磁材料钐钴永磁合金，还是第三代稀土永磁材料钕铁硼，加入适量的镨都能有效地提高和改善永磁材料性能。加上使用镨钕金属代替纯钕金属制造永磁材料，可以不用进行镨钕分离，节约了制造成本。而且，其抗氧性能和力学性能明显提高，可加工成各种形状的磁体，广泛应用于各类电子器件和马达。

③ 石油催化裂化。以镨钕富集物的形式加入 Y 型沸石分子筛中制备石油裂化催化剂，可提高催化剂的活性、选择性和稳定性。我国 20 世纪 70 年代开始投入工业使用，用量不断增大。但由于这些年镨的价格上涨很快，这方面的应用仍以镧铈钇为主。

④ 研磨和抛光材料。纯铈基抛光粉通常为淡黄色，是光学玻璃的优质抛光材料，已取代抛光效率低又污染生产环境的氧化铁红粉。在氧化铈中掺入少量的镨，能显著提高其抛光效果。类似地，镨还被用作新型磨削材料，制成含镨刚玉砂轮。与白刚玉相比，在磨削碳素结构钢、不锈钢、高温合金时，效率和耐用性可提高 30% 以上。为了降低成本，过去多用镨钕富集物为原料，故称镨钕刚玉砂轮。

⑤ 发光与光纤材料。镨在光纤领域的用途也越来越广，已开发出在 1300～1360nm 光谱区起放大作用的掺镨光纤放大器（PDFA）。PDFA 以其优异的性能价格比，对中国当前大量铺设的 1550nm 的 CATV 系统光纤有线电视的兴建改造与系统升级有着重大的实际意义。

（6）钕（Nd）——携永磁缠绵，射激光蝶化

钕化合物呈高贵的玫瑰红色，显示其在稀土领域中的独特地位。钕的到来，活跃了稀土领域，并且左右着稀土市场，多年来，钕在稀土领域中扮演着重要角色，一直是市场关注的热点。金属钕的最大应用是钕铁硼永磁材料。其问世，为稀土高科技领域注入了新的生机与活力。钕铁硼磁体磁能积高，被称作当代"永磁之王"，以其优异的性能广泛用于电子、机械等行业。阿尔法磁谱仪的研制成功，标志着我国钕铁硼磁体的各项磁性能已跨入世界一流水平。钕的典型应用是在永磁和激光两大领域，但钕价格的上涨难以体现其应用的经济效益。

① 永磁材料。钕是 NdFeB 永磁材料中的关键元素，在 NdFeB（包括烧结与黏结的 NdFeB）中一般添加钕约 30%，且可制成多品种的 NdFeB 磁材。其磁性能较高，如最大磁能积 $(BH)_{max}$ 为 45～55GOe（1 GOe $= 0.00796J/m^2$）。烧结 NdFeB 的用途广，早期多用于音响、磁选机、工业电机、电表、磁化器和永磁吊车等。后来在计算机的驱动马达、核磁共振成像仪及汽车小型马达等方面的应用更多。现在，汽车和手机、机器人和无人机、节能电机等都需要使用稀土磁体。随着"碳达峰、碳中和"国家发展战略的推行，新能源汽车、变频空调压缩机、节能电机、风力发电等领域对钕铁硼磁性材料的需求将会持续较快增长，钕铁硼磁性材料在国民经济和社会发展中的应用价值将进一步提升，作用更加凸显。

② 有色金属材料。在镁或铝合金中添加 1.5%～2.5% 钕，可提高合金的高温性能、气密性和耐腐蚀性，广泛用作航空航天材料。在高级合金中，主要在 Mg-Nd、Cu-Nd、Mg-Y-Nd 和 Mg-Y-Zr-Nd 等合金中作添加剂，它们的钕用量如今正在不断增加。在 Mg-Nd 合金中加入 20% 以内的 Nd 可制成耐热合金，在 300℃ 下的高温性能比国外同类产品高，曾用于导弹及卫星的某种材料，也用于飞机的零件材料，并可得到较好的铸造性能和高温力学性能，可制得铸件轻、质量好、工艺简便及产率高的零件。加入钕的 Cu-Nd 合金，可净化铜中的杂质，改变夹杂物的形态和细化晶粒，提高合金的力学性能和可塑性，改善合金的导电性及导热性。

在铸造 Mg-Nd 合金中加入 2%～2.8%Nd 后，不仅可获得较高的室温/高温机械强度，也改善了合金的铸造性、焊接性及耐蚀性。在 Mg-Y-Zr-Nd 合金中加入 4% Nd 后，可得到最大的耐热强度，并已在飞机及赛车中应用，且合金材料的性能良好。有的 Mg-Nd 合金已在医学工程上应用，如这种合金作为人工骨连接材料代替金属夹具后，可简化或加速手术进行。钕可用作钢铁及有色金属的添加剂，以细化金属晶粒，改变夹杂物形态，提高加工性能。钕用于耐热及耐蚀合金的添加剂，也可用于改进使用性能。

③ 激光材料。掺钕的钇铝石榴石产生短波激光束，在工业上广泛用于厚度在 10mm 以下薄型材料的焊接和切削。在医疗上，掺钕钇铝石榴石激光器代替手术刀用于摘除手术或消毒创伤口。

④ 配位催化合成橡胶。钕在催化方面的表现也独具特色，主要用作合成橡胶的催化剂。

⑤ 磁光薄膜与玻璃陶瓷。钕可与过渡金属 Co、Fe 等制成 NdDyCoFe 非晶薄膜材料，可用作磁光盘的材料。另外，钕也用于玻璃和陶瓷材料的着色以及电子陶瓷体的制备。

（7）钷（Pm）——来无踪去留影的隐秘者

钷是核反应堆生产的人造放射性元素，其主要用途有：

① 可作热源。为真空探测和人造卫星提供辅助能量。

② Pm147 可放出能量低的 β 射线，用于制造钷电池，作为导弹制导仪器及钟表的电源。此种电池体积小，能连续使用数年之久。

③ 钷还用于便携式 X 射线仪、制备荧光粉、度量厚度以及航标灯。

（8）钐（Sm）——钴心永恒，追你万里

钐呈浅黄色，是钐钴系永磁体的原料，钐钴磁体是最早得到工业应用的稀土磁体。这种永磁体有 $SmCo_5$ 系和 Sm_2Co_{17} 系两类。20 世纪 70 年代前期发明了 $SmCo_5$ 系，后期发明了 Sm_2Co_{17} 系。现在以后者的需求为主。钐钴磁体所用的氧化钐的纯度不需太高，从成本方面考虑，主要使用 95% 左右的产品。钐钴磁体与钕铁硼磁体相比，虽然其磁能积不够高，但温度系数很低，可以在较高的温度下使用，尤其是在军事和航空航天领域，温度变化大，钐钴合金有很好的磁性能，是导弹制导或导航系统的关键材料。"爱国者"导弹制导系统中使用了4kg 的钐钴磁体和钕铁硼磁体，用于电子束聚焦，提高制导精度。在较高温度下需要使用钐钴磁体而不使用钕铁硼磁体，但在非高温环境下，要获得更好的磁性，则需要用钕铁硼磁体。钐容易磁化却很难退磁，意味着将来在固态元件和超导技术中将会有重要的应用。

钐还具有核性质，钐、铕、钆的热中子吸收截面比广泛用于核反应堆控制材料的镉、硼还大，可用作中子吸收剂、光电器材和制造合金等。可用作原子能反应堆的结构材料、屏蔽材料和控制材料，使核裂变产生巨大的能量得以安全利用。钐-149 则是一种很强的中子吸收剂，在核燃料衰变过程中生成的钐-149 会吸收慢中子，从而影响反应堆的正常运行。钐-149是反应器设计和操作中的一个重要考虑因素，当然也能利用它添加到核反应堆控制棒中控制核反应的速度。放射性同位素钐-153 是药物钐（^{153}Sm）的活性成分，它是治疗肺癌、前列腺癌、乳腺癌和骨肉瘤药物"Quadramet"的活性成分，可杀死癌细胞。

钐用于制造激光材料、微波和红外器材，也用于电子和陶瓷工业，用于制备高硬度氧化钐复合氮化硅陶瓷。氮化硅陶瓷具有优异的高温力学性能，被公认为是最有发展前途的高温结构陶瓷材料之一。

碘化钐是一种化学试剂，常用作有机化学中的单电子转移试剂，溶于四氢呋喃等一些有机溶剂，常于四氢呋喃中保存。

（9）铕（Eu）——五光十色，色彩斑斓

铕在地壳中的丰度为 2.1g/t，排行第 11 位，在稀土中也是属于"物以稀为贵"的家族成员。直到人类发明了彩色电视，由于它和氧化钇一起被用作彩电红色荧光粉，才名声大振，进而又用于计算机和各种显示器以及节能电光源荧光粉，使它一下成为电子信息材料中的"新宠"。基于红色 Eu^{3+}、绿色 Tb^{3+} 和蓝色 Eu^{2+} 发射体的荧光体或其组合可将 UV 辐射转化成可见光。这些材料在诸如 X 射线增强屏、阴极射线管或等离子体显示面板、节能荧光灯和发光二极管的应用中起着至关重要的作用。

"五光十色，色彩斑斓"是铕应用的主要色调，也是最普遍的用途。铕主要用于发光材料和一些跟发光转化结合在一起的领域。Eu^{3+} 用于红色荧光粉的激活剂，Eu^{2+} 用于蓝色荧光粉，氧化铕还用于新型 X 射线医疗诊断系统的受激发射荧光粉，用于制造有色镜片和光学滤光片，用于磁泡储存器件。在原子反应堆的控制材料、屏蔽材料和结构材料中也能一展身手。

纸币最关键的技术就是防伪，比如用特殊的纸、制造特殊的水印、采用特殊的印刷方式、用特殊的油墨等。其中特殊油墨有荧光油墨、磁性油墨、光变油墨等。荧光油墨往往具备特征波长光谱，产生的光能骗过普通人的眼睛，但不能骗过机器的检查。2002 年欧盟发行的欧元上就设计了一些特殊的印记：当把欧元用紫外线照射时，纸币变成了蓝绿色。这种技术在很多国家的纸币上都有应用，不过欧元的特殊性就在于其防伪油墨中添加了铕。通常铕有两种价态：+2 和 +3。在长波紫外线照射下，会显示出漂亮红色荧光的，是 +3 价铕；在正规发票上也有类似的防伪标记，都是用铕油墨印上去的。欧元纸币上用铕油墨防伪，还与铕名称来源——Europe（欧洲）有关，其中至少有一种成分是铕荧光体，最可能是 +3 价铕的配合物，在紫外光下可产生橙红色光，在欧元上看到的蓝绿色荧光则是 +2 价铕呈现出来的。红色铕荧光粉可制成发光涂料、油墨、塑料、陶瓷、搪瓷和发光美术工艺品等，广泛应用于建筑装饰、街道标牌、仪器仪表、消防安全、地铁隧道、印刷印染、广告等众多领域，是极具发展前途和广阔市场前景的发光材料。还有一类长余辉荧光粉，也需要用到铕。

现在最先进的 OLED 发光屏材料中，就含铕的化合物。OLED 指的是有机发光二极管，其最简单的形式是一个发光材料层嵌在两个电极之间。当有电荷通过有机层时，这些含铕材料就会发光，通过内置电子电路的控制，使每个像素都由一个对应的电路独立驱动，从而展示出清晰的画面。它与液晶显示屏最大的不同是，有机发光二极管本身就是光源，而且从任何一个角度看，都会很清晰。由于不需要背光源、对比度高、厚度薄、视角广、反应速度快、可用于挠曲性面板等优异特性，OLED 屏被认为是新一代平面显示器的新兴应用技术。要实现全色平板显示，需要高色纯度的红、绿、蓝三色光。然而，大多数有机材料的电致发光光谱较宽，不利于全色显示。在有机红、绿、蓝三基色显示材料中，红色发光材料被认为是最薄弱的一环。因为对应于红色发光的跃迁都是能隙很小的跃迁，很难与载流子传输层的能量匹配，不能有效地使电子和空穴在发光区复合。稀土配合物的红色发射峰主要来自 Eu^{3+} 的 $^5D_0$-$^7F_2$ 的特征发射。发射光谱不随配体的不同而发生改变。发射峰位于 617 nm 左右，该发射光谱几乎是线谱，半峰宽只有几个纳米，具有饱和的红光发射。而且，铕配合物属于三重态发光，其发光效率的理论上限可达 100%。这些优点使得稀土铕配合物的研究备受关注，成为实现高质量平板显示的首选有机电致红色发光材料。

由于日益严格的环保要求，高压汞灯已逐渐被稀土三基色荧光灯和稀土金属卤化物灯所取代，这两种灯用发光材料也同样离不开铕。白光 LED 具有体积小、耗电量低、寿命长、安全环保、易开发成轻巧产品等优点，被誉为继白炽灯、荧光灯和高强度气体放电灯后的第四代照明光源。目前，采用荧光粉转换的方法制备白光 LED 较为经典，其中红色荧光粉起到举足轻重的作用。因为能被近紫外或蓝光 LED 芯片有效激发的红色荧光粉较为缺乏，导致白光 LED 显色性偏差，极大地限制了白光 LED 照明的普及和发展。研究的 Eu^{3+} 激活白光 LED 用红色荧光粉的体系主要有氮化物、氮氧化物、硼酸盐、硅酸盐、钨/钼酸盐、钒酸盐、磷酸盐、铝酸盐、铌酸盐等体系，这些体系荧光粉在近紫外和蓝光下均存在较强的激发，并能产生颜色纯度好的强红光发射。其中，氮化物和氮氧化物基质中的铕发射的荧光粉已经得到广泛的应用。

基于铕和其他镧系元素的发光生物探针在生命科学中普遍存在，包括生物成像、荧光成像等，能够提供亚细胞水平的结构特征信息。时间分辨荧光成像技术中引入发光寿命达毫秒级的稀土元素，可以有效地消除激发光与生物背景自发荧光对成像结果的干扰，提高成像的质量。目前，用于生物成像的下转换发光稀土材料主要有掺杂稀土离子的无机纳米晶与稀土配合物。例如，Ir-Eu-MSN 纳米体系直接用于生物成像，无须通过复杂的有机配体的水溶改性，将 Ir-Eu-MSN 用于活细胞荧光成像和活体的淋巴结成像研究证实该纳米体系具有低功率密度激发和高信噪比的荧光成像效果等优点，能极大提高现有荧光成像的质量。幸运的是，近 10 亿次的分析只需要 1kg 的铕就足够了，这意味着这些应用不会受到稀土元素短缺的威胁。

铕的另外一个最大的用途就是用于光能量转化膜（农用转光膜）。农用转光膜吸收了太阳光中植物光合作用所不需要的 290～350nm 的紫黄光和 510～580nm 的绿黄光，发射的 400～480nm 蓝紫光和 600～680nm 红橙光，都不同程度地强化了植物在弱光条件下的光合作用，促进了农作物的生长发育。农用转光膜对植物的生长发育、养分吸收、叶绿素含量、农产品品质等多方面产生了积极的影响，其直观表现是农作物根系发达、叶片增多增厚、农产品提前 5～10 天上市、品质有所提高。使用农用转光膜覆盖农作物的产量都有明显的提高，其增长幅度一般为 5%～50% 不等。这样的增长可以长期满足人们对食物日益增长的需求，而不用扩大耕地面积。

（10）钆（Gd）——造清晰影，屏中子流

钆的重要性质是 7 个轨道上每个轨道有 1 个电子，是稀土元素中最大数的不成对电子，磁矩最大。因此，其最典型的应用便是依靠其核磁特征来实现的。例如：

钆的化合物具有磁性，钆被广泛应用于核磁共振成像（NMRI）中，作为造影剂，可以提供更清晰的图像，帮助医生确诊疾病。作为 MRI（磁共振成像诊断）的增强造影试剂，当钆-二乙烯二胺五醋酸（DTPA）络合物分布在体内不同组织和部位时，其周围的水受到钆原子核磁场力矩的影响必然不同，一定会显示出差异化的水质子核磁共振信号，进而提高造影对比度，提高病灶的诊断分辨率。

基于钆具有较高的磁矩，它可以用于制备磁性材料，如磁性陶瓷、磁性存储器和电磁设备等。在磁泡记忆装置中，使用钆-钾-石榴石作为载体。在物质的垂直方向上加上磁场，使其变成圆筒状的磁场，把磁场加强，不久就产生这个磁场消失的现象。利用磁泡记忆装置可以存储信息，用于信息收藏。磁光记录是用光来代替磁读取磁化处和未被磁化处，具有高密度、可改写记录的特征。钆与铽和镝一样可用于光纤和光盘。在钆镓石榴石中，钆对于磁泡记忆存储器更是理想的单基片。

磁冷冻技术是利用受到磁场作用变为磁铁时放热、撤掉磁场磁性消失时吸热的性质用于冷却，可以制造小型高效的制冷器。钆及其合金在磁制冷方面的应用现已取得突破性进展，室温下采用超导磁体、金属钆或其合金为制冷介质的磁冰箱已经问世。钆还可以与其他金属元素合金化用于制备高温合金、钢铁和铝合金等；用作钐钴磁体的添加剂，以保证性能不随温度而变化。钆合金具有优异的力学性能和耐腐蚀性，广泛应用于航空航天、汽车制造和电子设备等领域。

在原子能工业中，利用铕和钆同位素中子吸收截面大的特性，做轻水堆和快中子增殖堆的控制棒和中子吸收剂。钆的同位素钆-157在核能技术中有重要的应用。它可以吸收中子，用于控制核反应堆的中子通量和维持核裂变链式反应。除用于原子反应堆的控制外，还可以将不可见的中子用钆吸收并使之发光，其硫氧化物可用作特殊亮度的示波管和 X 射线荧光屏的基质栅网。

钆还可用于制备一种高性能无铅的表面改性氧化钆/碳化硼/高密度聚乙烯复合屏蔽材料。稀土元素钆的应用，使核辐射防护材料有望迎来无铅化时代。现行的核辐射防护材料往往离不开厚重的铅。例如，医院 X 射线检查室所用的防护门就是用铅材料制造的。然而，铅的生物学毒性对环境不友好，使其应用范围受到限制。因此，研制高性能、无铅化的中子及 γ 射线复合屏蔽材料非常重要。中子是电中性粒子，不受库仑力作用，穿透性极强，且在碰撞过程中会产生次级 γ 射线，是现代核辐射防护的研究重点。科学高效的中子屏蔽方案，会在选用高原子序数材料和低原子序数材料的同时，还选用中子吸收材料，以进行复合屏蔽。例如常用的由铅、硼、聚乙烯组合而成的铅硼聚乙烯板，就是这种复合屏蔽材料。但是，铅硼聚乙烯等传统材料屏蔽功能单一、屏蔽性能有限，热力学性能不佳，难以满足现代社会对核辐射防护的要求，并且这些含铅的防护材料，往往使用几年就会失去防护效果，淘汰后流入环境中，会对周围环境造成污染。

稀土元素钆在自然界中通常以无毒的氧化钆形式存在，其平均热中子吸收截面非常高，不但耐高温，还具有良好的 γ 射线屏蔽性能。为此，科研人员根据其材料特性，设计了一种高性能无铅的表面改性氧化钆/碳化硼/高密度聚乙烯复合屏蔽方案。新防护材料具有优异的综合屏蔽性能，该材料采用偶联剂对氧化钆进行表面改性处理，提高了其在基体内部的界面相容性和弥散性，使辐射粒子更充分地与材料内部的功能组元相互作用从而迅速衰减。采用钆-氢-硼体系对中子进行慢化和吸收，利用轻、重核与中子的相互作用特性以及钆和硼的高热中子吸收截面特性，使高能入射中子与钆产生非弹性碰撞，与氢、碳、氧发生弹性碰撞直至成为热中子，最后被钆和硼吸收。其中钆作为重核元素还兼具吸收 γ 射线的功能。

钆化合物还是众多荧光材料的基质，具有良好的荧光性能，可以用于制备荧光标记剂、荧光粉等。这些荧光材料在生物医学研究、荧光显示器和荧光灯等方面有广泛的应用。另外，氧化钆与镧一起使用，有助于玻璃化区域的变化和提高玻璃的热稳定性。

（11）铽（Tb）——伸缩磁光，交相辉映

铽是稀土元素中需求量大且价格又贵的产品。原因在于它既是磁性材料中所必需的，也是发光材料中不能少的元素。主要的应用领域有：

① 铽是三基色荧光粉中绿粉的激活剂，如铽激活的磷酸盐荧光粉、铽激活的硅酸盐荧光粉、铽激活的铈镁铝酸盐荧光粉，在激发状态下均发出绿色光。

② 磁光存储材料。铽系磁光材料已达到大量生产的规模，用 Tb-Fe 非晶态薄膜研制的磁光光盘，作为计算机存储元件，存储能力可提高 10～15 倍。

③ 磁光玻璃。含铽的法拉第旋光玻璃是制造在激光技术中广泛应用的旋转器、隔离器和环形器的关键材料。

④ 铽镝铁磁致伸缩合金（Terfenol）。Terfenol 合金中有一半成分为铽和镝，有时加入钬，其余为铁。当 Terfenol 置于一个磁场中时，其尺寸的变化比一般磁性材料变化大，这种变化可以使一些精密机械运动得以实现。铽镝铁开始主要用于声呐，目前已广泛应用于多个领域，从燃料喷射系统、液体阀门控制、微定位到机械制动器、机构和飞机太空望远镜的调节机翼调节器等。

（12）镝（Dy）——高力矫顽，磁光储存

镝与铽一样，在许多高技术领域起着越来越重要的作用，价格高、需求大。但与铽不同的是，镝的应用主要体现在磁性功能材料方面，在发光方面的实际应用偏少。

镝的最主要用途是：

① 作为钕铁硼系永磁体的添加剂使用。在这种磁体中添加 2%～3%镝，可提高其矫顽力。该参数是反映磁体抵抗外加反磁场的能力，值越高，越不容易退磁，使用期越长。过去镝的需求量不大，但随着钕铁硼磁体需求的增加，它成为必要的添加元素，品位必须为 95%～99.9%，需求也在迅速增加。

② 用作荧光粉激活剂。三价镝是一种有前途的单发光中心，三基色发光材料的激活离子主要由两个发射带组成：一为黄光发射，另一为蓝光发射。掺镝的发光材料可作为三基色荧光粉。目前，掺镝的荧光粉主要是长余辉荧光粉。由于玻璃可以掺杂高浓度的稀土激活离子，以玻璃作为长余辉材料的基质，可制成长余辉发光玻璃和釉料，可用于艺术品、器具、灯用玻璃以及仪器仪表指示盘。

③ 制备大磁致伸缩合金铽镝铁（Terfenol）合金必要的金属原料，能使一些机械运动的精密活动得以实现。该合金中一半以上的成分为铽镝，有时加入钬，其余为铁，该合金在磁场作用下发生长度和体积的变化，其磁致伸缩系数是一般磁致伸缩材料的数百甚至上千倍，被称为超磁致伸缩材料。2000 年以来，该材料的年平均需求量增长了 50%。

④ 镝金属可用作磁光存储材料，这种材料属于稀土与过渡金属形成的非晶薄膜 RE-TM，其中：RE=Gd/Te/Dy，TM=Fe/Co。这种非晶态薄膜具有较大的各向异性，储存密度高，具有较高的记录速度和读数敏感度。

⑤ 用于镝灯的制备，在镝灯中采用的工作物质是碘化镝，这种灯具有亮度大、颜色好、色温高、体积小、电弧稳定等优点，已用于电影、印刷等照明光源。

⑥ 由于镝元素具有中子俘获截面积大的特性，在原子能工业中常用来测定中子能谱或做中子吸收剂。

⑦ $Dy_3Al_5O_{12}$ 还可用作磁制冷用磁性工作物质。随着科学技术的发展，镝的应用领域将会不断地拓展和延伸。

（13）钬（Ho）——激光医疗，磁光照明

钬的应用领域目前还有待于进一步开发，用量不是很大。目前钬的主要用途有：

① 金属卤素灯添加剂。金属卤素灯是一种气体放电灯，它是在高压汞灯基础上发展起来的，其特点是在灯泡里充有各种不同的稀土卤化物。目前主要使用的是稀土碘化物，在气体放电时发出不同的谱线光色。在钬灯中采用的工作物质是碘化钬，在电弧区可以获得较高的金属原子浓度，从而大大提高辐射效能。

② 掺钬的钇铝石榴石（Ho:YAG）。可发射 2μm 激光，人体组织对 2μm 激光吸收率高，几乎比 Hd:YAG 高 3 个数量级。所以用 Ho:YAG 激光器进行医疗手术时，不但可以提高手术效率和精度，而且可使热损伤区域减至更小。钬晶体产生的自由光束可消除脂肪而不会产生过大的热量，从而减少对健康组织产生的热损伤，目前，钬激光器已广泛用于眼科、外科、内科、妇科、耳鼻喉科、心血管科、泌尿外科、椎间盘突出症、肾结石等。由于对人眼的安全性较高，故也用于治疗青光眼等疾病，可以减轻病人的痛苦。

我国 2μm 激光晶体已达到国际水平，应大力开发和生产这种激光晶体。钬激光是一种相对较新的多用途医用激光，目前国内外已用于泌尿外科手术。钬激光具有汽化、切割和凝固的多重特性。手术无切口，无并发症，不出血，愈合快，可不住院，堪称是泌尿科外科医疗划时代的技术革命。

③ 激光玻璃。易于制备，利用热成型和冷加工，可制得不同尺寸和形状，比激光晶体灵活性大。既可拉成直径小至微米的纤维，又可制成几厘米直径和几米长的棒材或圆盘件。钬激光玻璃的输出脉冲能量大、输出功率高，其制成的大型激光器可用于进行热核聚变研究。

④ 钬添加剂。钬可以改善许多功能材料的性能。例如，作为中稀土加入高性能钕铁硼磁体，提高磁性能。在磁致伸缩合金 Terfcnol-D 中，也可以加入少量的钬，从而降低合金饱和磁化所需的外场。以铈为主激活剂，钬铒为共激活剂，可制成碱土金属铝酸盐长余辉荧光粉。掺钬的光纤可以制作光纤激光器、光纤放大器、光纤传感器等光通信器件，在光纤通信迅猛发展的今天也将发挥更重要的作用。以掺杂钬的钛酸钡为主要成分，钙镁硅酸盐为次要成分的复合氧化物，可用于制造介电陶瓷和单块陶瓷电容器，具有很高的使用可靠性。

（14）铒（Er）——光纤传输，上转放大

铒的突出用途是光纤通信和激光，这与铒非常突出的光学性质直接相关。Er^{3+} 在 1550nm 处的光发射具有特殊意义，因为该波长正好位于光纤通信的最低损失，铒离子（Er^{3+}）受到波长 980nm、1480nm 的光激发后，从基态 $^4I_{15/2}$ 跃迁至高能态 $^4I_{13/2}$，当处于高能态的 Er^{3+} 再跃迁回至基态时发射出 1550nm 波长的光。石英光纤可传送各种不同波长的光，但不同的光，光衰减率不同。1550nm 频带的光在石英光纤中传输时光衰减率最低（0.15dB/km），几乎为下限极限衰减率。因此，光纤通信在 1550nm 处作信号光时，光损失最小。

① 掺铒光纤放大器。如果把适当浓度的铒掺入合适的基质中，可依据激光原理作用，补偿通信系统中的损耗，因此需要将波长 1550nm 的光信号放大到电信网络中，这就是掺铒光纤放大器，是光通信必不可少的光学器件。目前掺铒的二氧化硅纤维放大器已实现商业化。为避免无用的吸收，光纤中铒的掺杂量为 $10^{-5} \sim 10^{-4}$。

在光纤通信的迅猛发展中，铒的应用立下了汗马功劳。例如，战争中，海底光缆如被切断，将严重影响信息传输。这也说明了光纤通信的重要性。而海底光缆中，除了光纤缆绳外，

还有掺铒的光纤放大器（erbiur doped fiber amplifer，EDFA）。它是光纤放大器中具有代表性的一种，其工作波长为 1550nm，与光纤的低损耗波段一致且其技术已比较成熟。掺铒光纤是 EDFA 的核心原件，它以石英光纤作基质材料，并在其纤芯中掺入一定比例的稀土铒离子（Er^{3+}）。当一定的泵浦光注入掺铒光纤中时，Er^{3+}从低能级被激发到高能级，由于 Er^{3+}在高能级上寿命很短，很快以非辐射跃迁形式到较高能级上，并在该能级和低能级间形成粒子数反转分布。由于这两个能级之间的能量差正好等于 1550nm 光子的能量，所以只能发生 1550nm 光的受激辐射，也只能放大 1550nm 的光信号。已商用的 EDFA 噪声低，增益曲线好，放大器带宽大，泵浦效率高，工作性能稳定，技术成熟，在现代长途高速光通信系统中备受青睐。目前，"掺铒光纤放大器（EDFA）+ 密集波分复用（DWDM）+ 非零色散光纤（NZDSF）+ 光子集成（PIC）"正成为国际上长途高速光纤通信线路的主要技术方向。

② 铒激光。铒激光是一种波长为 2.94μm 的固体脉冲激光，其波长恰好位于水的最高吸收峰值，因此，这种固体铒激光从理论上能非常理想地引起浅层皮肤的快速升温，在热损伤最小的情况下，精确地汽化分离组织和碎片排出。热损伤被限定在 30~50μm 范围内，因此铒激光是唯一可以用于皮肤治疗的激光。针对铒激光进行皮肤永久补水嫩肤，开发出了固体激光和中红外线激光。

另外，掺铒的激光晶体及其输出的 1730nm 激光和 1550nm 激光对人的眼睛安全，大气传输性能较好，对战场的硝烟穿透能力较强，保密性好，不易被敌人探测，照射军事目标的对比度较大，已制成军事上用的对人眼安全的便携式激光测距仪。

③ 激光玻璃。Er^{3+}加入玻璃中可制成稀土玻璃激光材料，是目前输出脉冲能量最大，输出功率最高的固体激光材料。

④ 上转换发光材料。Er^{3+}还可做稀土上转换激光材料的激活离子。另外铒也可应用于眼镜片玻璃、结晶玻璃的脱色和着色等。

（15）铥（Tm）——激光医学，增感发光

铥在核反应堆内辐照后产生一种能发射 X 射线的同位素，可制造轻便 X 射线源。铥的主要用途有以下几个方面：

① 制造掺铥光纤激光器。这是铥最突出的用途，它输出的激光波长位于 2pm 波长左右，水分子有很强的中红外吸收峰在该波长附近。因此它被认为是应用于医学、眼睛安全、超快光学、近距离遥感、生物学方面比较理想的光源，具有很好的发展前景。掺铥的光纤激光器有很多方面的应用，包括加速汽化、超精细的切割工艺以及在医学中的凝结止血。大功率掺铥光纤激光器除了可以用作人眼的安全波长和激光雷达光源以外，还能当作固态晶体激光器的泵浦源来使用，实现波长更长红外激光器的输出。

② 用作医用轻便 X 射线源。铥在核反应堆内辐照后产生一种能发射 X 射线的同位素，可用来制造便携式血液辐照仪，这种辐射仪能使铥-169 受到高中子束的作用转变为铥-170，放射出 X 射线照射血液并使白细胞下降，而正是这些白细胞引起器官移植排异反应的，故可以减少器官的早期排异反应。铥还可用于临床诊断和治疗肿瘤，因为它对肿瘤组织有较高亲和性，重稀土比轻稀土亲和性更大，尤其以铥元素的亲和力最大。

③ 发光材料。铥在 X 射线增感屏用荧光粉 LaOBr:Br（蓝色）中做激活剂，可以增强光学灵敏度，因而降低了 X 射线对人的照射和危害，与钨酸钙增感屏相比，可降低 X 射线剂量

50%。此外，铥可在新型照明光源金属卤素灯中作添加剂，也可作为稀土上转换激光材料的激活离子。

④ Tm^{3+}加入玻璃中可制成稀土玻璃激光材料，这是目前输出脉冲量最大、输出功率最高的固体激光材料。

（16）镱（Yb）——泵浦敏化，激光武器核聚变

① 掺镱光纤。随着"信息高速公路"的建设发展，计算机网络和长距离光纤传输系统对光通信用的光纤材料性能要求越来越高。镱离子由于拥有优异的光谱特性，可以像铒和铥一样，被用作光通信的光纤放大材料。尽管稀土元素铒至今仍是制备光纤放大器的主角，但传统的掺铒石英光纤增益带宽较小（30nm），已难以满足高速大容量信息传输的要求。而 Yb^{3+} 在 980nm 附近具有远大于 Er^{3+} 的吸收截面，通过 Yb^{3+} 的敏化作用和铒、镱的能量传递，可使 1530nm 光得到大大加强，从而大大提高光的放大效率。近年来，铒镱共掺的磷酸盐玻璃受到越来越多研究者的青睐。高功率掺镱双包层光纤激光是近年国际上固体激光技术中的一个热点领域。它具有光束质量好、结构紧凑、转换效率高等优点，在工业加工等领域中有广泛的应用前景。双包层掺镱光纤适合于半导体激光器泵浦，具有耦合效率高和激光输出功率高等特点，是掺镱光纤的主要发展方向。目前我国的双包层掺镱光纤技术与国外先进水平已不相上下。我国研制的掺镱光纤、双包层掺镱光纤以及铒镱共掺光纤在性能和可靠性方面均已达到国外同类产品先进水平，还具有成本优势，并拥有多项产品和方法的核心专利技术。

② 掺镱双包层光纤激光。镱的光谱特性还被用作优质激光材料，既被用作激光晶体，也被用作激光玻璃。掺镱激光晶体作为高功率激光材料已形成一个庞大的系列，包括有掺镱钇铝石榴石（Yb:YAG）、掺镱钆镓石榴石（Yb:GGG）、掺镱氟磷酸钙（Yb:FAP）、掺镱氟磷酸锶（Yb:S-FAP）、掺镱钒酸钇（Yb:YV04）、掺镱硼酸盐和硅酸盐等。

半导体激光器（LD）是固体激光器的一种新型泵浦源。Yb:YAG 的许多特点适合高功率LD 泵浦，已成为大功率 LD 泵浦用激光材料。Yb:S-FAP 晶体将来有可能用作实现激光核聚变的激光材料，现已引起人们的关注。在可调谐激光晶体中，有掺铬镱钬钇铝镓石榴石（Cr,Yb,Ho:YAGG），其波长在 2.84~3.05μm 之间连续可调。据统计，世界上用的导弹红外寻弹头大部分是采用 3~5μm 的中波红外探测器，因此研制 Cr,Yb,Ho:YSGG 激光器，可对中红外制导武器对抗提供有效干扰，具有重要的军事意义。

目前我国在掺镱激光晶体（Yb:YAG、Yb:FAP、Yb:SFAP 等）方面，已取得一系列具有国际先进水平的创新性成果，解决了晶体的生长以及激光快速、脉冲、连续、可调节输出等多项关键技术，研究成果已在国防、工业和科学工程等方面获得实际应用，掺镱晶体产品已出口美国、日本等多个国家。

镱激光材料的另一个大类是激光玻璃。已开发出锗碲酸盐、硅铌酸盐、硼酸盐和磷酸盐等多种高发射截面的激光玻璃。由于玻璃易成型，可以制成大尺寸，并具有高光透和高均匀性等特点，可制成大功率激光器。通过调节玻璃成分，可以提高镱激光玻璃的诸多发光性能。以发展高功率激光器为主要方向，用镱激光玻璃制造的激光器越来越广泛地应用于现代工业、农业、医学、科学研究和军事方面。

将核聚变产生的能量作为能源一直是人们期待的目标，实现受控核聚变将是人类解决能源问题的重要手段。掺镱激光玻璃以其优异的激光性能正在成为 21 世纪实现惯性约束聚变

（ICF）升级换代的首选材料。激光武器是利用激光束的巨大能量，对目标进行打击破坏，可以产生上亿摄氏度的高温，以光的速度直接攻击，可以指哪打哪，具有极大的杀伤力，尤其适用于现代战争的防空武器系统。掺镱激光玻璃的优异性能已使它成为制造高功率和高性能激光武器的重要基础材料。

③ 热屏蔽涂层材料。镱能明显地改善电沉积锌层的耐蚀性，而且含镱镀层比不含镱镀层晶粒细小，均匀致密。

④ 磁致伸缩材料。这种材料具有超磁致伸缩性即在磁场中膨胀的特性。该合金主要由镱/铁氧体合金及镝/铁氧体合金构成，并加入一定比例的锰，以便产生超磁致伸缩性。

⑤ 测定压力的镱元件。实验证明，镱元件在标定的压力范围内灵敏度高，同时为镱在压力测定应用方面开辟了一个新途径。

⑥ 磨牙空洞的树脂基填料，以替换过去普遍使用的银汞合金。

⑦ 荧光粉激活剂。重点是上转换发光材料的敏化剂，与钬、铒等稀土元素一起，成为了上转换发光材料的主要成分，可提高发光效率。

⑧ 无线电陶瓷、电子计算机记忆元件（磁泡）添加剂、玻璃纤维助熔剂以及光学玻璃添加剂等方面。

（17）镥（Lu）——激光闪烁核、探测治疗癌

镥的性质与其他镧系金属差别不大，但是储量相比更少，所以很多地方通常用其他的镧系金属来代替镥。镥可以用于制造某些特殊合金，如镥铝合金可用于中子活化分析。镥也可以用于石油裂化、烷基化、氢化和聚合反应的催化剂。此外，在一些激光晶体如钇铝石榴石中掺杂镥，可以改善它的激光性能和光学均匀性。除此之外，镥还能用于荧光粉。钽酸镥是目前已知最为致密的白色材料，是 X 射线荧光粉的理想材料。

科学研究表明，镥被广泛用于科学研究领域，特别是在物理和化学领域。它可以用作实验室仪器的材料，例如用于制造高能量激光器的镥铝石榴石（LuAG）晶体。

核能产业：镥也被用于核能领域。镥-176 同位素具有较长的寿命和高中子吸收截面，可用于制造核燃料棒和控制棒。

光学应用：由于镥的光学性质，它可以用于制造光学器件。例如，镥可以用于制造光学玻璃，如镥玻璃，用于制造高折射率透镜和光学窗口。

合金制造：镥可以用于制造合金，如镥铁合金。这种合金具有较高的强度和耐腐蚀性，可用于航空航天、汽车和其他工业领域。

医学应用：镥同位素 Lu-177 被用于放射性治疗，特别是对于神经内分泌肿瘤和骨转移的治疗。它可以用作放射性药物，通过注射进入患者体内。

总的来说，镥在科学研究、核能产业、光学应用、合金制造和医学应用等领域都有重要的用途。但由于其储量少，早期的生产困难、价格高昂，使镥的商业用途受到限制。这些年，我们国家在高纯镥的工业生产技术上又取得了很好的进展，已经形成了每年上百吨的产能规模，满足了激光晶体和激光陶瓷、激光玻璃的生产所需，也为后续应用推广奠定了很好的基础。镥的其他用途还包括：作为磁泡存储器的原料；在电致变色显示和低维分子半导体中的潜在应用。

科学研究是推动技术进步的动力。基于科学研究，可以发现新的性质和新的用途。即使

是现在已经成熟的应用领域，科学的进步也还能推动其应用性能的进一步提高。激光晶体的生长制备是获得更好激光材料与器件的主要内容。例如，有一种复合功能晶体掺镥四硼酸铝钇钕，属于盐溶液冷却生长晶体的技术领域，实验证明，掺镥晶体在光学均匀性和激光性能方面均优于未掺镥的晶体。

超导是一种宏观量子效应，能在室温维持样品的超导性质，这在相当程度上是颠覆了过去凝聚态物理学界的很多共识。如果这种超导材料能够实现，则可以超大规模应用到几乎所有用得到电的工业生产领域。例如：生产电动机，转换效率可以做到99%以上，而且可以做到极小的尺寸；便携式低成本的MRI（核磁共振）、高真空磁悬浮轨道列车、超大规模特高压无损直流输电线路、超高效率小型超导电动机等。

2.2.2 稀土的战略意义

战略资源是指关系到国计民生的、在资源系统中属于支配地位的物质资源，矿产、石油、水、食品、土地都是典型的战略资源。战略规划和经营计划不一样，战略是对未来三年到五年甚至更长时间跨度范围的规划，着眼于长远的发展或更大的收益。经营计划只是近一年的具体计划，着重于眼前的盈亏或利益。因此，战略要有一定的前瞻性，需要考虑长期的经济效益或国计民生，要从长期的竞争中获得更大的效益或长期的安全、稳定和保障。公司的战略规划着眼于公司与公司之间在国内外市场上的长期竞争，确保公司的长远发展需求而制订的策略和发展规划。既要考虑公司的生存，更要关注在长期竞争中的获利机会和盈利水平。国家战略则是从国家安全和人民安居乐业所需来考虑的，体现在国际大环境下的竞争优势，满足工业、农业、军事、航空航天、双碳、节能等各个方面的发展要求。

稀土作为一类战略资源，其战略属性与石油、水、食品和土地不同。后面几种资源都是跟人的基本生活紧密相关的必需品，其关键点是量大、需求量也大。需要有稳定的供应，避免因为战争和自然灾害造成的供应紧缺。在国与国之间，常常会因为关系的好坏而引发供应关系的变化，导致价格波动甚至战争。

2.2.2.1 稀土资源、生产与产业政策的战略意义

稀土作为一种重要资源，一般都会首先考虑其储量和产量指标的战略意义。美国地质调查局每年都会给出世界稀土（REO）总体储量和产量的数据。但这些数据还不够客观，会因为时间和政府意志而发生大的变动。例如，1994年稀土储量数据为1亿吨，经过近20年的动态消耗和补充后，目前上升到1.2亿吨。其中，美澳的储量大幅度减少，中俄基本稳定，越南新探明的储量大。数量的增加可以认为是新探明矿床量的增加所致，例如，越南作为近年来全球稀土市场的"新秀"，其在莱州省发现大规模稀土矿床后，储量得以快速攀升。但对于另外一些国家的储量变化，有些是不好做深入解读的。例如，从1994年到2020年，美国的稀土储量从1300万吨降为140万吨，澳大利亚从5200万吨大幅降为410万吨。1994年我国稀土储量占世界总储量的43%，在2003年至2008年期间达到峰值59.3%，目前约为37%。但是，由于稀土用量在资源储量中的占比太小，这些数据都不足以直接与战略意义挂钩。

稀土的战略意义应该从稀土的生产量与应用量的相对值及其变化来体现。从生产的角度，

不同时期所考虑的战略目标不同。我国的稀土产业从 1958 年才开始建立，到 20 年后的 1978 年，稀土产量还很有限。在这一时期的战略目标就是要能让国际市场接受认可，能够出口创汇，为国家的国计民生提供国际发展潜力。在随后的十年发展时期，中国的采选技术得到突破，南北两种稀土资源的精矿产品都进入了国际市场，得到了认可，并且能够出口创汇，达到了预期目标。数据显示，稀土出口创汇额占 1986 年我国外汇收入的 26%，占 1991 年的 68%，稀土的经济效益得到高度重视。

但在 1989 年，西方国家抵制购买中国精矿，致使矿价急剧下降，出口创汇能力受挫。然而，当时国际上对分离精加工产品仍然十分欢迎，美国、法国和日本都有较好的稀土分离工业体系。为此，中国的稀土生产迅速转移到了稀土分离、精加工以及扩大稀土新材料应用上。到 1999 年，中国的高纯稀土产品在国际市场上大受欢迎，也满足了国内稀土新材料的开发要求，促进了稀土应用的快速发展。这一时期，形成了美国氟碳铈矿和少量进口的离子型稀土矿+法国罗地亚硝酸体系稀土分离技术以及中国三种主要稀土资源+中国盐酸体系稀土全分离技术的竞争态势，两种技术体系都能生产出主要的稀土产品。在 WTO 框架下，两大技术体系的竞争将以稀土生产成本为依据。中国稀土生产技术体系得益于矿山技术和分离技术的共同进步，酸碱消耗和生产成本得到显著降低，竞争力提高。致使美国的矿山和稀土分离生产被迫退出市场，中国稀土生产技术体系一枝独秀，供应了全球市场约 96%的需求。

中国稀土的生产规模和市场供应能力引领全球的局面是通过在国际市场上的激烈竞争而取得的，其对国际稀土市场的主导地位大幅提高了中国稀土的战略地位，但稀土的战略价值并未得到很好的体现。中国稀土的产业结构所表现出来的"多、小、散"特点，以及出口企业之间的恶性竞争，导致了出口量增加而创汇额减少的情况。与此同时，中国稀土生产的低成本优势也得益于当时环境保护要求的宽松政策，与国家生态文明建设目标相冲突。为了扭转这一局面，并基于我国颁布的《中华人民共和国矿产资源法》，国家将稀土开采的审批权逐步收紧至省级和国家部委，对稀土资源开发进行整合，形成了以央企和地方国企为主导的"全产业链"可控格局。

从 2006 年开始，尤其是 2009 年以来，国家强化了对稀土出口配额的管理，以此来优化国内的稀土产业格局。随后又基于 WTO 的要求，改革的重点转向以强化国内产业重组为主，强化环保和税收管理，鼓励科技创新。把稀土战略利益摆在经济利益之前。组建了六大稀土集团、建立行业协会，推动企业自律。

我国对稀土战略政策的全方面调整，对国际市场产生了较大影响。美国、澳大利亚、日本、越南、俄罗斯等国重新审视海外资源开发工作，南非、加拿大、智利、巴西等也着手勘探本国稀土资源，美国 Molycorp、澳大利亚 Lynas 等矿业公司相继加入全球供应链，国际稀土供应多元化格局正在形成，中国在全球稀土市场的比重下降。澳大利亚 Lynas 作为中国以外最大的稀土冶炼分离产品供应商，其位于马来西亚的关丹稀土分离厂 2019 年产量约 1.87 万吨，达到全球的 10.6%。日本曾经高度依赖从中国进口稀土，依存度一度达到 90%，但近年来日本政府高度重视稀土供应链的安全性，并积极建设中国以外的供应链，是稀土多元化最成功的国家，对中国的依存度在 2020 年已降至 58%，预计 2025 年达到 50%以下。澳大利亚、美国和缅甸已成为全球稀土市场除中国以外的主要供应者，稀土供应的多元化格局基本形成。从 2018 年起，因对稀土原材料、初级产品、电池和高端永磁体的需求增加，我国稀土进口量也开始反超出口。

未来的稀土供应格局会基本稳定，非市场性的价格波动会减少，但影响因素仍然很多。一是供需关系更加紧张。全球各国的绿色发展所需新能源车、风电等对稀土材料的需求不断增长。二是中国的产业结构调整仍需完善。稀土冶炼分离产能的"过剩"需要严格的稀土"全产业链"的管理。三是稀土问题的高度政治化，其供给和需求都容易受到政治因素的影响。四是技术进步或倒退带来的不确定性因素可能会对产业发展带来很大冲击：一方面，技术进步会提升稀土的战略价值；另一方面，垄断导致的价格上涨以及技术的不求上进会阻碍稀土应用技术的发展，稀土材料被取代或终端应用的降级用材、减少或者不使用稀土，都有可能会是影响未来稀土价值的重要决定因素。

稀土产业问题，本质上应该涉及经济问题、资源的可持续开发和环境保护。但产业界或者科学家的认识可能和政治家的并不相同。稀土十分重要，但是，稀土资源并不稀少。

2.2.2.2 稀土高端应用及其产品的战略意义

稀土技术优势代表着军事技术优势，拥有资源则拥有保障。因此，稀土也成为世界各大经济体争夺的战略资源，稀土等关键原材料战略往往上升至国家战略。欧日美等国家地区针对稀土等关键材料更为重视，2008 年，稀土材料被美国能源部列为"关键材料战略"；2010年初，欧盟宣布建立稀土战略储备；2007 年日本文部科学省、经济产业省就已经提出了"元素战略计划""稀有金属替代材料"计划，他们在资源储备、技术进步、资源获取、替代材料寻求等方面采取了持续的措施和政策。

生活中，稀土"无处不在"，手机屏、LED、电脑、数码相机……到处都有稀土材料的身影。稀土是"维生素"，在荧光、磁性、激光、光纤通信、储氢能源、超导等材料领域都有着不可替代的作用。想要替代稀土，需要有极其高超的技术，这在很多情况下很难做到。世界科技日新月异，创新应用层出不穷，这将为今后数十年稀土应用带来爆发式的增长期。全球稀土市场的需求将从量的增长变为质的提升。

目前传统的稀土市场供求关系主要受上游稀土生产、中游稀土材料产业（尤其是稀土永磁产业）以及终端市场发展的影响。稀土行业的直接经济效益，依赖于各种稀土材料产业的市场，稀土永磁材料随着新能源汽车与汽车电动化、风力发电、节能家电、节能电梯、智能制造等领域的发展将逐步增长。稀土电子功能材料、磁光功能材料、陶瓷结构和功能材料、能源与电池材料、信息通信材料等在军事领域和高端技术领域的应用是稀土作为战略资源的关键所在。尤其是稀土与现代军事技术的关系十分密切，将有力推动现代军事技术的科技进步。随着世界科学技术的飞速发展，稀土产品必将以其特殊的功能，在现代军事技术的发展中发挥更大的作用，并为稀土行业本身带来巨大的经济效益和突出的社会效益。

稀土在物联网、机器人和自动化系统、智能手机与云端计算、量子计算、元宇宙、数据分析、数字化、智能化、人类增强、先进数码设备、先进材料、太空科技以及增材制造等应用领域的具体应用，给中国产业链升级带来巨大推动力。中国既是稀土制造业大国，也是稀土消费大国，更是正在重点发展稀土高端应用的大国。目前已形成了一个宽广的多元需求的稀土市场，既是国际稀土上下游产品供应企业的必争之地，亦是我国稀土产业以及整个产业链升级的内在动力，更是稀土作为国家战略资源的根本原因。稀土应用非常广泛，其中61.85%消费于高新材料这些领域。在这些领域，稀土的实际使用量虽然少，却不可或缺。在中国经济及产业发展的长远规划中，不论是"工业4.0""中国制造2025"，还是"专精特新"，都意味着中国产业链要不断向高端领域渗透和升级。稀土在这些领域的具体应用，以及掌握世界领先的或独具特色的稀土材料制造技术，正是稀土战略意义的具体体现。

2.3 稀土材料化学

稀土材料是指以稀土元素作为基本成分，并利用了稀土的化学和物理特征形成的能够满足特定应用要求的稀土单质、稀土合金、稀土化合物和以稀土为掺杂元素的各种化合物，包括稀土矿物、稀土金属和化合物、稀土功能材料、稀土结构材料和稀土助剂材料等等。

稀土材料化学主要涉及提取和制备这些材料、调节和控制这些材料的组成和结构、最大限度地发挥这些材料的应用效能的化学方法或手段。因此，稀土材料化学的研究内容包括：稀土矿物的发现与采选，即从稀土精矿中冶炼分离稀土元素获得各种纯度的单一稀土和混合稀土化合物或金属；利用所提取分离的稀土金属和化合物来合成和制备各种稀土功能材料和结构材料；针对具体应用目标，生产最终应用产品和器件的整个过程。

绝大多数稀土材料是以固态形式呈现的，包括块体材料、粉体材料及其分散在液体中的悬浮体。因此，稀土材料化学的基础是固体化学。固体是一类具有硬度和保持其形状和体积的物质，具有有序与无序、多晶转变与相变、界面与晶界、高维与低维、各向异性与各向同性、化学计量与非化学计量、各种类型的缺陷等特征。正是这些特点赋予了固体很多不同于气体和液体的性质，使得固体具有独特的功能与广泛的应用。围绕这些特点，稀土材料化学对稀土固体材料的合成、组成、结构、相图、价态与光、电、磁、热、声、力学及化学活性等化学与物理性能和理论展开了广泛而深入的研究。其结果是在很多领域，如高温超导体、激光、发光、高密度的信息存储、永磁、固体电解质、结构陶瓷与传感等方面都取得了重要的应用。通过大量的基础研究与应用工作，探讨材料组成、结构与性能的关系，宏观与微观的关系，整体与局域的关系，有助于进一步达到稀土固体材料设计的目的，并根据使用所需要的特定性能，设计和制备出所需组成与结构的固体化合物。

随着材料、信息、能源和航天等科学技术的迅速发展和经济及国防建设的需要，对各种稀土固体功能材料包括单晶、多晶、非晶态、玻璃、陶瓷、薄膜、涂层、低维化合物、复合材料、超细粉末、金属、合金与金属间化合物等进行合成与性能评估已经成为稀土材料化学研究的基本内容。

2.4 稀土材料的主要类型和应用概况

稀土元素在材料中的应用可以是稀土金属、合金或化合物的形式。在多数情况下，需要通过添加稀土来改善材料的性能或扩大其应用范围。稀土材料的应用主要包括传统材料领域和高技术新材料领域两个方面。稀土高新技术应用在改造传统材料产业方面发挥着越来越大的作用。稀土在三大传统领域（冶金机械、石油化工和玻璃陶瓷）中的应用仍然是其主要市场，但在相对数量上逐年缩小。相反，稀土新材料则以15%～30%的年增长速度迅猛发展，许多新应用领域的开拓使稀土及其新材料的生产能力和用量迅速增加。

在新材料领域，稀土元素丰富的光学、电学、磁学以及其他许多性能得到了充分的应用。这些稀土新材料根据稀土元素在材料中所起的作用可粗略地分为两大类：一类是利用4f电子特征的材料；另一类则是与4f电子不直接相关，主要利用稀土离子半径、电荷或化学性质上的有利特性的材料。在许多情况下，两个方面的作用可能同时存在。

2.4.1 稀土氧化物材料

稀土固体材料以氧化物和复合氧化物的合成和研究最多。稀土氧化物可分为倍半氧化物 RE_2O_3（RE = 稀土）、低价氧化物 REO、高价氧化物 REO_2 和混合价态氧化物。除 Ce、Pr、Tb 以外，一般是以三价的倍半氧化物的形式存在。而 Ce 常以四价的 CeO_2 存在，Pr 和 Tb 分别以混合价态非化学计量的形式存在，即 Pr_6O_{11} 和 Tb_4O_7。三价倍半氧化物的熔沸点都很高，在空气中可以与水汽和 CO_2 结合，生成（正）碳酸盐和碱式碳酸盐。低价氧化物是倍半氧化物在蒸发时得到的产物之一，但其中可制成固体化合物的只有 EuO 和 YbO。Ce、Pr、Tb 可生成高价氧化物 LnO_2 立方晶系，属萤石型结构，稀土的配位数为8。

某些稀土氧化物很早就用来使玻璃脱色和着色。例如，少量的氧化铈可使玻璃无色，加氧化铈达1%时，便使玻璃呈黄色；量再多时则呈褐色。氧化钕可以将玻璃染成鲜红色；氧化镨可使玻璃染成绿色；两者混合物使玻璃呈浅蓝色。氧化铈还大量用于制造玻璃抛光材料。

在陶瓷和瓷釉中添加稀土可以减少釉的破裂并使其具有光泽，因此，稀土常用作陶瓷颜料。研究和应用最多的是以氧化锆、氧化硅为基质的镨黄颜料以及以 Al_2O_3 和 SiO_2 为基质的铈钼黄及铈钨黄等黄色颜料。其他稀土颜料还有紫罗兰（含 Nd^{3+}）、绿色、桃红色、橙色、黑色等。它们绚丽多彩，各有特色。用稀土制成的陶瓷颜料通常比其他颜料的颜色更柔和、纯正，色调新颖，光洁度亦很好。

2.4.2 掺杂和复合稀土氧化物材料

稀土元素可与周期表中很多元素生成复合氧化物。基于仿矿学原理，人们仿效矿石的结构合成了数量众多的化合物，从中探找出了很多新型的稀土材料。

2.4.2.1 发光和激光材料

稀土的发光和激光性能都是由稀土的4f电子能在不同能级之间的跃迁而产生的。由于稀土离子具有丰富的能级和4f电子跃迁特性，故稀土成为发光材料宝库，为高技术领域特别是信息通信和节能照明领域提供了性能优越的发光材料和激光材料。但是，稀土发光材料中存在浓度猝灭现象，这些稀土发光中心需要分散到一定的基质材料中才能获得高的发光效率。作为一种好的发光材料，其前提是要能够高效吸收外界的能量，并能够把吸收的能量传递给发光中心。所以，当发光中心和基质吸收外界能量的性能不佳时，就需要加入一些其他能够有效吸收激发能量并可以有效传递给发光中心的敏化剂。因此，掺杂敏化离子的稀土氧化物材料在发光领域有着重要应用。

　　稀土发光材料的优点是吸收能力强，转换率高，可发射从紫外到红外的光谱，在可见光区有很强的发光能力，且物理性能稳定。稀土发光材料广泛用于绿色健康照明、高品质显示和高端信息探测等领域，如早期的计算机显示器、彩色电视显像管、三基色节能灯及医疗设备等。彩色电视显像管中的红粉普遍使用的是铕激活的硫氧化钇 $Y_2O_2S:Eu$ 荧光体。计算机显示器要求发光材料提供高亮度、高对比度和清晰度，其红粉也是 $Y_2O_2S:Eu$，绿粉为 $Gd_2O_2S:Tb,Dy$ 及 $Y_2O_2S:Tb$ 高效绿色荧光体。稀土发光材料的另一项重要应用是稀土三基色节能灯，其红色、蓝色和绿色荧光粉都是稀土荧光粉。稀土三基色节能灯因其高效节能而备受世界各国重视，中国稀土三基色节能灯产量也曾雄踞世界首位。此外，还有稀土上转换发光材料，广泛用于红外探测、军用夜视仪等方面。稀土长余辉荧光粉具有白天吸收阳光、夜晚自动发光的特点，用作铁路、公路标志，街道和建筑物标牌等夜间显示，既方便节能，又有装饰美化的效果。

　　稀土是激光工作物质中一类非常重要的元素。激光材料中大约 90% 都含有稀土元素，在国际上已商品化的近 50 种激光材料中，稀土激光材料就占 40 种左右。在固体、液体和气体三类激光材料中，以稀土固体（晶体、玻璃、光纤等）激光材料应用最广。稀土激光材料广泛用于通信、信息存储、医疗、机械加工以及核聚变等方面。稀土晶体激光材料主要是含氧的化合物和含氟的化合物。其中，钇铝石榴石 $Y_3Al_5O_{12}:Nd$（YAG:Nd）因其性能优异而得到广泛的应用，还有效率更高的钕铬掺杂钆钪镓石榴石 GSGG:Nd,Cr 及 $(Gd,Ca)_3(Ga,Mg,Zr)O_{12}:Nd,Cr$。掺钕钒酸钇（YVO$_4$:Nd）及 YLiF$_4$ 可应用于二极管泵浦的全固态连续波绿光激光器，在激光技术、医疗和科研领域应用广泛。稀土激光玻璃是用 Nd^{3+}、Er^{3+}、Tm^{3+} 等三价稀土离子为激活剂，其种类比晶体少，易制造，使用灵活性比晶体大，可以根据需要制出不同形状和尺寸。稀土玻璃激光器输出脉冲能量大，输出功率高，可用于热核聚变研究，也可用于打孔、焊接等方面。稀土激光玻璃的缺点是热导率比晶体低，因此不能用于连续激光的操作和高重复率操作。稀土光纤激光材料在现代光纤通信的发展中起着重要的作用，掺铒光纤放大器已大量用于无须中间放大的光通信系统，使光纤通信更加方便快捷。

2.4.2.2 稀土特种玻璃和高性能陶瓷材料

　　稀土除了在传统玻璃陶瓷中作为脱色剂、着色剂、抛光剂及陶瓷颜料外，更重要的是可以用来制备特种玻璃和高性能陶瓷。铈组轻稀土几乎都是制备特种玻璃的上好原料。镧玻璃具有高折射、低色散的良好光学稳定性，广泛应用于各种透镜和镜头材料。此外，镧玻璃还用作光纤材料（同时还使用稀土元素铒）。铈玻璃用作防辐射材料，具有在核辐射下保持透明、不变暗的特点，在军事和电视工业中有着重要的应用。钕玻璃则可以制成很大的尺寸，是巨大功率激光装置最理想的激光材料。

　　在稀土陶瓷材料中，稀土是以其化合物形式和掺杂形式应用。稀土高性能陶瓷包括稀土高温结构陶瓷和稀土功能陶瓷两大类。稀土的氧化物、硫化物和硼化物都具有很强的高温稳定性，后两者还同时是惰性物质，它们是制造高温结构陶瓷的优良原料。例如，以氧化钇和氧化锆为主的耐高温透明陶瓷在激光、红外光等技术中有特殊用途。硫化铈、六硼化铈可用以制作金属冶炼的坩埚，也应用在喷气飞机和火箭上。稀土硼化物是优良的电子仪器阴极材料，它具有很小的电子逸出功和很高的热电子发射密度。硼化镧阴极用于制造同步稳相加速器、回旋加速器、控制式扩大器等，比用金属阴极和氧化物阴极的使用寿命要长得多，并且能在高压电场中和较低真空度下工作。稀土硼化物陶瓷还广泛用于磁控管、质谱仪、电子显微镜、电子轰击炉和电子枪、电子轰击焊接设备等方面。稀土掺杂的 ZrO_2、SiC、Si_3N_4 具有耐高温、高强度、高韧性等优良性能，是一类新型的高温结构陶瓷，它们被广泛应用于内燃机零部件、计算机驱动元件、密封件、高温轴承等高技术领域。目前，利用这类材料制成的汽车发动机已在国内外使用。

稀土功能陶瓷的应用范围更广，包括（电、热）绝缘材料、电容器介质材料、铁电和压电材料、半导体材料、超导材料、电光陶瓷材料、热电陶瓷材料、化学吸附材料及固体电解质材料等。在传统的压电陶瓷材料（如 $PbTiO_3$、$PbZrTiO_3$-PZT）中掺入微量稀土氧化物，如 Y_2O_3、La_2O_3、Sm_2O_3、CeO_2、Nd_2O_3 等，可以大大改善这些材料的介电性和压电性，使它们更适应实际需要。这类压电陶瓷已广泛地用于电声、水声、超声器件、信号处理、红外技术、引燃引爆、微型马达等方面。掺 La 或 Nd 的 $BaTiO_3$ 电容器介质材料可使介电常数保持稳定，在较宽温度范围内不受影响，并提高了使用寿命。稀土元素如 La、Ce、Nd 在移动电话和计算机的多层陶瓷电容器中也发挥着重要作用。稀土掺杂在热敏半导体材料制作中能起关键作用，这类材料可用作过电过热保护元件、温度补偿器、温度传感器、延时元件及消磁元件等。此外，由压电陶瓷制成的传感器已成功用于汽车气囊保护系统。

当前已经商业化以及正在大量研究的稀土基透明陶瓷都是以立方晶系为主。稀土基透明陶瓷可以分为光学应用和非光学应用两大类。前者主要包括激光、闪烁和白光 LED 用透明陶瓷。其中激光透明陶瓷的基质主要是石榴石 $RE_3Al_5O_{12}$ 以及倍半氧化物 RE_2O_3 立方体系，发光中心以 Nd、Er 和 Yb 为主。目前在透明度、热物性、光致发光效率和发光寿命等指标上已经和单晶持平，在光散射等涉及介观-宏观结构的性质上综合比较仍存在着改善的空间。这类陶瓷在激光输出功率和效率上已与单晶基本一致。与单晶相比，陶瓷具有相对较高的力学性能，在抗热损伤方面表现出良好的前景。闪烁透明陶瓷的快速发展与激光透明陶瓷相类似，也是以石榴石 $RE_3Al_5O_{12}$ 以及倍半氧化物 RE_2O_3 立方体系为主，目前发光效率已经持平甚至优于单晶。另外，新出现的白光 LED 透明陶瓷主要是将黄粉 Ce:YAG 透明陶瓷化，从而与芯片组合成白光 LED。由于陶瓷内部的光路传输与粉末内部是不一样的，因此，这种组合结构实现了全立体发光。在透明陶瓷研究方面，石榴石体系和倍半氧化物体系在透明陶瓷领域均取得了进展，研制的透明氧化铝陶瓷已经成功应用在商业高压钠灯上。稀土纳米陶瓷是传统陶瓷领域与新兴纳米技术相结合的产物。根据最终用途，纳米陶瓷主要分为烧结前驱体和功能陶瓷两大类。纳米稀土粉末作为添加剂一般是基于稀土的大离子半径，即与电子作用无关的性质，相关研究主要是面向工业化，提高产品性能的工艺探索和具体技术数据的积累。功能性稀土纳米陶瓷主要体现为发光粉，其中稀土元素既可以作为基质组分也可以作为发光添加剂。目前的研究方向主要包括各类形貌控制合成技术以及面向生物荧光示踪、各种照明显示（尤其是 LED）乃至高发光快衰减应用的材料。

2.4.2.3　稀土超导材料

超导材料应用广泛，可用于制作超导磁体应用于磁悬浮列车，可用于发电机、发动机、动力传输、微波及传感器等方面。据报道，日本制造出了世界最长的高温超导电缆（长达500m），可在已有的地下管道间铺设，其输电能力为现有输电电缆的 6 倍。开发长的高温超导电缆已被日本列为重大攻关项目之一。由于稀土超导体是一种高温超导材料，可使所需的环境温度由低温超导材料的液氦区（$T_c = 4.2K$）提高到液氮区（$T_c = 77K$）以上，不但给实用操作带来了方便，而且也大大降低了成本费用。现已发现许多单一稀土氧化物及某些混合稀土氧化物都是制备高温超导材料的原料。美国、中国和日本几乎同时于 20 世纪 80 年代中后期发现 $LnBa_2Cu_3O_{7-x}$ 系列稀土氧化物超导材料，并且中国在高温超导研究方面一直处于世界前列。今后，随着一些相关应用技术前沿问题的不断解决，稀土超导材料在工业和科技各领域中的应用将会逐步得以实现。

稀土钙钛矿型的复合化合物在高温超导材料中开辟了新领域。理想的 ABO_3 钙钛矿型结构是立方晶系，A 离子是 12 配位，被 12 个氧原子以立方对称性包围；B 离子被 6 个氧原子以八面体对称性包围。Y-Ba-Cu-O（YBCO）在所有高温超导材料中结构单一（具有类钙钛矿结构），易于获得结晶良好的单晶薄膜，其临界转变温度达 92K，临界电流密度（J_c）在 $10^6 A/cm^2$ 以上。特别是 YBCO 薄膜具有优异的微波性能，在液氮温度、10GHz 下，其微波表面电阻（R_s）比 Cu 低两个数量级。用其制作的微波器件可以做到极窄的带宽、极低的插损、高的带外抑制、高的 Q 值等，用于星载、机载和地面通信系统。

YBCO 薄膜的应用在很大程度上取决于薄膜的制备技术。YBCO 薄膜制备技术大致可以分为物理方法和化学方法两类。基于高温超导薄膜的应用主要包括两个方面：①高温超导滤波器；②高温超导 SQIUD。前者已经在移动通信基站开展应用，并已开发出移动通信用超导滤波器系统，带外抑制度>90dB，单通道噪声系数<1.0dB；后者除了在矿物探测方面开展了一些研究工作之外，主要集中在医学方面，即心磁的测量。高温氧化物超导体是一种陶瓷材料，用常规陶瓷烧结工艺制备的氧化物超导体是由许多细小的晶粒组成，在整体上表现为弱连接的颗粒超导行为，而氧化物超导体又是一种各向异性材料，结晶取向无规则的烧结体不可能具有高临界电流密度（J_c），并且 J_c 在磁场下急剧下降，无法达到实际应用的要求。因此，一系列改进的高温氧化物超导体熔化生长工艺相继被报道，生长"单畴"超导块材成为发展方向。YBCO 熔融织构块材作为一种产品，除了必须有好的超导性能和力学性能以外，工艺的重复性和实现批量化生产也是至关重要的。除薄膜和块体之外，还有稀土高温超导带材。以 $YBa_2Cu_3O_{7-x}$ 为代表的第二代高温超导带材由于其优异的综合性能（77K 下不可逆场到达 7T、自场下的临界电流密度达到 $106A/cm^2$），突破了第一代高温超导带材（Bi 系带材）只能用于弱磁场的限制，可全面满足高温区（液氮温区）、强磁场的强电领域应用，大大推动超导电力技术实用化进程。在 YBCO 带材的研制中，如何得到具有双轴织构特性的 YBCO 超导层是关键技术之一。国内外机构已经开始对基于 YBCO 高温超导带材的超导电缆、超导限流器、超导电机和超导磁体等电力装置进行研制。然而，YBCO 超导带材在实用化过程中还存在两个方面的瓶颈。一方面，目前 YBCO 高温超导带材的价格过高。另一方面，YBCO 高温超导带材随着磁场强度的增大性能会急剧下降。

2.4.2.4 稀土催化材料

石油裂化工业中经常使用稀土制造稀土分子筛裂化催化剂。稀土分子筛催化剂的活性高、选择性好、汽油的产率高，因而在国内外很受重视。目前世界上的石油裂化生产中 90% 都使用稀土裂化催化剂。稀土裂化催化剂一般是用混合氯化稀土与 Na-Y 型分子筛进行交换制得，其对混合稀土的要求不高，各单一稀土量不一定要有严格的比例，因此可以用提取某一单一稀土的剩余物来制备稀土分子筛裂化催化剂，为稀土资源的综合利用提供了有利条件。

稀土还可在很多化工反应中用作催化剂。如稀土催化剂已成功地用于合成异戊橡胶和顺丁橡胶的生产，使用的催化剂为去铈混合轻稀土的环烷酸盐，以镨钕富集物效果更好。稀土氧化物如 La_2O_3、Nd_2O_3、Sm_2O_3 可用于环己烷脱氢制苯的催化剂。用 ABO_3 型化合物如（$LnCoO_3$）代替铂，可以催化氧化 NH_3 以制备硝酸。此外，稀土化合物还用于塑料热稳定剂和稀土涂料催干剂等化工领域。

现代城市空气污染的主要来源是汽车尾气，有效控制汽车尾气污染物（HC、CO、NO_x）含量是提高空气质量的重要途径。采用含有稀土的催化净化器是治理燃油机动车尾气的重要手段，具有原料易得、价格便宜、化学稳定及热稳定性好、活性较高、寿命长，且抗 Pb、S 中毒等优点。稀土催化净化器可同时利用稀土催化剂表面发生的氧化反应和还原反应，将排放气体中的 CO 和 HC 等有害物质氧化为 CO_2 和 H_2O，将 NO_x 还原成 N_2。随着燃油车辆尾气净化催化剂需求量的迅速增加，世界各国对稀土催化剂进行了大量研究，贵金属稀土催化剂、廉价稀土金属催化剂等相继问世并大量投入使用，致使汽车尾气净化催化剂成为稀土的最大市场。早在 1995 年，美国在这方面的稀土耗用量已占其全国总用量的 44%，远高于稀土在石油裂化催化剂中的用量。稀土催化剂中使用的是 Ce 和 La 的化合物，Ce 具有储氧功能，并能稳定催化剂表面上的 Pt 和 Rh 的分散性，La 在铂基催化剂中可替代 Rh，降低成本。在催化剂载体中加入 La、Ce、Y 等稀土元素还能提高载体的高温稳定性、机械强度、抗高温氧化能力。随着汽车使用量的增加，汽车尾气净化任务更加严峻，将需要更多的汽车尾气净化催化剂。中国贵金属资源较贫乏，而稀土资源丰富，因此稀土汽车尾气净化催化材料的发展前景极其广阔。

2.4.3 稀土硫化物材料

当稀土氧化物中的氧被半径更大的 S、Se、Te 取代后，生成的一系列化合物具有一些不同于氧化物的特性，其中一些已获得了应用。稀土硫氧化物的合成既可用稀土氧化物或含氧化合物作前驱体，硫化剂可以是 S、H_2S、CS_2、硫化物、硫氰化铵（或钠）及硫代乙酰胺；也可用硫酸盐、氧硫酸盐或亚硫酸盐作原料，还原剂可以是 H_2、CO 或天然气；还可用硫化物作原料，氧化剂可以是空气，空气与水蒸气混合，及 SO_2 或 CO_2。研究较多的是稀土倍半硫化物 Ln_2S_3，主要以直接法、还原法、机械研磨法、喷雾热解法、前驱体热分解法、硫化硼硫化法、低价稀土盐氧化法、溶剂热法、液相自组装法等方法来制备。合成的稀土硫化物需要进行掺杂和处理后才能成为合格颜料，尤其是要符合环保颜料要求。掺杂离子不仅可以稳定 γ 相，大大降低 γ 型硫化物的制备温度，还可调节材料的电子能级结构等性质，从而实现对材料颜色等物化性能的设计和调控。常用的掺杂剂包括碱金属离子、碱土金属离子、重稀土离子、碳、硅等。例如，稀土硫化物颜料就是以一定晶型和粒度的轻稀土（主要是镧铈）

化合物（碱式碳酸盐）为原料，与单质硫或硫的化合气体在高温下合成为特定稀土硫化物，经过着色处理（氟化、包覆、筛分）后，得到的一种符合颜料标准的着色材料。

合成后对颜料表面进行包覆处理是目前使用的主要手段，如利用 SiO_2、Al_2O_3、ZrO_2 和 $ZrSiO_4$ 等对稀土硫化物颜料进行包覆，可显著提高颜料的热稳定性（空气气氛下稳定温度达 500℃）、抗酸腐蚀性和分散性。表面改性则可有效改善稀土硫化物颜料与着色基质间的相容性，扩大其使用范围。如在颜料粒子表面进行有机官能团修饰，可以提高其在有机溶剂中的分散性。氟处理也是重要的后处理手段之一，用氟离子处理的稀土硫化物颜色更为鲜艳。经过处理的粉体颗粒根据不同要求，可筛分分级处理，最终得到所需的产品。

20 世纪 90 年代中期，法国 Rhodia 公司建立了世界上唯一一套生产稀土环保颜料的产业化生产线，产能 500t/a。生产线包括三个生产过程（原料制备生产线、合成生产线及后处理着色成品生产线），采用"气-固"法合成稀土环保颜料。目前，国内开发了具有自主知识产权，已具备产业化生产稀土硫化物颜料的"固-固"法合成生产线。其研发生产的稀土硫化物系列产品，具有绿色环保性、显著热稳定性（>320℃）、独特玻璃纤维融合性、吸收紫外和反射红外特性及优良耐候性。目前产品应用领域为尼龙系列、聚碳酸乙酯系列、聚丙烯系列、工程塑料系列、医疗齿科材料、美术颜料、户外塑料制品。稀土硫化物材料符合国家"创新、协调、绿色、开放、共享"的发展理念，在"工信部、环保部、国土资源部、科技部"四大部委联合发布的鼓励替代有毒有害产品目录中，稀土环保颜料位列第二项。在国家发改委制定的"战略性新兴产业计划"中，稀土硫化物颜料也被列入其中。其他稀土硫化物颜料有：以稀土元素镧（La）为基础的黄色系列稀土硫化镧，以稀土元素钐（Sm）为基础的绿色系列稀土硫化钐，以稀土元素镱（Yb）为基础的蓝色系列稀土硫化镱。目前这些颜料处于研发阶段，随着市场需求也将达到产业化水平。

稀土硫化物的发光性能优良，是应用较早的一类荧光材料。在长余辉稀土荧光粉中也有稀土硫化物，但硫化物的稳定性不如氧化物。所以，它们一般应用在一些保护措施较好的场合。

2.4.4　稀土卤化物材料

氟化稀土 REF_3 和氯化稀土 $RECl_3$ 是制备稀土金属的原料。为此，需要制备不含氟氧化物 REOF 或未反应 RE_2O_3 的无水氟化物。现行最好的方法是同时使用湿法和干法制备。首先，使用湿法将 RE_2O_3 溶于 HCl 或 HCl + HNO_3 溶液，以 HF 沉淀出水合的 REF_3。然后使用干法在 200～400℃以 NH_4F 脱水，或在 HF 或 HF + N_2 的气氛下于 700℃脱水，使用玻璃石墨管或石墨舟作容器。因为玻璃石墨管或石墨舟在 1000℃时对 HF 和 REF_3 是惰性的。为制备很纯的稀土金属，需制备氧含量很低的无水氟化物，可采用两步合成法：第一步是将无水 HF + 60% Ar 通入 RE_2O_3 中于 700℃加热 16h。为防止所得氟化物被沾污，氧化物放在铂舟内，使用内衬铂的铬镍铁合金的炉管，第一步所得的氟化物含氧量约 300mg/kg；第二步是将盛有这种氟化物的铂坩埚放在具有石墨电阻加热器的石墨池内，于 HF + 60% Ar 的气氛下加热至高于氟化物熔点约 50℃，20g 氟化物约需加热 1h。熔体的透明程度与氟化物中氧的含量相关。如为高度透明，则氧含量少于 1mg/kg；如为乳浊，则氧含量高于 20mg/kg。

稀土卤化物的用途极广。例如可制成氟玻璃和光纤维；可用作光学滤光片及薄膜；是光致发光、电致发光、上转换发光和激光材料的优良基质和发光中心；可制成弧光碳电极；可作为氟离子选择电极和快离子导体；可作为分离超铀元素和处理废核燃料时的载体等等。当前，稀土氟化物纳米上转换发光材料的研究非常活跃，还有溴化镧等稀土氟化物单晶用作闪烁晶体，它们在生物医学成像和探测等应用中将发挥重要作用。

2.4.5　稀土金属及合金材料

利用稀土金属易氧化燃烧的特性来制造打火石是最早的稀土应用，各类军用发光合金材料也与此应用相关。

2.4.5.1　稀土钢添加剂及有色金属合金材料

由于稀土金属的高活泼性，能脱去金属液中的氧、硫及其他有害杂质，起到净化金属液的作用，控制硫化物及其他化合物形态，起到变质、细化晶粒和强化基体等作用。因此，可利用混合稀土金属、稀土硅化物及稀土有色金属中间化合物来炼制优质钢、延性铁和有色金属合金材料等。稀土钢和稀土铸铁已被广泛用于火车、钢轨、汽车部件、各种仪器设备、油气管道和兵器等。稀土加到各种铝合金或镁合金中，可提高其高温强度，用以制造轮船引擎上的叶轮、飞机及汽车发动机和导弹上的部件。在铝-锆合金中加入适当的稀土用作电缆，可以提高电缆的抗拉强度和耐磨性，而不降低其导电性。具有中国技术特色的稀土铝电线电缆已被大量用于高压电力输送系统。

2.4.5.2　稀土磁性材料

在众多稀土材料中，稀土磁性材料的应用最为广泛，已发展成稀土行业的核心产业，带动着整个稀土产业的持续发展。利用稀土元素独特的磁性能，可以制造现代工业和科学技术发展需要的各类磁性材料。稀土磁性材料包括永磁材料、磁致伸缩材料、巨磁阻材料、磁光材料和磁制冷材料等。其中稀土永磁材料是磁性材料研究开发和产业化的重点。

迄今为止，人们已经发展了三代永磁材料，即第一代 $SmCo_3$、第二代 Sm_2Co_{17}、第三代 NdFeB，目前正在开发第四代稀土永磁体 SmFeN。与传统磁体相比，稀土永磁材料的磁能积要高出 4～10 倍，其他磁性能也远高于传统磁体。目前磁性能最好的是钕铁硼永磁材料，它被誉为"永磁之王"。钕铁硼磁体不但磁能积高，而且具有低能耗、低密度、机械强度高等适于生产小型化的特点。

性能优异的稀土永磁材料，已广泛应用于全球支柱产业和其他高新科技产业中，如计算机工业、汽车工业、通信信息产业、交通工业、医疗工业、音像工业、办公自动化与家电工业等。其主要应用包括：汽车中的各电机和传感器、电动车辆、全自动高速公路系统（AHS）；计算机和微电脑的 VCM（音圈电机）、软盘驱动器、主轴驱动器（如手机、复印机、传真机，CD、VCD、DVD 主轴驱动）；电动工具、空调机、冰箱、洗衣机；机床数控系统、电梯驱动及各类新型节能电机；核磁共振仪、磁悬浮列车；选矿机、除铁设备、各类磁水器、磁化器、小型磁透镜；同步辐射光源、机器人系统、高性能微波管、鱼雷电推进、陀螺仪、激光制造系统、α 磁谱仪等尖端装置中；磁传动、磁吸盘、磁起重器等。此外，稀土永磁材料还用于汽车防雾尾灯、磁疗器械、玩具、礼品、磁卡门锁、开关等。

随着科学技术的发展和磁性材料应用领域的日益扩大，人们在不断提高现有永磁材料性能的同时，也在加大新一代稀土永磁材料的研究开发。新一代稀土永磁材料性能和精度要求更高，产品性能稳定及适合各种环境条件下的温度系数更加严格。那些高新技术领域急需的具有某些特殊性能的稀土磁性材料，如稀土磁制伸缩材料、稀土巨磁阻材料、稀土磁光材料、稀土磁制冷材料等也越来越受到人们的高度重视。事实上，可以用每个家庭钕铁硼永磁体用量来评价一个国家的现代化水平。

2.4.5.3 稀土储氢合金与电池材料

储氢材料是 20 世纪 70 年代开发的新型功能材料。在能源短缺和环境污染日益严重的今天，储氢材料的开发具有极其重要的意义，使氢作为能源实用化成为可能。储氢合金是两种特定金属的合金，其中一种金属可以大量吸氢，形成稳定氢化物，而另一种金属与氢的亲和力小，氢很容易在其中移动。稀土与过渡族元素的金属间化合物 $MmNi_5$（Mm 为混合稀土金属）及 $LaNi_5$ 是优良的吸氢材料。人们利用该类材料对氢可进行选择性吸收并可在常压下释放这一可逆过程，将其用作氢的存储、提纯、分离和回收，用于电池、制冷和制造热泵等。

稀土储氢材料最重要的用途是用作镍氢电池（Ni/MmH）的阴极材料。镍氢电池为二次电池（即充电电池），与传统的镍镉电池相比，其能量密度提高 2 倍，且无污染，因而被称为绿色能源。镍氢电池已广泛应用于移动通信、笔记本电脑、摄像机、收录机、数码相机、电动工具等各种便携式电器中。镍氢电池还有一个重要用途是用作未来绿色交通工具电动汽车的动力源，随着电动汽车及其他绿色能源运输工具的开发，车用镍氢动力电池的大量需求将进一步促进稀土储氢材料的发展。

稀土-镁-镍系超晶格储氢合金作为新一代稀土储氢材料，应用于碱性二次 Ni/MH 电池电极材料，表现出容量高、易活化、大电流、放电能力强等特点，有望成为替代产业化稀土系 AB_5 型储氢合金。由于稀土-镁-镍系超晶格储氢合金在温和条件下表现出较高的储氢容量和可调节性强的分解平衡压力，从而在气固储氢应用方面也表现出极大的吸引力。过去的十几年中，广大科技工作者在稀土-镁-镍系超晶格储氢合金的化学组成、晶体结构、电化学储氢性能以及固态储氢性能等方面开展了大量卓有成效的工作。然而，稀土-镁-镍系超晶格储氢合金的结构复杂，一方面给合金带来了性能提高的巨大潜力，另一方面也给材料性能的稳定控制提出了巨大的挑战。因此，从根本上揭示稀土-镁-镍系超晶格储氢合金对电化学性能的影响是该类合金发展的关键所在。针对稀土-镁-镍系超晶格储氢合金的这一特点，首先，应从理论上通过结构模拟计算预测合金的热力学性能，为实验研究提供理论依据与合理的研究范围；其次，在实验中提出可靠稳定的制备技术，精确控制合金的化学组成和物相结构；最后，通过原位 X 射线、中子同步辐射等手段解析合金的相结构及其在储氢中的演变过程，进而发现提高其储氢性能的新方法。

2.4.5.4 稀土核材料

稀土金属由于具有不同的热中子俘获截面和许多其他特殊性能，使其在核工业中也得到了广泛的应用。如金属钇的热中子俘获截面小，而且它的熔点高（高于 1500℃）、密度小（4.469g/cm³）、不与液体铀和钚起反应、吸氢能力又很强，是很好的反应堆热强性结构材料，可用作运输核燃料液铀的管道等设备（在 1000℃ 下不受腐蚀）。而另一些稀土元素的热中子俘获截面很大，如钆（46000b，460m²）、铕（4300b，43m²）、钐（5600b，56m²），是优良的核反应堆的控制材料,这些稀土金属及其化合物(氧化物、硼化物、氮化物、碳化物等)可用作反应堆的控制棒、可燃毒物的抑制剂以及防护层的中子吸收剂。铕有最佳的核性能,它不但具有很大的热中子俘获截面,而且是个长寿命的吸收体,由于适合作为紧凑型反应堆的控制棒而被广泛应用于核潜艇,方便且效率高。某些稀土氧化物、硫化物和硼化物可以用作耐高辐射坩埚(用于熔炼金属铀)等。铈玻璃抗辐射性能好,已被广泛应用于放射性极强的操作环境,如用在反应堆上可以安全地观察核反应过程,也可用在防原子辐射的军事光学仪器上。

综上所述,稀土材料的种类繁多,用途极广,随着研究开发的进一步深入,新的稀土材料将会不断涌现。稀土家族确实是一组神奇的元素,它们在传统材料改性和新材料研制开发中起着十分重要的作用,与国民经济及现代高新技术的发展关系极为密切,稀土新材料在信息、能源、交通、环境等领域发挥着不可替代的作用。虽然中国稀土储量、产品产量、应用和出口量均居世界第一,但与美国、日本、法国等发达国家相比,中国在稀土材料的研究、开发及应用方面还存在一定的差距,许多新材料的研制与开发仍停留在跟踪和吸收、消化国外先进技术上,自己独立研究试制的稀土新材料相对较少,仅发明专利就与日本等国有较大的差距。在稀土新材料,尤其是具有高附加值产品的开发和应用方面,我们与国外还存在一定的差距。因为稀土元素是 21 世纪具有战略地位的元素,稀土新材料的研究开发与应用是国际竞争最激烈也是最活跃的领域之一。

2.5　中国稀土材料研究历程

从某种角度讲,稀土新材料的研究开发与应用水平,标志着一个国家高科技发展水平,也是一种综合国力的象征。与发达国家相比,虽然中国在稀土新材料的研究开发与应用方面有一定差距,但各级政府和相关部门对稀土材料及其应用一直非常重视,使中国稀土产业步入了一个快速发展的新阶段,稀土新材料的研究开发得到加强,应用水平也逐渐提高。中国稀土材料研究的过程实际上就是一部从跟踪到追赶,再到局部超越的历史。其根本目的就是要在一个较短的时期内,大力提升中国稀土产业的科技应用水平,提高现有稀土产品的附加值,并由普通原料向高新稀土材料及其器件方向发展。下面就中国在几个主要稀土材料领域从跟踪、追赶到局部超越的发展过程和成绩做一简单总结。

2.5.1　稀土磁性材料

稀土磁性材料主要包括稀土永磁材料、磁致伸缩材料及磁制冷材料等。基于优异的磁性能,稀土永磁材料在新一代信息技术、航空航天、新能源汽车、风力发电及节能家电、高档数控机床和机器人、先进轨道交通等领域得到广泛的应用。稀土永磁材料已经得到广泛应用的主要有钐钴合金和钕铁硼合金。钕铁硼磁体在磁能积和矫顽力等方面的性能最好,在许多对温度要求不高的场合应用最多。钐钴永磁材料由于居里温度较高,在高温领域表现出优良的性能,且具有耐腐蚀性强、抗氧化性好的特点,在国防、军工和航天领域具有不可替代的作用。

中国稀土永磁材料的研究始于 1969 年,比西方国家晚了 5 年。1980~1983 年,王震西采用离子注入、真空溅射和快速冷凝技术研究了稀土-铁系第三代永磁材料。1983 年 9 月,日本学者研制成功一种磁能积高达 36MGOe($1MGOe = 7.96kJ/m^3$)的第三代稀土永磁——

Nd-Fe 新型超强磁性材料。中国不少研究所和大学都开展了这一新型永磁材料的研究，至 1984 年已形成两个研发集体：一个是中国科学院的物理研究所、电子研究所、长春应用化学研究所；另一个是冶金部所属的钢铁研究总院、包头稀土研究院、北京钢铁学院等。在 1983 稀土永磁 Nd-Fe-B 发现以前，中国科学院物理研究所磁学室已采用快淬方法开展 Fe 基稀土合金的研究，后与电子研究所稀土磁钢组联合攻关，发挥各自在基础理论与工艺技术上的特长，于 1984 年 2 月在实验室试制成了中国第一块磁能积达到 38MGOe 的钕铁硼。1987 年物理研究所沈保根与南京大学顾本喜等人合作，利用真空快速冷凝技术开始研究 NdFeB 双相复合永磁材料，对快淬纳米复合永磁材料的微结构、相结构与磁性从实验和理论做了系统的研究。1990 年，爱尔兰 Coey 教授和中国北京大学杨应昌教授分别发现了间隙元素 N 能够改善材料的永磁性能，这一发现开创了间隙化合物研究的新篇章。1999 年，张宏伟报道了纳米永磁材料的矫顽力和晶粒尺度的关系。2001 年，又报道了 $Pr_2Fe_{14}B$ 型同类材料的磁性性能。

钢铁研究总院（现中国钢研科技集团公司）成功开发了"双（硬磁）主相"技术和新型铈磁体制备技术，大大拓展了高丰度 Ce 的应用，为稀土资源的平衡利用和钕铁硼的发展提供了新的方向，并已经实现了大规模推广应用。烧结钕铁硼磁体目前的研究热点主要集中在开发不含重稀土 Tb、Dy（晶界扩散新工艺）或含少量重稀土的磁体（晶粒细化工艺）、热压/热流变磁体制备技术等方面。中国已突破高性能稀土烧结钕铁硼磁体产业化关键技术，生产的磁体室温综合磁性能 $(BH)_{max}$（MGOe）+ H_{cj}（KOe）在 70 以上。北京中科三环高技术股份有限公司制备的磁体室温综合磁性能达到 $(BH)_{max}$（MGOe）+ H_{cj}（KOe）>75。全球钕铁硼永磁材料生产主要集中在中国和日本两国。2017 年，烧结钕铁硼全球年产量达 15 万吨，中国占比约 90%。

与烧结钕铁硼相比，黏结钕铁硼具有易生产、产品尺寸精度高、机械强度高的优点，在办公自动化、消费类电子、家用电器等领域拥有巨大的市场。2014 年以前，美国 MQI 公司利用其核心专利和专有装备，控制了全球黏结钕铁硼磁粉市场。近几年来，有研稀土、江西稀有金属钨业、包头科锐微磁等公司陆续在黏结钕铁硼磁体材料的制备装备及关键制备技术上取得突破，实现了 1610、1509、1510 等高端牌号黏结磁粉产品的稳定生产，打破了美国 MQI 公司的长期垄断，市场占有率逐步增长。然而，这些国内公司核心快淬炉等装备的生产效率和智能化水平与 MQI 公司相比还有较大差距，亟待进一步改进提升。

稀土磁致伸缩材料（GMM）是在 20 世纪 80 年代末开发的新型磁功能材料，主要是指稀土铁系金属间化合物 TbDyFe。这类材料室温下的磁致伸缩系数比传统压电陶瓷伸缩材料高 10 倍以上，且具有响应速度快、功率密度高的特点。在军事工业、航空航天、机器人、海洋工程、地质勘探等诸多方面应用广泛。如 GMM 水声换能器和电声换能器，已成功用于海军声呐、油井探测、海洋勘探等领域。利用 GMM 制造的高精度伺服阀、高速开关阀已经应用到卫星变轨系统。这类材料的研究和产业目前主要集中在美国、日本、德国等国，并已进入较为稳定的需求增长期。中国在基础理论研究、材料制备工艺等方面与国外已十分接近，基本具备了产业化条件。但整体仍存在制造装备落后、配套测试分析手段不完善、生产规模小、应用领域窄、成果转化速度慢等问题，急需突破规模化稳定制备技术和装备的瓶颈，加快材料应用性能与器件的开发。

稀土磁制冷材料是利用磁热效应达到制冷目的的材料。与传统制冷材料相比具有噪声小、可靠性好、效率高等优点，且不会破坏臭氧层，被誉为绿色制冷材料。目前研究的磁制冷材料有 Gd 系和 La 系合金，国内在 Gd 系和 La 系磁制冷材料的研究中取得了较大进展，并已向国内外提供了样机。磁制冷材料的研发对 La、Gd 等高丰度稀土资源的综合利用、稀土产业的平衡和可持续发展具有重要的意义。

2.5.2　稀土储氢材料

稀土储氢合金具有储氢量大、易活化、不易中毒、吸放氢速度快、充电曲线平坦以及抗中毒性能优越等优点，在混合动力汽车（HEV）、氢能存储等领域都有着十分重要的应用。稀土储氢合金主要使用 La-Ce 轻稀土原料，是轻稀土元素的一个重要应用领域。目前，中国稀土储氢合金容量达 340mA·h/g，电池放电倍率 30C，工作温度 40～80℃，能够满足 HEV 电池使用要求。但全球 HEV 电池用储氢材料主要由日本供给，国内只有少数企业进入了 HEV 电池供应链。

此外，中国自主研发的高容量 La-Y-Ni 系储氢合金不含 Mg 元素，可直接用真空感应熔炼法制备。合金放电容量与 La-Mg-Ni 基储氢合金的容量相当，具有良好的循环寿命，有望成为新一代高容量稀土储氢合金材料。从储氢合金的应用性能看，针对镍氢电池的需求，开发高功率型、高容量型、低自放电型以及无 Co 无 Pr-Nd 的低成本储氢合金仍是该领域的重要发展方向。

2.5.3　玻璃陶瓷与高温超导体

稀土陶瓷材料是基于其金属性、离子性和 4f 电子衍生的磁性和光学等性能开发的一类新材料。稀土通常的应用是作为一些结构陶瓷的相态稳定剂和烧结助剂，像钇锆陶瓷、铈锆陶瓷、氮化物陶瓷等等。稀土陶瓷作为功能性陶瓷材料，主要在电子信息领域应用。稀土基透明陶瓷主要包括激光、闪烁和白光 LED 用透明陶瓷，以及电光和磁光透明陶瓷。激光透明陶瓷主要是以钕、铒、镱为发光中心的稀土石榴石和倍半氧化物。激光透明陶瓷和闪烁透明陶瓷需要在透明度、热物理性能和发光性能方面与单晶材料竞争，并突出其在力学性能和抗热损伤能力上的优势。在白光 LED 透明陶瓷方面则主要是将铈激发的 YAG 黄色荧光材料透明化，通过与蓝光芯片组合成白光照明器件。稀土电光和磁光陶瓷分别利用电场和磁场下的光传输性质变化来实现光储存、偏光器和光调制器件。稀土在电光陶瓷中的应用主要也是作为添加剂。

由于稀土氧化物具有高折射的特点，在高折射光学玻璃制造中发挥了很好的作用。为了获得高的折射率，需要加入许多高折射率的钆、钇、镧氧化物，会使玻璃析晶性能变差。这就要求玻璃配方必须合理、准确，以确保生产过程不产生析晶现象。

稀土滤光玻璃在光电信息和国防上的应用广泛。稀土作为着色剂，可以开发出一系列应用产品。例如，钕玻璃在紫外、可见和近红外波段有一系列的吸收峰，而且稳定。近十多年来，稀土光学玻璃及其稀土在玻璃中的应用技术发展迅速，无论是品种、性能、工艺和应用等都有很大提高。

高温超导体于 1986 年 4 月由美国 IBM 公司发现。1986 年，中国科学院物理研究所获得了 48.6K 的锶镧铜氧高临界温度超导体。1987 年，中国科学院物理研究所赵忠贤领导的研究小组研制的 $YBa_2Cu_3O_7$ 从室温放入液氮，可以看到完整的超导转变过程。1987 年，北京大学和中国科学院现代物理研究所共同研制了钇钡铜氧体系超导材料，发现该材料的超导转变温度在 100K 以上。同年，中国科学院长春应用化学研究所任玉芳、苏锵研究小组采用改进的 $YBa_2Cu_3O_7$ 材料，获得了电流密度为 $1400A/m^2$ 的重大进展。随后，中国科学技术大学在稀土铜氧化物超导体的制备、结构和应用方面开展了大量的研究工作，合成了一系列新的稀土铜氧化物超导体。

2.5.4 稀土发光材料

稀土发光材料是稀土元素最为重要的应用之一。1964 年，高效红色荧光粉（Y_2O_3:Eu^{3+} 和 YVO_4:Eu^{3+}）的问世开创了稀土元素在发光材料中的应用先河。随后涌现出稀土三基色荧光粉、CRT 电视彩粉、PDP 显示用荧光粉等，直到 20 世纪 90 年代，白光 LED 问世，磷酸盐、铝酸盐、硅酸盐、氮（氧）化物和氟化物等基质白光 LED 稀土发光材料不断被研发出来。稀土发光材料已发展成为高品质显示和绿色照明领域的关键支撑材料之一，在技术进步和社会发展中发挥着重要作用。在市场方面，白光 LED 因其具有效率高、寿命长、环境友好等优点，在照明和显示领域的市场占有率不断攀升，白炽灯照明、CRT 显示、PDP 显示和 CCFL 背光显示先后被淘汰，金卤灯及荧光灯市场则不断萎缩。

中国稀土发光材料的研发始于 20 世纪 70 年代。早期的荧光材料合成采用的是高温固相法，首先需要解决的问题是稀土和非稀土杂质对荧光性能的影响。为此，多家单位对稀土杂质及八种主要非稀土杂质对 Y_2O_3:Eu 发光亮度影响开展了研究，以掌握这些杂质的影响规律。同时，溶剂萃取法分离稀土技术的推广应用为稀土化合物生产过程杂质离子的控制奠定了技术基础，99.99%以上纯度的荧光级氧化钇、氧化铕、氧化铽、氧化镧等产品的开发为荧光材料产品质量的提高奠定了基础。但从 20 世纪 90 年代初开始，人们意识到稀土荧光材料的性能不只是与纯度相关，而且与其颗粒大小、形貌以及均匀程度等物理性能指标密切相关。尤其是在荧光粉涂覆过程中，形成的荧光粉涂层的厚度和均匀性对材料发光性能影响很大。因此，围绕荧光粉产品的物理性能指标控制方法研究，人们开展了不少工作，包括络合-沉淀法制备 Y_2O_3:Eu^{3+}超微粉末（200nm 以下），甘氨酸-硝酸盐燃烧法合成不同粒径的 Y_2O_3:Eu 纳米晶，水热法合成 Y_2O_3:RE^{3+}（RE = Eu,Tb），通过包膜方法对纳米荧光粉体进行表面处理，并利用高分辨光谱手段，区分 Y_2O_3 中处于表面与内部的 Eu^{3+} 的发光贡献，等等。此外，将铋离子加入铕离子掺杂的氧化钇红色荧光体中，能促进红色荧光体于 300~380nm 的紫外线能量吸收，并以能量转移的方式传给铕离子，提高发光效果。南昌大学研发成功的高纯稀土产品氯根含量控制技术为稀土荧光材料前驱体的生产提供了简单有效的技术方案。在这一方法中，通过过程因素的控制，解决了从氯化稀土料液中利用直接沉淀法制备氧化稀土和复合氧化稀土时在纯度和颗粒度控制上的矛盾。在减少杂质离子吸附夹杂的同时，降低了产品的颗粒度，提高了颗粒均匀性，开发了钇铕、钆铕、钇铽、钇铽铈、镧铈铽等共沉氧化物产品，并以这些产品为前驱体，简化了后续荧光材料的生产工艺，降低了生产成本，提高了产品的稳定性。这一方法原理可以推广到碳酸盐、磷酸盐和氢氧化物沉淀体系，不仅为荧光材料提供了很好的前驱体产品，而且为抛光材料、金属材料和催化材料的生产提供了很好的前驱体，优化了稀土材料的合成路线。

稀土硫氧化物具有重要的用途，掺 Eu^{3+}的 Y_2O_2S 是彩色电视中发红光的荧光材料。1973

年，国家计委正式下达彩色电视荧光粉攻关任务，长春物理研究所等单位联合攻关红、绿、蓝彩电三基色荧光粉。其中涉及 Y_2O_3:Eu 和 Y_2O_2S 两种稀土红色荧光粉。随后，围绕 Y_2O_2S 和 Gd_2O_2S 基荧光粉的合成与性能开展了系列研究，激活离子包括 Eu^{3+}、Tb^{3+} 与 Dy^{3+}。同时还研究了用微波热效应法合成 Y_2O_2S:Eu^{3+} 粉晶荧光体及其光谱特性，用高温固相反应法合成红色长余辉发光材料 Y_2O_2S:Eu,Mg,Ti,Tb，用硫熔法制备了红色蓄光材料 Y_2O_2S 的多晶粉末样品。

稀土激光材料主要以单晶和透明陶瓷的形式呈现。早在 1964 年，上海光学精密机械研究所成功生长出透明的铝酸盐系激光晶体 Nd:$Y_3Al_5O_8$（YAG），并实现了激光输出。随后，中国科学院福建物质结构研究所用熔盐法生长出线度 30 mm 的 Nd:YAG 单晶，中国科学院长春应用化学研究所采用熔岩法成功生长出光学质量好、线度达到 52mm 的 Nd:YAG 单晶，安徽光学精密机械与物理研究所在 Nd:YAG 中引入 Lu，提高了晶体的激光效率。对钒酸盐系激光晶体的研究是在 1990 年后开始的，中国科学院物理研究所用提拉法生长二极管泵浦的 Nd:YVO_4 激光晶体，安徽光学精密机械研究所开展了具有双折射性能的 YVO_4 晶体生长研究，并生长出 Nd:$GdVO_4$ 激光晶体。

中国白光 LED 用稀土发光材料的制造技术和产业发展迅猛。目前中国已经掌握了高品质铝酸盐系列荧光粉及其批量制备技术，在产品性能及批次稳定性等方面均达到了国际先进水平。除显示领域少数高端粉体市场仍由日本企业占据以外，国内企业已经占据了国内约 80% 的市场份额，部分产品已出口到日本、韩国等国家。针对以 $M_2Si_5N_8$:Eu^{2+} 和 MAlSiN$_3$:Eu^{2+}（M = Ca、Sr、Ba）为代表的氮化物红粉合成条件苛刻的共性难题，有研稀土开发了氮化物红粉的常压/微正压氮化技术，打破了国外的技术和产品垄断。同时，在广色域液晶显示 LED 背光用发光材料的产业化方面也取得了显著进展，攻克了白光 LED 用高稳定性硅/锗系氟化物红粉的湿法合成技术，产品性能达到同期进口产品水平。中国科学院上海硅酸盐研究所研究了稀土掺杂 Sialon 基荧光材料的结构与光效之间的变化机制，实现了粉体发光性能的有效调控，获得了表面有效掺杂的 Sialon 荧光粉，发光强度增长 80%，使 β-SiAlON:Eu^{2+} 氮氧化物绿粉基本达到应用水平。然而，白光 LED 荧光粉的原始专利多被日亚化学、三菱化学及通用电气等日本和美国企业所垄断。中国在高端稀土发光材料领域缺少核心知识产权和关键技术，产品品质不高，市场占有率低，研发具有自主知识产权的新型稀土发光材料迫在眉睫。另外，南昌大学江风益团队在硅基 LED 生产技术上取得了重大突破，开发的无荧光粉 LED 照明器件正在进入应用市场，有可能彻底改变当前国际上白光 LED 照明的技术路线，使稀土白光 LED 荧光粉的用量减少。

上转换发光材料以氟化物基质最为重要。2001 年，北方交通大学（现北京交通大学）对 Er^{3+} 掺杂氟氧化物微晶玻璃和 Er^{3+}、Yb^{3+} 掺杂氟氧化物微晶玻璃的吸收光谱、激发光谱、上转换发射光谱及其强度随泵浦光强的变化开展了研究。随后，他们又合成了一种新型共掺杂 Er^{3+} 和 Yb^{3+} 的氟氧化物（ZnF_2-SiO_2 基质）材料，研究了 Er^{3+} 在这种基质材料中的吸收和在 980nm 激发下的上转换发光。另外，还报道了 Pr^{3+} 掺杂的 LaF_3 纳米微晶/氟氧化物玻璃陶瓷的 4f5d 能级光谱性质，并分析了两种基质中 Er^{3+} 的上转换发光机制。2010 年，长春理工大学研究了 Yb^{3+}/Er^{3+}/Tm^{3+}/Ho^{3+} 共掺的氟氧化物玻璃，获得蓝色、绿色和红色上转换发光。2014 年，南开大学研究了掺 Nd^{3+} 氟氧化物玻璃的发光特性和激光参数，以扩大该类材料在固态激光器领域的应用。同时，南开大学还研究了 Er^{3+}/Yb^{3+} 共掺的氟氧化物微晶玻璃的上转换发光特性，其高效的上转换红光将使氟氧化物微晶玻璃成为具有实际应用价值的上转换发光材料。

2.5.5 稀土催化材料

稀土催化材料可以促进高丰度轻稀土元素 La-Ce 的大量应用，有效缓解并解决中国稀土消费失衡问题，提升能源与环境技术的发展水平，改善人类生存环境。由于稀土元素具有独特的 4f 电子层结构，稀土在化学反应中具有良好的助催化性能，在石化、环境、能源、化工等催化应用领域已成为不可或缺的重要组分，并产生了石油裂化催化剂、移动源（机动车、船舶、农用机械等）尾气净化催化剂以及固定源（工业废气脱硝、天然气燃烧、有机废气处理等）尾气净化催化剂等产品。中国稀土催化材料在近几年取得了较好发展，绿色、环保、高性价比的稀土催化材料制备技术已经成为了研发重点。

目前，稀土催化材料最大的两个应用市场是在石油裂化催化剂和机动车尾气净化催化剂领域。国内科学家研发了石油催化裂化过程的硫转移剂技术，采用 SO_x 转移剂可减少流化催化裂化（FCC）装置中 SO_x 排放，既经济又有效，形成了具有自主知识产权的催化裂化催化剂生产和节能降耗应用成套技术。此外，科学家还研发了满足国Ⅵ尾气排放标准的汽车尾气净化催化剂产业化技术和产业化装备，包括高度自动化催化剂制备生产线的涂覆量和涂层的准确控制技术。为应对更强耐久性考验和瞬态工况应变能力要求，人们还开发了提高催化剂热稳定性和氧传输能力的铈锆储氧材料新技术。

稀土催化材料的未来发展趋势是进一步体现创新、绿色、高效的特点。机动车尾气催化剂未来发展的重点是开发满足更高排放标准的汽车尾气净化催化剂、储氧材料及多种后处理集成技术等。例如，满足国Ⅵ汽车尾气标准对颗粒物的特殊要求，发展 CO、HC、NO_x、PM 四效汽油车尾气净化催化剂（FWC）技术；发展功能合二为一的复合催化材料，如催化型柴油机颗粒物捕集器（CDPF）技术、选择性催化还原（SCR）与柴油颗粒过滤器（DPF）复合技术等。此外还要发展高性能 SCR、柴油机氧化催化器（DOC）、CDPF 催化材料，以提升柴油车、工程机械、农业机械及摩托车的尾气净化水平。

工业废气脱硝催化剂方面，利用丰富的稀土资源，国内研发了稀土改性无钒或少钒的工业废气脱硝催化材料及制备技术等。然而，未来还需要发展耐高温、非钒无毒、高效的脱硝催化剂，并进一步发展其在非火电脱硝领域的工业应用。更重要的是，亟待开发高性能有机废气 VOCs 消除燃烧催化剂技术、天然气催化燃烧高温催化剂及应用工程化技术，实现工业锅炉、汽轮机等方面的应用示范。

2.5.6 稀土抛光材料

中国稀土抛光材料产业于 1968 年正式起步，上海跃龙化工厂首次研制成功稀土抛光粉。分别以纯氧化铈和氟碳铈矿以及混合稀土为原料，上海跃龙生产了多种适应市场需求的稀土抛光粉，为中国稀土抛光粉的生产和应用奠定了基础。此后，云南光学仪器厂和西北光学仪器厂选用独居石为原料，也成功研产出多种实用的稀土抛光粉产品。20 世纪 70 年代，北京有色金属研究总院、北京工业大学等单位研发成功一批添加氟、硅等元素的新产品，如 739 型和 771 型稀土抛光粉，用于金属制品的高速抛光。甘肃稀土新材料股份有限公司研制的 797 型稀土抛光粉，主要用于平板玻璃和电视机显像管的抛光。在 20 世纪 80～90 年代，稀土抛光粉的研发工作实质进展不大，发展力度不够强劲。这一时期，稀土抛光粉企业多为传统工艺生产，规模小，年生产 10t 以上的稀土抛光粉生产厂有几十家。这些企业生产的氧化铈稀土抛光粉主要用于电视和电脑外壳、真空导电玻璃等电子信息材料以及石英晶片、精细陶瓷、光学镜头、平面玻璃、不锈钢等制品的抛光。

21 世纪之交，抛光技术的发展促进了稀土抛光材料的生产。1997 年，南昌大学应上饶凤凰光学的要求，开始了新型稀土聚氨酯高速抛光粉的生产技术研发。南昌大学提出了以机械化学和掺杂为核心技术内容的抛光材料设计与制造技术方案，完成了若干种抛光材料的研发与推广应用，产品质量高于同期进口产品，促进了稀土抛光材料产业的飞速发展。进入 21 世纪，包头天骄清美稀土抛光粉有限公司和包头罗地亚稀土有限公司、山东淄博包钢灵芝稀土高科技股份有限公司、甘肃稀土新材料股份有限公司等开始转向新型及高性能稀土抛光粉生产。例如，包头天骄清美稀土抛光粉有限公司引进日本技术和装备，建成了当时中国最大的稀土抛光材料生产线，年产抛光粉 3000t，一跃成为当时全球最大的稀土抛光粉生产厂。南昌大学研发的抛光材料生产技术主要与山东、甘肃、江苏和包头的部分企业合作，采用自主研发的技术和国产设备，利用碳酸稀土前驱体生产技术上的独到优势，缩短了工艺流程，减少了消耗和能耗，提高了产品质量和产量，大大增强了市场竞争力，年产量和销售量超过 1 万吨。2017～2020 年的几年间，随着全球电子信息、移动通信、视频监控、移动摄像、人工智能等产业飞速发展，手机盖板和光学镜头的抛光需求增长强劲，稀土抛光粉的市场需求剧增。全球稀土抛光材料销售量达到 3 万多吨，其中中国稀土抛光粉的产量和消费量占全球的 90%，并持续快速增长。与此同时，国内研发开始面向液晶显示屏、光学镜头、蓝宝石加工、硬盘基片、半导体和集成电路等领域的专用高端抛光材料，致力于稀土基高端抛光粉体和抛光液的研制及生产；研发小粒径、窄分布高端铈基抛光粉，以及在光学、液晶显示、半导体晶圆、集成电路等领域使用的不同型号的高切削率和低表面损伤的高端精密稀土抛光液。目前，用于集成电路等高性能的稀土抛光材料主要集中在日、韩、美等国研发和生产，约占市场量的 10%。

综上所述，中国稀土工业经过 60 多年的发展，已经形成了集采选、冶炼分离、材料制备、终端应用为一体的较完整的稀土工业体系，成为了世界稀土生产、出口和消费大国，在世界上具有举足轻重的地位。中国稀土基础原材料产品产量占世界总产量的 80% 以上，稀土永磁材料、发光材料、储氢材料等功能材料产量占世界总产量的 70%以上。中国是名副其实的稀土第一生产大国和应用大国，中国稀土工业基本满足了国家需求，为传统产业升级改造和战略性新兴产业发展提供了有力支撑。

中国稀土产业虽然取得了显著的成就，中国也已经成为世界稀土大国，但行业发展仍面临严峻挑战。尽管在稀土资源开发、稀土分离与精深加工技术方面居国际领先地位，但稀土功能材料的发展整体上处于跟踪状态，原创技术少，缺乏核心知识产权。这将影响中国高端稀土产业的发展和材料更新换代速度，不能及时适应新兴产业快速发展的需求，不能满足高精尖领域的应用要求，一些关键材料和核心装备仍然依赖进口。此外，稀土产品的应用推广面还不够广，限制了中国稀土资源战略和经济价值的实现。稀土资源开发利用过程中也仍存在生态破坏、环境污染问题，资源综合利用率有待进一步提高，绿色高效、短流程的清洁生产工艺及智能化装备需加大开发与推广力度。

第3章

稀土血脉：电子结构与基本性质

3.1 稀土元素的电子结构

稀土材料具有优异的物理、化学性能，特别是优异的光、电、磁和催化性能，已在国民经济及高科技领域得到广泛应用，因此稀土元素被誉为"新材料的宝库"。例如，稀土元素可以作为多功能材料的激活剂和基质，在发光材料、蓄能材料、储氢材料、超导材料、光伏材料、功能陶瓷材料等制备中具有不可替代的作用。稀土材料的这些优异性能都与稀土元素所具有的特殊电子结构和性质紧密相关。

稀土元素位于元素周期表中ⅢB族，除钪、钇之外的其余 15 种元素（57～71 号）都位于元素周期表（第六周期）同一格内，导致它们的许多性质（如原子半径、离子半径、电子能级、价态和颜色）呈现微小而连续的变化（非常接近），赋予稀土元素许多特性。同属ⅢB族的钇（39 号）原子半径与镧接近，而钇的离子半径位于镧系元素离子半径递减顺序的中间，虽然它们没有 f 电子，但钪、钇与镧系元素的化学性质非常类似。

3.1.1 稀土元素的电子层结构特点

稀土元素的化学性质及一些物理性质，主要取决于最外电子层的结构。稀土元素的性质十分接近，可由它们的电子层结构的特点来解释。稀土元素原子和离子的电子层结构及半径如表 3-1 所示。

从表 3-1 可知，稀土元素随着原子序数的增加，其内层的 4f 轨道开始填充电子，从镧到镥正好填满 14 个，而原子的最外两层电子层（O 层和 P 层）的结构几乎没有变化。在 17 个稀土元素中，钪和钇的电子层构型分别为[Ar]$3d^1 4s^2$ 和[Kr]$4d^1 5s^2$，而其余镧系元素原子的电子层构型为[Xe]$4f^{0\sim14} 45d^{0\sim1} 6s^2$。[Ar]、[Kr]和[Xe]是原子实，代表稀有气体氩、氪和氙的稳定且全充满的电子构型。因此，稀土元素最外层和次外层电子层结构可以表示为：$(n-1)s^2(n-1)p^6(n-1)d^{0\sim1}ns^2$，当 $n=4$ 时是 Sc，$n=5$ 时是 Y，$n=6$ 时是镧系元素。钪和钇虽然没有 4f 电子，但其外层具有与稀土离子类似的$(n-1)d^1ns^2$ 电子构型，导致它们的化学性质与稀土元素相似，这也是它们被划为稀土元素的原因。

稀土元素原子电子层的结构特点可以总结为：

① 原子的最外层电子结构相同，都是 2 个电子。

表 3-1　稀土元素的电子层结构和半径

原子序数	元素名称	元素符号	原子的电子层结构					原子半径/nm	RE³⁺电子层结构	RE³⁺半径/nm
			4f	5s	5p	5d	6s			
57	镧	La	0	2	6	1	2	0.1879	[Xe]4f⁰	0.1061
58	铈	Ce	1	2	6	1	2	0.1824	[Xe]4f¹	0.1034
59	镨	Pr	3	2	6		2	0.1828	[Xe]4f²	0.1013
60	钕	Nd	4	2	6		2	0.1821	[Xe]4f³	0.0995
61	钷	Pm	5	2	6		2	0.1810	[Xe]4f⁴	0.098
62	钐	Sm	6	2	6		2	0.1802	[Xe]4f⁵	0.0964
63	铕	Eu	7	2	6		2	0.2042	[Xe]4f⁶	0.0950
64	钆	Gd	7	2	6	1	2	0.1802	[Xe]4f⁷	0.0938
65	铽	Tb	9	2	6		2	0.1782	[Xe]4f⁸	0.0923
66	镝	Dy	10	2	6		2	0.1773	[Xe]4f⁹	0.0908
67	钬	Ho	11	2	6		2	0.1766	[Xe]4f¹⁰	0.0894
68	铒	Er	12	2	6		2	0.1757	[Xe]4f¹¹	0.0881
69	铥	Tm	13	2	6		2	0.1746	[Xe]4f¹²	0.0869
70	镱	Yb	14	2	6		2	0.1940	[Xe]4f¹³	0.0858
71	镥	Lu	14	2	6	1	2	0.1734	[Xe]4f¹⁴	0.0848
			3d	4s	4p	4d	5s			
21	钪	Sc	1	2				0.1641	[Ar]	0.0680
39	钇	Y	10	2	6	1	2	0.1801	[Kr]	0.0880

注：表中第四列"原子的电子层结构"对应镧系元素内部各层已填满，共46个电子；钪、钇内部填满18个电子。

② 次外层电子结构相似，除镧、铈、钆、镥填充有 1 个 5d 电子外（钪、钇为 3d 和 4d 电子），其余电子优先填充到稀土元素 4f 轨道上。

③ 4f 轨道上的电子数从 0→14，随着原子序数的不断增加，电子不再填充到次外层，而是填充到 4f 内层。4f 电子的弥散，使它并非全部分布在 5s、5p 壳层内部（如图 3-1 所示）。

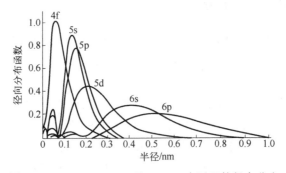

图 3-1　4f、5s、5p、5d 及 6s、6p 电子云的径向分布

3.1.2　镧系元素和离子的电子组态

镧系元素之间的差别仅在于 f 壳层中电子填充数目的不同。众所周知，f 轨道角量子数 $l = 3$，其磁量子数可以取值 +3、+2、+1、0、-1、-2、-3，分别代表 7 个不同伸展方向的简并轨道。如图 3-2 所示。

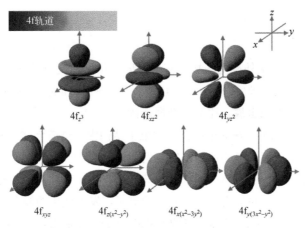

图 3-2　7 个 4f 轨道的空间伸展方向

　　按照泡利（Pauli）不相容原理，每个轨道可以容纳两个自旋相反的电子，所以镧系元素 4f 轨道中可以容纳 14 个电子。电子从 Ce 开始填充 4f 轨道，到镥填满 14 个，其中镧、钆和镱、镥 4f 轨道处于全空、半满和全满状态，体系更加稳定。当镧系原子失去电子后可以形成各种程度的离子状态，其离子的电子组态会发生变化。表 3-2 为镧系原子及其分别失去 1～3 个电子时的电子组态。

　　当镧系原子失去电子时，一般情况下优先从最外层的 6s 轨道失去价电子，但镧和镥因在 4f 轨道全空和全满的情况下，优先失去 5d 轨道上的价电子。镧系元素原子和离子电子组态的变化可以说明镧系元素化学性质的差异。由于 4f 电子受到 $5s^2 5p^6$ 壳层的屏蔽，故受到外界（如电场、磁场和配位场）影响较小，且由于 $E_{4f} < E_{5d}$，在电子组态为 $4f^n 6s^2$ 的情况下，f 电子必须先由 4f 轨道跃迁到 5d 轨道才能参与反应。

表 3-2　镧系原子和离子的电子组态

镧系	RE	RE$^+$	RE^{2+}	RE^{3+}
La	$4f^0 5d^1 6s^2$	$4f^0 6s^2$	$4f^0 6s^1$	$4f^0$
Ce	$4f^1 5d^1 6s^2$	$4f^1 5d^1 6s^1$	$4f^2$	$4f^1$
Pr	$4f^3 6s^2$	$4f^3 6s^1$	$4f^3$	$4f^2$
Nd	$4f^4 6s^2$	$4f^4 6s^1$	$4f^4$	$4f^3$
Pm	$4f^5 6s^2$	$4f^5 6s^1$	$4f^5$	$4f^4$
Sm	$4f^6 6s^2$	$4f^6 6s^1$	$4f^6$	$4f^5$
Eu	$4f^7 6s^2$	$4f^7 6s^1$	$4f^7$	$4f^6$
Gd	$4f^7 5d^1 6s^2$	$4f^7 5d^1 6s^1$	$4f^7 5d^1$	$4f^7$
Tb	$4f^9 6s^2$	$4f^9 6s^1$	$4f^9$	$4f^8$
Dy	$4f^{10} 6s^2$	$4f^{10} 6s^1$	$4f^{10}$	$4f^9$
Ho	$4f^{11} 6s^2$	$4f^{11} 6s^1$	$4f^{11}$	$4f^{10}$
Er	$4f^{12} 6s^2$	$4f^{12} 6s^1$	$4f^{12}$	$4f^{11}$
Tm	$4f^{13} 6s^2$	$4f^{13} 6s^1$	$4f^{13}$	$4f^{12}$
Yb	$4f^{14} 6s^2$	$4f^{14} 6s^1$	$4f^{14}$	$4f^{13}$
Lu	$4f^{14} 5d^1 6s^2$	$4f^{14} 6s^2$	$4f^{14} 6s^1$	$4f^{14}$

3.1.3 镧系元素的价态

稀土元素的最外层和次外层电子构型基本相同，在化学反应过程中易于在 5d、6s 和 4f 亚层失去 3 个电子，即电离掉$(n-1)d^1ns^2$ 或 $4f^t$，表现出+3 价和典型的金属性质。稀土元素的金属性仅次于碱金属和碱土金属，比其他金属活泼。

根据洪特（Hund）规则，在原子或离子的电子结构中，轨道全空、半满和全充满时，电子云呈球形分布，原子或离子体系比较稳定。例如，La^{3+}（$4f^0$）、Gd^{3+}（$4f^7$）和 Lu^{3+}（$4f^{14}$）具有最稳定的+3 价。在镧、钆和镥离子邻近的其他镧系离子有趋向于这种稳定电子构型的趋势，因而具有变价的性质，越靠近这三个元素的离子，发生变价的倾向越大；离三者越远，镧系元素变价的趋势越弱。La^{3+}和 Gd^{3+}右侧的 Ce^{3+}和 Tb^{3+}分别比 $4f^0$和 $4f^7$多一个电子，它们有进一步氧化成+4 价的趋势；Gd^{3+}和 Lu^{3+}左侧的 Eu^{3+}和 Yb^{3+}倾向于还原成+2 价，形成 $4f^7$和 $4f^{14}$的稳定电子构型。La 的左侧为稳定+2 价的 Ba^{2+}，Lu 的右侧为稳定+4 价的 Hf^{4+}。以 Gd 为中点，可以将镧系元素分为 La～Gd 和 Gd～Lu 两个周期，前者元素变价的倾向大于后者。图 3-3 为镧系元素价态变化示意图，其横坐标为原子序数，纵坐标线的高度代表价态变化倾向的相对大小。

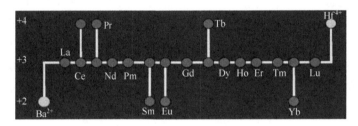

图 3-3　镧系元素价态变化示意图

这一价态变化趋势也可以从镧系元素的氧化-还原电极电势来进行解释。根据镧系元素的标准氧化还原电位（表 3-3）可知，$E^{\ominus}$（Ce^{4+}/Ce^{3+}）$< E^{\ominus}$（Tb^{4+}/Tb^{3+}）$< E^{\ominus}$（Pr^{4+}/Pr^{3+}）$< E^{\ominus}$（Nd^{4+}/Nd^{3+}）$< E^{\ominus}$（Dy^{4+}/Dy^{3+}）；$E^{\ominus}$（Eu^{3+}/Eu^{2+}）$> E^{\ominus}$（Yb^{3+}/Yb^{2+}）$> E^{\ominus}$（Sm^{3+}/Sm^{2+}）$> E^{\ominus}$（Tm^{3+}/Tm^{2+}），电对的电极电势正值越大，其还原形式就越稳定，因此形成+4 价和+2 价镧系的倾向按如下趋势递减：$Ce^{4+} > Tb^{4+} > Pr^{4+} > Nd^{4+} > Dy^{4+}$；$Eu^{2+} > Yb^{2+} > Sm^{2+} > Tm^{2+}$。

表 3-3　部分镧系元素氧化还原电势

标准电势	Ce^{4+}/Ce^{3+}	Tb^{4+}/Tb^{3+}	Pr^{4+}/Pr^{3+}	Nd^{4+}/Nd^{3+}	Dy^{4+}/Dy^{3+}
$E^{\ominus}$/V	1.74	3.1 ± 0.2	3.2 ± 0.2	5 ± 0.4	5.2 ± 0.4
标准电势	Eu^{3+}/Eu^{2+}	Yb^{3+}/Yb^{2+}	Sm^{3+}/Sm^{2+}	Tm^{3+}/Tm^{2+}	
$E^{\ominus}$/V	−0.35	−1.15	−1.55	−2.3 ± 0.2	

钪和钇也容易生成+3 价离子，钇在天然矿物中易与镧系元素共生，但钪离子半径与稀土相差较大，化学性质与稀土相差较大。镧系元素价态变化对稀土元素之间的分离提取具有重大意义，这是采用氧化还原方法分离它们成单一稀土元素的基础，可以用氧化方法使铈、铽、

镨和铽等呈现+4 价，用还原法使钐、铕、镱变成+2 价，从而增大它们与其他+3 价稀土离子在性质上的差异，以达到分离的目的。例如生产上采用的优先氧化除铈及选择性还原提取铕，就是基于这一原理。稀土元素的价态变化在新材料研究和应用中具有重要的意义。目前已知有 Ce、Pr、Nd、Sm、Eu、Tb、Dy、Tm 和 Yb 等 9 个元素具有可变的价态。其中，已制备+2 价的稀土离子有 Sm^{2+}、Eu^{2+}、Yb^{2+}、$CeCl_2$、NdI_2 和 TmI_2 等，用 Zn 还原的 Eu^{2+} 遇到 SO_4^{2-} 可生成 $EuSO_4$ 沉淀，已用于从稀土中分离 Eu。少量+2 价的稀土离子（如 Sm^{2+}、Eu^{2+}、Yb^{2+}）由于具有很强的还原性，在溶液中不能稳定存在。+4 价的稀土离子 Ce^{4+}、Pr^{4+} 和 Tb^{4+} 由于具有很强的氧化性，可以氧化 H_2O_2、HCl 和 Mn^{2+}，在水溶液中不稳定。Ce^{4+} 在 pH = 0.7~1.0 时就能生成 $CeO_2 \cdot H_2O$ 沉淀，而其他 RE^{3+} 在 pH = 6～8 时才会沉淀。因此，在混合稀土氢氧化物悬浊液中用氧气或空气氧化可以生成 $Ce(OH)_4$ 沉淀，再用 HNO_3 在 pH = 2.5 时溶解其他稀土氢氧化物，而 $Ce(OH)_4$ 沉淀不会溶解，达到分离 Ce 的目的。

3.1.4 稀土元素原子半径和离子半径

镧系元素的原子序数增加 1 时，核电荷数增加 1。由于 4f 电子只能屏蔽所增加核电荷中的一部分（约 85%），所以当原子序数增加时，外层电子受到有效核电荷的引力实际上是增加了，这种由于引力的增加而引起的原子半径或离子半径缩小的现象，称为镧系收缩。镧系收缩现象 90%归因于 4f 电子的屏蔽系数略小于 1，对核电荷的屏蔽不完全，使有效核电荷 Z^* 递增，导致核对电子的吸引力增加使其更加靠近核，而 10%来自于相对论性效应，重元素的相对论性收缩较为显著。

图 3-4 为稀土金属原子与原子序数的关系，从图可知，在镧系原子半径减小的过程中，Eu 和 Yb 的原子半径突然增大，出现两个峰值，呈现"双峰"效应。其原因是 Eu 和 Yb 各自具有相对稳定的半满和全满的 4f 亚层结构，分别为 f^7 和 f^{14}，这种半满和全满的状态能量低、对核电荷的屏蔽较大、有效核电荷减少，导致原子半径明显增大。

稀土元素 Eu、Yb 和 Ce 原子半径表现"反常"的原因，可以通过金属原子半径与相邻原子之间电子云相互重叠的程度来进行解释。众所周知，金属的原子半径是指金属晶格中相邻金属原子核间距离的一半，即半径相当于外层电子云密度最大的地方。由于金属最外层电子云在相邻原子之间是相互重叠的（金属键），因此电子可以在晶格之间自由运动，一般情况下稀土元素可以离域自由运动的价电子是 3 个。但是，稀土元素 Eu 和 Yb 为保持半满（f^7）和全满（f^{14}）的最低能量状态，倾向于提供 2 个电子为离域电子，外层电子云在相邻原子间相互重叠少，有效半径明显增大。对于 Ce 来说，4f 轨道只有 1 个电子，倾向于提供全部 4 个离域电子（$4f^1 5d^1 6s^2$）而保持稳定，因此它的原子半径比相邻的稀土元素半径小。除 Eu、Ce 和 Yb 反常外，镧系元素金属原子半径从镧（187.7pm）到镥（173.4pm）呈略有缩小的趋势。

从图 3-5 可知，镧系元素离子半径随着元素序数的增加依次降低，未出现峰值，递减程度比原子半径递减程度大。三价稀土离子的半径从镧（106.1pm）到镥（85pm），变化非常小，所以它们在矿物晶格中彼此可以相互取代，常呈类质同晶现象。Y 的离子半径（88pm）和重稀土相近，介于 Dy^{3+} 和 Er^{3+} 之间，所以常与重稀土元素共存于矿物中。但是，钪的离子半径（68pm）与镧系元素离子半径相差较远，一般不与其他稀土元素共生在矿物中。

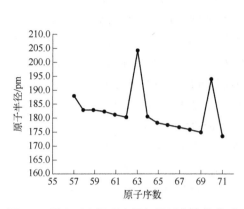 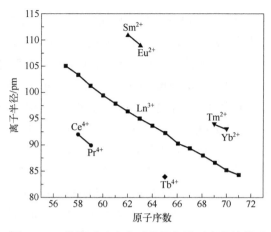

图 3-4　稀土元素原子半径与原子序数的关系　图 3-5　三价镧系元素离子半径与原子序数的关系

镧系收缩导致了以下几个方面的影响和结果：

① 稀土元素原子半径收缩比离子半径收缩小得多。镧系 15 个元素从 La→Lu 半径减小了 14.3pm，并且出现了 Eu 和 Yb 原子半径特别大的"双峰"现象。三价离子从 La^{3+}→Lu^{3+} 半径减小了 21.3pm，平均两个相邻稀土元素间缩小了 1.4pm。

稀土离子半径的大小是影响其配位能力强弱的主要因素之一。一般来说，随着稀土原子序数的增加而减少，稀土离子的配位能力不断增强，因此可以利用其配位能力强弱来分离稀土元素。

② 使镧系元素的同族周期稀土离子半径及同族上一周的钇离子半径非常接近，性质相似，且共生于天然矿物中，导致它们之间的分离非常困难。

③ 影响镧系元素之后的其他过渡金属，如 Hf^{4+}、Ta^{5+} 和 W^{6+} 的离子半径，使得锆和铪、铌和钽、钼和钨的离子半径相差不大，化学性质接近，造成它们分离困难。甚至使钌和锇、铑和依、钯和铂的化学性质也非常相似。

3.1.5　镧系离子颜色

如表 3-4 所示，三价稀土离子在晶体或水溶液中显示出不同的颜色。

表 3-4　RE^{3+}在晶体或水溶液中的特征颜色

离子	未成对电子数	主要吸收谱线/nm	颜色	主要吸收谱线/nm	未成对电子数	离子
La^{3+}	0（$4f^0$）		无		0（$4f^{14}$）	Lu^{3+}
Ce^{3+}	1（$4f^1$）	210，222，238，252	无	975	1（$4f^{13}$）	Yb^{3+}
Pr^{3+}	2（$4f^2$）	444，469，482，588	绿	360，683，780	2（$4f^{12}$）	Tm^{3+}
Nd^{3+}	3（$4f^3$）	354，522，574，740，742，798，803，868	淡红	364，379，487，523，652	3（$4f^{11}$）	Er^{3+}
Pm^{3+}	4（$4f^4$）	548，568，702，736	粉红、淡黄	416，451，537，641	4（$4f^{10}$）	Ho^{3+}
Sm^{3+}	5（$4f^5$）	362，374，402	黄	350，365，910	5（$4f^9$）	Dy^{3+}
Eu^{3+}	6（$4f^6$）	376，394	无*	284，350，368，487	6（$4f^8$）	Tb^{3+}
Gd^{3+}	7（$4f^7$）	273，275，276	无	273，275，276	7（$4f^7$）	Gd^{3+}

注：Eu^{3+}淡粉色。

镧系离子的颜色与 f 轨道中未成对的电子数有关。当镧系元素三价离子 f 电子出现 f^n 和 f^{14-n} 电子构型时，它们的颜色是相同或者相似的。因此，从 La→Lu，稀土离子的颜色以 Gd^{3+} 为界，出现周期性的变化。

RE^{3+} 的颜色主要是由 4f 电子的 f→f 跃迁所引起的。当三价稀土离子 4f 轨道处于全空 $4f^0$（La^{3+}、Y^{3+}、Sc^{3+}）和全满时 $4f^{14}$（Lu^{3+}）时，结构非常稳定，不会发生 f 电子跃迁，是无色的；钆离子 4f 轨道处于半满 $4f^7$，电子不易被可见光激发，所以它的吸收带在高能量的紫外区，也呈现无色；当 4f 轨道接近全空（Ce^{3+}：$4f^1$）和半满（Eu^{3+}：$4f^6$，Tb^{3+}：$4f^8$）时，也比较稳定，4f 电子吸收带波长全部或大部分在紫外光区，离子呈现无色；4f 轨道全满（Yb^{3+}：$4f^{13}$）时，吸收波长在红外区，离子呈现无色。其余具有 f^n 和 f^{14-n} 电子构型的稀土离子，当 $n = 2$、3、4、5 时，离子显示不同的颜色，如 Pr^{3+}、Nd^{3+}、Pm^{3+}、Sm^{3+} 等分别显示绿色、淡红、粉红（淡黄）、黄色。

如表 3-5 所示，不同价态的稀土离子，即使具有相同的 4f 电子构型，它们的颜色也不会一致（表 3-4）。稀土元素的变价离子一般都有颜色，如 Ce^{4+} 橘黄色、Sm^{2+} 红棕色、Eu^{2+} 浅黄色、Yb^{2+} 绿色。

表 3-5　具有相同 4f 电子构型的变价稀土离子颜色

未成对电子数	离子	颜色	离子	颜色
0（$4f^0$）	La^{3+}	无	Ce^{4+}	橘黄色
6（$4f^6$）	Eu^{3+}	无	Sm^{2+}	红棕色
7（$4f^7$）	Gd^{3+}	无	Eu^{2+}	浅黄色
14（$4f^{14}$）	Lu^{3+}	无	Yb^{2+}	绿色

3.1.6　镧系离子光谱项

稀土材料的磁光电催化和生物医学功能都与其内部离子或原子的电子结构紧密相关。其中涉及最多的是材料状态的变化及其能量关系。而这种状态变化是量子化的，是不同能量状态下的跃迁。为此，需要掌握原子或离子内部的电子态及其能量。原子光谱、分子光谱的吸收峰是与其中的两个状态之间跃迁的能力变化相对应的。通过光谱测定的不同能级状态被称为光谱项，代表的是该原子或离子的一种能级状态。这些状态是由原子或离子的原子轨道及电子填充情况所决定的。在无机化学里，我们学习了原子结构知识。我们把由主量子数 n、角量子数 l 描述的原子中的电子排布方式称为原子的电子"组态（configuration）"。对于多电子原子，给出电子组态仅仅是一种粗略的描述，更细致的描述需要给出原子的"状态（state）"，而状态可由组态导出。可以用原子光谱项（spectral term）描述原子的状态。

对于单电子原子，组态与状态是一致的，而对于多电子原子则完全不同。借助矢量耦合模型，可以对原子状态做一些简单描述。

影响镧系原子和离子能级的因素可以从薛定谔方程中的哈密顿算符及其作用结果来分析。对于电荷为 $+Ze$ 的原子核和 n 个电子（质量为 m，电荷为 $-e$）组成的体系，在核静止条件下，体系的 Schrodinger 方程式中的 Hamilton 算符的形式为：

$$\hat{H} = \sum_{i=1}^{n} \frac{h^2}{8\pi^2 m}\Delta_i - \sum_{i=1}^{n}\frac{Ze^2}{r_i} + \sum_{i>j=1}^{n}\frac{e^2}{r_{ij}} + \sum_{i=1}^{n}\xi(r_i)s_i l_i$$

式中，第一项求和为 n 个电子的动能算符，Δ_i 是作用于第 i 个电子的空间坐标（r_i, θ_i, ϕ_i）上的 Laplace 算符，h 为 Planck 常数；

第二项求和为电子与电荷为 Z 的核作用的势能算符；

第三项求和为电子间的相互作用能算符；

第四项求和为电子内的自旋-轨道相互作用能算符，ξ 是自旋-轨道耦合常数。当电子间的相互作用能远大于自旋-轨道相互作用能时，采用 Russell-Saunders 耦合方案。当自旋-轨道相互作用能远大于电子间相互作用能时，采用 J-J 耦合方案。

对于镧系元素来说，虽电子间相互作用大于自旋-轨道相互作用，但由于自旋-轨道耦合常数较大，它们的自旋－轨道作用能与电子间的相互作用能粗略地说是同数量级的。因此，用中间耦合方案处理镧系元素的结果较好，但计算起来又较为复杂。对于轻镧系元素来说，Russell-Saunders 耦合方案处理结果虽有一定的误差，但还是适合的。长期以来，镧系元素一般是采用 Russell-Saunders 耦合方案。

以 Russell-Saunders 耦合方案微扰处理给定电子组态的体系时，先考虑电子之间相互作用（库仑斥力）后体系状态要发生的变化。原来简并的轨道能量要发生分裂：

$$E = E_0 + \Delta E_i(l)$$

式中，E_0 是未微扰简并态的能量；$\Delta E_i(l)$ 是微扰后的能量修正值。

分裂后轨道的能量状态由该状态的总轨道角动量量子数和电子总自旋角动量量子数决定，用原子光谱项来标记，记作 ^{2S+1}L，其中 $L = 0$、1、2、3、4、5……时，分别以大写字母 S、P、D、F、G、H……标记。

对于 7 个 f 轨道上有 2 个电子的 f^2 组态。2 个电子在 7 个轨道上填充的方式是很多的，每一种填充方式称为一种微观状态。那些具有相同自旋角动量量子数 S 和轨道角动量量子数 L 的微观状态具有相同的能力，是一个谱项的不同微观状态。f^2 组态在考虑电子之间的相互作用时，会分裂成 7 个谱项。这 7 个谱项之间的能量是不同的，如图 3-6 所示。

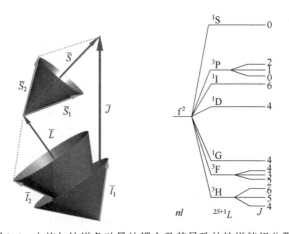

图 3-6 自旋与轨道角动量的耦合及其导致的轨道能级分裂

光谱项是通过角量子数 l 和磁量子数 m 及其它们之间不同排列组合来表示与电子排布相联系的能级关系的一种符号。当 4f 电子依次填入不同 m_l 值的子轨道时，组成了镧系基态原子或离子的总轨道量子数 L、总自旋量子数 S 和总角动量量子数 J 和基态的光谱项 $^{2S+1}L_J$。

在一个谱项内，再考虑自旋角动量与轨道角动量之间的耦合，各微观状态的能级将进一步分裂，其谱项用光谱支项来表达，记作 $^{2S+1}L_J$。

根据四个量子数的定义，基态原子电子层构型由主量子数 n 和角量子数 l 所决定。对于不同的镧系元素，当电子填入不同的 4f 轨道时，电子组态和光谱项都会发生变化。我们可以根据电子填充的几个规则来确定基态的电子填充方式，并根据它们所填轨道和自旋状态，确定对应的 S 值和 L 值，写出它们的谱项符号，如表 3-6 所示。

表 3-6　三价镧系离子的基态电子排布与光谱项

离子	4f电子数	4f轨道的磁量子数							$L=M_{L最大}$ $=\Sigma m_l$	$S=M_{S最大}$ $=\Sigma m_s$	$J=L-S$	基态光谱项	Δ/cm^{-1}
		3	2	1	0	-1	-2	-3					
La^{3+}	0								0	0	0	$^1S_0$	—
Ce^{3+}	1	↑							3	1/2	5/2	$^2F_{5/2}$	2200
Pr^{3+}	2	↑	↑						5	1	4	$^3H_4$	2150
Nd^{3+}	3	↑	↑	↑					6	3/2	9/2	$^4I_{9/2}$	1900
Pm^{3+}	4	↑	↑	↑	↑				6	2	4	$^5I_4$	1600
Sm^{3+}	5	↑	↑	↑	↑	↑			5	5/2	5/2	$^6H_{5/2}$	1000
Eu^{3+}	6	↑	↑	↑	↑	↑	↑		3	0	0	$^7F_0$	350
											$J=L+S$		
Gd^{3+}	7	↑	↑	↑	↑	↑	↑	↑	0	7/2	7/2	$^8S_{7/2}$	
Tb^{3+}	8	↑↓	↑	↑	↑	↑	↑	↑	3	3	6	$^7F_6$	2000
Dy^{3+}	9	↑↓	↑↓	↑	↑	↑	↑	↑	5	5/2	15/2	$^6H_{5/2}$	3300
Ho^{3+}	10	↑↓	↑↓	↑↓	↑	↑	↑	↑	6	2	8	$^5I_8$	5200
Er^{3+}	11	↑↓	↑↓	↑↓	↑↓	↑	↑	↑	6	3/2	15/2	$^4I_{15/2}$	6500
Tm^{3+}	12	↑↓	↑↓	↑↓	↑↓	↑↓	↑	↑	5	1	6	$^3H_6$	8300
Yb^{3+}	13	↑↓	↑↓	↑↓	↑↓	↑↓	↑↓	↑	3	1/2	7/2	$^2F_{7/2}$	10300
Lu^{3+}	14	↑↓	↑↓	↑↓	↑↓	↑↓	↑↓	↑↓	0	0	0	$^1S_0$	—

其中，L 是原子或离子的总磁量子数的最大值，$L=\Sigma m_l$；S 是原子或离子的总自旋量子数沿 Z 轴磁场方向分量的最大值，$S=\Sigma m_s$；基态光谱项 $^{2S+1}L_J$ 中，J 是原子或离子的总内量子数，表示轨道和自旋角动量总和的大小，即 $J=L\pm S$。根据洪特第二规则，若 4f 电子数少于半满状态，则基态对应的 $J=L-S$；若 4f 电子 ≥ 7，则基态对应的 $J=L+S$。以此可以确定基态的光谱支项。

光谱项表达式左上角的 $2S+1$ 的数值表示光谱项的多重性，^{2S+1}L 称作光谱项；将 J 的取值写在右下角，则为光谱支项，即 $^{2S+1}L_J$。每一个支项相当于一定的状态或能级。

例如，Nd^{3+} 的 $L=6$，用大写字母 I 来表示，三个自旋朝上的未成对电子，$2S+1=2\times 3/2+1=4$，$J=L-S=6-3/2=9/2$，所以 Nd^{3+} 的基态光谱项用 $^4I_{9/2}$ 表示。根据 J 的取值为 $J=L\pm S$，即 $6+3/2$、$6+3/2-1$、$6+3/2-2$、$6+3/2-3$，因此 Nd^{3+} 共有 4 个光谱支项，按照能级由低到高依次为 $^4I_{9/2}$、$^4I_{11/2}$、$^4I_{13/2}$、$^4I_{15/2}$。

由表 3-6 可知,三价镧系离子的光谱项以 Gd^{3+} 为中心,Gd 以前的具有 f^n 电子构型和 Gd^{3+} 以后的具有 f^{14-n} 电子构型的镧系元素具有类似的光谱项。因 Gd^{3+} 两侧离子的 L 和 S 取值相同,基态光谱项呈对称分布,所以三价镧系离子的总自旋量子数 S 随原子序数的增加在 Gd^{3+} 处发生转折,总轨道量子数 L 和总角动量量子数 J 随着原子序数的增加呈现双峰的周期变化。

3.1.7 镧系离子及其化合物的能级

由图 3-7 所知,镧系元素的能级有如下的特点:

① 镧系元素的 4f 轨道上的电子运动状态与能量之间的关系可以用光谱项来表示,每一个光谱项代表一定的能级状态。

② 除 La^{3+} 和 Lu^{3+} 的 4f 轨道为全空和全满外,其余镧系元素的 4f 电子可在 7 个 4f 轨道上任意排布,从而形成不同的光谱项和能级。三价镧系离子 $4f^n$ 组态共有 1639 个能级,能级间可能跃迁的数目有 199177 个。例如,铈原子在 $4f^36s^2$ 构型有 41 个能级,在 $4f^36s^16p^1$ 有 500 个能级,在 $4f^25d^16s^2$ 有 100 个能级,在 $4f^35d^16s^1$ 有 750 个能级,在 $4f^35d^2$ 有 1700 个能级;Gd 原子在 $4f^75d^16s^2$ 有 3106 个能级,激发态 $4f^75d^16p^1$ 有 36000 个能级。由于能级之间的跃迁受跃迁光谱选律限制,实际观察到的光谱线少于预估的跃迁数目。通常具有未充满 4f 电子壳层的稀土原子或离子的光谱谱线大约有 30000 条可观测的谱线,具有未充满 d 电子壳层过渡元素的谱线大约有 7000 条,而具有未充满 p 电子层的主族元素的光谱线仅仅有 1000 条。

③ 镧系离子激发态的平均寿命长达 $10^{-6} \sim 10^{-2}$,而一般原子或离子的激发态平均寿命只有 $10^{-10} \sim 10^{-8}$。镧系离子的这种长寿命激发称为亚稳态。镧系离子的许多亚稳态是与 4f→4f 电子能级之间的跃迁相对应的,由于这种自发跃迁是禁阻的,它们的跃迁概率很小,因此激发态的寿命较长。

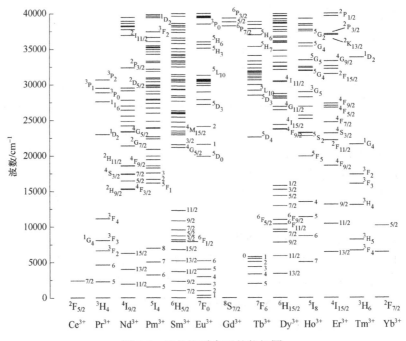

图 3-7 三价镧系离子的能级图

④ 镧系离子由于外层 $5s^2$、$5p^6$ 电子层对 4f 亚层的屏蔽作用，使 4f 亚层受化合物中其他元素的势能影响较小。因此镧系元素化合物和自由离子的吸收光谱都是线状光谱。与 d 区过渡元素的化合物不同，它们的光谱是由 3d→3d 跃迁产生，因 nd 亚层处于过渡金属离子的最外层，没有其他电子层屏蔽，所以受晶体场或配位场的影响较大，一般为带状光谱。

3.2 稀土含氧化合物及无机盐

稀土材料中，除少数直接使用稀土金属外，大多数还是稀土化合物。随着稀土材料在信息、超导、航空航天等高新技术行业的飞速发展，稀土化合物在这些领域中的作用越来越重要。目前，稀土化合物中，含氧化合物以氧化物和复合氧化物的合成与应用最多，而不含氧的稀土化合物中以卤化物和复合卤化物的合成和研究最多。稀土化合物也可分为可溶性和不溶性化合物。最重要的稀土可溶化合物是氯化物、硝酸盐和硫酸盐。不溶化合物主要有氟化物、氧化物、复合氧化物、氢氧化物、碳酸盐、磷酸盐等。

3.2.1 稀土化合物的性质

稀土化合物的性质对稀土材料的应用密切相关，了解稀土化合物的一般性质是稀土材料应用的基础。

（1）热稳定性

正三价稀土离子可以与所有的阴离子形成晶体化合物，其稳定性与阴离子的热稳定性密切相关。如果与稀土离子相匹配的阴离子是热不稳定的，如 OH^-、CO_3^{2-}、SO_4^{2-}、$C_2O_4^{2-}$、NO_3^- 和 SO_2^{2-} 等，则相应的化合物受热将分解为碱式盐或氧化物。如果阴离子为 O^{2-}、F^-、Cl^-、Br^- 和 PO_4^{3-} 等对热稳定的离子，则化合物受热不分解。

表 3-7 某些稀土固态化合物的热力学数据

化合物	$\Delta H^{\ominus}$/(kJ/mol)	$\Delta F^{\ominus}$/(kJ/mol)	$\Delta S^{\ominus}$/(J/mol)
La$_2$O$_3$	−1793	−1707.1	−301.2
Gd$_2$O$_3$	−1815.9	−1723.8	−318.0
Yb$_2$O$_3$	−1814.2	−1715.4	−318.0
Al$_2$O$_3$	−1673.2	−1576.5	−51.0
LaCl$_3$	−1070.7	−995.8	−246.9
GdCl$_3$	−1004.6	−928.8	−255.2
YbCl$_3$	−937.2	−861.9	−259.4
AlCl$_3$	−695.4	−636.8	−246.9

从表 3-7 可以看出，稀土离子化合物的热力学数值的绝对值比铝离子的同类化合物都要大，说明稀土离子比铝离子的离子性更强。

（2）溶解性

一般来说，稀土离子与体积大，配位能力弱的一价阴离子如卤离子（除 F^-）、NO_3^-、ClO_4^-、BrO_3^-、Ac^- 等形成的化合物都是水溶性的，而与半径较小或者电荷较高的阴离子如 F^-、OH^-、O^{2-}、CO_3^{2-}、$C_2O_4^{2-}$、CrO_4^{2-} 和 PO_4^{3-} 等所形成的化合物，由于阴阳离子间作用力大，导致它们难溶于水（表 3-8）。

表 3-8　典型稀土盐的溶解度

RE³⁺	溶解度（25℃）/(g/100g 水)			
	RE₂(SO₄)₃·8H₂O	RE(BrO₃)₃·9H₂O	RE[(CH₃)₂·PO₄]₃·nH₂O	RECl₃·6H₂O
Y	9.76	—	2,8	217.0
La	—	462.1	103.7	—
Ce	9.43	—	79.6	—
Pr	12.74	196.1	64.1	—
Nd	7.00	151.3	56.1	243.0
Sm	2.67	117.3	35.2	218.4
Eu	2.56	—	—	—
Gd	2.89	110.5	23.0	—
Tb	3.56	133.2	12.6	—
Dy	5.07	—	8.24	—
Ho	8.18	—	—	—
Er	16.00	—	1.78	—
Yb	34,78	—	1.2	—
Lu	47.27	—	—	—

　　有些轻稀土和重稀土元素的盐类在溶解度上有明显的差别，如碳酸氢盐、碱式硝酸盐和硫酸复盐$[RE_2(SO_4)_3·M_2^1SO_4·nH_2O]$（$M^1$ = Na、K、Tl）表现得最为明显。根据这种差别稀土被分成铈组和钇组。

　　如表 3-9 和表 3-10 所示，RE^{3+}与弱碱性阴离子（Cl^-、Br^-、I^-、NO_3^-、ClO_4^-等）具有较大的溶解性，相应的盐在水中是强电解质。

表 3-9　三价稀土盐溶解趋势

阴离子	铈组（Z = 57～62）	钇组（Z = 39，63～71）
Cl^-、Br^-、I^-	溶解	溶解
NO_3^-、ClO_4^-、BrO_3^-、Ac^-、CNS^-		
F^-、OH^-	不溶	不溶
HCO_3^-	微溶	中等溶解度
CO_3^{2-}、$C_2O_4^{2-}$	不溶	不溶
PO_4^{3-}	不溶	不溶
NO_3^-（碱式盐）	适当溶解	微溶
SO_4^{2-}（M^1复盐）	不溶于 M_2SO_4 溶液	溶于 M_2SO_4 溶液

表 3-10　部分稀土氯化物的电导、离子迁移数和活度系数

离子	摩尔浓度	当量电导/(S/cm)	摩尔浓度	RE^{3+}的迁移数	质量摩尔浓度	平均活度系数（$r^±$）
La³⁺	0.00033	137.4	—	—	0.00125	0.7661
	0.00333	122.1	0.00301	0.4629	0.01247	0.5318
	0.03333	98.4	0.0311	0.4389		
Gd³⁺	0.00033	134.9	—	—	0.00171	0.7728
	0.00333	120.2	0.0033	0.4602	0.0171	0.5345
	0.03333	98.4	0.0350	0.4315		

离子	摩尔浓度	当量电导/(S/cm)	摩尔浓度	RE^{3+}的迁移数	质量摩尔浓度	平均活度系数（$r^\pm$）
Yb^{3+}	0.00033	132.8	—	—	0.00114	0.7732
	0.00333	118.1	0.0035	0.4495	0.0114	0.5385
	0.03333	96.4	0.0346	0.4224	—	—

（3）水解性

由于镧系收缩效应使三价稀土离子半径从 La^{3+}到 Lu^{3+}略有减小，然而盐类水溶液的水解趋势从 La^{3+}→Lu^{3+}略有增加。与一般易于水解的三价过渡金属离子不同，三价稀土离子本身的水解并不显著。只有当阴离子为强碱性，如 CN$^-$、S^{2-}、NO$_2^-$、OCN$^-$、N$_3^-$时，会强烈水解后产生足够浓度的 OH$^-$，以致与 RE^{3+}作用而生成碱式盐或氢氧化物沉淀，这种趋势与稀土离子碱性从 La^{3+}→Lu^{3+}减小的趋势是一致的。

（4）异质同晶

在一定条件下，由不同物质形成的晶体具有相同的结构，这种现象称为异质同晶。由于 RE^{3+}稀土离子半径接近，不同稀土离子的化合物很多都是异质同晶。例如，稀土卤化物、氧化物和水合硫酸盐、硝酸复盐和溴酸盐等都很容易形成异质同晶。在稀土材料应用中，人们也经常利用稀土离子易于生成异质同晶的现象，共掺杂不同的稀土离子取代进入晶格中来调控材料的各种性能。

近年来，由于新技术新材料发展需要，稀土硫化物、氮化物、硼化物及稀土配合物等合成及应用不断得到深入研究，范围日益增大。本章将对一些重要稀土化合物逐一介绍。

3.2.2 稀土氢氧化物

（1）稀土氢氧化物的制备

① 稀土元素的金属性仅次于碱土金属，稀土元素的氢氧化物碱性强度近似于碱土金属的氢氧化物（氢氧化铝除外），但稀土氢氧化物的溶解度比碱金属氢氧化物的溶解度小得多。因此，向稀土盐溶液中加入氨水或其他碱，可以立刻生成颗粒细小的胶状稀土氢氧化物沉淀。这些胶状稀土氢氧化物沉淀固液分离困难。三价铈的氢氧化物只能在真空条件下制备，在空气中将被缓慢氧化，在干燥情况下很快地变成黄色的四价铈的氢氧化物。如果溶液中有次氯酸盐或次溴酸盐，则在氢氧化物沉淀时，就会很快地将三价铈氧化成四价铈。因此，三价铈的氢氧化物是一种强还原剂。稀土氢氧化物沉淀中，OH$^-$/RE^{3+}的物质的量比值并不是正好等于 3，而是随着金属离子的不同，在 2.48～2.88 之间变化，说明沉淀并非化学计量的 RE(OH)$_3$，而是组成不同的碱式盐，与过量碱或长期与碱接触才转化为 RE(OH)$_3$。

② 如果溶液中存在柠檬酸、酒石酸或其他羟基羧酸，可以与稀土离子生成配合物，阻止稀土氢氧化物的生成。同样，如果溶液中存在大量醋酸铵或其他铵盐，稀土氢氧化物沉淀析出缓慢或不完全，则必须加入足量的碱金属氢氧化物使铵盐分解或破坏生成的配合物。但在 NH$_4$Cl 存在下，在稀土溶液中加入氨水可生成 RE(OH)$_3$ 沉淀，借此可以与 Mg^{2+}等碱金属离子分离。

③ 除了常见的三价稀土氢氧化物之外，二价的稀土离子也可以生成氢氧化物。例如，

Eu(OH)$_2$（黄色）可用 10mol/L NaOH 和金属铕反应来制备。在 Eu^{2+}的溶液中加入 NaOH 的溶液，在 100℃和真空条件下可以得到 Eu(OH)$_2$·H$_2$O 沉淀。Sm(OH)$_2$（绿色）和 Yb(OH)$_2$（淡黄色）的稳定性比 Eu(OH)$_2$差，且这些氢氧化物极易被氧化，甚至在惰性气氛中也可被氧化成三价氢氧化物。

（2）稀土氢氧化物的性质

稀土氢氧化物难溶于水，它们的溶解度见表 3-11 [La(OH)$_3$，$K_{sp} = 10^{-19}$→Lu(OH)$_3$，$K_{sp} = 10^{-25}$]。RE(OH)$_3$溶解度随温度升高而降低，当反应温度高于 200℃时，稀土氢氧化物 RE(OH)$_3$转变为脱水的 REO(OH)，温度再高则生成 RE$_2$O$_3$（见表 3-12）。在 193～420℃和加压（1.2159×10^5～7.093×10^7Pa）下，可以从氢氧化钠溶液中产生六方晶系的晶状稀土氢氧化物（La～Yb，Y）或 Lu 和 Sc 的立方晶体（197～159℃）。

表 3-11　稀土氢氧化物的溶解度

RE(OH)$_3$	溶解度/(μmol/L)	RE(OH)$_3$	溶解度/(μmol/L)
La(OH)$_3$	13.2	Dy(OH)$_3$	2.8
Ce(OH)$_3$	3.1	Ho(OH)$_3$	1.9
Pr(OH)$_3$	5.5	Er(OH)$_3$	2.1
Nd(OH)$_3$	5.3	Tm(OH)$_3$	1.9
Sm(OH)$_3$	3.0	Yb(OH)$_3$	2.1
Eu(OH)$_3$	2.7	Lu(OH)$_3$	1.6
Gd(OH)$_3$	2.8	Y(OH)$_3$	3.1
Tb(OH)$_3$	1.9		

表 3-12　RE(OH)$_3$ 和 REO(OH)的脱水温度　　　　　　　　单位：℃

元素	沉淀法制样			水热法制样	
	RE(OH)$_3$·nH$_2$O	RE(OH)$_3$	REO(OH)	RE(OH)$_3$	REO(OH)
La	70	390	590	410	550
Ce	—	—	—	—	—
Pr	54	328	460	355	
Nd	58	338	464	375	535
Sm	60	345	515	345	595
Eu	71	370	540	330	575
Gd	76	380	570	330	490
Tb	66	340	500	320	375
Dy	60	300	490	295	455
Ho	48	270	460	290	430
Er	45	255	440	250	430
Tm	40	240	430	270	390
Yb	36	225	410	—	—
Lu	31	210	400	—	—
Y	56	280	470	310	470

从表 3-12 可知，随着 La→Lu 离子半径逐渐减小，离子势 Z/r 逐渐增大，离子极化能力逐渐增大，稀土氢氧化物脱水温度也逐渐降低。

在不同盐的溶液中氢氧化物开始沉淀的 pH 值略有不同，同样由于镧系收缩，三价镧系离子的离子势 Z/r 随原子序数的增大而增大，所以开始沉淀的 pH 值随原子序数的增大而降低。其中 $La(OH)_3$ 沉淀的 pH 为 7.82 到 $Lu(OH)_3$ 沉淀的 pH 为 6.30，Sc^{3+} 的离子半径最小，因此开始沉淀的 pH 最低（以硝酸盐为例，表 3-13）。

表 3-13 $RE(OH)_3$ 的物理性质

氢氧化物	颜色	沉淀的 pH 值						$RE(OH)_3$ 溶度积（25℃）
		硝酸盐	氯化物	硫酸盐	醋酸盐	高氯酸盐	无阴离子影响	
$La(OH)_3$	白	7.82	8.03	7.41	7.93	8.10	6.77	1.0×10^{-19}
$Ce(OH)_3$	白	7.60	7.41	7.35	7.77	—	—	1.5×10^{-20}
$Pr(OH)_3$	浅绿	7.35	7.05	7.17	7.66	7.40	6.64	2.7×10^{-20}
$Nd(OH)_3$	紫红	7.31	7.02	6.95	7.59	7.30	6.03	1.9×10^{-21}
$Sm(OH)_3$	黄	6.92	6.83	6.70	7.40	7.13	5.37	6.8×10^{-22}
$Eu(OH)_3$	白	6.82	—	6.68	7.18	6.91	5.15	3.4×10^{-22}
$Gd(OH)_3$	白	6.83	—	6.75	7.10	6.81	5.04	2.1×10^{-22}
$Tb(OH)_3$	白	—	—	—	—	—	5.23	
$Dy(OH)_3$	黄	—	—	—	—	—	5.37	
$Ho(OH)_3$	黄	—	—	—	—	—	5.15	
$Er(OH)_3$	浅红	6.75	—	6.50	6.59	6.61	5.14	1.3×10^{-23}
$Tm(OH)_3$	绿	6.40	—	6.21	6.53	—	—	2.3×10^{-24}
$Yb(OH)_3$	白	6.30	—	6.18	6.50	7.30	5.12	2.9×10^{-24}
$Lu(OH)_3$	白	6.30	—	6.18	6.46	6.45	5.00	2.5×10^{-24}
$Y(OH)_3$	白	6.95	6.78	6.83	6.83	6.81	5.84	—

因为稀土氢氧化物均呈碱性（碱性随着离子半径的减小而减弱），所以稀土氢氧化物难溶于水，但可溶于无机酸生成盐。胶状的氢氧化物有足够的碱性，可吸收空气中的二氧化碳生成碳酸盐。

3.2.3　稀土氧化物

稀土元素亲氧，稀土氧化物是最常见和使用最广泛的稀土化合物之一。稀土氧化物在新材料中有着极其广泛而重要的应用，如钕、钐、铕、铽、铒、镝等氧化物应用于发光材料、磁性材料和超导材料；具有高折射率的氧化镧玻璃应用于光学仪器；氧化钇在原子能反应堆中用作中子吸收材料等等。稀土氧化物也是应用最广泛的稀土原料之一。

3.2.3.1　稀土氧化物的制备

（1）稀土低价氧化物

EuO 是目前得到的最稳定的低价稀土氧化物，它以 Eu_2O_3 为原料，以金属镧或金属铈为还原剂还原得到。例如，在钽或钼的容器中，温度为 800～2000℃，Eu_2O_3 与 Eu 反应，最后通过蒸馏去除过量的金属。

$$Eu_2O_3 + Eu \Longrightarrow 3EuO$$

Eu_2O_3 与石墨混合，在温度高达 1300℃时，可以发生还原反应，生成暗红色的 EuO 固体。

YbO 和 SmO 不易于制备。在低温（≤−33℃）的液氨体系中，金属镱与氧气作用，或者在低压下于 200～300℃ 间使金属镱与氧反应可以制备得到 YbO。此外，稀土低价氧化物也可以通过稀土的氯氧化物与氢化钾在真空下 600～800℃ 条件进行反应，得到低价的稀土氧化物。

（2）三价稀土氧化物

由于稀土的特征氧化态是 +3 价，因此除变价的铈（CeO_2）、镨（Pr_6O_{11}）和铽（Tb_4O_7）外，稀土氧化物的化学式以 RE_2O_3 表示。

稀土氧化物 RE_2O_3 可以通过稀土氢氧化物、稀土草酸盐、稀土碳酸盐加热（>800℃）分解得到。稀土硝酸盐或稀土硫酸盐在更高温度下加热分解也可以生成氧化物。

$$RE_2(C_2O_4)_3 \cdot 2H_2O \Longrightarrow RE_2O_3 + 3CO_2 + 3CO + 2H_2O$$
$$RE_2(CO_3)_3 \Longrightarrow RE_2O_3 + 3CO_2$$

镧系金属（除 Ce、Pr、Tb 外）在高于 456K 时（Sc 为 733K），能迅速被空气氧化，放出大量热，生成 RE_2O_3 稀土氧化物。

（3）四价稀土氧化物

稀土元素中只有铈、镨和铽有纯的四价氧化物 REO_2，并形成一系列组成在 RE_2O_3～REO_2 之间的化合物。它们还与碱金属氧化物形成复合氧化物。

在空气中灼烧 Ce、Pr、Tb 的氢氧化物、碳酸盐或草酸盐，分别得到四价的 CeO_2，三价、四价共存的 Pr_6O_{11} 和 Tb_4O_7。这三者只有在高温下还原才能得到相应的 RE_2O_3 氧化物。Pr_2O_3 与原子氧在 450℃ 下反应，或在 300℃、$50.66 \times 10^5 Pa$ 下与分子氧反应可以得到 PrO_2。或用 Pr_6O_{11} 在水中煮沸，发生歧化反应得到 $Pr(OH)_3$ 和 PrO_2，再以浓醋酸溶解 $Pr(OH)_3$ 分离出 PrO_2。不定组成的氧化铽与原子氧反应也可以得到 TbO_2。由 Tb_2O_3 在 $HClO_4 \cdot H_2O$ 中（$303.9 \times 10^5 Pa$）加热也能形成 TbO_2。

3.2.3.2　稀土氧化物的性质

稀土氧化物的主要性质如表 3-14 所示。

表 3-14　稀土氧化物的主要性质

氧化物	颜色	密度 /(g/cm³)	熔点/℃	沸点 /℃	磁矩 μ_B 实验值	电阻率 1000K/(Ω·m)	禁带宽度/eV	晶系	热力学常数（298.15K）/(kcal/mol)		
									$\Delta H_形$	$\Delta S_形$	$\Delta G_形$
Sc_2O_3	白	3.864	2403 ± 20	4027	0.00	4.4×10^5	—	体心立方	—	—	—
Y_2O_3	白	5.01	2376	4437	0.20	5.4×10^4	—	—	448.9	71.9	427.5
La_2O_3	白	6.51（15℃）	2256	3347	0.00	10^6（560℃）	8.65	六方	428.7	70.04	407.8
Ce_2O_3	灰绿	6.86	2210 ± 10	3457	2.56	22.4	—	六方	430.9	73.50	409.0
Pr_2O_3	黄绿	7.07	2183	3487	3.55	2×10^3	—	六方	435.8	70.50	414.8
Nd_2O_3	浅蓝	7.24	2233	3487	3.66	1.1×10^2	7.02	六方	432.4	71.12	411.2
Sm_2O_3	浅黄	7.68	2269	3507	1.45	4.2×10^2	8.0	单斜	433.9	70.65	412.8
Eu_2O_3	白	7.42	2291	3510	3.51	—	7.2	体心立方	392.3	76.0	439.6
Gd_2O_3	白	7.407（15℃）	2339	3627	7.90	10^4	8.5	体心立方	433.9	68.3	413.4
Tb_2O_3	白	—	2303	—	9.63	1.0	4.86	体心立方	445.6	71.0	424.4
Dy_2O_3	微黄	7.81（27℃）	2228	3627	10.5	1.7×10^2	8.0	体心立方	446.8	73.5	424.9
Ho_2O_3	白	—	2330	3627	10.5	10^7（417℃）	8.65	体心立方	449.5	71.9	428.1

氧化物	颜色	密度 /(g/cm³)	熔点/℃	沸点 /℃	磁矩 μ_B 实验值	电阻率 1000K/(Ω·m)	禁带宽 度/eV	晶系	热力学常数（298.15K）/(kcal/mol)		
									$\Delta H_{形}$	$\Delta S_{形}$	$\Delta G_{形}$
Er_2O_3	粉红	8.64	2344	3647	9.5	10^5	8.65	体心立方	453.6	71.9	432.2
Tm_2O_3	白	—	2341	3677	7.39	10^6（560℃）	7.24	体心立方	451.4	72.4	429.8
Yb_2O_3	白	9.17	2355	3747	4.34	3.5×10^3	8.35	—	433.7	70.32	412.7
Lu_2O_3	白	—	2427	3707	0.00	10^6	8.70	体心立方	448.9	71.9	427.5

① 稀土（Ⅲ）氧化物不溶于水和碱溶液，但能溶于强的无机酸（除 HF 和 H_3PO_4 外）生成相应的盐。稀土氧化物与酸反应的难易程度，与氧化物的制备方法、灼烧温度以及金属离子的半径有关。一般是越高温度制备的氧化物越难溶解，金属离子半径越小，反应越困难。因此稀土氧化物的反应活性决定于加热的程度，制备氧化物时应尽可能在低温下灼烧以便获得最高活性。稀土氧化物在加热时，可以发生如下两个变化过程：

$$RE_2O_3 \longrightarrow 2REO + O$$
$$RE_2O_3 \longrightarrow 2RE + 3O$$

这两种反应取决于反应物是轻稀土氧化物还是重稀土氧化物。轻稀土氧化物分解为一氧化物，而重稀土氧化物分解为金属。

高价的稀土氧化物如 Ce、Pr、Tb 的氧化物，尤其难溶于酸，为使溶解加速，可加入少量还原剂（如过氧化氢），或加入少量 F^-，最后通过加热使过量双氧水分解及氟化氢挥发逸出。

② 稀土氧化物具有较好的热稳定性，它们的熔点均较高，热稳定性与氧化钙、氧化镁相当，是偏于离子型的晶体。其中，CeO_2 相对于 PrO_2 和 TbO_2 来说，其热稳定性较高，800℃时可保持不变，在 980℃时失去一些氧。PrO_2 和 TbO_2 的分解温度比较低。在空气中 PrO_2 和 TbO_2 加热到 350℃即失去氧变为 Pr_6O_{11} 和组成接近 $TbO_{1.8}$ 的氧化铽。稀土化合物具有不同的颜色，其颜色变化规律与三价稀土离子的颜色基本一致，只是由于离子极化而导致颜色更深。

③ 稀土氧化物可以与水结合生成氢氧化物，例如用水热法，令水蒸气与氧化物一起加热，可以得到 $RE(OH)_3$ 和 $REO(OH)$。氧化物在空气中能吸收 CO_2 生成碱式碳酸盐。在 800℃进行灼烧可重新得到无碳酸盐的氧化物。

④ 四价稀土氧化物都是强氧化剂，它们有相当高的氧化还原电位，如 $E^\ominus$ CeO_2/Ce^{3+} 为 1.26V，$E^\ominus$ PrO_2/Pr^{3+} 为 2.5V，$E^\ominus$ TbO_2/Tb^{3+} 为 2.3V。在稀酸中，它们比较稳定，但在浓酸中，四价稀土氧化物将放出氧，变为三价离子。例如，它们能将浓盐酸氧化放出 Cl_2，把 Mn^{2+} 氧化为 MnO_4^-。

$$REO_{2(固体)} + 4H^+ + e^- \longrightarrow RE^{3+} + 2H_2O$$

从上面的氧化-还原反应式可知，四价稀土氧化物的氧化还原电位决定于体系中的 H^+ 浓度，酸度降低，电位会下降。在碱性溶液中，四价稀土氧化物是稳定的，氧化还原电位会明显降低。

稀土氧化物和某些金属的氧化物在高温和适当气氛下作用，可形成不同类型的化合物。这些化合物往往具有重要的压电效应、磁性和发光性能，在现代工业技术中有重要的意义。

稀土氧化物和其他金属氧化物可以相互作用生成混合氧化物。如表 3-15 所示，这是常见的六类稀土复合氧化物。例如，CeO_2、Pr_6O_{11}、Tb_4O_7 和碱金属过氧化物在氧气中加热，可以制得 M_2REO_3（M：碱金属；RE：Ce、Pr、Yb）的复合氧化物。CeO_2、Pr_6O_{11}、Tb_4O_7 与 $BaCO_3$ 在氧气流中加热至 900℃ 也可以制得 $BaCeO_3$、$BaPrO_3$ 和 $BaTbO_3$ 等等。

表3-15　稀土的复合氧化物

ABO_4 锆英石型	$A_2B_2O_7$ 烧绿石型	$A_3B_5O_{12}$ 石榴石型	ABO_4 白钨矿型	ABO_3	ABO_3
$REAsO_4$	$RE_2Sn_2O_7$	$RE_3Al_5O_{12}$	$REGeO_4$	$REAlO_3$	$RETiO_3$
$REPO_4$	$RE_2Zr_2O_7$	$RE_3Ge_5O_{12}$	$RENbO_4$	$RECrO_3$	$REVO_3$
$REVO_4$	—	$RE_3Fe_5O_{12}$	$RETaO_4$	$RECoO_3$	$Ba(RE,Nb)O_3$
—	—	—	—	$RECaO_3$	—
—	—	—	—	$REFeO_3$	—
—	—	—	—	$REMnO_3$	—
—	—	—	—	$RENiO_3$	—

3.2.4　稀土卤化物

稀土卤化物包括无水卤化物、水合卤化物和卤氧化物。前两者是制备其他稀土化合物及材料的重要原料，其中以氯化物和氟化物尤为重要。例如，稀土卤化物是熔盐电解和金属热还原法制备稀土金属的重要原料。稀土卤化物的特点是吸湿性强，可以水解生成卤氧化物 REOX（X = F、Cl、Br、I），其强度由氟至碘增加，并具有较高的熔点与沸点，如表3-16所示。

表3-16　三价稀土卤化物的熔点与沸点

元素	氟化物		氯化物		溴化物		碘化物	
	熔点	沸点	熔点	沸点	熔点	沸点	熔点	沸点
Sc	1515	1527	960	967	948	—	920	—
Y	1152	2227	904	1510	904	1470	965	1307
La	1490	2327	852	1750	783	1580	772	1402
Ce	1437	2327	802	1730	722	1560	768	1397
Pr	1395	2327	786	1710	693	1550	737	1377
Nd	1374	2327	760	1690	684	1540	784	1367
Sm	1306	2327	678	—	664	分解	—	—
Eu	1276	2277	623	分解	705	分解	—	分解
Gd	1231	2277	609	1580	785	1490	925	1337
Tb	1172	2277	588	1550	830	1490	957	1327
Dy	1154	2277	654	1530	881	1480	978	1317
Ho	1143	2277	720	1510	914	1470	994	1297
Er	1140	2277	776	1500	950	1460	1015	1277
Tm	1158	2277	821	1490	955	1440	1021	1257
Yb	1157	2277	854	分解	940	分解	—	分解
Lu	1182	2277	892	1480	960	1410	1050	1207

3.2.4.1 稀土卤化物的制备

稀土卤化物的制备可以分为水溶液法和氧化物直接卤化法。其中，无水稀土卤化物由于应用较广，其制备也备受关注。目前，无水稀土氯化物主要有结晶水合物稀土氯化物的减压（真空）脱水、稀土氧化物直接氯化、稀土精矿高温加碳氯化等三种方法；无水稀土氟化物主要有氢氟酸沉淀-真空脱水法、氟化氢气体氟化法和氟化氢铵氟化法等三种方法。

① 水溶液法制备稀土卤化物是将稀土氧化物、碳酸盐、氢氧化物或金属溶解于盐酸溶液中，得到氯化稀土溶液，再蒸发结晶得到含有结晶水的氯化物，使用时根据需要脱水或者不脱水。

水合氯化物直接脱水会发生水解反应生成 REOCl，难以得到纯净的无水稀土氯化物。

$$RECl_3 + H_2O \longrightarrow REOCl + 2HCl$$

稀土氯化物 $RECl_3 \cdot nH_2O$ 欲脱水可以采用低温抽真空、通入 HCl 气体及加 NH_4Cl 一起加热来得到。

② 氧化物直接卤化法是在一定的温度下，选用不同的卤化物与稀土氧化物作用来制备稀土卤化物。例如，NH_4F、HF、ClF_3、BrF_3、F_2 等与稀土氧化物作用均能生成 REF_3；CCl_4、Cl_2、HCl 干燥气体通过稀土氧化物时，可将其转化为无水稀土氯化物；NH_4Cl 与稀土氧化物在高温下焙烧也能得到无水稀土氯化物；用 CO/Br_2、CBr_4、S_2Br_2、S_2Cl/HBr 等为卤化剂可以制备稀土溴化物；稀土碘化物用稀土金属与 I_2 或 NH_4IO_3 反应制取。

$$RE_2O_3 + 6NH_4Cl \longrightarrow 2RECl_3 + 3H_2O + 6NH_3（300℃）$$

③ 无水卤化物也可由金属直接卤化或稀土金属与卤化汞反应制得：

$$2RE + 3X_2 === 2REX_3$$

$$2RE + 3HgX_2 === 2REX_3 + 3Hg$$

稀土金属于 200℃以上在卤素蒸气中剧烈燃烧，生成卤化物。此种方法可制备高纯度的无水稀土氯化物，但反应剧烈，工业上较难控制。

④ 稀土氟化物

在稀土溶液中加入氢氟酸或氟化铵，可获得含水稀土氟化物的胶状沉淀。通过加热陈化，胶状沉淀转化为细小颗粒的沉淀。由于氟离子是硬碱，与硬酸稀土离子有较强的配位能力，当氟离子过量时，可导致部分稀土与氟离子配位形成配合物而溶解。

稀土氟化物溶解度比草酸盐溶解度小，即使在 3mol/L 的 HNO_3 溶液中，加入氟离子或氢氟酸，也可以得到稀土氟化物的沉淀。因此，可以利用稀土氟化物沉淀与其他杂质分离，但由于沉淀为胶体，不易过滤洗涤，在生产和分析中应用较少。

为制备纯的稀土金属，需要含氧量很低的无水氟化物，通常可采用两步法来得到。第一步是将无水 HF + 60%Ar 通入稀土氧化物中，并在 700℃下加热16h。为防止污染，氧化物放在铂舟内，使用内衬铂的铬镍铁合金的炉管，第一步所得氟化物含氧量约为 300×10^{-6}。第二步是将盛有这种氟化物的铂坩埚放在具有石墨电阻加热器的石墨池内，在 HF+60%Ar 的气氛下加热至高于氟化物熔点约 50℃，所得熔体的透明程度标志着氟化物中氧的含量。如为高度透明，则氟化物中氧含量少于 10×10^{-6}；如为乳浊，则氧含量大于 20×10^{-6}。

3.2.4.2 稀土卤化物的共性

从表 3-16 可知，稀土卤化物具有较高的熔点和沸点，无挥发性，固态时为结晶状，熔化时导电性良好，说明稀土卤化物是离子性的。其他过渡金属三价离子 Fe^{3+}、Ce^{3+} 和 Al^{3+} 通常表现出共价性，较易挥发。因此，在氯化过程中可以根据它们的挥发性不同而使稀土与上述元素分离。

一般情况下，稀土卤化物都含有一定的结晶水。氟化物的组成一般为 $REF_3 \cdot H_2O$，而轻稀土氯化物，如 La、Ce、Pr 为 $RECl_3 \cdot 7H_2O$，对 Nd~Lu、Sc、Y 则为 $RECl_3 \cdot 6H_2O$。对于溴化物，除 $ScBr_3$ 含 5 个结晶水，其他各元素均可用 $REBr_3 \cdot 6H_2O$ 表示。对于碘化物，除 ScI_3 含 6 个结晶水，其他各元素 La~Eu 均可用 $REI_3 \cdot 9H_2O$ 表示，Dy~Lu 可用 $REI_3 \cdot 8H_2O$ 表示。Gd 和 Tb 的碘化物根据制备条件的不同，可以含有 8 个结晶水，也可以含有 9 个结晶水。稀土氟化物在水中是难溶的，其余卤化物在水中均有较大的溶解度，并且随着温度升高而增大。在非水溶剂中，如在醇中，稀土卤化物的溶解度一般随着碳链的增长而下降；在甲酸和乙酸中的溶解度都比较大；在醚、二噁烷和四氢呋喃中的溶解度较小，而在磷酸三丁酯中具有相当大的溶解度。

稀土卤化物在石油化工、玻璃、冶金、纺织和养殖业都有广泛的应用。无水稀土卤化物在碳弧棒发光剂、钢铁和有色金属合金添加剂、制备单一稀土金属及闪烁晶体等方面有重要的用途。近年来，无水稀土卤化物已经成为新型电光源、氟化物光纤、红外区用荧光粉、永磁材料、储氢合金、磁光存储等新材料的重要原料。

3.2.5 稀土硝酸盐

3.2.5.1 稀土硝酸盐的制备

稀土氧化物、氢氧化物、碳酸盐或稀土金属与硝酸作用都可以生成相应的稀土硝酸盐，将溶液蒸发结晶即可得到水合物 $RE_2(NO_3)_3 \cdot nH_2O$，其中 $n = 3$、4、5、6，六水合物最为常见。n 的大小与蒸发结晶的温度等条件有关。

无水稀土硝酸盐可用相应稀土氧化物在加压下与 N_2O_4 在 150℃反应来制备。水合硝酸稀土 $RE_2(NO_3)_3 \cdot 6H_2O$ 的结构随着中心离子半径的变化可以分为两类：当 RE 为 La、Ce 时，配位数为 11，即 3 个硝酸根螯合配位，提供 6 个配位数，此外 5 个水分子配位，所以实际的分子式应为 $[RE_2(NO_3)_3 \cdot 5H_2O] \cdot H_2O$。当 RE 为 Pr~Lu、Y 时，配位数为 10，即三个硝酸根以螯合双齿配位，提供 6 个配位数。此外，6 个水分子中有 4 个参与配位，另外 2 个未配位的水以氢键形式存在晶格中，即 $[RE_2(NO_3)_3 \cdot 4H_2O] \cdot 2H_2O$。

3.2.5.2 稀土硝酸盐性质

稀土硝酸盐在水中的溶解度很大（大于 2mol/L，25℃），并且随着温度升高而增大，如表 3-17 所示。稀土硝酸盐易溶于无水胺、乙醇、丙酮、乙醚及乙腈等极性溶剂中，并可用磷酸三丁酯（TBP）等萃取剂萃取。

稀土硝酸盐的热稳定性不好，受热后分解放出 O_2、NO 和 NO_2，最终产物为稀土氧化物。

$$RE(NO_3)_3 \longrightarrow REO(NO_3) + NO_2 \longrightarrow RE_2O_3 + NO_2$$

表 3-17　硝酸盐在水中的溶解度

La(NO$_3$)$_3$		Pr(NO$_3$)$_3$		Sm(NO$_3$)$_3$	
温度/℃	溶解度/%	温度/℃	溶解度/%	温度/℃	溶解度/%
5.3	55.3	8.3	58.8	13.6	56.4
15.8	57.9	21.3	61.0	30.3	60.2
27.7	61.0	31.9	63.2	41.1	63.4
36.3	62.6	42.5	65.9	63.8	71.4
48.6	65.3	61.3	69.9	71.2	75.0
55.4	67.6	64.7	72.2	82.8	76.8
69.9	73.4	76.4	76.1	86.9	83.4
79.9	76.6	92.8	84.0	135.0	86.3
98.4	78.8	127.0	85.0		

随着稀土硝酸盐中稀土离子原子序数增大，离子半径减小，分解速率加快，利用这一差异进行热分解可以达到分级分解的分离目的。

稀土硝酸盐转变为氧化物的最低温度列于表 3-18。

表 3-18　硝酸盐转变为氧化物的最低温度

硝酸盐	氧化物	温度/℃	硝酸盐	氧化物	温度/℃
Sc(NO$_3$)$_3$	Sc$_2$O$_3$	510	Pr(NO$_3$)$_3$	Pr$_6$O$_{11}$	505
Y(NO$_3$)$_3$	Y$_2$O$_3$	480	Nd(NO$_3$)$_3$	Nd$_2$O$_3$	830
La(NO$_3$)$_3$	La$_2$O$_3$	780	Sm(NO$_3$)$_3$	Sm$_2$O$_3$	750
Ce(NO$_3$)$_3$	CeO$_2$	450			

3.2.5.3　稀土硝酸复盐

稀土硝酸盐与碱金属或碱土金属硝酸盐可形成复盐。其通式分别为 M$_2$RE(NO$_3$)$_5$·xH$_2$O [RE = La、Ce、Pr、Nd；M = Na$^+$、K$^+$、Rb$^+$、Cs$^+$、Tl$^+$、NH$_4^+$；x = 1（Na$^+$、K$^+$）、2（K$^+$、Cs$^+$）、4（Rb$^+$、Cs$^+$、NH$_4^+$）] 和 M$_3$RE$_2$(NO$_3$)$_{12}$·24H$_2$O（RE = La、Ce、Pr、Nd、Sm、Eu、Gd、Er；M = Mn、Fe、Co、Ni、Cu、Zn、Mg、Cd）。这些稀土复盐之间的溶解度差异较大，并随着温度升高，复盐的溶解度加大。因此，可以利用复盐的分级结晶法分解单个稀土元素，并在稀土分离历史上起到过重要作用，但重结晶的级数很多，甚至要上千次，故不利于工业生产，目前已经不再使用。

此外，轻稀土硝酸盐与 M$^+$、NH$_4^+$、Mg^{2+}、Zn^{2+}、Ni^{2+}、Mn^{2+}等组成溶解度很小的复盐，而重稀土的溶解度较大，利用这一特点可以分离轻、重组稀土。

3.2.6　稀土硫酸盐

高纯稀土硫酸盐在农业、医学、催化、电解等领域都有广泛应用。例如，硫酸铈溶液喷洒到金盏菊叶片上可以使叶片叶绿素增加，提高植株活性；硫酸钆与氨基酸配合物具有很强的抗癌活性；稀土硫酸盐可高效率催化合成高品质酯类等。因此，稀土硫酸盐的合成与研究也越来越受到人们重视。

3.2.6.1 稀土硫酸盐的制备

稀土硫酸盐常含结晶水，可用稀土氧化物、氢氧化物或碳酸盐溶于稀硫酸中来制备，生成硫酸盐化合物 $RE_2(SO_4)_3 \cdot nH_2O$，通常对于 La 和 Ce 时 $n = 9$，而其他稀土（Pr～Lu）一般 $n = 8$，但也有 $n = 3$、5、6 的稀土硫酸盐。

稀土氧化物与略过量的浓硫酸反应、水合硫酸盐的高温脱水或酸式盐的热分解均可产生无水硫酸盐。

如水合稀土硫酸盐受热时，会随着温度的不同逐步分解，其分解温度和反应式如下：

① 在 155～260℃下脱水

$$RE_2(SO_4)_3 \cdot nH_2O \longrightarrow RE_2(SO_4)_3 + nH_2O$$

② 在 855～946℃下分解

$$RE_2(SO_4)_3 \longrightarrow RE_2O_2SO_4 + 2SO_2 + O_2$$

③ 当温度大于 1050℃时，氧基硫酸盐继续分解为氧化物

$$RE_2O_2SO_4 \longrightarrow RE_2O_3 + SO_2 + 1/2O_2$$

3.2.6.2 稀土硫酸盐性质

无水稀土硫酸盐是粉末状的，具有吸湿性，溶于冷水并放出大量的热，加热时溶解度显著降低（图 3-8）。因此，溶解稀土硫酸盐时通常采用冷水而不用热水。如图 3-8 和表 3-19 所示，在 20℃时，稀土硫酸盐的溶解度随着原子序数的变化由 Ce 至 Eu 依次下降，而由 Eu 至 Lu 又依次上升。一般而言，其他金属可溶性硫酸盐的溶解度随着温度的升高而增大，且溶解度相对较大，而水合稀土硫酸盐在水中的溶解度一般比相应的无水盐要小，且随着温度的升高而减小，因此它们易于重结晶。此外，在以稀土氧化物制备稀土硫酸盐时，其溶解度与溶液的 pH 值、溶解温度、氧化物与硫酸投料比等都有一定的影响。

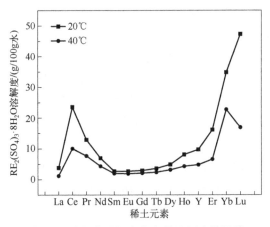

图 3-8　稀土硫酸盐在水中的溶解度等温线

表 3-19　稀土硫酸盐 $RE_2(SO_4)_3 \cdot 8H_2O$ 在水中的溶解度与温度的关系

溶解度 /(g/100g 水)	元素	La	Ce	Pr	Nd	Sm	Eu	Gd
	20℃	3.8	23.8	12.74	7.00	2.67	2.56	2.87
	40℃	1.5	10.3	7.64	4.51	1.99	1.93	2.19

溶解度/(g/100g 水)	元素	Tb	Dy	Ho	Y	Er	Yb	Lu
	20℃	3.56	5.07	8.18	9.76	16.00	34.78	47.27
	40℃	2.51	3.34	4.52	4.9	6.53	22.99	16.93

3.2.6.3 稀土硫酸复盐

稀土硫酸盐与碱金属或碱土金属的硫酸盐均能形成复盐。稀土硫酸盐与碱金属硫酸盐在溶液中形成复盐析出，复盐的通式为：$xRE_2(SO_4)_3 \cdot yM_2SO_4 \cdot zH_2O$，其中 $M = Na^+$、K^+、Rb^+、Cs^+、NH_4^+、Tl^+，x、y、z 值随着稀土与一价阳离子的不同而变化，$z = 0$、2、8。复盐的组成大多数是 $y/x = 1$、$z = 2$ 或 4，且 z 随着温度的升高而减小。

复盐的组分变化很大，与形成复盐时溶液中的组成有关。一般来说，随着原子序数的增加，复盐的溶解度也依次增大，温度升高，溶解度减小。例如，向含有铈组稀土元素的硫酸溶液中加入硫酸钠大于 20g/L 时，溶液中稀土浓度（REO）小于 1g/L，继续增加硫酸钠的加入量，溶液中稀土浓度进一步降低。复盐的一价稀土离子种类对溶解度也有影响，随着 NH_4^+、Na^+、K^+ 的次序依次降低。利用这种差异，工业上把稀土粗略地分为了三组：难溶的铈组，La→Sm；微溶的铽组，Eu→Dy；可溶的钇组，Ho→Y。

稀土硫酸盐在溶解度上的差异曾被用来分离稀土元素。如在冷却的条件下先析出铈组沉淀，过滤后把母液温度升高则使溶解度下降而析出铽组，而钇组留在母液中。也可以用铵盐使铈组稀土析出，然后补加钠盐使铽组稀土析出，达到初步分离的目的。

工业上也利用轻稀土硫酸盐比重稀土硫酸盐的溶解度小这一特点，进行初步的稀土分组。例如，在以轻稀土为主的包头矿处理时，浓硫酸焙烧产物用水浸出的硫酸盐溶液，就是利用形成硫酸钠复盐把稀土沉淀下来，少量重稀土硫酸盐可被带下来，达到与杂质分离的目的。

3.2.7 稀土碳酸盐

以轻稀土（La-Nd）富集为主的稀土碳酸盐及其伴生碱性硅酸盐是稀土矿产资源勘探的主要矿物类型。此外，在稀土工业生产中，稀土碳酸盐也是多种稀土产品的中间原料，用途非常广泛，具有极其重要的作用。目前，在我国北方稀土已完成万吨级轻稀土碳酸盐连续化生产。

3.2.7.1 稀土碳酸盐的制备

向可溶性稀土盐的溶液中加入略过量的碳酸盐（钾盐、钠盐、铵盐，pH>4.5）就可生成稀土碳酸盐胶体沉淀，固液分离较难。其组成通式为 $RE_2(CO_3)_3 \cdot nH_2O$，根据稀土元素不同，n 则不同，如 Sc，$n = 12$；Y，$n = 3$；Ce，$n = 5$；La，$n = 8$ 等。反应如下：

$$2RE^{3+} + 3CO_3^{2-} \Longrightarrow RE_2(CO_3)_3 \downarrow$$

得到的沉淀为正碳酸盐，但随着原子序数的增加，生成碱式盐 $RE(OH)CO_3$ 的趋势也增加。铵和碱金属的碳酸盐与稀土可溶性盐作用只能得到碱式盐，而铵与碱金属酸式碳酸盐与稀土离子作用则生成稀土碳酸盐。

3.2.7.2　稀土碳酸盐的性质

稀土水合碳酸盐能和大多数酸反应，生成相应酸的盐并放出 CO_2。在水中的溶解度在 $10^{-5} \sim 10^{-7} mol/L$ 范围内，数据见表 3-20。稀土碳酸盐在 900℃时热分解为氧化物。在热分解过程中，存在着中间的碱式盐 $RE_2O_3 \cdot 2CO_2 \cdot 2H_2O$、$RE_2O_3 \cdot 2.5CO_2 \cdot 3.5H_2O$。稀土的酸式碳酸盐如 $[Ho(HCO_3)_3 \cdot 4H_2O] \cdot 2H_2O$ 和 $[Gd(HCO_3)_3 \cdot 4H_2O] \cdot H_2O$ 以及碱式碳酸盐 $Y(OH)(CO_3)$ 等都已制得。

表 3-20　碳酸盐在水中的溶解度（25℃）　　　　　　　　单位：μmol/L

碳酸盐	溶解度	碳酸盐	溶解度	碳酸盐	溶解度
$La_2(CO_3)_3$	1.02	$Sm_2(CO_3)_3$	1.89	$Y_2(CO_3)_3$	2.52
$Ce_2(CO_3)_3$	0.7~1.0	$Eu_2(CO_3)_3$	1.94	$Er_2(CO_3)_3$	2.10
$Pr_2(CO_3)_3$	1.99	$Gd_2(CO_3)_3$	7.4	$Yb_2(CO_3)_3$	5.0
$Nd_2(CO_3)_3$	3.46	$Dy_2(CO_3)_3$	6.0		

3.2.7.3　稀土碳酸复盐

稀土碳酸盐在水中的溶解度虽然不大，但在碱金属和铵的碳酸盐溶液中其溶解度却显著增加（尤其是在碳酸钾溶液中，见表 3-21）。这是由于生成了易溶于水的复盐 $RE_2(CO_3)_3 \cdot M_2CO_3 \cdot nH_2O$（M 为 NH_4^+、K^+、Na^+、Rb^+、Cs^+等），如 $RE_2(CO_3)_3 \cdot Na_2CO_3 \cdot nH_2O$。

表 3-21　稀土碳酸盐在 K^+、Na^+、NH_4^+的碳酸盐溶液中的溶解度

试剂浓度/(mol/L)		溶解度（19~23℃）/(mmol/L)			
		La	Nd	Y	Er
K_2CO_3	0	0.27	0.18	0.97	1.15
	1	0.46	0.50	1.19	3.24
	2	0.55	0.56	13.68	14.30
	4	0.89	3.24	69.57	74.47
	6	1.56	>80.00	>82.80	>81.30
	16	25.20	>80.00	>82.80	>81.30
Na_2CO_3	0	0.031	0.148	0.31	0.65
	1	0.061	0.208	0.97	1.38
	2	0.092	0.237	9.83	11.58
	3.05	0.123	0.416	12.83	37.55
$(NH_4)_2CO_3$	0	0.12	0.18	0.00	0.10
	1	0.12	0.26	0.49	0.60
	2	0.12	0.44	0.66	0.89
	4	0.09	—	—	1.09
	6	0.24	0.50	—	6.90
	9.2	0.24	1.07	20.19	26.85

3.2.8　稀土草酸盐

稀土草酸盐是稀土化合物中应用最广和最重要的化合物之一。在自然界中并没有稀土草酸盐矿物存在，但在弱酸性溶液中它的溶解度也很小，故草酸常被用作分离试剂，使稀土元素与普通元素迅速得到分离。

3.2.8.1 稀土草酸盐的制备

中性稀土溶液与草酸甲酯回流水解可沉淀出稀土草酸盐：

$$2RE^{3+} + 3(Me)_2C_2O_4 + 6H_2O \Longrightarrow RE_2(C_2O_4)_3\downarrow + 6MeOH + 6H^+$$

也可用均相沉淀的方法制备晶型良好的稀土草酸盐。将草酸或草酸铵的溶液加入稀土盐溶液中，立即析出草酸稀土的正盐沉淀：

$$2RE^{3+} + 3H_2C_2O_4 + 6H_2O[或(NH_4)_2C_2O_4] \Longrightarrow RE_2(C_2O_4)_3\cdot 6H_2O\downarrow + 6H^+$$

如果稀土溶液酸度扩大，草酸沉淀稀土不完全，可以用氨水调节 pH 为 2，使稀土沉淀完全。一般来说，轻稀土和钇生成正草酸盐，而重稀土则生成正草酸盐和草酸铵复盐 $NH_4RE(OX)_2$ 沉淀，OX 代表草酸根。

所生成的草酸盐一般都带有结晶水，其通式为 $RE_2(C_2O_4)_3\cdot nH_2O$，对轻稀土结晶水一般为 10（La～Er），而重稀土则为 6（Er～Lu、Y、Sc）。

3.2.8.2 稀土草酸盐的性质

稀土草酸盐在水中的溶解度都很小，可以用草酸或草酸铵从水溶液中沉淀回收稀土，如轻稀土可以定量地以草酸盐的形式从溶液中沉淀出来。过量草酸可以降低稀土草酸盐的溶解度，但有其他无机酸如盐酸、硝酸、硫酸等存在时，也可以增加稀土草酸盐的浓度。在一定酸度条件下，草酸盐的溶解度随镧系原子序数的增大而增加，在碱金属草酸盐的溶液中，轻、重稀土的溶解度有明显的差别。重稀土草酸盐的溶解度明显增加，因为生成了草酸根的络合物 $RE(C_2O_4)_n^{3-2n}$（$n = 1$、2、3）。

在无机酸浓度相同时，稀土草酸盐在盐酸介质中的溶解度比在硝酸介质中要小，但比在硫酸介质中要大。如需溶解草酸盐，可将草酸盐与碱溶液一起煮沸而将它转化为氢氧化物沉淀，然后将它溶解在酸中（见表 3-22）。

表 3-22　稀土草酸盐的溶解度（25℃）

溶解度	溶解度/(g/L)				
	La	Ce	Pr	Nd	Sm
水	6.2×10^{-4}	4.1×10^{-4}	7.4×10^{-4}	4.9×10^{-4}	5.4×10^{-4}
2mol/L 盐酸	7.02	5.72	4.65	3.44	2.37
2mol/L 硝酸	9.94	7.30	5.46	4.58	3.64
2mol/L 硫酸	4.46	4.46	3.26	2.64	2.57

一般而言，在同一酸度下，随着温度的升高，稀土草酸盐的溶解度均增大；在同一温度下，稀土草酸盐随着溶液中酸度的增大，部分溶解的 $C_2O_4^{2-}$ 转化为 $HC_2O_4^-$，溶解度增大。此外，稀土草酸盐在酸性介质中的溶解度随原子半径的减小而有递增的趋势，但由于 Eu 和 Yb 的原子半径突然增大，其相应的稀土草酸盐溶解度也比其他稀土草酸盐溶解度要小。

稀土草酸盐灼烧分解时，产物依分解温度的不同而不同，一般先脱水，生成碱式碳酸盐，最后在 800～900℃下转化为氧化物。稀土草酸盐 $RE_2(C_2O_4)_3\cdot 10H_2O$ 热稳定性随着稀土离子半径的减小而减小，而含有 2、5、6 个水分子的稀土草酸盐热稳定性则相反。无水稀土草酸盐在 400℃时迅速分解成稀土氧化物，只有镧的草酸盐有中间产物碱式碳酸盐生成。水合稀土草酸盐在加热中首先脱水，但不同稀土的草酸盐灼烧分解时，中间产物并不都一样。

$$RE_2(C_2O_4)_3 \cdot nH_2O \xrightarrow{-nH_2O} RE_2(C_2O_4)_3 \xrightarrow{-2CO} RE_2(C_2O_4)(CO_3)_2 \xrightarrow{-CO}$$

$$RE_2(CO_3)_3 \xrightarrow{-CO_2} RE_2O(CO_3)_2 \longrightarrow CO, \ CO_2, \ RE_2O_3$$

灼烧稀土草酸盐应注意坩埚的材质，因为在高温下，稀土氧化物容易和含二氧化硅的容器壁反应生成硅酸盐。在含钠盐的溶液中，草酸沉淀稀土会生成草酸钠复盐，灼烧后会影响混合稀土氧化物的纯度。所以在稀土分离过程中要尽量避免使用含钠原料。

3.2.9 稀土磷酸盐

稀土磷酸盐是重要的稀土盐类，它是矿物存在的主要形式之一，具有重要的工业意义。稀土磷酸盐矿物属于难风化矿物，硬度大，难以磨蚀。

3.2.9.1 稀土磷酸盐的制备

在 pH 为 4～5 的稀土溶液中加入铵和碱金属磷酸盐，即可得到水合稀土磷酸盐的胶状沉淀。

$$RE^{3+} + PO_4^{3-} + nH_2O \Longrightarrow REPO_4 \cdot nH_2O \downarrow$$

式中，$n = 0.5 \sim 4$。如将水合稀土磷酸盐小心加热脱水则可制得无水盐。$REPO_4$ 的单晶可用溶剂法制备。如以焦磷酸铅为助熔剂，在 1360℃下加热 16h，然后以 1℃/h 速度慢慢降到 900℃，或者直接快速冷却到室温，再将助熔剂以热硝酸除去，就可以得到 $REPO_4$ 晶体。$REPO_4$ 晶体有六方和单斜两种结构，加热六方晶体可以转变为单斜晶体。自然界中的独居石就属于六方晶体，自然界中的磷钇矿则属于单斜晶体。

稀土五磷酸盐（REP_5O_{14}）是一类重要的化学计量比激光材料。由于 REP_5O_{14} 在高温下要分解（约 800℃），因此不能采用熔体或气相生长晶体，而是采用高温溶液法生长晶体。用高温溶液法生长 REP_5O_{14} 晶体的原理是随着温度升高，磷酸脱水聚合形成多聚磷酸的过程，其通式为：

$$nH_3PO_4 \longrightarrow H(HPO_3)OH + (n-1)H_2O \uparrow$$

式中，$n = 2$、3、$4 \cdots\cdots$ 随着温度和水蒸气分压的变化，磷酸的聚合度也相应变化，温度对于晶体的生长有特殊意义。实验研究表明，温度高于 120℃时，磷酸开始失水，200℃下蒸气组分中不含有 P_2O_5，而大于 230℃左右才有 P_2O_5 挥发。随着温度增加，溶液的密度也增加，可以用不同温度来得到不同含量的 P_2O_5，也就是不同的磷酸聚合度。

例如，在 Nd_2O_3-H_3PO_4 体系中，当温度大于 260℃时开始有 NdP_5O_{14} 生成。

$$14H_3PO_4 + Nd_2O_3 \longrightarrow 2NdP_5O_{14} + 2H_4P_2O_7 + 17H_2O \uparrow$$

但在 200℃以上的溶液中存在大量的焦磷酸，而 NdP_5O_{14} 在 $H_4P_2O_7$ 中有最大的溶解度，溶液中的 NdP_5O_{14} 的浓度还不足以析出结晶。随着温度高于 300℃，$H_4P_2O_7$ 脱水形成偏磷酸和高聚磷酸，NdP_5O_{14} 的溶解度变小。因此在升温或等温蒸发过程中，随着焦磷酸浓度的降低及 NdP_5O_{14} 浓度的增加而析出结晶。

实际操作如下，称取一定量磷酸 100mL 于黄金坩埚中，按照一定的比例加入稀土氧化物（纯度大于 99.9%），搅拌后放入炉管中，缓慢升温至 250℃，保持 2～3 天，使磷酸脱水和稀土氧化物溶解，然后升温至 550℃，恒温生长晶体，经过 10～20 天后取出坩埚，趁热倾去母液，并将坩埚放回炉内，冷却至室温，再取出坩埚，用热水漂洗晶体多次，直至水呈中性，所得晶体晾干备用。由于磷酸的腐蚀和晶体的黏结，坩埚必须经仔细抛光，才能长出光学质量好的 REP_5O_{14} 大晶体。

3.2.9.2　稀土磷酸盐的性质

稀土磷酸盐在水中溶解度较小，$LaPO_4$ 的溶解度为 0.017g/L，$GdPO_4$ 为 0.0092g/L，$LuPO_4$ 为 0.013g/L。例如，在 25℃时 $LaPO_4$ 的 K_{sp} 为 4×10^{-23}，$CePO_4$ 的 K_{sp} 为 1.6×10^{-23}。稀土磷酸盐可溶于浓酸，遇强碱则转化为相应的氢氧化物，可用氢氧化钠溶液高温分解制得氢氧化物和磷酸钠。稀土焦磷酸盐在水中的溶解度为 $10^{-3}\sim 10^{-2}$g/L，见表 3-23。

表 3-23　稀土焦磷酸盐在水中的溶解度（25℃）

盐的组成	饱和溶液的 pH 值	溶解度/(g/L)	盐的组成	饱和溶液的 pH 值	溶解度/(g/L)
$La_4(P_2O_7)_3$	6.50	1.2×10^{-2}	$Gd_4(P_2O_7)_3$	7.00	9.0×10^{-3}
$Ce_4(P_2O_7)_3$	6.80	1.1×10^{-2}	$Dy_4(P_2O_7)_3$	6.93	9.4×10^{-3}
$Pr_4(P_2O_7)_3$	6.87	1.05×10^{-2}	$Er_4(P_2O_7)_3$	6.90	9.9×10^{-3}
$Nd_4(P_2O_7)_3$	6.95	9.8×10^{-3}	$Lu_4(P_2O_7)_3$	6.80	1.15×10^{-2}
$Sm_4(P_2O_7)_3$	6.95	9.5×10^{-3}	$Y_4(P_2O_4)_3$	7.00	7.0×10^{-3}

3.3　稀土非金属化合物

稀土非金属化合物是指稀土与非金属元素反应形成的一类化合物，如稀土碳化物、稀土硼化物、稀土硅化物、稀土氮化物等等。随着人们对稀土功能材料及其应用研究的不断深入，越来越多的这种具有光、电、磁等性能的新型稀土化合物被合成和表征。此外，除常见的稀土+3 价化合物之外，非正常价态（如+2、+4 价）的稀土化合物也被人们所关注。

有关非正常价态稀土离子的研究，主要趋于两种发展途径。一种以稀土金属间化合物为主要对象，重点研究价态浮动，目的在于选择性能优良的新奇磁性或电性材料。另一种发展途径是以晶体化合物为主要对象，重点研究体系中稀土的价态转换行为目的在于探找新奇的光学功能材料。价态变化是引发、调节和转换材料功能特性的重要因素。因此，掌握价态转换规律、探清价态转换机制、确定非正常价态稳定条件及其控制途径，非正常价态稀土固体化合物的预测、相材料的设计及其具有预期性新制备方法的探索都将是非正常价态稀土化合物今后的重要研究内容。21 世纪，以非正常价态稀土离子为激活源的功能材料，特别是光学功能材料或多功能材料的研究，将会成为稀土功能材料发展中的一个活跃领域。

3.3.1　稀土碳化物

早在 1896 年，人们就已经合成了稀土碳化物，但近二三十年才开始系统地研究，且研究发现这类化合物在稀土磁性材料及稀土催化材料方面存在潜在的应用。

3.3.1.1　稀土碳化物的制备

目前已知的稀土碳化物有 REC_2、RE_2C_3、RE_3C、RE_2C 和 REC 等几种类型，最主要的是

REC_2、RE_2C_3、RE_3C 等三种类型。它们的制备方法如下：

① 氩气气氛下，稀土氧化物和碳在坩埚中加热至 2000℃反应，当碳略过量时，可生成二碳化物。

$$RE_2O_3 + 7C \longrightarrow 2REC_2 + 3CO$$

② 将稀土金属氢化物和石墨混合，在真空中加热至 1000℃，或将稀土金属直接和碳混合压成球状，再放在钽坩埚中加热熔化皆可制得稀土化合物。

3.3.1.2 稀土碳化物的性质

稀土碳化物具有较高的熔点，其中 RE_2C_3 的熔点在 1500℃左右，如 La_2C_3、Pr_2C_3 和 Nd_2C_3 的熔点分别为 1430℃、1557℃和 1620℃；REC_2 类的熔点都在 2000℃以上。RE_2C_3 和 REC_2 都具有金属导电性。其磁矩的数值表明，除了 Yb、Sm 和 Eu 外，其他稀土元素在 REC_2 中均呈+3 价。所有的稀土碳化物在潮湿空气中不稳定，在室温下遇水会水解而生成稀土氢氧化物和气体产物。RE_3C 和水反应得到甲烷和氢气的混合物，RE_2C_3 和 REC_2 与水反应得到乙炔，伴随有氢和少量的碳氢化合物。

Sm～Lu 和 Y 的 RE_3C 具有面心立方的 Fe_4N 型化合物的结构，La～Ho 和 Y 的 RE_2C_3 的结构为体心立方，镧系元素和 Y 的 REC_2 具有体心四方的 CaC_2 型结构。

3.3.2 稀土硅化物

稀土硅化物能显示出 4f 电子的跃迁发光，且跃迁被严格限定在极窄波长范围内，对温度和基质材料的影响不敏感，因此有望应用于制造光谱线单一的发光器件。此外，稀土金属硅化物具有优异的电子学性质，能在 n 型硅上形成已知的最低的肖特基势垒（0.3～0.4eV），形成温度也很低（300～350℃），并具有很高的热稳定性，有望应用于大规模集成电路中，还可用于制造红外探测器和其他电子器件。

3.3.2.1 稀土硅化物的制备

稀土硅化物有 $RESi$、$RESi_2$、RE_5Si、RE_3Si_2、RE_3Si_5 等多种类型。其制备方法有以下几种：

① 在熔化的硅酸盐浴中电解稀土氧化物。以硅酸钙、氟化钙和氯化钙混合物为电解质在 1000℃和 8～10V 的电解条件下，阴极可得到稀土硅化物。

② 用硅还原稀土氧化物。将原料磨细混匀放在刚玉舟中，在真空中加热 1000～1600℃，可制得 $RESi_2$，其反应如下：

$$RE_2O_3 + 7Si \longrightarrow 2RESi_2 + 3SiO \uparrow$$

③通过单质直接化合。将单质硅和稀土金属粉末混合并制成团块，在真空中熔化下反应生成 $RESi_2$。

④ 选用高剂量（约 $10^{17}/cm^2$）、低能量（几十 keV）的稀土金属离子，通过离子注入法可形成连续的、稳定的、高结晶品质的稀土硅化物薄膜。射频溅射法也可制备出高浓度的稀土硅化物薄膜，具有高效率、低成本的优点，且薄膜厚度、掺杂量都较容易控制。

3.3.2.2 稀土硅化物的性质

$RESi_2$ 有多种结构。其中，轻、中稀土二硅化物在低温时为正交晶系，高温时为四方晶系，重稀土（Er~Lu）的二硅化物为六方晶系。

稀土硅化物的熔点绝大多数都在 1500℃以上，其中 RESi 的熔点比相同稀土的 RESi$_2$ 还要高。稀土硅化物的电阻率比相应的稀土金属的电阻率大，电阻温度系数为正，但在 500℃时电阻率温度系数转变为负。稀土硅化物容易与盐酸、氢氟酸反应，并与 Na$_2$CO$_3$-K$_2$CO$_3$ 的低共熔物反应而被分解。稀土硅化物的性质见表 3-24。

表 3-24　稀土硅化物的晶胞参数、密度及熔点

元素	RESi					RESi$_2$					RESi$_3$		RESi$_5$	
	a	b	c	密度/(g/cm³)	熔点/℃	a	b	c	密度/(g/cm³)	熔点/℃	a	b	a	b
Y	0.425	0.1056	0.0383	4.53	1870	0.404		0.1342	4.39	1520	0.842	0.634	0.384	0.414
La	0.448	0.442	0.604	—	—	0.431	—	0.138	5.1	1520	0.795	0.1404	0.425	0.140
Ce	0.830	0.396	0.596	5.67	1530	0.427	—	0.1390	5.45	1420	0.789	0.1377	0.418	0.138
Pr	0.829	0.394	0.594	—	—	0.429	—	0.1376	5.64	—	0.793	0.1397	—	—
Nd	0.821	0.393	0.589	—	—	0.413	0.410	0.1379	5.62	1525	0.781	0.1391	0.413	0.137
Sm	0.813	0.390	0.583	—	—	0.411	0.404	0.1346	6.13	—	0.856	0.645	—	—
Eu	0.472	0.1115	0.399	—	—	0.429		0.1366	5.52	1500	—	—	—	—
Gd	0.800	0.385	0.573	—	—	0.409	0.401	0.1344	6.43	1540	0.851	0.639	0.388	0.417
Tb	0.797	0.382	0.569	—	—	0.407	0.398	0.1377	—	—	0.842	0.629	—	—
Dy	0.424	0.105	0.382	—	—	0.404	0.394	0.1334	6.18	1550	0.837	0.626	0.383	0.412
Ho	0.781	0.379	0.563	—	—	0.403	0.392	0.1329	—	—	0.834	0.62	—	—
Er	0.419	0.104	0.379	—	—	0.378	0.409	0.731	—	—	0.829	0.621	0.379	0.409
Tm	0.418	0.1035	0.378	—	—	0.376	0.407	0.748	—	—	0.825	0.618	—	—
Yb	0.419	0.1035	0.377	—	—	0.377	0.410	0.754	—	—	0.823	0.619	—	—
Lu	0.415	0.1024	0.375	—	—	0.374	0.404	0.781	—	—	0.821	0.614	0.375	0.404

3.3.3　稀土氮化物

稀土氮化物如 ScN、YN 不仅具有高硬度、高机械强度、高温稳定性以及优异的电子输运性能等特点，而且还是具备半导体特性的材料。ScN 也常被视为理想的缓冲层材料或者基底材料，用来生长高质量的 GaN 晶体、GaN/ScN 异质结构以及 ScGaN 合金等。最近，理论研究结果表明，稀土氮化物还可以作为磁性过渡金属的载体，用于制备稀磁半导体材料。随着人们对稀土氮化物的形成机制、制备手段以及性能的深入研究，稀土氮化物展示出重要的理论研究意义和广阔的潜在应用前景。

3.3.3.1　稀土氮化物的制备方法

稀土氮化物常见的制备方法有如下几种。

① 稀土金属与氮直接化合。在电弧炉中，通入氮气与金属在 800~1200℃反应，可直接制得 REN。其反应为：

$$2RE + N_2 \longrightarrow 2REN$$

② 稀土氢化物与氮气作用。利用稀土氢化物与氮气在高温下反应制备稀土氮化物。轻稀

土氢化物（La～Sm）的反应温度为 600～800℃，重稀土氢化物（Gd～Lu）的反应温度为 1000～1200℃。

$$2REH_3 + 2N_2 \longrightarrow 2REN + 2NH_3$$

③ 将金属铕和镱溶解在液氨中，先形成 $RE(NH_3)_6$，然后缓慢地变为 $RE(NH_3)_2$，再在真空条件下，升温至 1000℃ 以上得到三价稀土氮化物 EuN 和 YbN。

3.3.3.2 稀土氮化物的性质

稀土氮化物具有立方晶系氯化钠结构，RE-N 之间的化学键为离子键，晶胞参数随稀土半径的减小而减小。稀土氮化物在高温下稳定且熔点都很高，一般都高于 2400℃，尤其是 GdN 的熔点高达 2900℃。大部分稀土氮化物为半金属导体，而 ScN、GdN、YbN 表现为半导体性质。

REN 在湿空气中会缓慢水解，并放出氨气：

$$REN + 3H_2O \longrightarrow RE(OH)_3 + NH_3 \uparrow$$

这类化合物能溶于酸，与碱作用时会水解产生氢氧化物并放出氨。

3.3.4 稀土硼化物

稀土元素硼化物具有功函数小、硬度大、熔点高、电导率高、热稳定性好、化学稳定性高等特点，广泛用于工业的各个领域。已知的几种稀土硼化物中，最重要的是四硼化物（REB_4）和六硼化物（REB_6）。

3.3.4.1 稀土硼化物的制备

稀土硼化物常见的制备方法有如下几种。

（1）电解法

在石墨坩埚中，于 950～1000℃ 下，以熔融硼酸盐电解（3～5V 电压）稀土氧化物，在阴极可制得 REB_6。但此方法产率低，并且在阴极可能有单质硼析出。

（2）还原法

在一定条件下，使用还原剂还原稀土氧化物可以制得稀土硼化物。例如，用碳还原稀土氧化物和硼的氧化物。

$$RE_2O_3 + 4B_2O_3 + 15C \longrightarrow 2REB_4 + 15CO$$

在真空或氢气中，1500～1800℃ 下，也可用碳化硼还原稀土氧化物。

$$RE_2O_3 + 3B_4C \longrightarrow 2REB_6 + 3CO$$

或者用单质硼还原稀土氧化物。

$$RE_2O_3 + 10B \longrightarrow 2REB_4 + B_2O_3（g）$$
$$RE_2O_3 + 14B \longrightarrow 2REB_6 + 2B_2O_3（g）$$

在钼容器或硼化锆容器中，于 1500～1800℃ 下反应，可以制备稀土硼化物。镱有较高的蒸气压，金属镱不能用于制备 YbB_4，ErB_6 的稳定性比 ErB_4 更低，不能利用此法合成来制备 ErB_6。

（3）单质直接化合法

将稀土金属和单质硼按比例混合均匀并制作成块，在真空或氩气中加热到 1300～2000℃，可以直接得到稀土硼化物。

3.3.4.2 稀土硼化物的性质

在稀土硼化物中，因硼元素的缺电子特性，使稀土硼化物表现熔点高、热膨胀率低、抗辐射性强、导电性好、电子逸出功低等特性。稀土硼化物化学性质稳定，在空气中不易氧化，除王水外，不与酸反应，不与熔融金属作用，可以用作坩埚材料。

稀土四硼化物（REB_4）均属于四方晶系，它们的晶格常数随原子序数的增大而减小，化学键为离子键，有较高的熔点，如 YB_4 熔点为 2800℃，LaB_4 熔点为 1800℃。硼化镧等具有小的电子逸出功和高的热电子发射密度，可用于制造大功率电子仪器的阴极。

稀土六硼化物（REB_6）属于立方晶系，硼处于立方体的中心。这类 RE—B 为金属键，具有很高的电导率。REB_6 熔点在 2715℃，受强热才分解。

$$REB_6 \longrightarrow RE + 6B \qquad 或 \qquad REB_6 \longrightarrow REB_4 + 2B$$

3.3.5 稀土硫化物

稀土硫化物是一类新型功能材料，具有复杂的晶体结构和独特的光、电、磁性能，广泛应用于无机颜料、热电材料、光学材料等领域。此外，稀土硫化物在热电材料、磁性材料等领域有着广阔的应用前景。近几十年来，随着人们对稀土硫化物认识的逐渐深入，对稀土硫化物性能调控手段逐渐丰富，为此稀土硫化物的应用领域也逐步拓展至新能源，光催化，近红外反射，磁、光和电化学分析检测等领域。

3.3.5.1 稀土硫化物的制备

一般而言，稀土硫化物主要指稀土与硫元素构成的化合物，可以分为二元、三元及多元化合物，如 RES、RES_2、RE_2S_3 和 RE_3S 等。

从软硬酸碱理论来看，稀土离子 RE^{3+} 硬酸与氧原子 O^{2-} 硬碱结合力强，而与硫离子 S^{2-} 软碱结合力弱，因此稀土硫化物的制备有一定的难度。常见的稀土硫化物制备方法有直接法、还原法、机械研磨法和喷雾热解法等几种。与重金属不同，稀土盐溶液中通入 H_2S 得不到相应的硫化物沉淀，加入硫化铵得到的沉淀是氢氧化物。因此，稀土硫化物总是用干法制备。

（1）RES 的制备

① 在封闭管中将稀土与硫单质按一定比例混合，缓慢升温，然后保持在 1000℃可得到 RES。

$$RE + S \longrightarrow RES$$

这种方法制备的稀土硫化物纯度较高，但对原料要求高，反应效率低，反应条件严格，处理量较少。

② 铝还原稀土硫化物 RE_2S_3 可制备 RES。混合物加热到 1000～1200℃会产生 RE_3S_4，在真空条件下（1.33Pa）继续加热到 1500℃，可得到 RES。

$$9RE_2S_3 + 2Al \longrightarrow 6RE_3S_4 + Al_2S_3 \uparrow$$

$$3RE_3S_4 + 2Al \longrightarrow 9RES + Al_2S_3 \uparrow$$

③ 将金属氢化物与 RE_2S_3 在高温（1800～2200℃）真空下（1.33×10^{-3}～1.33×10^{-2}Pa）反应制备 RES。

$$CeH_3 + Ce_2S_3 \longrightarrow 3CeS + 3/2H_2$$

④ 熔盐电解 RE_2S_3。将 $CeCl_3$ 和 Ce_2S_3 熔于 NaCl-KCl 低共熔混合物中，在 800℃下电解首先得到 Ce，随后稀土 Ce 熔于熔盐将 Ce_2S_3 还原。

$$Ce_2S_3 \longrightarrow Ce_3S_4 \longrightarrow CeS$$

（2） RE_2S_3 的制备

① 干燥的 H_2S 气体与稀土氧化物 RE_2O_3 在石墨舟中 500℃下先得到硫氧化物，当温度升至 1250～1500℃时，可得到 RE_2S_3。

$$3H_2S + RE_2O_3 \longrightarrow RE_2S_3 + 3H_2O$$

② 真空 600℃下分解 RES_2 来制备。

$$2RES_2 \longrightarrow RE_2S_3 + S$$

③ 将干燥的 H_2S 气体通入稀土氯化物或硫酸盐中，升温至 600～1000℃制得。但此方法制备的 RES 具有较多的稀土硫氧化物杂质。

$$2RECl_3 + 3H_2S \longrightarrow RE_2S_3 + 6HCl$$

（3） RES_2 的制备

① 将 RE_2S_3 与 S 在密封管中 600℃下反应

$$RE_2S_3 + S \longrightarrow 2RES_2$$

② 用无水 $RE_2(SO_4)_3$（RE = La、Pr、Nd）与 H_2S 在 500～600℃下反应制备。产物中含有硫氧化物杂质。

（4） RE_3S_4 的制备

① 将 RE_2S_3 和 RES 在石墨坩埚内、真空及 1500～1600℃下直接反应制备。

$$RE_2S_3 + RES \longrightarrow RE_3S_4$$

② 铝还原 RE_2S_3 制备。

$$2Al + 9RE_2S_3 \longrightarrow 6RE_3S_4 + Al_2S_3$$

③ 稀土金属氢化物与 RE_2S_3 反应。

在 400℃下通入 H_2S，再在真空下升温至 2000℃可制得 Ce_3S_4。

$$CeH_3 + 4Ce_2S_3 \longrightarrow 3Ce_3S_4 + 1.5H_2$$

上述方法不能用于制备 Eu_3S_4 和 Sm_3S_4。用 EuS 与所需量的 S 在密封管内 600℃下制备 Eu_3S_4。

$$3EuS + S \longrightarrow Eu_3S_4$$

Sm_3S_4 可用 Sm_2S_3 或 SmS_2 在真空下于 1800℃热分解制得。

（5） RE_5S_7 的制备

将 YS 和 Y_2S_3（1：2）混合，并在 1600℃加热 2h 可制备 Y_5S_7。

$$YS + 2Y_2S_3 \longrightarrow Y_5S_7$$

其他的 RE_5S_7 化合物（$RE = Tb \sim Tm$）也可以用此种方法制备。

3.3.5.2 稀土硫化物的性质

稀土硫化物的性质见表 3-25。在稀土硫化物中，稀土倍半硫化物 RE_2S_3 通常存在不同的相态结构，应用也最广泛。轻稀土 RE_2S_3 存在 α、β 及 γ 三种晶态结构，α 相具有正交结构，在低温下稳定；β 相为含氧硫化物，具有四方结构，实际为 $RE_{10}S_{14}O_{1-x}S_x$（$0 \leqslant x \leqslant 1$）；γ 相具有立方缺陷 Th_3P_4 型结构，为高温相。这三种相态之间可以通过控制温度实现转变。重稀土 RE_2S_3 则有 δ（单斜晶系）、ε（菱形晶系）、τ（立方晶系）等多种晶相结构，高温高压等条件下也可使稀土硫化物发生相变。

表 3-25 稀土硫化物的性质

元素	RES				RE_2S_3						RES_2		
	晶系	晶格常数	密度 /(g/cm³)	熔点 /℃	晶系	晶格常数		密度 /(g/cm³)	熔点 /℃	晶系	晶格常数		密度 /(g/cm³)
		a/nm				a/nm	b/nm				a/nm	c/nm	
La	立方	0.5854	5.86	2327	斜方	0.7584	0.4144	5.00	2127	四方	0.4147	0.8176	4.90
Ce	立方	0.5790	5.98	2450	斜方	0.7513	0.4091	5.18	2060	立方	0.812		5.07
Pr	立方	0.5747	6.08	2227	斜方	0.7472	0.4058	3.19	1795	立方	0.808		5.16
Nd	立方	0.5690	6.36	2140	斜方	0.7442	0.4029	5.52	2207	四方	0.4022	0.8031	5.34
Sm	立方	0.5970	6.01		斜方	0.7382	0.3974	5.59	1780	立方	0.790		5.66
Eu	立方	0.5968	5.75		立方①	0.8415		6.02		六方	0.786	0.803	
Gd	立方	0.5566	7.26	2027	斜方	0.7382	0.3932	6.19	1887	六方	0.783	0.796	5.98
Tb	立方	0.5517			斜方	0.7303	0.3901	6.28					
Dy	立方	0.5490		1977	斜方	0.7279	0.3878	5.97	1490	四方	0.769	0.785	6.48
Ho	立方	0.5457			斜方②	0.175	0.1015	6.06					
Er	立方	0.5424	7.10		斜方②	0.1733	0.1007	6.21	1730				
Tm	立方	0.5412			立方	0.1051							
Yb	立方	0.5696	6.74		立方	0.1247		6.04					
Lu	立方	0.5350			立方③	0.6722		7.30					
Y	立方	0.5496	4.92		单斜②	0.1752	0.1017		1600	六方		0.789	

① 为 γ 型。

② 为 δ 型。

③ 为 ε 型。

稀土硫化物不溶于水，在干燥空气中稳定（不与 N_2 和 CO_2 反应），但在室温下潮湿的空气中能部分水解，并放出硫化氢。稀土硫化物易与酸反应放出硫化氢并生成相应的盐。稀土硫化物在空气中加热到 $200 \sim 300℃$ 时，开始氧化为碱式硫酸盐。例如，Ce、Pr、Nd 的硫化物、硫氧化物均可氧化为碱式硫酸盐。

稀土硫化物的熔点比较高，耐热性和化学稳定性都比较好，可用作冶炼难熔金属的坩埚材料。Sm 的硫化物都具有热电性，是很有前途的半导体材料。RE_2S_3 有较高的蒸气压，在高温时分解。例如，Sm_2S_3 在 $1800℃$ 下分解为 Sm_3S_4 和 S，Y_2S_3 在 $1700℃$ 下分解为 Y_5S_7。

3.3.6 稀土氢化物

很早以前，人们就发现氢可溶解在金属和钢中，可造成应力腐蚀和氢脆。后来，有研究发现某些金属和合金与氢能生成氢化物，一经加热又放出氢。利用这种吸氢、析氢化学反应的可逆性现象，可进行能量的相互转换。储氢合金后来发展成为一种新材料，用于清洁、无污染、简便、安全地储存氢和运输氢。随着氢能产业的迅猛发展，具有高安全性能的储氢材料迎来巨大的发展，其中稀土金属及其合金能大量吸收氢气生成氢化物，在储氢材料中占有重要地位。

目前研究较多的储氢材料为氢与某些过渡族金属、合金及金属间化合物形成的氢化物。由于其特殊的晶体结构等，氢原子比较容易进入金属晶格的四面体或八面体间隙位中，随后其内部的电子与金属晶体中的离子、电子以一种特殊的作用力结合在一起形成金属氢化物。这种作用力比一般的价键弱，加热或减压时氢就能从金属中放出。实验证明，单独使用一种金属氢化物，往往因为生成热较大，氢的解离压低，储氢不理想。实用的储氢材料是由氢化物生成热为正的吸热性金属（如 Fe、Ni、Cu、Cr、Mo 等）和氢化物生成热为负的放热性金属（如 Ti、Zr、Ce、Ta、V 等）组成的多元金属间化合物。储氢合金是两种特定金属的合金，其中一种金属可以大量吸氢形成稳定的氢化物；另一种金属与氢的亲和力小，但氢很容易在其中移动。周期表中 ⅡA～ⅤA 的元素和 ⅢB～ⅤB 族的过渡元素，如 Mg、Ca、Sc、Y、Ti、Zr、V、Nb、Ln 等与氢生成的金属化合物，其生成热较大，称为强键合氢化物。这些元素称为氢稳定因素。除 Pd 外的 ⅥB～ⅧB 族过渡金属，如 Fe、Co、Ni、Cr，以及 Ⅷ族 Cu、Zn 等元素，难以生成氢化物，称为氢不稳定因素，它们与氢结合的氢化物属弱键合氢化物。强键合氢化物控制着储氢量，弱键合氢化物控制着吸放氢的可逆性，两者合理配置，可调节合金的吸放氢性能。要使储氢合金能够可逆地吸收氢，一般至少有一种与氢有强亲和力的元素，同时至少有一种与氢亲和力较弱的元素，才能组成较理想的储氢材料，如含稀土的氢化物 $LaNi_5$。

3.3.6.1 稀土氢化物的制备

稀土吸收氢气后的产物经 X 射线物相分析，均证明生成了氢化物 REH_2。因此，稀土氢化物可由稀土金属与 H_2 直接反应来制备，反应式为：

$$RE + H_2 \longrightarrow REH_2$$

但大多数稀土金属还可生成 REH_3 及非整比氢化物，存在范围见表 3-26。稀土氢化物按其结构可分为三类。第一类是 La、Ce、Pr、Nd 的氢化物，其 REH_2 具有面心立方结构（CaF_2 型），可与 REH_3 生成连续固溶体。第二类是 Y、Sm、Gd～Tm 和 Lu 的氢化物，其 REH_2 具有 CaF_2 型结构，REH_3 具有立方晶系结构。第三类是 Eu 和 Yb 的氢化物 REH_2，具有正交结构，类似于碱土金属氢化物。

稀土金属与氢的作用可用压力-组成等温线来表示（图 3-9）。AB 段为氢在金属中溶解，溶解度随氢压的增大而增大。在 B 点开始生成氢化物，BC 平台为金属与氢化物共存区域，压力保持恒定不变，此压力称为温度 T 时的平衡压力。在 C 点完全转化为 REH_2。当氢气压强继续上升时，则氢在 REH_2 中发生溶解作用（CD 段），到 D 点生成 REH_3。DE 段则是 REH_2 与 REH_3 共存区，到 E 点时完全生成 REH_3。镱第一步也生成 YbH_2，当氢压继续增大，将生成比较稳定的新相 $YbH_{2.55}$，此时 Yb 的价态介于 2～3 之间。

表 3-26　稀土氢化物类型

第一类 CaF_2 型	第二类		第三类 正交型
	CaF_2 型	六方型	
LaH 1.95～3.0	YH 1.90～2.23	YH 2.77～3.0	EuH 1.86～2.0
CeH 1.85～3.0	SmH 1.92～2.55	SmH 2.59～3.0	YbH 1.80～2.0
PrH 1.9～3.0	GdH 1.8～2.3	GdH 2.85～3.0	
NdH 1.9～3.0	TbH 1.9～2.15	TbH 2.81～3.0	
	DyH 1.95～2.08	DyH 2.86～3.0	
	HoH 1.95～2.24	HoH 2.95～3.0	
	ErH 1.86～2.13	ErH 2.95～3.0	
	TmH 1.99～2.41	TmH 2.76～3.0	
	LuH 1.85～2.23	LuH 2.78～3.0	

3.3.6.2　稀土氢化物的性质

稀土氢化物是一种脆性固体，比相应的稀土金属轻，加热到 900～1000℃时氢化物分解。在真空下加热到 1000℃可以制得很纯的稀土金属粉末。

（1）稀土氢化物的导电性

稀土氢化物除 YbH_2 和 EuH_2 外，都是金属导体，某些情况下非整比氢化物，如缺氢的 REH_2（$REH_{1.8～1.9}$）导电性能甚至比纯金属的导电性还要好。氢化物的电阻小于金属电阻，说明稀土二氢化物并不是真正的二价，而是以 $RE^{3+}(e^-)(H^-)_2$ 的形式存在。YbH_2 和 EuH_2 类似于碱土金属氢化物，是半导体或绝缘体。YbH_2 在室温时的电阻为 $10^7 \Omega \cdot cm$，

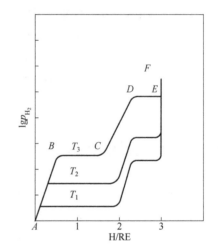

图 3-9　稀土金属-氢作用体系压力组成图

随着温度的升高电阻不断减小，如在 1500℃时，电阻降为 $2.5 \times 10^4 \Omega \cdot cm$，表现出半导体的性质。稀土氢化物在接近 REH_3 组成时由金属导体变为半导体，在 H/RE（原子比）大于 2.8 以后，表现出典型的半导体行为。

（2）稀土氢化物磁性

轻稀土氢化物（Ce～Sm）的磁性与稀土金属基本相同，重稀土氢化物的磁性比稀土金属的磁性低。La 由于没有 4f 电子，因此 LaH_2 的抗磁性较稀土金属略有下降。大多数稀土氢化物都是反铁磁性，NdH_2 具有铁磁性。Eu 和 Yb 的二氢化物有明显的不同，它们具有+2 价的稳定价态，如 EuH_2 的磁矩（$7.0\mu_B$）接近于 Eu^{2+} 的磁矩（$7.94\mu_B$），而与 Eu^{3+} 相差较大。EuH_2 在低温下（25K）时为铁磁性物质，YbH_2 是反磁性物质。

（3）稀土氢化物化学性质

稀土氢化物 REH_2 和 REH_3 能与水反应，生成相应的氢氧化物，并放出氢气。

$$REH_2 + 3H_2O \longrightarrow RE(OH)_3 + 5/2H_2\uparrow$$

$$REH_3 + 3H_2O \longrightarrow RE(OH)_3 + 3H_2\uparrow \quad (RE \neq Eu、Yb)$$

此外，氢化物均能迅速与酸反应，生成相应的盐。它们在受热时均能分解成氢气和相应的金属。

3.3.6.3 稀土合金氢化物

稀土与过渡金属或碱金属生成金属间化合物，它们也能与氢生成氢化物而具有吸氢能力。

稀土与 Fe、Co、Ni 形成 REM_5 型化合物具有六方 CaCu 型结构，并能生成正交系的氢化物。其中，研究最多的是 $La-Ni_5$ 体系的化合物（发现不小于六个），小于 50% 原子 La 时有两个相。它们都有吸氢性能，$LaNi_5$ 是较优良的吸氢材料。

EuH_2 和金属 Ru 在 800℃、$1.01 \times 10^5 Pa$ 下生成 Eu_2RuH_6。该化合物的电阻表明具有半导体的性质。Yb_2RuH_6 的化合物已合成得到，与 Eu_2RuH_6 有相似的结构和性质。

3.3.6.4 稀土与锂、镁合金的氢化物

LiH 与 EuH_2 在氢气气氛下反应生成 $LiEuH_3$。在 760℃时熔化，还可能生成 $LiEu_2H_5$。

La、Ce、Pr、Nd 与 Mg 的合金都能吸收大量的氢气，La_2Mg_{17} 的氢化物组成为 $La_2Mg_{17}H_{12}$。

现在金属氢化物作为储氢材料已有广泛研究。$LaNi_5$ 是常用的储氢材料，储氢能力大于 $190\sim200cm^3/g\ LaNi_5$，$LaNi_5$ 为铁灰色，在空气中因氧化而自燃。$LaNi_5$ 吸氢、放氢迅速，可反复使用。

3.4 稀土金属及合金

稀土金属不仅是研究稀土本征性质的基础，也因其具有的特殊物理及化学性能成为制取储氢材料、永磁材料、磁致伸缩材料的重要原料，广泛用于制备新型稀土金属间化合物，还可以在钢铁、有色金属中作为除杂剂、变质细化剂、微合金剂和各种添加剂。

稀土金属活性很强，在通常条件下难以用一般的方法从其化合物中提炼出来。在工业生产上，主要采用熔盐电解或热还原等方法由稀土氯化物、氟化物和氧化物来制取稀土金属。熔盐电解生产规模大、不用还原剂、可连续生产及经济方便等特点，是制取熔点低的混合稀土金属及镧、铈、镨、钕等单一稀土金属和稀土合金的主要工业方法。熔盐电解制取稀土金属和合金可在氯化物或氟化物-氧化物等两种不同的体系中进行，前者熔点低、经济、操作易行；后者电解质成分稳定，不易吸水潮解，电解技术指标较高，已逐渐取代前者，在工业中可广泛应用。

对于熔点高的稀土金属，则采用稀土火法冶炼技术（如热还原-蒸馏法）生产。该法生产规模小，间断操作，成本高，但多次蒸馏可获得高纯产品。根据还原剂种类的不同，可分为钙热还原、锂热还原、镧（铈）热还原、硅热还原和碳热还原等方法。

3.4.1 稀土金属单质

3.4.1.1 稀土金属的性质

（1）稀土金属的物理性质

稀土金属大都具有银白或银灰色的金属光泽，只有镨和钕为淡黄色，是典型的稀土金属元素。

稀土金属硬度不大，镧和铈的硬度与锡相似，但会随着原子序数的增加而变硬。与其他金属一样，稀土金属具有良好的延展性，并随着原子序数增大而增加。其中，以铈、钐和镱的延展性最好，如铈可以拉成金属丝，也可以压成金属箔，但杂质会大大减小其延展性。

如表 3-27 所示，稀土金属密度也会随着原子序数增大而增加，在 Eu 和 Yb 处出现两个峰值（低值）。Sc 和 Y 的相对密度为 2.989 和 4.469，其余镧系金属为 6~10，且随着原子序数的增加而变大。

表 3-27　稀土金属某些物理性质

金属	密度/(g/cm³)	熔点/℃	比热容/[J/(mol·K)]	熔化热/(kJ/mol)	升华热/(kJ/mol)	剪切模量/GPa	杨氏模量/GPa
Sc	2.989	1541	25.5	14.1	380.7±4.2	31.3	79.4
Y	4.469	1522	26.5	11.4	416.7±5.0	25.8	64.8
La	6.146	918	27.1	6.20	430.9±2.0	14.9	38.0
Ce	6.770	798	26.9	5.46	466.9	12.0	30.0
Pr	6.773	931	27.4	6.89	372.7	13.5	32.6
Nd	7.008	1021	27.4	7.14	370.6±4.2	14.5	38.0
Pm	7.264	1042	约 27.3	约 7.7	267.8	16.6	42.2
Sm	7.520	1074	29.5	8.62	206.3±2.9	12.7	34.1
Eu	5.244	822	27.7	9.21	177.8±2.5	5.9	15.2
Gd	7.901	1313	37.1	10.0	400.6±2.1	22.3	56.2
Tb	8.230	1365	28.9	10.79	393.1	22.9	57.5
Dy	8.551	1412	27.7	11.06	297.9±1.4	25.4	63.2
Ho	8.795	1474	27.2	17.0	299.9±12.1	26.7	67.1
Er	9.066	1529	28.1	19.9	311.7±31.8	29.6	73.4
Tm	9.321	1545	27.0	16.8	293.9±3.3	30.4	75.5
Yb	6.966	819	26.7	7.66	159.8±7.9	7.0	17.9
Lu	9.841	1663	26.8	22	427.4	33.8	84.4

稀土金属的熔点很高，同样会随着原子序数的增加而升高。两个半径比较大的稀土金属 Eu 和 Yb 的熔点特别低，这是由于它们原子的电子构型分别处于 4f" 的半满和全满状态，致使原子核对 6s 电子的吸引力减小。铕和镱金属的这种熔点降低的反常现象也属于"双峰效应"。除金属镧之外，稀土的熔点从铈到镥大概增加了 108%，其中钇的熔点（1522℃）接近于钇副族元素熔点的中间值，铒的熔点为 1529℃，钪的熔点为 1541℃。

稀土金属的导电性并不好，彼此之间的导电性能有较大差异，其中镧和镱较好，钆和铽最差。以金属汞的导电性为 1 作比较，镧为 1.6 倍，铈为 1.2 倍，铜为 56.9 倍。镧在热力学温度 47K 时出现超导电性。随着温度的上升，轻稀土金属导电性能逐渐下降，重稀土金属略有增加。大多数稀土化合物具有离子键，导电性良好，可用电解法制备稀土金属。

稀土金属具有很大的顺磁化率、磁饱和强度、磁各向异性、磁致伸缩、磁光旋转和磁熵效应。稀土金属及其化合物的磁性取决于镧系元素的 5d 及 4f 电子（钪 3d 电子及钇 4d 电子）。大多数三价稀土离子和 Eu^{2+}、Sm^{2+} 在 4f 轨道上存在未成对的电子，显示出顺磁性；而 Sc^{3+}、Y^{3+}、La^{3+} 和 Lu^{3+} 没有未成对电子，表现出抗磁性；钆、铽、镝、铒、铥均为铁磁性物质。

（2）稀土金属的化学性质

稀土金属是典型的活泼金属，活泼性仅次于碱金属和碱土金属，强于铝，与镁相似。因此稀土金属要保存在真空、惰性气体或煤油中，否则与潮湿空气接触，易被氧化而变色。稀土金属的活泼性随着原子序数的增加原子半径减小，失电子的趋势变小，由钪、钇、镧递增，镧至镥逐渐减弱，尤以镧、铈和铕最为活泼。

如表 3-28 所示，稀土金属的电负性较小，除铕和镱之外，它们的电负性值彼此相近，都为 1.17～1.27，与镁的电负性相近。铕和镱的电负性值低于 1。众所周知，电负性大的元素容易形成负离子，电负性小的元素易于形成正离子。化学活泼性最强非金属 F 和 O 具有最高的电负性 3.9 和 3.5；化学活泼性最强的金属 Cs 和 Rb 具有最低的电负性值 0.75 和 0.80。钪的电负性为 1.27，所以钪与同样成分生成的金属间化合物的热稳定性更大。

表 3-28　稀土金属的电负性

金属	电负性	金属	电负性	金属	电负性
Sc	1.27	Pm	1.20	Ho	1.21
Y	1.20	Sm	1.18	Er	1.22
La	1.17	Eu	0.97	Tm	1.22
Ce	1.21	Gd	1.20	Yb	0.99
Pr	1.19	Tb	1.21	Lu	1.22
Nd	1.19	Dy	1.21		

稀土金属的化学活泼性能强，能生成稳定的氧化物、卤化物、硫化物。在较低的温度下能与氢、碳、氮、磷及其他一些元素相互反应。这也是稀土金属在冶金工业中作为除杂、净化和各种添加剂的基础。

① 与氧作用。稀土金属在空气中不稳定，其稳定性随着原子序数增加而增大，轻稀土较重稀土金属活泼，镧是最活泼的金属，最易被氧化，镥和钪最不容易被空气氧化。稀土金属燃点很低，铈为 160℃，镨为 190℃，钕为 270℃。

稀土金属在室温下，首先在其表面上氧化，继续氧化的程度依据所生成的氧化物的结构性质不同而异。如镧和镨在空气中氧化速度较快，而钕、钐和钆的氧化速度较慢，甚至能较长时间保持金属光泽。

铈的氧化有其特殊性，即铈在氧化时形成的 Ce_2O_3 很容易再氧化成 CeO_2。所有稀土金属在高于 180～200℃下在空气中迅速地被氧化成 RE_2O_3 型氧化物，但铈生成 CeO_2，镨生成 Pr_5O_{11}（即 $Pr_2O_3 \cdot 4PrO_2$），铽生成 Tb_4O_7（即 $Tb_2O_3 \cdot 2TbO_2$）。

② 与氢作用。氢气在室温下能被稀土金属吸收，但是只有在加热至 250～300℃时才迅速发生作用生成 $REH_{2.8}$ 型（La、Ce、Pr）或 REH_2 型（GdH_2、CeH_2）的化合物，吸收氢的同时体积增大。

③ 与碳作用。在高温下稀土金属能与碳相互作用，生成 REC_2 型碳化物，碳化物在潮湿空气中不稳定，容易水解生成碳氢化合物，碳化物在金属中以固溶体形式存在。

④ 与硫作用。稀土金属能与硫蒸气相互作用生成 RE_2S_3、RE_3S_4 和 RES 型硫化物，其特点是该化合物熔点高，化学稳定性强和耐热，因此可作为耐火材料。

⑤ 与卤素作用。所有卤素在温度高于 200℃ 下均能与稀土金属发生剧烈作用，主要生成 REX_3 型的盐类，与卤素作用的能力由氟到碘递减，除生成三价卤化物外，铈还生成 REX_4 型的盐，钐和铕生成 REX_2 型的盐，稀土卤化物都具有较高的熔点和沸点。

⑥ 与金属元素作用。稀土能与铍、镁、铝、镓、铟、银、金、锌、镉、锑、铋、锡、钴、镍、铁等作用生成组成不同的金属间化合物。例如与钴生成不同组成的磁性化合物。

此外，稀土金属是被广泛应用的还原剂，它能将很多金属，如铁、钴、镍、铬、钒、铌、钽、钛、锆和硅的氧化物还原成金属。由于镧的蒸气压更低，活泼性更强，可以用镧将钐、铕、镱、铥从其氧化物中还原为金属。工业上利用活泼性更强的碱金属和碱土金属，如锂和钙作还原剂，将稀土金属从其卤化物中还原出来。

稀土金属能分解水（冷时慢，加热则快），且易溶于盐酸、硫酸和硝酸中。稀土金属由于能形成难溶的氟化物和磷酸盐的保护膜，因而难溶于氢氟酸和磷酸中。稀土金属不与碱作用。

3.4.1.2 稀土金属制备

稀土金属火法冶金工艺研究最早是在 19 世纪中叶由瑞典化学家莫桑德首次用 Na、K 还原无水氯化铈制备金属铈开始。随后，赫太克兰德和诺顿又首次以氯化物为原料用熔融盐电解法制备了金属铈和金属镧。1903 年，威尔斯巴赫发明了打火石，开创了稀土金属的第一个应用领域，推动了稀土金属生产技术的发展。1907 年，特勒巴赫在奥地利建立了世界上第一个用熔盐电解法生产混合稀土金属的工厂。20 世纪 40 年代，英国的莫罗和威廉斯开发了金属铈及合金应用于熔炼球墨铸铁，开发了稀土金属在冶金领域的新用途，推动了稀土金属火法冶金技术的新一轮发展。与此同时，斯佩丁等人用离子交换法成功分离了镧系元素，得到纯度较高的单一稀土元素，为单一稀土金属制备工艺提供了较好的原料。到了 20 世纪 80 年代后，随着稀土金属及合金在新型稀土功能材料的迅速增加和商品化，稀土火法冶金制备技术逐渐成熟。

稀土金属及合金冶炼工艺方法依原理可以分为两大类。一是根据稀土元素的电化学性质，采用熔融盐电解工艺方法，原则上可以制得全部的 17 种稀土金属。但在实际生产过程中，必须考虑能耗、原辅材料、三废量等各方面的因素。目前熔融盐电解法主要还只用于生产熔点低、沸点高的轻稀土金属和具有低共熔点的稀土合金。二是根据稀土化合物的热力学性质，采用金属热还原工艺，更适用于生产熔、沸点均较高的重稀土金属和熔、沸点较低的金属钐、铕和镱。这两种工艺在机理、工艺和设备上都非常成熟。

（1）稀土熔盐电解

熔盐电解使用的是无水稀土氯化物或氟化物，因此，制备无水稀土化合物是制备稀土金属的基本且关键的前提。

1）无水稀土氯化物的制备

三价无水氯化物吸湿性强，易溶于水，其饱和蒸气压随原子序数增大而增加，在 850℃

下会挥发。在工业或实验室中，常使用结晶水合稀土氯化物减压脱水、稀土氧化物高温氯化法和稀土精矿或熔盐高温氯化法等三种方法。

① 含水稀土氯化物真空脱水。市售稀土氯化物产品都含有不同水分子数目（6～7）的结晶水，且随着稀土元素原子序数的增大，水分子的结合强度增加。水合稀土氯化物中的结晶水可以用加热的方法除去，在加热脱水过程中，结晶水是分阶段脱去的，先逐步生成含水分子的中间水合物，最后转化成不含结晶水的无水氯化物。例如，氯化镧和氯化钕的水合物脱水过程如下：

$$LaCl_3 \cdot 7H_2O \xrightarrow{-H_2O} LaCl_3 \cdot 6H_2O \xrightarrow{-3H_2O} LaCl_3 \cdot 3H_2O \xrightarrow{-2H_2O} LaCl_3 \cdot H_2O \xrightarrow{-H_2O} LaCl_3$$

$$NdCl_3 \cdot 6H_2O \xrightarrow{-2H_2O} NdCl_3 \cdot 4H_2O \xrightarrow{-H_2O} NdCl_3 \cdot 3H_2O \xrightarrow{-H_2O}$$

$$NdCl_3 \cdot 2H_2O \xrightarrow{-H_2O} NdCl_3 \cdot H_2O \xrightarrow{-H_2O} NdCl_3$$

稀土氯化物容易发生水解，因此在大气气氛下的 $RECl_3 \cdot nH_2O$ 脱水过程中存在着生成稀土氯氧化物的反应：

$$RECl_{3(s)} + H_2O_{(g)} \longrightarrow REOCl_{(s)} + 2HCl_{(g)}$$

实验表明，此水解反应的平衡常数随温度的升高而变大，而 REOCl 的化学稳定性也随着稀土原子序数的增加而提高，因此，重稀土的水合氯化物的脱水更容易生成氯氧化物。稀土氯氧化物是高熔点化合物，是稀土金属制备过程中产生稀土金属损失和氧、氯污染的主要原因。此外，水合稀土氯化物在敞开体系脱水，还可能生成氧化物。

为了抑制脱水过程中产物发生水解，工业上通常采用在有氯化铵存在下的真空加热脱水法制备无水稀土氯化物。此时，水解产物 REOCl 被氯化铵氯化。

$$REOCl + 2NH_4Cl \longrightarrow RECl_3 + 2NH_3 \uparrow + H_2O$$

氯化铵的加入量为结晶料的 30%，混合料在 300℃下制得半脱水料，再进入脱水炉内进行真空加热脱水。产物质量与升温程序有关，各阶段的保温时间视料量和种类而定（室温→100℃→120℃→155℃→200℃几个阶段）。升温速度若太快，容易发生水解反应，脱水过程应保持真空度不低于 66.7Pa，最终脱水温度应达到 350℃，产物含 8%～10% 的 REOCl 和 5% H_2O（最佳为 2%～3% 的 REOCl 和 0.5% H_2O）。

改进的结晶稀土氯化物熔融脱水加碳氯化法可以解决传统无水稀土氯化物产品含水不溶物（为稀土氧化物或氯氧化物）高的问题。该法是将含有结晶水的稀土氯化物原料加入有碳存在的熔盐中，使结晶水瞬间脱去，采用氯气作为氯化剂，使水解产物 REOCl 被氯化成 $RECl_3$ 进入熔体。这样得到的熔盐中水不溶物可低至 3% 左右，直接送入电解槽电解制备稀土金属，相比传统工艺，电流效率可提高 10%，稀土收率提高了 6%。

② 稀土氧化物的氯化物直接氯化。如四氯化碳、四氯化碳和氯的混合物、硫的单氯化物、氯化氢、五氯化磷、氯化铵或碳存在下的氯气等氯化剂与稀土氧化物在高温下作用可高效制得无水稀土氯化物。工业上大批量生产常用氯化铵氯化法或有碳存在下的氯气高温氯化法来制备无水稀土氯化物。

氯化铵氯化法比较简单，只需要将氯化铵与稀土氧化物混合，无需专门的合成设备和控制设备。

$$RE_2O_{3(s)} + 6NH_4Cl \longrightarrow 2RECl_{3(s)} + 6NH_3\uparrow + 3H_2O\uparrow$$

$$2CeO_{2(s)} + 8NH_4Cl \longrightarrow 2CeCl_{3(s)} + 8NH_3\uparrow + 4H_2O\uparrow + Cl_2\uparrow$$

随着原子序数的变化，氯化铵与稀土氧化物会生成不同的 nNH$_4$Cl·RECl$_3$ 型的中间化合物。氯化铵与轻稀土（La→Nd）反应可生成 2NH$_4$Cl·RECl$_3$ 型的中间物：

$$RE_2O_3(s) + 10NH_4Cl \longrightarrow 2(2NH_4Cl·RECl_3) + 6NH_3\uparrow + 3H_2O\uparrow$$

此反应在 140℃ 开始发生，中间物在 395℃ 发生分解。当混合物中 NH$_4$Cl：RE$_2$O$_3$ 的比例大于 10∶1 时，得到的是完全溶于水的稀土氯化物。

氯化铵与重稀土（Dy→Lu）反应，生成 3NH$_4$Cl·RECl$_3$ 型的中间物：

$$RE_2O_3(s) + 12NH_4Cl \longrightarrow 2(3NH_4Cl·RECl_3) + 6NH_3\uparrow + 3H_2O\uparrow$$

但是氯化铵与 Sm 到 Gd 的氧化物反应时，整个反应可以分为三步进行：先生成 3NH$_4$Cl·RECl$_3$ 型的中间物，再进一步分解为 2NH$_4$Cl·RECl$_3$ 型的中间物，最后得到单一的无水稀土氯化物。

实际上，变价的稀土，如铈、镨和铽的氧化物与氯化铵反应时，产物中都含有 REOCl，得不到纯的无氧稀土氯化物。因此，在氯化铵与铈、镨和铽的氧化物反应时，需要加入能使 4 价化合物转变成 3 价化合物的还原剂。

稀土氧化物被氯化剂转化成稀土氯化物的程度可以用氯化率来表示。

氯化率（%）=（1－水不溶物煅烧后的质量/稀土氧化物质量）×100%

实践表明，在 NH$_4$Cl 用量为理论用量的 2～3 倍、反应温度为 300～350℃时，氯化物近 100%，收率达 90%以上。氯化时间、氯化温度过长和过高都会降低氯化率。氯化料装载量和氯化反应器的结构都会影响氯化率。反应体系中过量的氯化铵可以在空气/真空中或在硫化氢气流中加热脱气去除，也可以采用急速熔融的方式除掉。

为了能大批量生产高质量的无水稀土氯化物，防止稀土氯氧化物，尤其是重稀土氯氧化物的生成，人们将氯化钾和稀土氧化物混合后再与氯化铵反应，开发了一种 K$_2$RECl$_6$ 化合物的复盐工艺。这种化合物含氧量最低，易溶于水，具有不同稀土离子颜色但相同的结构。具体工艺为：RE$_2$O$_3$（La 和 Nd）：KCl：NH$_4$Cl = 1∶6∶11 的配料混合均匀后，装满到预热为 650℃的石墨坩埚中，控制氯化温度 900～1000℃，得到收率为 97%～98%的复合稀土氯化物。此种工艺的优点是氯化工程在液相中进行，大大强化了热量交换和传质的过程。

③ 稀土精矿高温加碳氯化。稀土精矿高温加碳氯化法是针对氟碳铈矿和独居石混合矿开发的大规模连续化生产无水稀土氯化物的工业方法。

在氯化炉 1000～1200℃的高温下，矿物首先发生热分解：

$$RECO_3F \longrightarrow REOF + CO_2\uparrow$$

$$3RECO_3F \longrightarrow RE_2O_3 + REF_3 + 3CO_2\uparrow$$

接着，稀土氧化物发生氯化反应：

$$RE_2O_{3(s)} + 3C_{(s)} + 3Cl_{2(g)} \longrightarrow 2RECl_{3(l)} + 3CO\uparrow$$

$$2CeO_{2(s)} + 4C_{(s)} + 3Cl_{2(g)} \longrightarrow 2CeCl_{3(l)} + 4CO\uparrow$$

如果原料中存在独居石（磷酸稀土），则发生如下反应：

$$REPO_{4(s)} + 3C_{(s)} + 3Cl_{2(g)} \longrightarrow RECl_{3(l)} + POCl_3 \uparrow + 3CO \uparrow$$

$$Th_3(PO_4)_{4(s)} + 12C_{(s)} + 12Cl_{2(g)} \longrightarrow 3ThCl_4 + 4POCl_3 \uparrow + 12CO \uparrow$$

精矿中含有 SiO_2 时，稀土氟化物和萤石会发生脱氟反应：

$$4REF_{3(s)} + 3SiO_{2(s)} \longrightarrow 2RE_2O_{3(s)} + 3SiF_4 \uparrow$$

$$2CaF_{2(s)} + SiO_{2(s)} \longrightarrow 2CaO_{(s)} + SiF_4 \uparrow$$

当有碳存在时，高温氯化过程中，其他氧化物成分也会与氯气作用，发生下列反应：

$$MO_{(s)} + C_{(s)} + Cl_{2(g)} \longrightarrow MCl_{2(l)} + CO \uparrow \quad (M=Ca、Mg、Ba)$$

$$M_2O_{3(s)} + 3C_{(s)} + 3Cl_{2(g)} \longrightarrow 2MCl_{3(l)} + 3CO \uparrow \quad (M = Fe、Al)$$

$$2FeO_{(s)} + 2C_{(s)} + 3Cl_{2(g)} \longrightarrow 2FeCl_{3(l)} + 2CO \uparrow$$

$$SiO_2 + 2C_{(s)} + 2Cl_{2(g)} \longrightarrow SiCl_4 \uparrow + 2CO \uparrow$$

$$P_2O_{5(l)} + 3C_{(s)} + 3Cl_{2(g)} \longrightarrow 2POCl_3 \uparrow + 3CO \uparrow$$

$$P_2O_{5(l)} + 5C_{(s)} \longrightarrow 2P \uparrow + 5CO \uparrow$$

$$1/2TiO_{2(s)} + C_{(s)} + Cl_{2(g)} \longrightarrow 1/2TiCl_4 \uparrow + CO \uparrow$$

$$1/5(Nb,Ta)_2O_{5(s)} + C_{(s)} + Cl_{2(g)} \longrightarrow 2/5(Nb,Ta)Cl_5 \uparrow + CO \uparrow$$

氯化反应后得到两种形态的氯化产物，其中沸点在 1000℃ 以上的碱金属、碱土金属和稀土金属的氯化物以熔融状态留在氯化炉内，低沸点的 Th、U、Nb、Ta、Ti、Fe、Si、P 和 C 等气态氯化物会逸出炉外。为使精矿中的铁全部转化成低沸点的 $FeCl_3$，氯气必须过量，以免生成高沸点的 $FeCl_2$ 进入熔融态的稀土氯化物内。

2）无水稀土氟化物的制备

稀土氟化物是熔盐电解及金属热还原法制备高纯重稀土金属及其合金的主要原料。稀土氟化物主要是三价化合物，钐、铕、镱有二价氟化物，铈、镨和铽还有四价氟化物。

稀土三氟化物（REF_3）是一种高熔点的固态化合物，不溶于热水和稀的无机酸，但稍溶于氢氟酸和热的盐酸。硫酸能与稀土三氟化物反应，转化为稀土硫酸盐，同时放出 HF。稀土三氟化物在室温下为斜方晶系，高温下为六方晶系。用氢、钙还原钐、铕和镱三氟化物时，会生成具有萤石结构且在空气中稳定的黄色二氟化物。在室温下，用氟处理相应的氯化物，可以得到四价铈和铽的氟化物；用液态 HF 处理 Na_2PrF_6 能获得 PrF_4。镧系氟化物的一些性质如表 3-29 所示。

表 3-29 镧系氟化物性质

氟化物	颜色	熔点/K	沸点/K	相变温度/K	密度/(g/cm³)	晶系	晶格常数/(10⁻¹nm)		
							a	b	c
LaF_3	白	1766	2600		5.936	六方	7.186	7.352	
CeF_3	白	1703	2600		6.157	六方	7.112	7.279	
PrF_3	绿	1668	2600		6.140	六方	7.075	7.238	
NdF_3	紫	1648	2600			六方	7.030	7.200	
PmF_3	紫红	1680	2600			六方	6.970	7.190	
SmF_3	白	1579	2600	828	6.925	斜方	6.669	7.059	4.405

氟化物	颜色	熔点/K	沸点/K	相变温度/K	密度/(g/cm³)	晶系	晶格常数/(10⁻¹nm)		
							a	b	c
EuF_3	白	1649	2550	973	7.088	斜方	6.661	7.019	4.396
GdF_3	白	1504	2550	1173		斜方	6.570	6.984	4.393
TbF_3	白	1445	2550	1223	7.236	斜方	6.513	6.949	4.384
DyF_3	浅绿	1427	2500	1303	7.465	斜方	6.460	6.906	4.376
HoF_3	棕红	1416	2500	1343	7.829	斜方	6.404	6.875	4.379
ErF_3	粉红	1413	2500	1348	7.814	斜方	6.354	6.846	4.380
TmF_3	白	1431	2500	1303	8.220	斜方	6.283	6.811	4.408
YbF_3	白	1430	2500	1258	8.168	斜方	6.216	6.786	4.434
LuF_3	白	1455	2500	1218	8.440	斜方	6.151	6.758	4.467
YF_3	白	1425	2500	1325	5.069	斜方	6.353	6.850	4.393
ScF_3	白色	1500	1800						

无水稀土氟化物的制备方法可以分为湿法氟化法和干法氟化法两大类。在生产及科研中，常采用氢氟酸沉淀-真空脱水法、氟化氢气体氟化法和氟化氢铵氟化法等三种方法制备稀土氟化物。但要得到高质量的无水氟化物，还需将上述方法得到的产品进一步提纯。

① 氢氟酸沉淀-真空脱水法。此法包含氢氟酸沉淀水合稀土氟化物和在真空中加热脱去结晶水两大步骤，具有操作简便、成本较低等优点，在当前稀土金属制备中得到广泛的应用。

在稀土氯化物或硝酸盐溶液中首先进行氢氟酸沉淀，由于沉淀出的稀土氟化物呈胶状，不易于过滤。有研究发现从稀土碳酸盐溶液中沉淀生成的稀土氟化物沉淀容易过滤和洗涤。

$$RECl_3 \cdot nH_2O + 3HF \longrightarrow REF_3 \cdot n'H_2O + (n - n')H_2O + 3HCl$$

$$RE(NO_3)_3 \cdot nH_2O + 3HF \longrightarrow REF_3 \cdot n'H_2O + (n - n')H_2O + 3HNO_3$$

$$RE(CO_3)_3 \cdot (n+3)H_2O + 6HF \longrightarrow 2REF_3 \cdot nH_2O + 6H_2O + 3CO_2\uparrow$$

对轻稀土和钇 n 为 6~8，对于重稀土 n 为 2~4；n' 为 0.3~1.0。

氢氟酸浓度一般为 40%~48%，实际消耗量为理论量的 110%~120%。当氟化物从水溶液中沉淀出来时，会吸附氯离子、硝酸根或其他杂质，成为污染稀土金属质量的来源。因此，在实际应用中，稀土氟化物沉淀需采用倾析法充分洗涤，以除去相应的杂质离子。过滤后的沉淀物在 100~150℃ 下干燥，除去吸附水后可得到只含结晶水的稀土氟化物。

在加热脱水的过程中，水合氟化物逐步失去水分子，从亚稳态变到稳定态。例如，$LaF_3 \cdot 0.5H_2O$ 的结晶水在 60~80℃ 与 80~300℃ 的两个温度区间内脱去；而 $CeF_3 \cdot 0.5H_2O$ 的结晶水在 60~80℃、80~360℃ 和 360~450℃ 三个温度区间内脱去。

实践证明，在空气中水合稀土氟化物脱水主要发生在 500℃ 以前，最终脱水温度为 500~600℃。在完全脱水过程中，同时也发生高温水解，生成稀土氟氧化物，得不到纯无水氟化物。因此，稀土氟化物需在真空中加热进行，真空度要高于 0.133Pa，脱水温度不低于 300℃。此外，将水合稀土氟化物在 600~650℃ 下氟化氢气流中脱水，可以使水合氟化物进一步氟化，产品质量比在真空中脱水更好。

② 氟化氢气体氟化法（干法氟化法）。这种方法是利用稀土氟化物直接氟化，反应过程如下：

$$RE_2O_{3(s)} + 6HF_{(g)} \longrightarrow 2REF_{3(s)} + 3H_2O\uparrow$$

此方法的最佳反应温度为 $600\sim750℃$，但操作复杂，特别是对强腐蚀性 HF 的防护和尾气处理存在较多的困难。

③ 氟化氢铵氟化法。该法也是一种干法氟化法，是用氟化氢铵作为氟化剂与稀土氧化物在 300℃下反应来制备无水稀土氟化物。

$$RE_2O_{3(s)} + 6NH_4F\cdot HF_{(g)} \longrightarrow 2REF_{3(s)} + 3H_2O\uparrow + 6NH_4F_{(s)}$$

一般是将稀土氧化物与过量 30% 的试剂纯氟化氢铵混合均匀后盛入铂舟，放入镍铬合金管中，在 300℃下进行氟化，保温 12h。氟化反应完全后，升温至 $400\sim600℃$ 后通入干燥的空气或氮气气流，除去过量的氟化氢铵蒸气、氟化铵和水蒸气。此种方法工艺过程及设备简单，易于操作，反应温度低，产物氟化率很高等。

3）氯化物熔盐电解法制取稀土金属

熔盐电解法被广泛应用于制取单一轻稀土金属（除钐外）、混合稀土和稀土合金，与热还原法相比更经济方便，可连续生产。

稀土卤化物熔盐是强电解质，在熔融状态下具有良好的导电性和离子迁移性能。在熔盐体系中放入惰性电极，并在两极间加上直流电压，将出现电化学过程。一般，在阴极上发生阳离子得电子被还原为金属原子的过程，而在阳极上发生卤素阴离子失电子被氧化为气态分子的过程。为使反应能够进行，必须在两极间加上一个最小的外电压，称为该熔盐体系的分解电压。这一电压不是一个定值，与许多因素有关。

① 稀土氯化物熔盐电解的工艺过程（图 3-10）。稀土氯化熔盐电解通常在高于稀土金属熔点 $50\sim100℃$ 的二元或三元稀土氯化物体系中进行。采用石墨阳极，不与熔体和熔融稀土

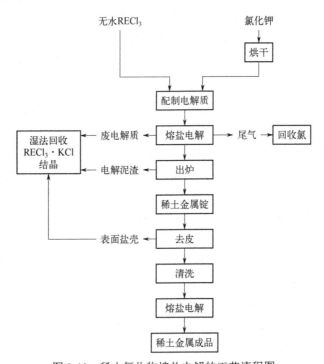

图 3-10 稀土氯化物熔盐电解的工艺流程图

金属相互作用的钨或钼为阴极，在直流电作用下，稀土阳离子和氯离子分别在阴、阳电极上放电。

研究表明，整个阴极过程大致分为三个阶段：

在比稀土金属平衡电位更正的区间，即阴极电位为$-2.6\sim-1V$，阴极电流密度为 $10^{-4}\sim10^{-2}A/cm^2$ 范围内，电位较正的阳离子放电析出：

$$2H^+ + 2e^- \longrightarrow H_2; \quad Fe^{2+} + 2e^- \longrightarrow Fe$$

某些变价稀土离子也会发生不完全放电反应：

$$Sm^{3+} + e^- \longrightarrow Sm^{2+}; \quad Eu^{3+} + e^- \longrightarrow Eu^{2+}$$

这些被还原的低价阳离子会被流动中的熔盐带入阳极区而被重新氧化，造成电能空耗。因此，电解中应尽量避免比稀土离子电位更正的阳离子以及变价元素进入电解质中，以提高产品质量和电流效率。

在接近稀土金属平衡电位的区间，阴极电位约为$-3V$，阴极电流密度为 $10^{-2}\sim10A\cdot cm^2$ 范围内（视稀土氯化物含量和温度而定），稀土离子在阴极放电，直接被还原成金属。

$$RE^{3+} + 3e^- \longrightarrow RE$$

生成的稀土金属有可能部分熔于氯化稀土发生二次反应，使电流效率降低，温度越高，二次反应越剧烈。

$$RE + 2RECl_3 \longrightarrow 3RECl_2$$

有时稀土金属还可能与KCl发生置换反应，导致电流效率降低。

$$RE + 3KCl \longrightarrow RECl_3 + 3K$$

在比稀土平衡电位更负的区间，阴极电位为$-0.3\sim3.5V$，阴极附近的稀土离子浓度逐渐变稀，电流密度处于其极限扩散电流密度值时，阴极极化电位迅速上升，当达到碱金属析出电位时，导致碱金属析出。一般正常电解下，这种情况不应出现。

在阳极过程中，Cl^-在石墨阳极上发生氧化反应。

$$Cl^- \longrightarrow [Cl] + e^-; \quad 2[Cl] \longrightarrow Cl_2$$

稀土氯化物电解的总反应为：

$$2RECl_3 \longrightarrow 2RE_{(s)} + 3Cl_2$$

除Cl^-以外，凡是析出电位比氯离子更负的阴离子，如OH^-、SO_4^{2-}等都会在阳极同时放电，生成氧、硫、氧化物和水，不利于电解过程。因此，电解质必须纯净，尽力避免多种阴离子的存在。稀土氯化物熔盐电解的工艺流程如图3-10所示。

② 影响稀土氯化物熔盐电解的因素。电流效率是电解法生产金属的重要指标之一，是衡量电解过程好坏的重要标志。稀土熔盐技术先后解决了电极和槽体材料的耐腐蚀性，但电流效率一直比较低，轻稀土混合稀土金属电解的电流效率不超过40%，这说明存在影响RE^{3+}在阴极上放电还原析出的因素，主要包括下面几个方面：

a. 稀土熔盐工艺如电解质组成、电解温度、电极电流密度等会对电流效率产生影响。

为使稀土熔盐电解高效、低耗，与稀土氯化物组成电解质的盐类必须满足如下条件：

在电解温度下，电解质的密度与稀土金属的密度差较大，以利于金属与电解质的分离；氯化物可按不同比例溶于盐的熔体中；在电解质温度下，电解的黏度要小，流动性要好，有利于阳极气体的排出及电解质组成的均匀性；电解质良好的导电性使其在熔融状态下有较小的电压降，以利于降低能耗；电解质各组元中阳离子的半径较小，以减少稀土金属在电解质中的溶解损失；电解质中没有比稀土金属更正电性的金属，以保证稀土离子优先析出。

在工业上，稀土氯化物制取混合稀土金属或单一轻稀土金属通常是采用稀土氯化物和氯化钾（常含有少量 NaCl、$CaCl_2$ 和 $BaCl_2$）的体系。如制取混合稀土金属的电解质中含 $26\% \pm 6\%$ 的 RE_2O_3；生产镧、铈、镨所用电解质中含 $24\% \pm 4\%$ 的 RE_2O_3，其余为 KCl。电解质中稀土氯化物的含量对电流效率有明显的影响。当电解质中 $RECl_3$ 浓度过低时，碱金属或碱土金属离子会与稀土离子同时放电；若 $RECl_3$ 浓度过高，则导致电解质黏度和电阻增大，稀土不易与电解质分离，稀土金属在熔盐中溶解的损失增大。同时，阳极气体从电解质中排出困难，增加了二次反应的概率，导致电流效率降低。在生产中，$RECl_3$ 在熔盐体系中质量含量控制在 $35\% \sim 48\%$ 为宜。

电解温度是影响电流效率的重要环节。电解温度过低时，电解质流动变差，黏度增大，金属液粒分散在熔体不易凝聚，容易被循环的电解质带到阳极区，被阳极气体氧化，导致电流效率降低。温度过高，稀土金属与槽内材料及气氛之间作用加剧；稀土金属在电解质中的溶解度及二次反应随温度升高而加剧；电解质的循环和对流加剧，使析出的稀土金属熔体更易带入阳极区而被氧化。这些都将显著降低电解的电流效率。

在实际生产中，每一种稀土金属和电解质组成均对应一个比较适宜的电解温度。如电解混合稀土金属，含 $RECl_3$ 为 38% 时，其适宜的电解温度为 $870℃$；电解单一稀土 La、Ce 和 Pr，$RECl_3$ 为 35% 时，其适宜的电解温度为 $930℃$、$900℃$ 和 $920℃$。

阴极及阳极电流密度会对电流效率产生一定的影响。一般而言，适当提高阴极电流密度，可加快稀土金属的析出速度，能相对减少金属溶解和二次反应造成的电流效率损失。但是阴极电流过大，也会促使其他阳离子在阴极放电析出，使电解温度升高，导致稀土金属溶解损失并加剧二次反应。在生产中，阴极电流密度与温度、$RECl_3$ 浓度和电解质循环情况都有关，一般控制在 $3 \sim 6A/cm^2$ 比较适宜。阳极电流密度一般控制在 $0.6 \sim 1A/cm^2$。如果阳极电流密度过小，则阳极面积和槽体体积必须增大；阳极电流密度太大，则阳极气体对电解质搅动越厉害，金属损失及阳极材料损失也会相应增加。

此外，电极间距离和槽型也会影响电流效应。极距过小，电解质容易将溶解的稀土金属和未完全放电的低价稀土离子循环到阳极区而被氧化；阳极气体也易循环到阴极区，使析出的稀土金属重新氧化。极距过大，会因电解质的电阻增大而使熔体局部过热。工业电解槽极距大多可调，可以根据电极形状、电流密度、电流分布及电解质的循环情况来调整（大多 $6 \sim 11cm$）。

b. 熔盐体系的特性，如熔点、黏度、电导、密度和对稀土金属的溶解性将对电流效率产生影响。

为降低电解温度，通常采用稀土氯化物与碱金属或碱土金属氯化物组成二元或三元体系，形成稳定的化合物（配合物），得到的熔盐体系远低于稀土氯化物的熔点。氯化钾几乎可以和所有的轻稀土氯化物形成稳定的配合物，氯化钠则不行。

熔盐黏度大，熔融稀土金属不易于与电解质分离，也不利于泥渣和阳极气体的排出。同时也增大了电解质循环和离子扩散的阻力，对电解时的传热、传质都有较大的影响。当加入碱金属或碱土金属氯化物时，稀土氯化物体系的黏度会降低；但电解质成分在有配合物生成的范围内，则由于配合物分子很大，黏度会增高。

提高稀土电解质的导电性能，可以提高电流密度，在其他条件不变的情况下可提高生产能力；或在相同电流密度下加大极距，而不致使电解质的电压降过大，有利于减少二次作用，提高电流效率。在稀土氯化物中添加某些碱金属和碱土金属氯化物，可以改善电解质的导电性能。但电解质体系导电性能的增加与碱金属和碱土金属的添加量并非呈简单线性关系，还视添加物与稀土金属形成配合物的情况而定。

电解质密度对电解时稀土金属与电解质和电解渣之间的分离有很大的影响，尤其是在制取稀土中间合金时直接影响阴极产品质量。将碱金属和碱土金属加入稀土氯化物中，可以降低氯化物熔盐体系密度，增大电解质与熔融金属之间的密度差；加入的碱金属和碱土金属量越多，熔盐密度降低越大。

稀土金属在其自身的氯化物熔体中溶解度比镁、锂在各自氯化物中的溶解度大 1~2 个数量级，通常 100mol 的稀土氯化物熔盐可以溶解 10~30mol 的稀土金属，对电解电流效率有严重影响。研究表明，向氯化镧熔体中添加 KCl 可以显著降低金属镧的溶解度；添加 NaCl 也有一定的效果。这是由于 KCl 与 $LaCl_3$ 可以形成堆积密度很大的化合物，从而使镧在熔体中的溶解度减小。在添加的氯盐中，主要有 KCl、NaCl、$CaCl_2$ 和 $BaCl_2$ 等，但以 KCl 效果最好。LiCl 也有优良的性质，但价格较贵，蒸气压高，易挥发损失，在应用中受到限制。NaCl 价格最低，在工业上一般用 NaCl 代替或部分代替 KCl 组成多元体系来制备稀土金属。

c. 氯化物原料质量对电流效率产生影响。例如，各种杂质元素会对电极过程产生影响，电极电位更正的金属离子 Mn^{2+}、Cu^{2+} 等会先于稀土离子在阴极析出；电极电位比 Cl^- 更负的阴离子 SO_4^{2-}、PO_4^{3-} 等会先于氯离子在阳极析出。

如表 3-30 所示，碱金属、碱土金属氯化物（除 Mg 外）的理论分解电压比稀土氧化物更高，而铀、钍特别是有色重金属氯化物的理论分解电压比稀土氧化物更低。氯化物的分解电压一般随温度升高而递减，但各氯化物分解电压的温度系数不同，某些金属在电化序上的位置也随温度的不同可能会引起变化。

为了获得高的电流效率，原料中较稀土金属析出电位更正的金属杂质越少越好。研究表明，原料中硅、铁、锰、钙的含量越高，电流效率越低。由于硅、铁、锰将先于稀土离子析出，对电流效率的影响比较明显，并且铁还存在+3~+2 价的还原-氧化-还原循环。硅在高温下会与稀土金属作用，生成高熔点化合物，沉积在阴极上不利于稀土金属凝聚。钙在电解质中积累会使电解质黏度随之增加。此外，铅也会与稀土金属形成高熔点化合物。

非金属杂质随着硫、磷、碳等含量的增加，电流效率明显下降。这可能是由于在熔盐中存在如下反应：

$$2RE + 2RE(SO_4)_3 \longrightarrow 2RE_2O_3 + 3SO_2 \uparrow$$

同时，二氧化硫又会与稀土金属生成高熔点稀土硫化物，聚集在阴极上或分散在熔体中，不利于稀土金属的析出和凝聚。磷酸根会发生类似的反应。因此，稀土氯化物中硫酸根含量

表 3-30　某些氯化物的理论分解电压　　　　　　　单位：V

金属离子	600℃	800℃	1000℃	金属离子	600℃	800℃	1000℃
Sm^{2+}	3.787	3.661	3.559	Y^{3+}	2.758	2.643	2.548
Ba^{2+}	3.728	3.568	3.412	Ho^{3+}	2.729	2.610	2.511
K^+	3.658	3.441	3.155	Er^{3+}	2.715	2.589	2.488
Sr^{2+}	3.612	3.469	3.333	Tm^{3+}	2.682	2.553	2.447
Cs^+	3.599	3.362	3.078	Yb^{3+}	2.670	2.542	2.434
Rb^+	3.595	3.314	3.001	Lu^{3+}	2.616	2.478	2.356
Li^+	3.571	3.457	3.352	Mg^{2+}	2.602	2.460	2.346
Ca^{2+}	3.462	3.323	3.208	Sc^{3+}	2.514	2.375	2.254
Na^+	3.424	3.240	3.019	Th^{4+}	2.399	2.264	2.208
La^{3+}	3.134	2.997	2.876	U^{4+}	2.078	1.974	1.953
Ce^{3+}	3.086	2.945	2.821	Mn^{2+}	1.902	1.807	1.725
Pr^{3+}	3.049	2.911	2.795	Zn^{2+}	1.552	1.476	—
Pm^{3+}	3.006	2.884	2.784	Cd^{2+}	1.331	1.193	1.002
Nd^{3+}	2.994	2.856	2.736	Pb^{2+}	1.215	1.112	1.039
Sm^{3+}	2.975	2.861	2.763	Fe^{2+}	1.207	1.118	1.050
Eu^{3+}	2.936	2.828	2.815	Co^{2+}	1.079	0.977	0.900
Gd^{3+}	2.913	2.807	2.709	Ni^{2+}	1.003	0.875	0.763
Tb^{3+}	2.858	2.758	2.657	Ag^+	0.870	0.826	0.784
Dy^{3+}	2.802	2.690	2.599				

应小于 0.03%，磷酸根含量应小于 0.01%。碳也会对电流效率产生影响。当电解质中含有 0.45% 的石墨粉时，熔盐变黑，金属产品呈分散状，电流效率下降 6%；若石墨含量增至 0.75% 则得不到稀土金属。这是因为碳与稀土金属会生成高熔点化合物，使金属难以聚集。因此在电解中应采用密致的石墨坩埚和阳极，避免在空气中长时间加热空烧，以防止石墨粉混入熔体中。

变价稀土离子 Sm^{3+}、Eu^{3+}、Nd^{3+} 等会对电极过程产生影响。这些变价离子的还原-氧化-还原循环会空耗电能，并在电解质中积累。例如，用固态惰性阴极电解 $SmCl_3$-KCl 混合熔盐，几乎得不到金属钐。因此，在工业生产上要求原料中钐的含量越少越好。钕在氯化钕中的溶解度较高，在熔盐中有多种价态。因此，在钕的熔点以上电解时，电流效率很低，其主要原因是金属钕在稀土氯化物熔盐中的溶解度大，溶解速度快，导致金属钕析出后迅速溶解为低价钕离子，循环往复，造成空耗。

此外，生产中使用的氯化物原料一般含有 5%左右的水分，而结晶稀土氯化物含有 30% 以上的水分。原料中的水会与稀土氯化物及金属作用生成 REOCl 和 RE_2O_3，以泥渣的形式覆盖在金属表面或分散在电解质中，使金属不易凝聚。同时，部分水被电解消耗电流，生成的氢和氧会分别与稀土金属或电极（石墨）反应。因此，无水氯化物的制备是熔盐电解的基础。

4）稀土氧化物-氟化物熔盐电解法制取稀土金属。稀土氯化物熔盐电解工艺虽然规模最大，最为成熟，但也存在电流效率低、产品质量不高等缺点。因此，20 世纪 60 年代起，稀土氧化物在氟化物中电解工艺研究进展迅速，并在 20 世纪 90 年代逐步取代了氯化物体系，实现了工业化生产。

稀土氧化物-氟化物熔盐电解是以稀土氧化物为原料，在氟化物熔盐中进行电解以析出稀土金属的过程。得益于稀土氧化物和氟化物的高沸点和低蒸气压，该法不仅可以用于制取混合稀土金属和镧、铈、镨、钕等单一轻稀土金属及其合金，还可用于制取部分熔点高于 1000℃ 的重稀土金属及其合金。因稀土氧化物及氟化物相对不易吸湿及水解，且稀土金属在其氟化物熔体中的溶解损失较小，该工艺制取稀土金属电流效率和收率都较高，产品质量较好。

① 稀土氧化物-氟化物熔盐电解过程。稀土氧化物-氟化物熔盐电解制取稀土金属的电极过程与铝电解的电极过程基本相似。

a. 溶解反应。稀土氧化物在熔体中呈离子状态，除变价稀土元素外，其他稀土离子均呈三价。以铈为例，它们在氟化物中的溶解反应可能存在以下三种形式。

简单解离：

$$Ce_2O_3 \longrightarrow 2Ce^{3+} + 3O^{2-}$$
$$CeO_2 \longrightarrow Ce^{4+} + 2O^{2-}$$

碳存在条件下，与碳发生化学反应：

$$2CeO_2 + C \longrightarrow 2Ce^{3+} + 3O^{2-} + CO \uparrow$$

与稀土离子氟化物发生化学反应：

$$CeO_2 + 3CeF_4 \longrightarrow 4CeF_3 + O_2 \uparrow$$

此反应促进氧化铈进入电解质中，可弥补氧化铈在氟化物熔盐中溶解度低及溶解速度慢的不足。

稀土氧化物在熔盐中分解为稀土阳离子和氧阴离子之后，在电场作用下分别向阴阳两极迁移，并在电极表面放电，发生阴极过程和阳极过程。

b. 稀土氧化物电解阳极一般是石墨，可能会发生一次化学反应和二次化学反应。

一次电化学反应为：

$$2O_2 - 4e^- \longrightarrow 2O^{2-}$$
$$O_2 + 2C \longrightarrow 2CO \uparrow$$
$$2O^{2-} + C - 4e^- \longrightarrow CO_2 \uparrow$$
$$2O^{2-} - 4e^- \longrightarrow O_2 \uparrow$$

这些反应可能会同时发生。在电解温度低于857℃或高电流密度下，阳极主要产物是CO_2，当温度高于 900℃时，CO 生成占优势。在实际生产中，石墨阳极上析出的一次性气体可能是CO_2 和 CO 的混合物。

二次电化学反应为：

$$CO_2 + C \longrightarrow 2CO \uparrow$$
$$O_2 + C \longrightarrow CO_2 \uparrow$$
$$O_2 + 2C \longrightarrow 2CO \uparrow$$

阳极生成的一次气体通过熔融的电解质从界面逸出，与石墨作用发生反应。当温度高于1010℃时，氧气与石墨反应剧烈，平衡成分中含有 99.5%的一氧化碳。

阳极气体也会与溶解在熔融电解质中的稀土金属发生下列反应，使阴极制备的稀土金属重新被氧化。

$$RE + 3/2CO_2 \longrightarrow 1/2RE_2O_3 + 3/2CO \uparrow$$

$$RE + 3/2CO \longrightarrow 1/2RE_2O_3 + 3/2C \uparrow$$

在电解槽排出的槽气中发现有少量的氟化物和氟碳化物。它们可能来自原料中的水分与熔体中的氟离子作用：

$$2F^- + H_2O \longrightarrow O^{2-} + 2HF \uparrow$$

$$3F^- + H_2O \longrightarrow OF^{3-} + 2HF \uparrow$$

当阳极表面含氧离子不足时，氟离子在阳极放电。以 CeO_2 电解为例，当氧化物在电解过程中消耗殆尽时，将导致槽压不稳、阳极上显现火花放电，熔体液面不活跃并呈血红色。此时，阳极不产生气体，阴极不析出金属，电解质熔体中出现大量的 Ce^{4+}。随着电解过程继续，Ce^{4+} 的浓度增加。推测在阳极上发生了 Ce^{3+} 的氧化反应，在阴极上发生了 Ce^{4+} 的还原反应。同时，在阳极上有 CF_4 气体产生。

$$4F^- + C - 4e^- \longrightarrow CF_4 \uparrow$$

这种阳极上生成氟碳化合物，即 CF_n 型或 COF_n 型中间化合物造成阳极钝化的现象，称为"阳极效应"。

c. 阴极过程。稀土氧化物在熔融电解质中解离出的三价正离子在电场作用下向阴极移动，并在阴极上放电析出稀土金属。

$$RE^{3+} + 3e^- \longrightarrow RE$$

在轻稀土中，Sm^{3+} 是变价离子，在一般电解情况下，它在阴极上不以金属形态析出，而是被还原成低价离子：

$$Sm^{3+} + e^- \longrightarrow Sm^{2+}$$

综上所述，稀土氧化物-氟化物体系中总反应为：

$$2RE_2O_3 + 3C \longrightarrow 4RE_{(s)} + 3CO_2$$

整个反应消耗的是稀土氧化物和阳极碳，生成稀土金属和气体产物。从动力学上来看，阳极过程控制这一电解的反应速率和途径。

该工艺以稀土氧化物为溶质，以同种稀土元素的氟化物为溶剂，同时添加氟化锂、氟化钡为辅助成分电解。氯化锂能提高电解质导电性，降低电解质温度和初晶温度，但对金属钇表现出明显的溶解效应。氟化钡能降低熔盐的熔点，抑制氟化锂的挥发，且不与稀土金属作用，起到稳定电解质的作用。一般在制取轻稀土时，采用三元体系电解质；而在制取中稀土金属时，多采用二元体系。目前工艺的主要不足是稀土氧化物在氟化物电解质中的溶解度很小，只有 2%～5%。此外，氟化物熔盐在高温下具有强腐蚀性，不能采用传统的耐火材料作电解槽，而是采用石墨坩埚。阴极材料通常采用钨或钼金属。

② 稀土氯化物与稀土氧化物-氟化物熔盐电解工艺比较。稀土氯化物熔盐电解工艺已有90 年历史，目前世界上稀土金属总量中的绝大部分都是采用此法生产。稀土氧化物-氟化物电解法首先出现在美国，但在日本实现工业化生产，具有更强的适应力及生产多种稀土金属和合金的能力。两种工艺比较列于表 3-31。

表 3-31　两种稀土熔盐体系电解工艺比较

项目	稀土氯化物体系	稀土氧化物-氟化物体系
原料及其特性	氯化物易吸湿，水解	氧化物性质稳定，便于储存
溶剂及其特点	碱金属、碱土金属氯化物，便宜，腐蚀性小	REF$_3$、LiF 等，价格贵，腐蚀性强
电解槽结构及材料	耐火材料砌槽，使用寿命约 1 年	石墨槽，寿命短，对盛金属容器要求高
电解槽规模	最大 50000A	最大 24000A
操作要求及主要困难	RECl$_3$ 浓度允许波动大，氯化物性质不稳定，氧化造渣，损失多	须严格控制稀土氧化物的加料速度，氟化物性质较稳定，但回收处理比较困难
金属回收率	约 85%	>95%
电流效率	10kA 以上槽 20%～30%，800A 槽 50%～60%	正常氧化物原料 50%～90%
电能消耗	每千克产品耗电 25～35kW·h	每千克产品耗电 5.5～13kW·h
产品纯度	98%～99%	钼坩埚作金属容器，惰性气体保护下 99.8%
生产条件	废气为 Cl$_2$ 和 HCl，腐蚀强	废气为 CO、CO$_2$ 和少量氟化物

（2）热还原法制备稀土金属

利用活性较强的金属还原其他金属化合物以制取金属，在反应过程中伴随有明显的热效应，通常称为"热还原法"。还原反应可以表示为：

$$MX + M' \longrightarrow M + M'X + \Delta H$$

式中，MX 为被还原金属化合物（氧化物、氯化物、氟化物）；M′为金属还原剂；ΔH 为反应热效应。

根据热力学原理，在一定温度和压力下反应进行的方向取决于反应的吉布斯自由能变化值 ΔG_T。当 $\Delta G_T < 0$ 时，反应可正向进行；ΔG_T 的负值越大，正向还原反应进行的趋势也越大。

当还原过程为吸热反应时，随着温度的升高，反应平衡常数增大，有利于反应的进行；当还原过程为放热反应时，则随着温度的升高，反应平衡常数减小，不利于反应的进行。金属热还原过程大多是放热反应，但反应的平衡常数很大，适当升高反应温度并不会影响其还原率。

稀土金属按其熔沸点不同，可以分为三组。第一组为 La、Ce、Pr、Nd 等熔点低、沸点高的金属，可采用稀土氯化物为原料进行热还原；第二组为 Sm、Eu、Yb、Tm 等熔点和沸点均较低的金属，适合采用氧化物直接还原-蒸馏法制取海绵状金属；第三组为 Gd、Tb、Dy、Ho、Er、Y 和 Lu 等熔沸点都高的金属，适合用氟化物钙热法制取。

在热还原制取稀土金属时，一般还原温度要控制在高出金属熔点 50℃为宜。选择还原剂金属须考虑三方面性质。一是热力学及物理化学性质，如以稀土氟化物为原料，还原剂金属氟化物生成的自由能负值必须大于被还原金属氟化物生成的自由能负值。此外，还原剂金属熔点要低于被还原金属的熔点，化学稳定性和流动性要好。二是还原金属必须要有较高的纯度，尤其是氧、氮和氢的含量应尽量低。因为这些杂质在还原过程中与稀土金属作用生成高熔点化物，进入渣相，增加了渣的黏度，造成稀土金属与渣分离困难，降低稀土金属的回收率。三是还原金属颗粒大小要适中，尽可能使还原金属与被还原的原料有更多、更大的接触面，以提高较好的还原扩散条件。工业生产中对稀土氯化物和氟化物比较适宜的还原剂是锂和钙。钠也可以较好地还原稀土氯化物，但还原产物的熔点较高，钠的沸点低，存在许多的困难。镁、铝与稀土金属易形成合金，还原产物不是纯金属。

稀土卤化物热还原法不适于制取 Sm、Eu、Dy 等变价明显的金属。因为用锂、钙还原这些金属的卤化物，只能得到低价卤化物，而得不到金属。通常是在真空下用镧、铈还原这些金属的氧化物，利用它们在高温下有较高蒸气压的特性，制取变价稀土金属。

① 稀土氟化物钙热还原法。钙热还原稀土氟化物主要用于制取熔点较高的单一重稀土和钪，有时也用于制取少量纯镨、钕金属。在 1400～1750℃温度下，稀土氟化物钙热还原反应如下：

$$2REF_3 + 3Ca \longrightarrow 2RE + 3CaF_2$$

此高温冶炼过程需要保护性气氛，并且冶炼温度要高于金属和渣的熔点 50～100℃，使金属和渣保持熔化状态，靠密度差分层，实现金属与渣的分离。满足工艺要求的设备有真空感应炉、真空电阻炉。

为保证氟化物还原比较彻底，还原剂用量一般要大于理论用量的 10%～20%。为了获得含氧量低的金属，氟化物需先熔化或真空烧结以除去吸附气体，其含氧量应不超过 0.1%，还原剂钙也要经过蒸馏提纯。钇的还原温度为 1580℃左右，Tb、Dy、Gd 还原温度保持在 1450～1550℃即可。CaF_2 熔点较高（1418℃），蒸气压小，反应进行很快，熔渣显著轻于稀土金属，浮于金属上方，还原后保温 15min，金属和渣就能良好分离，整个还原反应易于控制。钇密度小，黏度大，金属与渣分离较差，其回收率比其他重稀土金属回收率低，大约 5%。钪密度小于渣，金属浮于熔渣上方。

在正常条件下，稀土金属钙还原回收率可达 97%～99%，炉渣冷却后很脆，易于与金属锭分开。稀土氟化物钙热还原法只能得到工业纯的稀土金属，一般纯度为 95%～98%，含钙0.1%～2%，含氧 0.03%～0.1%。因使用了较昂贵的坩埚材料，如铌、钽、钼和钨等，金属中含钽约 0.03%。金属锭在原真空炉中进行熔炼，或通过自耗熔炼，可除去杂质钙。

为了获得较高的产品质量和回收率，工艺中必须严格控制原料（如氟化物、还原剂、保护气体等）纯度、还原温度、还原剂用量和还原最终温度下的保温时间等工艺因素。

② 稀土氯化物锂热还原。氯化物锂热还原可用来制备单一重稀土金属、钇和高纯镨、钕，且制得的稀土金属质量比氟化物钙热还原更好。此工艺还原的过程是在气相中进行，还原产出的稀土金属中杂质含量较少。国外曾用高纯锂还原精制的无水氯化钇，获得核纯级别的金属钇。因此，虽然锂热还原成本更高，应用受到一定的限制，仍受到稀土冶金界的关注。

根据吉布斯自由能变化，锂在低温下（液态）便可与呈固态的稀土氯化物相互作用，其反应为：

$$RECl_3 + 3Li \longrightarrow RE + 3LiCl$$

还原反应最高温度为 1000℃，此时稀土金属为固态，而 LiCl 在 700℃时熔化，在 1400℃下沸腾，故排出还原渣后可用真空蒸馏的方法除去。

锂热或钙热还原的设备要求类似，但前者的反应器分两段加热区，还原和蒸馏过程在同一设备中进行。例如，反应中无水氯化钇放在上部的钛制反应器坩埚中，还原剂 Li 金属（纯度 99.97%）放在下部的坩埚中，反应罐抽真空至 7Pa 后开始加热，反应温度达到 1000℃后保温一定时间，使 YCl_3 蒸气与锂蒸气充分反应，还原出的钇颗粒落入下部坩埚。还原反应完成后，只需加热下部坩埚，把 LiCl 蒸发到上部坩埚。还原反应过程一般要 10h 左右。为了得到较纯的金属钇，无水 YCl₃ 用分析纯盐酸溶解，在干燥 HCl 气体中脱水并将无水 YCl₃ 真空蒸馏处理。这样得到的金属钇中杂质含量很低，纯度达到 99.91%。为避免活性很强的还原产物（海绵状稀土金属）在大气下燃烧，在卸料前需进行钝化处理。当蒸馏结束后，炉温在真空下冷却至 550～600℃，在含有水蒸气和氧的工业氩气中冷却，以钝化金属的活性表面。等其冷却后从设备中取出，经真空重熔，可制得纯度很高的稀土金属锭。

③ 还原-蒸馏法制备稀土金属。还原-蒸馏法亦称为稀土镧铈热还原法，实质是在真空条件下，利用蒸气压低的镧、铈或铈组混合金属来还原稀土氧化物，并利用这些金属具有高蒸气压的性质，将它们蒸发出来。蒸气压较高的 Sm、Eu、Yb、Tm 甚至 Dy、Ho、Er 可用此法来制备。

$$RE_2O_{3(s)} + 2La_{(l)} \longrightarrow 2RE_{(g)} \uparrow + La_2O_{3(s)}$$

$$2RE_2O_{3(s)} + 3Ce_{(l)} \longrightarrow 4RE_{(g)} \uparrow + 3CeO_{2(s)}$$

此工艺的优点是直接用稀土氧化物为原料，还原和蒸馏同步进行，同时产物的渣也是稀土氧化物，可以减少非稀土杂质的污染，便于提高稀土金属产品纯度。

还原-蒸馏法工艺的影响因素主要有蒸馏温度、时间和炉料配比。

提高反应温度能增大反应 $\Delta G^\ominus$ 的负值和稀土金属的平衡蒸气压，因而对还原反应有利。同时温度的升高对增大还原和蒸馏过程的速率有效。但温度过高时，会使冷凝温度相应提高，还原出来的稀土蒸气有可能来不及完全冷凝而影响金属的回收率。此外，温度过高还易使某些杂质元素同时被还原和蒸馏出来，导致稀土金属纯度降低。对于不同组成的炉料，反应有相应最适宜的温度。

还原过程的升温速度也将影响到金属产品的质量和其他指标。升温速度过快，还原物料吸附的气体难以除尽，产品易被气体杂质污染；金属蒸气也可能夹带氧化物进入冷凝器，使产品产生夹层，导致质量变差。升温速度过慢，会增加还原周期，使产率降低，电耗增加。

还原和蒸馏时间是影响工艺指标的重要因素之一。为保证还原反应彻底，并使生成的金属从渣中完全蒸出，必须在最高还原温度和蒸馏温度下维持足够的保温时间以获得高的金属回收率。保温时间需按料量和设备效能等因素通过实验确定，保温时间太长会增大能耗，并使产品受炉内气氛作用而降低质量。

炉料的组成，如配比、炉料粒度和成型压力对还原反应都有不同程度的影响。还原剂镧、铈适当过量是保证还原反应充分进行的重要条件。在一定的范围内，对回收率有影响，超过一定的范围，回收率恒定不变，但还原剂利用率降低，造成浪费。在工业生产上，还原剂的过量范围根据不同的设备、操作及原料质量控制在 10%～45% 之间。为有利于反应中扩散和传输过程顺利进行，炉料粒度要求较细，再予以压块增大相与相之间的接触面积，防止细料和还原剂的飞逸和流失。炉料经过压制成型，制成质松、多孔、密度低的压块进行真空还原，可以提高还原蒸馏速度，获得较高的金属回收率。但压制压力太大，形成的炉料太致密将阻碍稀土金属蒸气向外扩散从而影响金属的回收率。

④ 中间合金法制备稀土金属。重稀土金属热还原法工艺一般要求还原温度在 1450℃ 以上的高温下进行，这会加剧设备材料与稀土金属的相互作用，导致稀土金属被污染、操作更

加困难等不足。为降低还原温度，必须降低还原产物的熔点。在物料中加入一定数量熔点较低且蒸气压较高的金属物质如 Mg 和 $CaCl_2$，此时还原产物为低熔点的 RE-Mg 合金和易熔的 $CaF_2 \cdot CaCl_2$。通过这种方式不但降低了还原温度，还减小了还原渣的比重，有利于金属与渣的分离。最后，低熔点合金中的镁用真空蒸馏法除去，即可获得纯稀土金属。这种通过生成低熔点中间合金以降低过程温度的还原方法称为中间合金法，广泛应用于制备高熔点、低沸点的钇族稀土金属，如钆、钇、镝和镥等。

中间合金法是采用稀土氟化物钙热还原分两步制备稀土金属。第一步还原制备稀土中间合金，第二步通过蒸馏除去合金中的 Mg 和 Ca，反应如下：

$$2REF_3 + 3Ca \xrightarrow{950\sim1100℃} 3CaF_2 + 2RE（还原）$$

$$CaF_2 + CaCl_2 \longrightarrow CaF_2 \cdot CaCl_2（低熔点渣）$$

$$RE + Mg \longrightarrow RE \cdot Mg（中间合金）$$

在上述反应中，虽然金属镁和钙同时存在，但 Mg 与氟的化学亲和力小，不与稀土氟化物发生还原作用，只有钙才与之发生还原作用。镁主要是与稀土形成低熔点合金。在 RE-Mg 合金中，随着 Mg 的含量增加，合金熔点不断下降。例如，Y-Mg 合金中 Mg 的含量从 15% 增大到 21.5% 和 40.6% 时，合金的熔点从 1200℃ 下降到 935℃ 和 780℃。

中间合金法的优点是显著降低了钙热还原温度，相比于氟化物钙热还原制备钇族稀土金属，还原温度（1450～1700℃）下降了 500～600℃，减少了对坩埚材料的腐蚀，用钛材坩埚就可以满足工艺要求，且杂质含量更低。

（3）高纯稀土金属制备

稀土金属的纯度是指某一稀土金属的含量与稀土金属重量的比值，一般可分为稀土粗金属（90%～98%）、稀土纯金属（>99%）和高纯稀土金属（>99.99%）。工业上用金属热还原法和熔盐电解法大量制备的稀土金属中稀土含量为 95%～99%，纯度高于 99.5% 的稀土金属需经过提纯处理方可得到。这些工业纯稀土金属经特殊工艺处理除去其中的杂质得到纯度高的稀土金属（>99.9% 以上），广泛应用于镧系元素物理化学性质研究和特种功能材料制备。

单一稀土金属中的杂质可分为稀土杂质和非稀土杂质两类。随着现代稀土分离技术的发展，单一稀土金属元素的纯度就杂质而言可达到 99.9999%，采用高纯稀土氧化物为原料可使稀土杂质在制备稀土金属前除去。非稀土金属杂质主要来自生产中所有的原料（如稀土卤化物）、辅助材料（如碱金属和碱土金属卤化物）中的杂质、反应容器、电解槽等带进来的 Fe、Al、Ni、Si、O 和 N 等杂质。因此，稀土金属的提纯必须在惰性气氛或真空下进行，防止活泼稀土金属与非金属杂质作用，也需注意容器带来的污染；很难用一种方法同时除去稀土金属中的各种杂质，要综合考虑多种方法结合除杂；稀土杂质的提纯困难，应尽量使用含稀土杂质低的原料。

提纯稀土金属较好的方法有真空熔炼法、真空蒸馏法、区域精炼法、电子迁移法、电解精炼法等，为了获得满意的精炼效果，常常是多种方法联合使用。

① 真空熔炼法。稀土金属中所含的氟化物、氯化物及钙、镁等易挥发杂质可采用真空熔炼法除去。该法是在某一温度下将金属在真空中熔炼，使蒸气压高的杂质被蒸馏除去，使基体金属 Sc～Nd、Gd、Tb 和 Lu 等得以净化。

真空熔炼法通常采用真空电弧或电子束加热,对除去稀土金属中的高蒸气压杂质 Ca 和 F 等非常有效。F 的定量去除需最少加热到 1800℃,反应 30min;加热到高于熔点 200～700℃ 可使 C、O、N 显著地净化。对于蒸气压低的稀土金属,真空熔炼法是作为进一步精炼的初始方法,也是目前量大的稀土金属的提纯方法。

② 真空蒸馏法。真空蒸馏法是利用稀土金属与杂质之间在某一温度下蒸气压之间的差别,在高温真空下加热处理,使稀土金属与杂质分离来制备高纯稀土金属的方法。该法要求被提纯的金属要有足够高的蒸气压,以获得可实际应用的蒸馏或升华速率,且精炼要在低于氧化物共蒸馏或升华的温度下(1600℃)进行,主要用于重稀土金属如 Sc、Sm、Eu、Gd、Dy、Ho、Er、Tm 和 Yb 等的纯化,可去除包括部分稀土金属在内的金属杂质和间隙杂质。

真空蒸馏与被提纯的金属和杂质的沸点、蒸气压等物理性质及提纯过程中保持的总压力和温度有关。理论上,只要某一温度下基体金属与杂质的蒸气压存在区别,就可以采取蒸馏法(升华或蒸发)来提纯。采取升华或蒸发提纯稀土金属取决于该金属蒸气压与熔点的关系。若金属在熔点下蒸气压较高,则采用升华提纯(如 Sm、Eu、Yb)可以得到足够大的蒸馏速度。若金属在其熔点以上才具有较高的蒸气压(如 Dy、Er),则应采取蒸发提纯。目前根据稀土金属的不同,实际生产中采用的蒸馏温度控制在 1000～2200℃之间。

真空蒸馏提纯金属的可能性与工艺条件主要由基体金属和金属中杂质的熔点及某一温度下的蒸气压等特性来决定,并根据基体金属和杂质不同的性质来选择。如表 3-32 所示,根据稀土金属熔点、蒸气压和提纯的工艺条件,可以将稀土金属的蒸馏划分为四个组。

表 3-32　稀土金属蒸馏分类

稀土金属	熔点	沸点	蒸气压	蒸馏工艺条件
Sc、Dy、Ho、Er	1400～1540℃,较高	2560～2870℃,较低	较高	在接近金属熔点的温度下蒸馏约 1700℃
Y、Gd、Tb、Lu	1310～1660℃,较高	3200～3400℃,高	低	蒸馏温度较高,约 2000℃
Sm、Eu、Tm、Yb	820～1070℃ 较低(Tm 1545℃)	1200～1950℃,低	高	熔点以下升华提纯或在稍高于熔点下蒸馏,约 1000℃
La、Ce、Pr、Nd	800～1000℃,低	3070～3460℃,高	低	高温下蒸馏,约 2200℃冷凝物为液态

真空蒸馏法对占稀土金属中杂质总量 95%以上的间隙杂质 C、N、O、H 提炼非常成功,但也存在着精炼时间太长、产率很低、设备复杂昂贵、能耗大、原料纯度要求高等缺点。

③ 区熔精炼法。区熔精炼法是依据在金属固相和液相中的大多数杂质浓度的不同来提纯。假设 $K = c_固/c_液$ 定义为杂质分配系数。当金属棒一端微小区域熔化并使熔区沿着金属棒向另一端移动时,金属熔点降低的杂质($K<1$ 的杂质)会随着熔区向棒的另一端移动,金属熔点升高的杂质($K>1$ 的杂质),则向相反的方向移动,经过反复多次区熔,就会使杂质在金属棒两端富集。但对于 $K≈1$ 的杂质,区熔精炼效果很差。一般来说区熔精炼对去除金属杂质有效,但对"重新分布"间隙杂质 C、N、O、H 效果不佳。

区域熔炼可分为水平区熔提纯和悬浮区熔提纯两种。水平区熔提纯是金属锭料水平放在一个长槽容器中,熔区水平通过锭料,为减少容器带来的金属污染,有时采用水冷铜质容器,使金属锭料本身形成一个壳体保护被净化的金属。悬浮区熔时金属锭料垂直放置,不用容器盛装,锭料固定不动,加热时靠金属表面张力保持在一个狭窄的熔区自下而上移动通过锭料。

区域熔炼较少单独应用于稀土金属提纯。

④ 电子迁移法。固体或液体导体中的原子在直流电场的作用下发生顺序迁移，此时，稀土基质原子的移动速度比杂质原子的移动速度缓慢很多，从而使样品中的杂质发生"再分布"的方法称为电迁移法，已应用于除去稀土金属中的 C、N、O、H 杂质和部分金属杂质。在电迁移法中，间隙杂质 C、N、O、H 和过渡金属（Fe、Ni 和 Cu）总是由阴极向阳极迁移，从而使靠近阴极端的试样被纯化。

影响电迁移提纯的因素有电场强度、试棒长度、温度、电迁移率和扩散系数比值、组成梯度、气氛等。一般来说，增加电流，提高电场强度可使电迁移试棒的纯度提高，但也会使试棒温度随之升高，电迁移率增加。因此，最大电场强度受试棒所能散发的热量所限。试棒长度增加有利于电迁移提纯；真空下（1.33×10^{-10}Pa）环境污染明显降低；提纯了的试棒由于杂质分布不均匀，可能导致杂质反向朝提纯了的试棒扩散。

区域精炼和电迁移法联合应用时，可以获得稀土金属良好的提纯效果。

⑤ 电解精炼法。稀土金属的电解精炼是以 LiF 或 LiF-BaF$_2$ 或 LiCl-LiF 和稀土氟化物为熔体，粗稀土金属为阳极，纯稀土金属为阴极，通过阳极溶解，阴极沉积的电化学过程来精炼稀土金属的方法。通过控制阳极溶解电位，电活性强的稀土金属优先溶解后在阴极沉积，而电活性弱的金属杂质（Fe、W、Ta 等）不发生阳极溶解，达到去除金属杂质的效果。应尽量避免使用吸水性和腐蚀性都很强的 LiCl，其他稀土氟化物都要先经蒸馏提纯，避免电位更正的杂质离子在阴极上优先析出而污染阴极稀土金属。

3.4.2　稀土合金

稀土合金主要包含混合稀土，稀土中间合金，含稀土铝、镁、铜、锌、钛、钨、钼等有色金属合金以及稀土金属间化合物等，可塑性合金通过压力加工法可制造出块、棒、线、管和箔材。由于受稀土金属晶体结构、杂质含量的影响，稀土金属及稀土合金材料力学性质较差，一般不作为结构材料应用。

稀土金属在钢铁和有色金属中溶解度很低。稀土中间合金是混合稀土金属或单一稀土金属和有色金属铝、镁、铜等有色金属通过电解法或熔炼对掺法制成 RE-Al、RE-Mg、RE-Cu 等，含 RE 10%以上，主要在有色金属加工熔炼中用于有色金属合金化和微量元素合金化、净化剂和变质剂等，广泛应用于冶金机械制造和军事工业部门。

单一稀土金属主要应用于生产钕铁硼、钐钴永磁和超磁致伸缩等稀土合金材料，还有小部分用于制备特殊性能的功能材料。稀土金属间能发生相互作用。如果两种稀土金属在相应温度下晶体结构一致则可形成连续固溶体；如果金属晶体结构不同则只能形成有限固溶体；只有两种稀土金属才能形成金属间化合物。

3.4.2.1　稀土合金的制备

由于稀土应用领域不断开拓，稀土合金的应用也日益增多。稀土金属和合金的冶炼工艺根据原理可以分为依据稀土元素的电化学性质采用熔盐电解法及根据稀土化合物热力学性质采用金属热还原法。

其中，熔盐电解法更广泛地应用于制取多种稀土合金，如稀土铝系列合金、稀土镁合金、稀土锌合金、稀土镍合金、钕铁合金、镝铁合金等。这些合金一方面可用作制取高熔点稀土金属的中间合金，另一方面可作为添加剂加入钢铁或有色金属中，也可以作为合金直接使用。例如，钇的熔点非常高（1522℃），要制备液态钇很困难，可以先电解制取钇锌合金或者钇镁合金，然后蒸去锌或者镁得到纯钇。早在20世纪40年代国外就用液体金属钙作阴极在氟化物体系中制取金属钆，我国在50年代也开始这方面的工作，并取得了较大的进展。

以熔盐电解直接制备稀土合金，主要采取液体阴极电解法、电解共析法和固体自耗阴极电解法等三种方法。液体阴极电解法是指稀土金属在液体阴极如镁、铝、锌、镉等低熔点金属上析出，并与阴极生成易熔稀土合金。电解共析法是从溶解在电解质熔体中的稀土与合金元素的化合物中，电解共沉积稀土与合金元素的熔融金属，随后组成液体合金。固体自耗阴极电解法是指稀土合金从阴极材料上析出，并与阴极材料（预定的合金元素）生成液体合金，固体阴极则逐渐消耗。

（1）液体阴极电解法制取稀土合金

液体阴极电解最早应用于制取熔点较高的重稀土金属钇上。目前更多的是应用于直接制备稀土中间合金，如 RE-Mg、RE-Al、RE-Zn 等稀土金属合金，或在添加少量 CaF_2 和 NaF 的三元氯化物体系中电解制取含 RE 约8%的 RE-Al-Zn 耐蚀稀土合金等。

由于液态阴极熔盐电解质密度的差异，有上部液态阴极和底部液态阴极两种形式。以制取钕-镁合金为例，镁的密度小，浮于电解质表面，故称为上部液体阴极。以 $NdCl_3$-KCl-NaCl 为电解质，其中 $NdCl_3$ 含量为20%，电解温度为820℃±20℃，阴极电流密度为 $1.5A/cm^2$ 条件下电解，初期液态镁阴极浮于电解质上部，随着 Nd 的不断析出与 Mg 阴极形成合金。阴极合金的密度随着 Nd 的含量增大而增大，当其密度大于电解质密度时，合金阴极开始下沉，落入底部的合金接收器中。此时阴极导电钼棒也会下降，保持与合金的接触。不断搅拌合金，可加快钕向合金内部扩散，强化合金过程，消除合金浓度梯度，提高电流效率和钕的回收率。此法也可用于制备 Y-Mg 合金。Y^{3+} 在液态金属阴极上放电还原出金属钇，再与作为阴极的 Mg 融合生成 Y-Mg 合金。工业上采取的电解槽为同时充当阳极的石墨坩埚，电解质熔于其中。为使阴阳极隔开并防止阳极气体对析出的稀土金属及合金起氧化作用，采用由槽底支撑的氧化镁圆筒作为阴极室。由于石墨坩埚配有盖子，整个电解在密闭条件下进行，减少了阳极气体与空气的对流，还可降低电解质的挥发损失，稳定电解质的组成。液体阴极电解制取 Y-Mg 合金温度较低（760℃），表观电流效率较高，达到了60%，但由于使用了大量金属熔体作为阴极，得到的合金中钇的含量不高。

以 RECl-KCl-NaCl 为电解质（$n_{KCl} : n_{NaCl} = 1 : 1$），在阴极电流密度小于 $2.5A/cm^2$，690～750℃较低温度下电解制取稀土铝合金是典型的底部液态阴极的例子。根据电解槽的容量，加入一定数量的铝为阴极，放入槽底的合金接收器中，采用机械搅拌提高合金化速度。如不采用机械搅拌，可以向熔体中添加1%～2%的氟化物，可防止或减少造渣及阴极枝状物的生成。根据阴极铝金属的质量，确定通过的电解电量，控制合金中稀土含量为10%左右，电流效率可达80%以上，部分稀土铝合金电流效率在95%以上。稀土直收率接近于100%，总收率在90%以上，材料损耗和耗能显著降低。

（2）电解共析法制取稀土中间合金

共析出电解稀土合金是两种或两种以上金属离子在阴极上共同析出并合金化制取合金的

方法，可用于钇-镁、富钇-镁、富钕-钴、富钕-铁等合金。

以钇-铝合金为例，在含铝质量分数为9%的Y-Al二元体系中，存在熔点为970℃的Y-Al低共熔合金；而在含铝质量分数为8.7%～10.3%和8.4%～12.4%处合金的熔点为1000℃和1040℃。因此，要制取含钇量约为90%的钇-铝合金，其电解适宜的温度在1000～1040℃之间。

从YF_3-LiF系相图可知，随着LiF摩尔分数从81%下降至25%，盐系的熔点从695℃升高至1025℃。YF_3-LiF体系对氧化钇、氧化铝和金属钇都有一定的溶解度。金属钇的溶解反应随着温度的升高加速，LiF浓度较低时，金属钇的溶解损失显著降低。

在1000℃下，熔于氟化物体系的氧化钇和氧化铝其理论分解电压（2.459V和2.188V）非常接近，并比LiF和YF_3的理论分解电压（5.071V和4.375V）低很多。因此，只要控制适当的条件，Y^{3+}和Al^{3+}便能在阴极同时放电析出金属，形成Y-Al合金。

研究表明，YF_3-LiF体系中LiF含量过低会影响析出金属的收率；过高会引起钇的溶解损失迅速增大，故在工业上一般采用质量分数为80%YF_3-20% LiF来获得最高的合金收率。体系中原料Al_2O_3的含量增加也会增加合金收率。但Al_2O_3的质量分数高于17%后，合金的品位会降低；Al_2O_3的质量分数小于14%后，阴极池中Y的含量逐渐增高，导致熔融金属凝固。因此，电解原料中Al_2O_3的含量保持在14%～17%为宜。

制取合金的工艺过程如下：

将含有YF_3-LiF（80+20）的电解质在石墨坩埚中熔化，随后向坩埚内加入Y-Al低共熔合金。在电解温度（1000～1040℃）下，把相当于3%电解质的Y_2O_3-Al_2O_3粉末（含14%～17%氧化铝）加入槽内电解。电解开始后每隔1min加料一次，长时间连续电解，需适量补充电解质。控制电解温度为1025℃，阴极电流密度约为0.6A/cm^2，可获得含Y质量分数90%的Y-Al合金，收率为70%～90%。

（3）固体自耗阴极电解制取稀土中间合金

在合金组元作阴极，当阴极金属熔点过高时，就不能用液态阴极进行电解。如果稀土与阴极形成合金的熔点较低，可采用可溶性固态自耗阴极，如Fe、Co、Ni、Cr金属进行电解。稀土金属沉积在铁族金属阴极上，通过相互间原子扩散生成稀土合金。电解工作温度低于阴极金属熔点，高于稀土金属与阴极金属之间形成的低共熔物的熔点。随着阴极上形成的合金不断滴入合金池中，固体阴极逐渐消耗，剩余阴极陆续降入电解质中。此工艺要求析出的稀土金属立即与阴极合金化；阴极表面温度高于合金熔点，使合金呈液态从阴极表面滴落下来，收集在接收器中。

3.4.2.2 稀土合金类别

稀土和过渡金属（Fe、Mn、Ni、Cu、Ag）及铝、镁、镓等能形成许多合金，且在二元和多元合金中有很多金属间化合物生成。这些化合物熔点高、硬度大、热稳定性好、分布于有色合金基体或晶界，对提高合金强度、抗蠕变和抗高温等性能有重要作用。不少稀土金属间化合物，如$SmCo_5$、Ce-Co-Cu-Fe、$LaNi_5$、$La_2Mg_{15}Ni_2$等，具有特殊功能被广泛应用于高新技术中。过渡金属中只有Nb/Ta和Mo/W与稀土金属间的相互作用较小，Nb和Mo几乎不与稀土金属及其卤化物作用，因此在高温下常被用作熔盐电解的电极及稀土金属/合金的承载坩埚。

将稀土适量地加入合金中，会对材料性能和制备产生不同的增益效果：①净化作用。除去或减少金属及合金中的气体、非金属和低熔点金属杂质的有害影响。②细化晶粒、组织和变质作用。例如，使镁合金中粗大的 Mg_2Si 变为分散的细小离子，铁变为稀土铁化物而提升耐腐蚀性能；使铝中溶质硅变为稀土硅化物而提升电导率；使铸铁中片状石墨球化等。③利用稀土元素的表面活性作用，降低金属液和合金液的表面张力，改进流动性和铸造性；利用稀土在固液面的前沿富集、凝固后在表面形成复合氧化物，改善表面性能。④稀土微合金化/合金化，能够改善合金耐热、耐腐蚀和高强、耐磨等综合性能。

鉴于稀土合金的快速发展和重要的应用，下面对一些重要的稀土合金做简要的介绍。

（1）稀土发火合金

稀土发火合金是最早的稀土合金，是以铈为主的混合稀土金属配以铁 18%～22%和少量的镁 2.0%～3.0%、锌 0.5%～2.5%、铜 0.5%～2.0%组成。该材料具有发火效率高、硬度大、耐腐蚀及耐磨等特点，作为打火石的原料获得了较好的应用。

（2）稀土铝合金

稀土铝合金是工程结构材料领域中最经济适用、具有竞争力、最易加工的轻金属材料，具有品质轻、导电热性能好、耐腐蚀性能好、塑性好、易加工、易于回收利用等优点，存在很多的应用。

稀土加入铝金属中形成稀土铝合金，能够起到除气、除杂、细化、变质、微合金化、活化、强化等作用。由于稀土元素较活泼易氧化、烧损严重，且稀土熔点与铝合金的熔点差异较大，不易直接添加，故一般以中间合金的形式加入铝合金内。目前稀土铝合金主要有混熔法、电解法和铝热还原法三种。

① 混熔法是将稀土或混合稀土金属按比例加入高温铝液中，直接制得中间合金，具有设备简单便于操作、溶解速度快、合金加入方便、含量稳定等优点。缺点是稀土金属在铝液中易于局部过浓，产生夹杂，发生包晶，稀土烧损大，成本高。因此，配制稀土铝合金时，稀土含量应在共晶成分附近，并选择合适的焙烧温度。

② 电解法是制备稀土铝合金的常用方法，主要有较低温度下的液态铝阴极电解稀土氯化物和稀土氯化物或稀土盐与氧化铝一起电解共沉积等两种方法。例如，在现行工业铝电解槽中添加稀土化合物，如氧化物、碳酸盐、稀土氯氧化物等，既可制取中间合金（含稀土 6%～10%）也可制取应用合金（含稀土 0.2%～0.4%）。

稀土铝合金的电解工艺是向工业铝电解槽中添加稀土化合物的过程，即先把电解质壳面打破，盖上一层热料，然后添加一层稀土化合物，上面再覆盖一层 Al_2O_3。控制稀土含量在 0.06%～0.08%，可使 RE^{3+} 和 Al^{3+}共析出，制得含稀土 0.2%～0.4%的稀土合金。按电解槽容量严格计算分批分期向电解槽中加入稀土化合物，三天内即可达到平稳操作。稀土铝合金与电解氧化铝基本一致，但电流效率可提高 1%～2%，稀土收率达 92%以上。

③ 铝热还原法是通过选择既能降低体系熔点，改变体系的物理化学性质（如表面张力和黏度等），又能起到配位作用的溶剂，使被还原的稀土在大量液态铝的存在下立即与铝形成合金。合金化过程会释放能量供给体系，以利于还原过程进行。铝热还原法工艺简单，操作方便，生产成本低，不需额外设备和能源消耗，适用于稀土铝合金的大量生产。该法一次稀土合金化铝可达 85%以上，缺点是只能得到 60%～65%的粗合金，必须精炼才能获得应用合金。

（3）稀土镁合金

镁资源丰富，镁合金具有质轻、高比刚度、高阻尼、减压降噪、抗电磁波辐射等特性，被誉为"21世纪轻质、绿色结构材料"。稀土加入镁合金中可以提高镁合金力学性能，增强耐腐蚀及抗氧化性能，提高镁合金摩擦磨损及疲劳性能。稀土元素在镁合金中的作用主要包括净化熔体、改善合金铸造及加工性能、细晶强化、固溶强化、弥散强化等作用。

由于稀土金属与镁的密度悬殊，稀土金属熔点更高，二者难以在较低温度下直接均匀混熔而不产生成分偏析。因此，在熔炼稀土镁合金时，先要制成稀土镁中间合金，亦即稀土镁母合金中间体材料。

（4）稀土铜合金

铜及其合金具有良好的导电、导热、耐腐蚀、无磁性和微生物、藻类防腐性等特殊性能，且便于铸造，易于塑性加工和良好的可焊接性等工艺性能，是现代工业的重要原料，广泛应用于电子、航天航空、机电等领域。工业用铜含有较多的杂质（含量可达0.05%～0.8%），严重影响材料的性能。例如，O、S和Cu形成脆性化合物会降低铜的塑性，冷拉时会使铜产生毛刺，并降低铜的导电性、耐腐蚀性和焊接性能。

在铜及合金中添加稀土元素，能有效地脱气和去除杂质，改善或提高各种性能。在铜及合金中添加稀土，可细化晶粒，减少或消除柱状晶；改变杂质形态和分布；与铜生成多种金属间化合物，其常温下韧性和强度、力学性能、耐热性和高温抗氧化性有良好作用。例如，加入稀土能使铜及合金的晶粒细化界增加，电子散射概率增大，导致电阻增大导电性下降。同时，稀土的净化作用导致铜中的杂质减少，电子散射概率减少，导电性能改善。这两种起相反作用的因素同时存在，其影响随稀土加入量的变化而变化。稀土的净化作用消除了铜中的杂质，减少了原电池的数目，且在铜及合金表面形成致密的氧化层，阻止铜基体原子的扩散，提高铜及合金的腐蚀电位，缩小铜合金的结晶温度范围，从而提高了铜及合金的耐腐蚀作用。

（5）稀土金属间化合物

利用稀土金属与其他金属或同类金属之间形成金属化合相，得到各种不同用途的新型稀土合金功能材料（表3-33）。

① 永磁材料。很多稀土金属间化合物，如 $SmCo_5$、Sm_2O_7、$Nd_2F_{14}B$ 等都具有优异的磁性能的稀土永磁材料，应用于制作行波器和环形器的器件，在军事和航天航空等领域中获得重要作用。

$Nd_2F_{14}B$ 永磁体具有很强的磁感应强度和磁能积，为第四代永磁材料，主要应用于电子、计算机、医疗和高新技术领域，其中以 MRI、VCM 和各类机电/发电机三种用途为主。钐铁氮永磁体抗氧化性和耐腐蚀性、磁各向异性（15～16T）优于钕铁硼磁体，可望有良好的前景。

② 储氢合金。$RENi_5$ 型合金可应用于镍氢电池，具有能量密度高、寿命长、无记忆效应、快速充电和大电流放电等特性，广泛应用于便携式家用电器、数码相机、笔记本电脑、电动汽车电源等。

③ 超磁致伸缩材料。稀土超磁致伸缩材料相比于传统磁致伸缩材料具有磁致伸缩系数大、应力大、低电压电流驱动、耦合系数大、响应快、滞后小等特点。目前，稀土超磁致伸

缩材料（Terfenol-D 合金，$Tb_{0.3}Dy_{0.7}Fe_{1.95}$）可制成最大直径为 75～100mm，长度大于 250mm 的棒材，其超磁致伸缩系数达到$(2.0～2.4)\times10^{-3}$，广泛应用于水声换能器和电声控制器，如海军舰艇声呐探测、水下油井探测、扬声器和振动控制器等。稀土超磁致伸缩材料还用于制造智能振动时效装置、超声授能器、传感器和精密制动器等。

表 3-33　新型稀土合金功能材料

应用领域	新材料	稀土中间合金
永磁材料	$Nd_2F_{14}B$，PrFeB，(Pr,Nd)FeB，Ce-Co-Cu-Fe	NdFe，DyFe，(Nd,Dy)Fe，PrFeB，Ce-Co，Ce-Cu
磁致伸缩材料	$Tb_{0.27}Dy_{0.73}Fe_{2-x}$（$Tb_xDy_{1-x}Fe_{2-y}$）	TbFe，DyFe
磁光材料	GdCo，TbCo，TbFe，TbFeCo，GdTbFe	GdCo，GdFe，TbFe
储氢材料	$LaNi_5$	LaNi，富 LaNi
磁制冷材料	$PrNi_5$，$(ErAl_2)_{0.312}(HoAl_2)_{0.198}(Dy_{0.5}Al_2)_{0.490}$	PrNi，ErAl，HoAl，DyAl
磁蓄冷材料	$(ErDy)Ni_2$，Nd_3Ni，$Er(NiCo)_2$，GdErRh	ErNi，DyNi，NdNi，ErCo
高导电材料	Cu-RE，Al-RE，Al-Ze-RE	Al-La，Al-Ce，Cu-RE
高温合金及其涂层材料	M-CrAl-RE（M = Fe、Co、Ni；RE = Y、La）	YFe，YNi，YA-Ni，Al-Y，Al-La
耐腐蚀涂层材料	Al-RE，Zn-5Al-0.05RE，Zn-Al-0.1RE，Zn-Al-Mg-RE	RE-Al，RE-Zn，RE-Al-Zn
耐磨材料	Al-Cu-Mg-Zn-RE	Al-RE
新型结构材料 高强铝合金	Al-Zn-Mg-Cu-RE，Al-Zn-Mg-RE Al-5Fe-Ce，Al-8.7Fe-4.3Cd	Al-RE，Al-Cd
高强镁合金	Mg-Zn-Zr-Y（MB25，MB26）	MgY，富 Y-Mg
高强锂铝合金	Li-Al-Mg-Zn-Zr	LiAlRE

④ 磁光材料。在磁场作用下，物质的电磁特性（如磁导率、介电常数、磁化强度、磁畴结构、磁化方向等）会发生变化，使通向该物质的光的传输特性也发生变化，这种现象称为磁光效应。利用这类材料的磁光特性以及光、电、磁的相互作用和转换，可制成具有各种功能的光学器件，如调制器、隔离器、环行器、开关、偏转器、光信息处理机、显示器、存储器、激光陀螺偏频磁镜、磁强计、磁光传感器、印刷机等。

单纯的稀土金属并不显现磁光效应，但是将稀土元素掺入光学玻璃、化合物晶体、合金薄膜等光学材料之中，会显现稀土元素的强磁光效应。其中，稀土-铁非晶薄膜磁光材料具有磁化方向与膜面垂直，磁畴稳定，室温矫顽力大，居里温度在 100～200℃范围内，法拉第旋角大等磁光盘存储所需求的特征。国内外正积极研发用稀土-铁族金属非晶态薄膜作磁光存储介质，大力研制和生产可擦除、大容量且兼具磁记录和磁泡系统优势的磁光光盘存储系统，可用于高级录音机、光录像机、计算机和信息存档。

3.4.3　稀土钢铁添加剂

3.4.3.1　稀土钢铁添加剂的作用

在钢铁中加入稀土金属、合金或化合物，可以改善钢的凝固组织，起到脱氧、脱硫、脱氧硫、改变夹杂物形态和组织的作用，同时提高钢的抗大气及耐其他介质腐蚀作用，高温强度和抗氧化能力、塑性、韧性、抗疲劳性、抗氢致脆性等性能。根据不同的处理目的，稀土钢铁添加剂有单一稀土金属、混合稀土金属、含稀土的二元或多元铁合金、稀土化合物或含稀土化合物的混合物等。根据稀土处理钢的方法和手段的不同，稀土添加剂形状可以是块状、锭状、丝状、棒状、粉状或充填含稀土粉料的包芯线等多种形式。例如，在洁净钢中添加微量稀土，可以深度净化钢液中的低熔点有害元素如 P、Pb、As、Bi、Sb 等，通过与这些有害元素生成高熔点化合物，降低或消除低熔点元素对钢带来的有害作用，可以有效起到合金化的作用。因此，稀土在提高钢的各项特殊性能中具有独特的作用，有望作为发展高强韧钢、高品质钢的重要元素。稀土钢铁添加剂的主要作用如下：

① 净化作用。在炼钢温度（约 1873K）下，稀土能同钢液中的氧、硫等杂质反应生成稀土氧化物、硫化物或氧硫化物。这些反应的脱氧平衡常数或脱硫平衡常数低于或接近于常用的脱氧剂和脱硫剂。因此稀土钢添加剂可作为钢液的强脱氧剂和脱硫剂而起净化作用。常用的稀土钢添加剂主要为混合稀土金属或高品位（RE>27%）稀土硅铁合金，有时也使用混合还原剂的稀土氧化物。

② 变质作用。稀土与钢液中的氧、硫反应生成的氧化物、硫化物或氧硫化物可部分残留在钢液中，成为钢中的夹杂物。由于这些夹杂物的熔点高，可作为钢液凝固时的非均质成核中心，起到细化钢的凝固组织的作用；又由于这些夹杂物在轧钢温度下不易变形，仍保持细小的球形或纺锤形，使钢中的夹杂物形态得到控制，从而避免或克服钢材在热压力加工时由于其他种类夹杂物（如 MnS）延伸变形所导致的钢材性能的各向异性，而使钢材的纵向、横向与厚度方向的性能趋于一致。稀土处理钢材的这种变质作用是目前稀土钢添加剂最主要的应用内容。

③ 合金化作用。钢中可能固溶微量稀土，特别是高碳钢和合金含量较高的某些合金钢固溶稀土量较高（万分之几），可能产生某些合金化作用。这种合金化作用表现为稀土影响钢的相变过程，改变相变产物的组成与结构，从而使钢的疲劳性能和耐腐蚀性能变好，并能提高钢的显微硬度。目前以（微）合金化为目的而使用的稀土钢添加剂量所占的比例较少。为实现稀土对钢的（微）合金化作用，必须较严格地控制冶金条件。使用的稀土钢添加剂主要是单一稀土金属及其铁合金，如 Fe-Ce、Fe-Y 等，有时也使用混合稀土金属。

3.4.3.2 稀土钢铁添加剂的类型、特征和用途

随各种精炼技术的发展，稀土钢添加剂将主要采用各种形状的混合金属以及适用于喷射冶金及喂线技术用包芯线的粉状稀土合金。根据表面处理工艺的不同，在钢铁材料表面工程中使用的稀土钢添加剂有各种稀土氧化物、稀土氯化物或稀土金属及其中间合金。

目前，我国钢铁用稀土添加剂的主要特性及其用途如下：

① 稀土硅铁合金一般含轻稀土混合金属，低品位者用于配制三元以上的复合合金（RE 17%～23%、Si 44%～59%、Fe 10%～30%、Ca 1%～5%、P<0.1%），用于炼钢的脱氧剂；高品位者用作炼钢的添加剂、高强度灰口铸铁的孕育剂及配置球化剂稀土硅铁镁合金的主要原材料。富铈或富镧稀土硅铁合金中，前者是铸铁的优良孕育剂，在稀土总量中铈占 70%以上；富镧稀土硅钛合金是较好的蠕化剂，在稀土总量中含有 50%以上的镧。

② 土硅铁镁合金一般含有 6%～25%的稀土金属，7%～12%的金属镁（RE 6%～9%、Mg 7%～11%、Si 44%～50%、Fe 22%～30%、Mn、Ca、Ti 及 P<0.1%），作为球化剂用于球

墨铸铁、蠕墨铸铁的生产，促使石墨形态从片状改变为球状或蠕虫状、细化铸铁共晶团，中和铸铁中反球化元素，改善和提高铸铁的力学性能。

③ 60%以上的重稀土硅铁合金含钇类混合稀土（RE 20%～40%、Si 25%～45%、Fe 20%～30%、Ca 2%～8%）用于粗厚球铁铸件或生产长效孕育剂；能使石墨保持球化状态，提高铸铁韧性和延展性，成功应用于大断面铸铁件、稀土耐热钢等。

④ 稀土硅钙合金（RE 15%～30%、Si 46%～56%、Fe 10%～30%、Ca 7%～25%、C<0.2%、P、S 各小于 0.05%）用作钢的硫氧净化剂、低熔点金属和磷的中和变质剂及铸铁的蠕化剂。

⑤ 混合稀土金属含轻稀土 95%以上，制成丝、棒，用于连铸的喂丝，也用作特殊钢的添加剂。

至于三元以上的稀土复合合金，则是根据不同的要求，配加特种元素熔炼而成的，例如可在稀土硅镁合金中配加锌或钛，制成蠕化剂。进一步改善稀土添加剂的提取工艺，改进和开发在钢铁中应用的方法和途径，仍是合理利用我国稀土资源的一个重大课题。

3.4.3.3　稀土钢铁添加剂制备工艺

硅热还原法制备稀土硅铁合金的工艺是我国开发的一种独创性方法，是以白云鄂博矿的稀土富渣、稀土精矿渣或稀土精矿为原料，75 硅铁为还原剂，石灰为熔剂，当炉渣含氟量低时，加入萤石为辅助熔剂，在电弧炉内制备稀土硅铁合金。在 20 世纪 80 年代初，稀土硅铁合金作为稀土钢铁添加剂的产量占我国全部稀土产量的一半以上。

具体流程是用高炉获得的稀土渣，按所冶炼的稀土硅铁合金品位进行配料计算稀土渣、白灰和 75%硅铁的用量，然后将稀土渣和白灰混合装入电弧炉内熔化；当熔化量达 80%以上时，加入硅铁；待炉料全熔时，停电倾炉，向炉内溶液中通入 0.2～0.4MPa 压力的压缩气（或蒸汽），进行搅拌，以加速硅铁熔液和熔融炉渣中稀土氧化物的接触，待稀土被还原达高峰值时停止（一般 5t 炉需 3～5min）。此时继续送电升温，取样分析稀土合金成分。如品位达不到要求，再进行二次搅拌，合格时，继续送电升温 10min，使渣铁分离良好后出炉。一般每炉冶炼时间约 2h，稀土收得率为 65%～75%，要求末渣中稀土氧化物不大于 2%。根据生产实践，可以推断硅热还原法制取稀土硅铁合金的反应。在大量石灰参与反应的条件下，硅首先将石灰还原成钙，形成硅钙合金；硅钙合金再将稀土氧化物还原为稀土金属，或者硅直接将稀土氧化物还原成稀土金属。稀土金属进一步与硅合金化，以硅化物存在合金中。此过程相当复杂，但通过控制冶金工艺条件，如炉料配比、还原温度和时间等可以有效地控制合金的组成。

稀土硅铁镁合金，既可用电弧炉中出来的热稀土硅铁液在罐内压镁块或在铸锭模中冲配制成，也可在中频炉内以稀土硅铁合金冷料配加各种金属重熔而成。这种方法较安全，复合元素较多，产品成分也较均匀。

当冶炼重稀土硅铁合金时，用重稀土精矿，将球团烘干后配加石灰入电炉冶炼，用电石和 75%硅铁为还原剂，配加萤石和石英石为熔剂，以调整黏度，其他操作与轻稀土合金基本相同。

第4章
稀土产品：化学指标与物性调控
°

4.1　稀土产品的化学指标

　　稀土元素电子结构特点和 4f 电子填充的规律决定了稀土元素的两个基本特征。一是性质非常相似所导致的在自然界伴生存在，需要采用先进的分离技术并经过级联操作才能获得单一的稀土产品；除了稀土元素之间的伴生共存外，稀土与一些杂质离子之间也经常是共伴生的，在冶炼分离过程中纠缠不清，给高纯稀土的生产增添了不少烦恼。二是稀土各元素 4f 电子填充的不同所表现出来的光、电、磁、催化等功能性质的差异化和独特性，许多高端应用需要使用经过分离所获得的高纯产品才能充分体现其功能性质的优越性。

　　理论上，一种稀土元素的应用性能如何，首先必须通过对其高纯化产品的性能研究才能确定。要不然，当使用纯度不高的产品时所获得的某种优异性能，也不知道究竟是来自哪个元素的贡献。因此，稀土材料研究必须首先有能力获得高纯稀土产品，通过每一元素的应用性能研究才能掌握材料性能的影响因素，找到材料中各种元素的共存之道，最终确定稀土材料应用所需的化学纯度指标或杂质离子含量控制范围，消除生产和应用过程中的诸多不利因素。

　　稀土工业的发展首先是从稀土的提取和分离开始的，其目的是实现稀土元素之间以及和性质相近的其他元素之间的有效分离，获得单一的高纯稀土产品。以此为基础，才能研究材料的制备与性能及其受杂质元素的影响，确定产品的化学指标要求，这是稀土材料研究的最大任务。但由于镧系收缩，稀土元素之间的分离非常困难。加上矿中伴生元素铝、铀、钍、铁的广泛存在，其分离和处置难度也非常大，这给稀土工业建设者们带来诸多烦恼。

4.2　自然资源中稀土的共生与杂质纠缠

　　自然稀土资源中稀土元素之间是共同伴生的。目前还没有发现单独以某一种稀土元素为单一稀土元素的自然矿物。钪是稀土元素中性质差别最大的元素，它主要以分散元素与其他稀土矿物及其铝、钛、锆、铪、钨、钼等元素的矿物伴生的。稀土矿物最为典型的配分形式有两种：

　　一种是以轻稀土为主要配分的，其中镧、铈、镨、钕、钐占 90% 以上，称为轻稀土资源，包括氟碳铈矿、独居石等。轻稀土资源中的非稀土元素主要是钍。因此，包头稀土精矿分解提取分离稀土时，钍的分离或处置非常关键。采用低温硫酸法分解包头稀土精矿时，钍与稀土一起以硫酸盐形式进入溶液，需要在后续萃取分离过程把钍与稀土分离，获得钍产品。低温硫酸法的应用潜力非常大，但由于钍产品的市场太小，这是低温硫酸法最大的烦恼。但钍能用于发电，一旦钍的用途被开发出来，则该方法优势就会显现出来。在钍的用途没有得到突破之前，高温硫酸法的应用受到普遍欢迎。因为在高温硫酸法中，钍能与磷酸分解的焦磷酸形成难溶盐而留在渣中，不进入后续湿法冶金分离过程，这使得后续分离过程变得更为简单。采用碱法分解包头矿和独居石矿，钍始终以难溶的氢氧化物存在于渣中。只在碱转稀土优溶时控制溶液 pH 在 3.5 左右，就可以使钍仍以氢氧化物形式存在于渣中而与稀土分离，获得氯化稀土溶液。

另一类是以重稀土为主要配分的，其中钇、铽、镝、钬、铒、铥、镱、镥占80%以上，称为重稀土资源，代表性的矿是磷钇矿。重稀土元素矿物中则常常伴生有较多的铀。早期稀土元素的研究就是从提铀之后的渣中回收稀土元素开始的。磷钇矿的分解仍然是以碱法为主，但由于六价铀酰离子的水解 pH 值比四价铀和钍高。所以，采用盐酸优溶制备氯化稀土料液时，需要控制溶液的 pH 更高一些；或者需要将+6 价铀先还原到+4 价，采用类似于钍的控制 pH 值进行优溶，实现稀土与铀的分离，然后从渣中回收铀。

离子吸附型稀土资源的稀土配分类型变化大，除了上述两种基本的轻、重稀土资源外，还有介于轻、重稀土矿物之间的中钇富铕型稀土。以轻稀土为主的离子吸附型稀土资源的代表是寻乌稀土矿，以重稀土为主的离子吸附型稀土资源的代表是龙南稀土矿，中钇富铕型离子吸附型稀土资源的代表是信丰稀土矿。不同地区的稀土配分类型不同，具体取决于该矿床的成矿年代及其成矿母岩内的稀土矿物类型。信丰稀土矿是由上述两种典型配分类型的稀土矿物参与了母岩成矿过程，被分解并分散到花岗岩或火山岩或凝灰岩之中，在后续长时间的风化过程中分解溢出，以离子态形式迁移富集成矿。与前面两类资源类型不同的是风化过程中铈和铕两种可变价态元素的分异变迁。

在离子吸附型稀土资源中也伴生有钍和铀，其中钍在轻稀土资源类型中分布较多，而铀则在重稀土资源类型中伴生较多。在离子吸附型稀土中，伴生较多的非稀土元素就是铝。在离子吸附型稀土矿床中，氧化铝的含量一般都大于 10%，而且其中所含的一部分离子吸附型铝和铁锰胶体共生的铝可以被现行使用的浸取试剂所浸出。这种离子吸附型铝，在浸取剂种类和浓度相同的条件下，其浸出量与无机酸性有关，提高酸度可以使铝的浸出量大增。它也能被一般的电解质溶液浸出，与稀土一起进入浸出液中，对后续分离提纯产生影响。

与此同时，游离铝离子及其化合物也是人们普遍关注的一种污染物。由于离子吸附型稀土尾矿渗淋水的 pH 偏低，其铝离子和稀土离子含量常常超标。因此，在原地浸矿周边的水体中，不只是持久性的氨、氮、镁超标问题，还有稀土和铝含量的持续超标。因为在原地浸矿过程中，浸矿剂浓度的提高和浸矿层高度的加大，都会导致浸出液的酸度提高，产生大量的铀、钍、铁、铝、铅等杂质含量高的低浓度稀土溶液。因此，从这种稀溶液中回收稀土，必须预先除杂。但由于稀土与铝的相似性，一些稀土被共同沉淀而进入沉淀渣，降低了稀土的直接收率。若要减少稀土损失，铝与稀土就不能彻底分离，那矿产品中的铝含量就会增大。尤其是在原地浸矿工艺中浸出的铝等杂质比早先的池浸工艺更多。为此，离子型稀土产品中的氧化铝含量要求由原先的池浸时期的 0.3%以下放松到原地浸矿的 1.5%以下。即使如此，许多矿山还是满足不了这个要求，氧化铝含量甚至达到 5%以上。如图 4-1 所示，由于在萃取分离过程中铝对产品质量和萃取负载量的影响直接导致了生产效率和产品质量的下降以及环保压力的增大，故为了控制矿产品中的铝含量，需要对浸出液进行净化处理，这一过程会产生大量的含铝预沉淀渣，对环境造成影响。

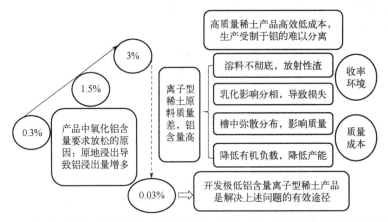

图 4-1　离子型稀土产品中氧化铝含量升高对稀土萃取分离的影响及其消除办法

4.3　稀土分离提纯的主要内容

稀土分离提取是指依靠杂质元素与稀土元素之间，尤其是稀土元素之间的性质差异，利用物理化学方法将其分离开来，获得具有一定纯度要求的化合物或金属单质的工业工程，包括从选矿、浸取分解、湿法分离、金属制备的各个技术环节。分离是利用两种或多种不同物质的物理或化学性质之间的差别，采用一定的方法或手段实现一定程度的分离。单纯依据物质的物理性质差异，如密度、颗粒大小、比磁化系数、溶解度、熔（沸）点、蒸气压等进行的分离称为物理分离。存在一个或多个化学反应，或涉及分子、离子相互作用的分离称为化学分离。实际上，化学分离也需要利用物质物理性质的差异来完成。

从理论上来说，分离的最高程度就是达到 100%的完全分离。但从分子、原子水平来看，这种分离效果是相当困难的，甚至不可能实现。通常所说的分离是指材料达到 99.9%以上的纯度，足以满足大多数化合物的应用要求。只有在半导体材料、光学晶体等对杂质非常敏感的材料中才需要超高的纯度（>99.999%）。

在实现分离提纯过程中，可以利用物质间一个方面的性质差异或物质间多个性质的差异来达到更好的分离目的。差异越大，物质分离就越容易。实现物质间的良好分离，要依赖于物质之间的性质差异、实现物质差异扩大化的手段和方法以及分离所需要的设备和能量。一种成熟的分离技术要充分考虑分离效率、分离成本和相关环境因素的变化。

稀土离子由于化学性质非常接近，采用一般的分级结晶、分步沉淀等化学方法从稀土精矿分解所得到的混合稀土产品中分离提取出高纯度单一稀土元素非常困难。这已经影响到了稀土化合物的制备及性能研究。早期的稀土应用大部分使用的是混合稀土。直到 20 世纪

50～60 年代，新的稀土分离技术和方法的出现，才使得大量获得单一高纯度稀土成为可能。而且随着稀土价格的逐渐下降，才真正促进了单一稀土的应用研究。经过几十年的发展，目前已经形成了较为系统及有效的稀土元素分离方法，包括稀土及非稀土元素之间以及稀土元素之间的分离。稀土分离最早利用的性质差异是它们的氧化态差异、离子半径或原子半径的差别所导致的物理性质［如熔（沸）点、蒸气压、溶解度等］和化学性质（水解 pH、配合物的稳定常数等）的差异。典型的显著差异性包括铈和铕的变价、铈的正四价和铕的正二价。氧化手段，可以使铈以四价出现而导致其形成难溶氢氧化物，通过固液分离来实现与其他稀土元素分离，或通过还原手段使铕以正二价存在，再利用它们与正常的三价稀土元素之间的显著性质差别来分离它们。在稀土元素分离中，目前应用最广的是稀土元素的配位能力差异以及在不同配位体系中配位能力随稀土元素原子序数的变化次序关系等性质。

4.3.1 稀土分离的基本原理

（1）利用被分离元素在两相间分配系数差异

在分离过程中，经常利用被分离元素在两相之间分配系数的差异，如固-液两相（分级结晶法、分级沉淀法和离子交换法）或液-液两相（溶液萃取法）进行分配，即利用被分离元素 A 和 B 两相之间的分配系数 D 的差别来进行分离。为了表征元素 A 和 B 自两相之间进行一次分配后的分离效果，定义 A 和 B 两元素的分配系数 D_A 和 D_B 的比值为分离因素 β。

$$\beta_{A/B} = D_A/D_B$$

当 β 为 1 时，表明 A 和 B 两元素在两相间的分配系数相同，无法分离或富集。β 值越偏离 1，分离效果越好。

由于稀土元素之间的化学性质非常近似，在两相之间只经一次分配达不到彼此分离的目的，只能起到一些富集的作用。因此，在分离过程中，除了要寻找分离因素 β 偏离 1 的体系以外，还要多次反复操作，使被分配元素在两相之间进行多次分配，才可能获得较好的分离效果。

（2）利用被分配元素价态的差异

对于可变价的稀土元素，如 Ce、Eu、Yb、Sm 等，可以利用氧化还原的方法使其由三价变成二价或四价元素，而不同价态的稀土性质将发生明显改变，导致它们在两相之间分配系数差别较大，分离因素远离 1，达到较好的分离效果。

（3）利用镧和镥的特性分离

镧和镥处于镧系元素的前后端，可根据它们的特性予以分离。镧与具有 4f 电子的其他镧系离子性质不同，又处于镧系首位，不需要考虑其左侧元素的分离；其右侧的铈容易被氧化而变为+4 价被分离除去。当铈被分离后，镧的右侧就出现一个空缺，较易与非相邻的镨分离。因此，镧在稀土中分离相对较容易。

镥处于镧系元素末端，其左侧的镱可用还原法先除去，使镥和钇之间留一个空缺，再使镥与非相邻的铥分离。由于镥具有 4f 电子，镥-铥的分离比镧-镨的分离更困难。

（4）利用钇在镧系元素中位置的变化分离钇

在分离过程中，钇在镧系元素中的位置会随着体系和条件的不同而变化，可分为五种不同的情况（图 4-2）。在分离时，选择合适的体系，先令钇处于重稀土部分或镥后面，使钇与轻稀土分离；再选择另一个体系，使钇处于轻稀土元素部分或处于镧以前，从而使钇与重稀土元素分离。也可利用相反的过程，经过二次分离而获得纯钇。

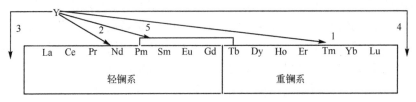

图 4-2 钇的性质与镧系元素相比的五种位置

1—位于重镧系；2—位于轻镧系；3—在镧前；4—在镥后；5—随镧系性质的转折变化

（5）利用加入隔离元素

有时为了分离两个相邻的元素 A 和 B，在分离体系中加入一个性质介于 A 和 B 的另一个非稀土元素 C（隔离元素），经分离后从 A-C-B 中获得 A-C 和 C-B 两部分。再将易于除去的 C 从 A-C 和 C-B 中分离，即可达到分离 A 和 B 的目的。例如，利用硝酸镁复盐分级结晶法分离 Sm-Eu 时，可加入 Bi 作为隔离元素。此法目前应用很少。

国内众多高校和科研机构在稀土分离提纯方面开展了大量研究，并与企业开展了广泛的合作，在稀土串级萃取理论、萃取剂合成及萃取工艺、计算机模拟和自动化控制等领域取得了系列国际前沿的成果，并促进了我国稀土产业的迅速发展。目前，稀土元素的分离方法主要有分级结晶法、分级沉淀法、选择性氧化还原法、离子交换法和萃取法等。与此同时，一些各具特色的新颖分离过程和技术，如膜分离、泡沫分离、超临界流体萃取等也开始引起大家的关注，并与传统分离技术耦合，得到快速发展。

4.3.2 稀土地质矿山

（1）包头富铈轻稀土混合（独居石+氟碳铈）矿

在新中国成立之初，以何作霖教授和苏联索科洛夫教授领队的科研团队对白云鄂博矿床稀土-铌-铁矿床的稀土矿物学进行了研究。通过对白云鄂博矿床、矿物、岩石、同位素、地球化学等内容的研究，取得了重大进展，为白云鄂博矿的地、采、选工作的开展提供了基础。从 20 世纪 60 年代起，有众多的研究成果和书籍问世，如 1974 年出版了《内蒙古白云鄂博矿床的物质成分、地球化学及成矿规律的研究》。1978 年开始，在对矿物、岩石、矿石进行研究的同时还开展了同位素地质学研究和主矿、东矿开采边坡稳定工作地质研究，并于 1988 年出版了《白云鄂博矿床地球化学》一书。该书详细讨论了矿床中的稀有元素矿物学和地球化学，提出了矿床形成的多源、多次、多成因的地球化学模式，并介绍了稳定同位素和包裹体等方面的内容。科学出版社在 1995 年出版了《中国稀土地质矿物学》、1998 年出版了《中国稀土矿物学》等专著。这些专著全面描述了中国产出的 120 余种稀土矿物和 70 余种铌钽矿物，还特别阐述了白云鄂博火成碳酸岩成因的矿物化学、元素地球化学和稳定同位素的证据，指出了碳酸岩墙的时代和白云鄂博某些矿物中的流体包裹体的高盐特性，说明了白云鄂博矿广泛发育的流体是富盐和富稀土的。

（2）南方贫铈离子吸附型稀土矿

1969 年底至 1970 年初，江西省地质局 908 地质调查大队在江西龙南县足洞矿区开展 1∶50000 区域普查时，发现花岗岩风化壳中的稀土含量比西华山钨矿中的含量还高，但按常规的重选方法并没有使稀土得到富集，反而使矿中的稀土越洗越少。1970—1973 年，组织了以江西有色冶金研究所和地质局 908 地调大队为主，并从南昌 603 厂等单位抽调相关科技人员组成的攻关队伍，开展了大量的地质普查和选矿工艺试验。此次普查确定了其中的多数稀土并不以传统的稀土矿物形式存在，而是以一种特殊的"不成矿"的"离子相"性状被吸附于"载体"矿物表面；该矿床虽然稀土品位低，但中重稀土元素含量高，是世界上从未报道过的罕见的具有很高应用价值的离子吸附型重稀土矿床。尤其是龙南 701 矿区富含重稀土元素，其中氧化钇含量占总稀土氧化物量的 60%以上，且其他中重稀土元素含量都较高。因此，这种矿也被称为花岗岩风化壳离子吸附型重稀土矿床。

该类资源主要分布在中国江西、广东、湖南、广西、福建等南方各省（自治区）的风化壳中，被称为南方离子吸附型稀土矿或风化壳淋积型稀土矿。从发现（1969）到实现大规模的工业化开采（1984），期间以江西省冶金研究所、908 地质调查大队和江西大学为主的科研单位，系统研究了该类矿床和矿物的特征，尤其是离子吸附型稀土的基本特征，提出了第一代和第二代的浸取工艺。其中江西省冶金研究所和 908 地质调查大队完成了氯化钠浸取工艺的研发和应用，江西大学则主要完成了硫酸铵浸取矿-草酸沉淀法、硫酸铵浸矿-碳酸氢铵沉淀法提取稀土工艺及离子型稀土的浸取特征和离子相稀土含量的测定方法。

1986 年开始，中国科学院地质所承担了华南离子型稀土矿的地质学研究，探讨了南岭一带各省区的离子型稀土矿的分布、分类、成因、成矿过程和利用前景。完成了南方离子型稀土矿的地质学、矿物学和同位素地质学研究，并和中国科学院地化所一起，完成了《华南离子型稀土矿地质矿物和地球化学》专著。1991 年国家将南方离子型稀土矿列为实行保护性开采的特定矿产资源。

（3）其他稀土矿床

在"八五"和"九五"期间，人们先后研究了山东微山稀土矿、湖北庙垭稀土矿、福建洋墩稀土矿、云南逎纳厂稀土矿、甘肃桃花拉山稀土矿、辽宁凤城赛马碱性岩、内蒙古兴安岭八一矿、吉林大栗子铁矿等矿床和矿化地区，重点研究了攀西裂谷冕宁一带的稀土矿。这些研究对众多矿床中的多种稀土矿物进行了详细分析、测试、鉴定，特别是矿物的化学组成、物理性质和产状成因等内容，积累了大批矿物学科学数据，为中国稀土矿的开发应用提供了科学依据，并在稀土矿物学研究方面提出许多重要理论。

上述研究成果独具中国特色，奠定了中国稀土地质学和矿物学的坚实基础。

4.3.3 获得稀土精矿的采矿选矿技术

工业用稀土精矿分别来源于包头、四川和南方各省区。在这些资源的开发利用研究中，"提高品位、提高资源回收率、降低成本、降低环境污染程度"是中国稀土选矿技术研发的基本思路，并体现在新工艺、新药剂、新设备的各个研制阶段，每一个突破都会带来选矿工艺的革新。在不同的发展时期，技术研发的导向会有所不同，但最后终将走向多重导向的最高境界。

（1）北方富铈轻稀土

包头稀土矿的浮选技术研究最早是沿用国外以脂肪酸为捕收剂的研究路线。但由于包头矿的复杂性和特殊性，很难获得高品位的稀土精矿。20世纪70年代末，广州有色金属研究院率先提出了以羟肟酸作为包头稀土选矿捕收剂的选矿技术路线，并在包头通过许多单位的联合攻关，先后开发了 $C_5 \sim C_9$ 羟肟酸、环烷基羟肟酸、水杨羟肟酸等工业捕收剂。各高校院所也相继开展了对稀土选矿药剂的研究，其中最具代表的是包头冶金研究所（现包头稀土研究院）的H205，即邻羟基苯甲羟肟酸。由于它的疏水基呈多环结构，疏水性好，捕收能力强，选择性高，有利于提高精矿品位和回收率，故这一技术路线在20世纪80年代得到应用，从而使精矿品位得到显著提高，满足了国际市场对稀土精矿的品位要求。这一技术对四川矿的选矿效率也很有帮助，可以获得REO 60%～65%的稀土精矿。但该药剂价格高，用量大，生产成本高。为此，包头稀土研究院又开发了H316、LFP8和LFP6系列药剂代替H205，药剂用量明显减少。与此同时，还通过药剂组合和调理剂的使用发展了稀土浮选技术。例如，羟肟酸与异辛醇和煤油的混用，在保证选择性的同时捕收能力得到加强，减少了药剂消耗，降低了生产成本。在此基础上，长沙矿冶研究院提出了弱磁-强磁-浮选工艺流程，这是中国稀土精矿生产的一大技术进步，可从该流程的强磁中矿、强磁尾矿和反浮泡沫尾矿中回收稀土矿物。采用H205、水玻璃、J102起泡剂组合药剂，在弱碱性矿浆中浮选稀土矿物，经一次粗选、一次扫选、二次或三次精选，得到REO 50%以上的混合稀土精矿和REO 30%左右的次精矿，浮选作业回收率在70%～75%之间。与此同时，将强磁车间的粗选-精选改为粗选-扫选，对扫选精矿进行反浮，反浮泡沫作为稀土浮选原料。这种原料的稀土含量为22%～25%，比原来的强磁中矿高10%以上。在后续浮选作业中，经一粗两精，得到REO 55%～60%的精矿，再经第三次精选，可得到60%以上的精矿，并大大降低选矿成本。

（2）南方贫铈离子吸附型稀土

该类矿床中稀土以离子态吸附于黏土矿物上，采用电解质溶液可以将稀土离子交换下来。因此，中国稀土工作者先后研究提出了许多提取技术，这些技术可看成是典型的化学选矿过程。其主要流程为：采矿—化学浸取—除杂预处理—沉淀—煅烧。首先用电解质溶液（如硫酸铵、氯化钠等）将矿中的稀土淋洗或浸取出来，得到含稀土的溶液，采用沉淀剂（如草酸或碱性试剂）从该溶液中沉淀稀土，经煅烧则得到相应的稀土氧化物产品。

最早用于实际生产的技术是江西有色冶金研究所提出的以氯化钠作浸矿剂，采用池浸方式浸矿，用草酸沉淀稀土并经煅烧、洗涤、干燥等制备出稀土氧化物含量大于92%的精矿产品。还有寻乌轻稀土矿采用的氯化钠淋洗-萃取分组的提取工艺。1979年起，江西大学对氯化钠浸矿-草酸沉淀法提取稀土工艺提出了改进措施，并研究提出了新的硫酸铵淋洗-草酸沉淀工艺和硫酸铵浸矿-碳酸氢铵沉淀法提取稀土工艺。前一工艺从1982年开始在龙南稀土矿开始实施，到1984年实现了全面的工业化推广应用；后一工艺在1982年完成了小试研究，1985年完成了工业化生产试验，并达到应用要求。至此，以硫酸铵浸取-碳酸氢铵沉淀法提取稀土工艺得到推广应用，并持续应用了30多年，是中国稀土冲击国际稀土市场的关键技术之一。

上述技术集中了全国各研究和生产单位的集体智慧，走出了一条独具中国特色的技术路线。其推广应用使中国离子吸附型稀土矿和北方稀土精矿的生产进入腾飞阶段，高质量精矿的供应能力提高给国际稀土原料市场产生了很大的影响。1985 年,中国稀土矿产品大量进入美国、日本和法国,使国际上的稀土精矿产品受到压缩,实现了中国稀土第一次冲击国际市场。只是在近几年,由于国内稀土资源开采环境保护要求的提高,稀土开采量得到控制,使国外的稀土矿也开始慢慢恢复开采。澳大利亚、美国、印度的精矿产品也相继进入中国,并在中国完成稀土分离与高纯化,生产出能够满足终端应用要求的稀土材料。

4.3.4　获得高纯单一稀土产品的冶炼分离技术

中国的稀土冶炼从"一五"时期就已开始,但主要是沿用国外的技术处理独居石精矿,生产稀土和钍的化合物以及混合稀土金属,相继建设了阳江稀土厂、上海跃龙化工厂和包钢稀土三厂等。而使中国稀土研究真正走上自主创新之路的是国家把稀土开发的注意力集中到包头铁-稀土多金属矿床综合利用起来。在此期间,建立了包头冶金研究所,并由包钢与中国科学院等单位通力合作,组织了全国范围的包头会战。先后建立了包头市稀土冶炼厂、包钢稀土一厂、包钢稀土二厂、包钢稀土三厂、广州珠江冶炼厂、哈尔滨火石厂、九江有色金属冶炼厂、甘肃 903 厂等稀土企业,形成了中国稀土产业的初步框架。

（1）精矿分解与稀土浸出

包头稀土精矿的分解以酸法为主,碱法为辅。目前广泛采用的是北京有色冶金设计研究总院提出的高温硫酸焙烧法。其主要特点是成本低,对原料的适应性强,但含 F、S 废气及含铵废水产生量大,尤其是浸出渣的产生量大,且放射性强度超过国家标准,对周围环境造成严重的影响。相对于该法三废治理难度大和成本高的缺点,碱法工艺的设备投资少,简单易行,精矿分解过程不产生含 F、S 废气,废水的成分简单,易处理。但碱法工艺成本高,稀土、氟、钍分散,氟磷回收困难,稀土收率低,洗涤困难,对精矿品位要求高。

四川和山东的氟碳铈矿的分解主要有两种方法:一是氧化焙烧-盐酸浸出,可生产铈富集物(含钍)和少铈氯化稀土;二是氧化焙烧-盐酸浸出-碱分解-盐酸优溶-还原浸铈,可生产98% CeO_2 和少铈氯化稀土,少铈氯化稀土用于后续萃取分离。早期也有采用氧化焙烧-硫酸浸出-两步复盐沉淀法,可生产 99% CeO_2 和少铈氯化稀土。近几年国内一些研究院所一直在研究开发绿色冶炼工艺,即采用氧化焙烧-硫酸浸出,四价铈、钍、氟均进入硫酸稀土溶液,然后萃取分离提取铈、钍、氟及其他三价稀土。该工艺的特点为氧化铈纯度高,钍、氟能够有效回收,工艺连续。但由于生产成本较高,高纯铈市场应用量小,工业化应用有难度。

南方离子吸附型稀土精矿(氧化稀土)的分解常用盐酸分解法。近年来,也发展了以碳酸稀土为原料的萃取有机相皂化技术。这一技术的应用可以节约盐酸和碱用量,使化工原料消耗得到大幅度降低。但由于稀土矿产品中铝含量较高,酸溶渣量多,且伴生有放射性元素,需要按放射性废渣来处理,增加了稀土分离企业的环保压力。因此,目前正在研发通过提高矿产品质量来实现无放射性废渣与稀土分离的新流程。

（2）萃取分离与稀土金属和化合物产品的质量提升

中国稀土萃取工业分离技术研究经历了从早期的中性磷类萃取剂到后期的酸性萃取剂跨越。而在酸性萃取剂的研究中又经历了从 P204 到 P507 两个主要发展阶段。除此之外,在高纯钇的生产中还采用了环烷酸和胺类萃取剂,实现了钇的高效分离和稀土中铁的深度净化。

中性磷类萃取剂的研究思路是沿用国外的萃取分离技术路线而开展的。后来,依靠中国自主的研究成果，实现了以酸性萃取剂为主体的稀土萃取分离技术体系。中国科学院上海有机化学研究所和长春应用化学研究所在萃取剂的合成和萃取条件的优化方面开展了卓有成效的工作，北京有色冶金设计研究总院和包头稀土研究院等单位在具体工艺流程的选择与工业化应用上做出了重大贡献。以北京大学徐光宪院士为带头人的稀土串级萃取分离研究团队与包钢稀土三厂合作，在 1974 年采用 80 级萃取槽实现了四种轻稀土的分离。以此为基础，以恒定混合萃取比为基本依据，发展了串级萃取理论，相继推出了最小萃取比方程、最优萃取比方程和极值公式，为串级萃取工艺的设计和级数计算奠定了坚实的理论基础，并通过研讨班的形式在全国推广。从 20 世纪 80 年代末开始，完成了串级萃取的计算机一步放大，指导了国内所有早期的稀土分离生产线的设计和建设。与此同时，南昌大学等单位研究成功的碳酸稀土结晶沉淀方法、高纯稀土产品中氯根含量和颗粒大小控制技术，赣州有色冶金研究所、包头稀土研究院和西骏稀土厂等单位的各种金属材料生产技术，以及北京有色冶金设计研究总院和江西金世纪稀土材料厂的中重稀土及合金生产技术等也在这一时期得到推广应用。这些技术实现了中国高纯单一稀土的萃取分离，构成了独具特色的国际领先水平的技术体系，也促进了中国高纯稀土精加工产品的低成本、高效率的工业化生产，是中国稀土产品在 20 世纪 90 年代第二次冲击国际稀土市场的技术基础。

4.3.5 稀土选冶与分离技术的高效绿色化进程

高效绿色环保是衡量稀土选冶和分离技术水平的关键指标，并一直贯穿到整个技术研发过程。尤其是在 2009 年后，国家对稀土资源开发的资源和环境保护提出了更高的要求。基于这一要求，中国的科技人员开展了一系列的技术攻关。例如，围绕高温硫酸法包头稀土矿焙烧水浸渣的放射性污染问题，开展了低温硫酸法和碱法分解流程的研究；针对水浸液沉淀稀土或萃取稀土后的大量低浓度硫酸盐废水，开展了直接转化沉淀-硫酸盐溶解法制备氯化稀土料液，并回收高浓度硫酸铵的研究；针对碳酸稀土沉淀和有机相皂化废水中的高浓度氯化铵废水，开发了多效蒸发法回收氯化铵的环境治理工艺，研发了以硫酸与氯化铵反应制备高纯盐酸和硫酸盐浸矿剂的新技术新设备；针对草酸稀土沉淀废水和洗涤废水中的大量盐酸，研究了萃取法、蒸发法和沉淀法回收稀土和盐酸以及水的新技术；针对稀土分离过程酸碱消耗大的问题，发展了联动萃取和稀土直接皂化技术；针对原地浸矿水污染太大和尾矿滑坡塌方严重的问题，提出了采用精准堆浸和多段浸取以及尾矿护尾等新技术；针对氨氮污染问题，采取了用非铵原料来进行皂化和沉淀的方法。这些技术的成功应用，大大减少了生产过程的环境污染，降低了原料消耗和污染物的排放量，提升了中国稀土采选冶的技术水平。这些技术为中国稀土产业技术从早期的产品导向型和成本导向型提升到以产品质量、生产成本、资源利用率和环境等为多目标导向型技术奠定了坚实的基础。

稀土萃取分离的化学基础是稀土配位化学，是下一章重点介绍的内容。

4.4 稀土沉淀与结晶分离

稀土的冶炼分离是稀土资源与高性能稀土功能材料的关键衔接过程，除溶剂萃取法以外，用于工业分离稀土的方法还有分级结晶、分步沉淀、氧化还原、萃淋树脂色谱法、离子交换色谱法等多种工艺。

　　早期的稀土分离大都采用烧碱分解、沉淀结晶分离工艺从独居石中回收稀土。例如 1950 年前，德国采用此工艺生产的稀土量占世界总量的 95%，20 世纪 50 年代，美国开发出离子交换法分离稀土技术，20 世纪 60 年代溶剂萃取分离稀土，应用于稀土氧化物的分离提纯。

　　分级结晶法和分步沉淀法是分离稀土的经典方法，具有设备简单、操作容易的优点，缺点是很难分离出纯度较高的单一稀土产品，且消耗大量的时间、人力和物力。虽然分级结晶法和分步沉淀法目前不再用于提纯单一稀土产品，但在一些工艺中仍用于初步分离。例如，沉淀法用于除去溶液中的杂质，达到净化溶液的目的；或者从溶液中沉淀出目标产物，与溶液中的其他可溶性组分分离。沉淀法通常是利用生成的金属氢氧化物、硫化物、其他无机盐和有机化合物的溶解度差别进行分离。这种分离一般多用于粗分离，所得产品的纯度不高，但随着分离技术的进步，这些沉淀方法作为高纯稀土萃取分离的预分组，其分离功可以传递到下一步的精分离阶段，提高分离效果，节约原料消耗和成本。

　　沉淀和结晶是常见的化学分离手段，两者之间本质上没有区别，都是先生成晶核，晶核再长大，然后通过固液分离方法与溶液或溶液中的组分分离。沉淀和结晶在平衡时都遵循溶度积规则。前者是往溶液中加入一种沉淀剂，使溶液中原本不沉淀的组分与沉淀剂结合为溶解度很小的沉淀而析出，或者加入其他组分和溶剂大大降低组分本身在溶液中的溶解度而使沉淀析出；后者是溶液中溶解度不是很小的组分，通过改变物理条件（如温度、浓度）而使其结晶析出的过程。沉淀产物可以是无定形或结晶的；结晶产物一般都是颗粒较大的结晶体。由于沉淀和结晶没有明显的界限，在许多沉淀方法中也包含了结晶的内容。当沉淀开始时，由于过饱和度太大而往往形成无定形产物，夹杂有很多共存的杂质离子，纯度不高。经过一个陈化过程，使形成的沉淀发生 Ostwald 结晶转化，即重结晶过程，可以由无定形体转化为结晶体，或由一种结构转化为另一种结构。

4.4.1　沉淀-溶解平衡和溶度积规则

（1）沉淀-溶解平衡

　　难溶电解质在水中有一定程度的溶解，当达到饱和时，溶液中的难溶电解质固体和解离出来的离子将建立起溶解-沉淀平衡，其平衡常数通常用溶度积常数 K_{sp} 来表示。

$$A_nB_m\,(s) = nA^{m+}\,(aq) + mB^{n-}\,(aq)$$

$$K_{sp} = ([A^{m+}]/c^{\ominus})^n ([B^{n-}]/c^{\ominus})^m$$

　　式中，$c^{\ominus}$ 是标准浓度，为 1mol/L，用于消除溶度积常数 K_{sp} 的量纲。K_{sp} 表示沉淀-溶解平衡进行程度的大小，与浓度无关，其数值大小与温度有关。

（2）溶度积规则

　　难溶电解质在一定条件下沉淀是生成还是溶解，可以根据溶度积规则来判断。沉淀平衡时的离子积为溶解平衡中各离子浓度以其化学计量系数为幂的乘积：

$$Q_i = [c(A^{m+})^n/c^{\ominus}][c(B^{n-})^m/c^{\ominus}]$$

　　Q_i 为任意情况下离子浓度之间的乘积，大小可根据溶液中的实际浓度来计算。我们可以根据离子积与溶度积大小的比较来判断体系中反应进行的方向：

$Q_i > K_{sp}$ 时，溶液为过饱和状态，析出沉淀；

$Q_i = K_{sp}$ 时，溶液为饱和状态，达到平衡；

$Q_i < K_{sp}$ 时，溶液为未饱和状态，沉淀溶解。

当溶液中溶质的实际浓度超过其溶解度时，溶液就称为过饱和溶液，其稳定性受溶液中溶质离子电荷、溶解度、离子水合度、杂质和搅拌作用等因素的影响。

（3）影响溶解度的因素

① 温度。沉淀溶解平衡中，溶度积常数 K_{sp} 是温度的函数。根据等压方程，在溶液很稀时 K_{sp} 与温度的关系如下：

$$d\ln K_{sp}/dT = \Delta H^{\ominus}/(RT^2)$$

则有：

$$\ln K_{sp} = -\Delta H^{\ominus}/(RT) + B$$

若溶解过程为吸热反应，则 ΔH^0 大于 0，温度升高，溶解度增加，反之则降低。

② 同离子效应。加入含有与难溶电解质相同离子的易溶强电解质，而使难溶电解质溶解度下降的效应称为同离子效应。在沉淀过程中，可以利用同离子效应使沉淀完全。例如，在碳酸稀土沉淀平衡中加入碳酸铵，会使溶液中的碳酸根浓度增加，根据溶度积规则，离子积 Q 会增大，从而导致沉淀溶解平衡向左移动，沉淀析出，碳酸稀土溶解度降低。

③ 盐效应。加入强电解质使难溶电解质的溶解度增大的效应，称为盐效应。因为强电解质的加入，溶液中的阴离子和阳离子的总数增加，导致离子间的相互作用增强（离子氛），使难溶电解质解离在溶液中的离子的活度降低，或者有效浓度降低。离子积 Q 减小，导致沉淀溶解。

盐效应在沉淀溶解平衡中广泛存在，但对溶解度的影响较小，只有在高浓度盐的存在下，其影响才会比较明显。

4.4.2 沉淀分离方法的应用

由于稀土离子半径接近性质相似，沉淀法用于稀土元素之间的分离非常困难，难以获得纯度较高的单一稀土，但应用于稀土与非稀土的分离相当有效，已经广泛应用于高纯稀土工业，特别是激光级 Y_2O_3 的制备。例如，稀土通常采用草酸盐、氢氧化物和氟化物等三种形式沉淀分离。通过三种方法的配合，可以将稀土与除钍之外的常见伴随元素加以分离。其中，氢氧化物的分离选择性最差，主要用于分离碱及碱土金属。氟化物溶解度小，适用于富集微量稀土，或使稀土与铌、钽及大量磷酸盐加以分离。草酸盐沉淀是最有效的分离方法，可以分离除钍和碱土金属以外的其他常见共存元素。

（1）氢氧化物沉淀分离

金属离子氢氧化物沉淀的 pH 值与金属离子本身及浓度有关。当电子构型相同时，阳离子的离子势（Z/r）越大，其极化能力越大，化合物的溶解性越小，水解趋势越大。根据离子积常数，当金属离子的浓度变大，溶液 pH 较小时也会发生沉淀。

不同价态金属离子间开始沉淀的 pH 值差别很大，金属离子的价态越高，生成沉淀时的 pH 就越低。例如，+4 价以上的金属最容易生成氢氧化物，在 pH 值小于 1 的酸性溶液中就能沉淀。相同价态的金属离子之间的差别较小。表 4-1 给出了稀土离子在不同介质中发生沉淀的 pH 值。

表 4-1 稀土氢氧化物沉淀的 pH 值

氢氧化物	溶度积（25℃）	沉淀的 pH 值				
		硝酸盐	氯化物	硫酸盐	醋酸盐	高氯酸盐
$La(OH)_3$	1.0×10^{-19}	7.82	8.03	7.41	7.93	8.10
$Ce(OH)_3$	1.5×10^{-20}	7.60	7.41	7.35	7.77	—
$Pr(OH)_3$	2.7×10^{-20}	7.35	7.05	7.17	7.66	7.40
$Nd(OH)_3$	1.9×10^{-21}	7.31	7.02	6.95	7.59	7.30
$Sm(OH)_3$	6.8×10^{-22}	6.92	9.82	6.70	7.40	7.13
$Eu(OH)_3$	3.4×10^{-22}	6.82	—	6.68	7.18	6.91
$Gd(OH)_3$	2.1×10^{-22}	6.83	—	6.75	7.10	6.81
$Er(OH)_3$	1.3×10^{-23}	6.75	—	6.50	6.95	—
$Tm(OH)_3$	2.3×10^{-24}	6.40	—	6.20	6.53	—
$Yb(OH)_3$	2.9×10^{-24}	6.30	—	6.18	6.50	6.45
$Lu(OH)_3$	2.5×10^{-24}	6.30	—	6.18	6.46	6.45
$Y(OH)_3$	1.6×10^{-23}	6.95	6.78	6.83	6.83	6.81
$Sc(OH)_3$	4.0×10^{-30}	4.9	4.8	—	6.10	—
$Ce(OH)_4$	4.0×10^{-51}	0.7~1	—	—	—	—

从表 4-1 可知，稀土离子在不同介质中沉淀的 pH 值不同，证明阴离子也会影响开始沉淀的 pH 值。此外，由于镧系收缩，镧系元素的离子半径及碱性均随原子序数的增大而减小，稀土元素水解沉淀的 pH 值从镧到镥依次减小。下面以离子吸附型稀土浸出液净化为例子来讨论稀土氢氧化物沉淀分离。

离子型稀土浸出液中成分比较复杂，除稀土离子外，还含有 Al^{3+}、Fe^{3+}、Ca^{2+}、Mg^{2+}、Pb^{2+}、Mn^{2+}、SiO_3^{2-}、K^+ 和 Na^+ 等杂质离子和大量的未消耗完的淋洗剂，甚至还有些机械杂质，如极细颗粒的黏土。按国家对混合稀土氧化物产品质量标准，稀土总量（REO）不小于 92%，水分含量及 Al_2O_3 含量分别不大于 0.3% 和 0.5%，ThO_2 含量不大于 0.05%。在实际生产中，一般需要在沉淀稀土之前，将非稀土杂质与稀土元素分离除杂和净化。常用的预处理除杂技术包括易水解金属离子的水解去除，如铁和铝；胶体吸附和共聚去除金属离子和悬浮杂质，如硅、铝及部分钙、铅离子；硫化物去除重金属铅、铜、镉、镍等。

这三种预处理技术可以根据浸出液中的杂质离子种类和含量，同时或者分别使用。并且预除杂过程中，可能同时存在金属离子水解沉淀、多种金属离子共沉淀、金属离子硫化物沉淀及沉淀相互之间或与悬浮的泥沙之间的聚沉现象。在预除杂过程中，很难控制铝离子沉淀时稀土完全不参与共沉淀，会产生稀土离子损失。这种含稀土的渣可以用相应的方法再提取出来，使稀土的损失降到最低。

中和沉淀是用氨水、氢氧化钠、碳酸氢铵或碳酸钠等为中和剂，调节溶液 pH 在 4.5~6 之间，利用非稀土杂质离子与稀土氢氧化物或碳酸盐产生沉淀所需的 pH 值不同来使它们先后析出，通过固液分离来达到分离的目的。中和沉淀是 pH = 5 以下开始沉淀非稀土离子，如 Zr^{4+}、Th^{4+}、Co^{3+}、Al^{3+} 和 Fe^{3+} 等，但 Cu^{2+}、Ba^{2+} 和 Pb^{2+} 等杂质离子开始沉淀的 pH 与稀土离子接近，很难用中和法分开。例如，用氢氧化物中和时，一般碱性弱的铁和铝在 pH = 6 以前生成氢氧化物沉淀完全，而稀土氢氧化物一般在 pH = 6 时不产生沉淀。控制适当的 pH 值，可以使杂质基本沉淀完全，而稀土留在溶液中。

在矿山实际应用中，常利用氨水的弱碱性在溶液中提供氢氧根与一些金属离子如铁和铝等沉淀。在稀土料液中加入氨水，随着溶液 pH 值的逐渐升高，四价的锆、钛、钍首先沉淀，然后是三价的铁和钪，接着是铝离子生成氢氧化铝沉淀。

$$Fe^{3+} + 3OH^- \longrightarrow Fe(OH)_3 \downarrow \qquad K_{sp} = 4.0 \times 10^{-38}（pH > 3.3）$$

$$Al^{3+} + 3OH^- \longrightarrow Al(OH)_3 \downarrow \qquad K_{sp} = 1.3 \times 10^{-33}（pH > 4.7）$$

$$RE^{3+} + 3OH^- \longrightarrow RE(OH)_3 \downarrow \qquad K_{sp} = 3.0 \times 10^{-24}（pH > 6.4）$$

稀土盐溶液中加入氢氧化铵或碱金属氢氧化物时，生成稀土氢氧化物胶状沉淀，但并不是化学剂量比的 $RE(OH)_3$，OH^-/RE^{3+} 摩尔比为 2.48~2.88，而是含有不同组成的碱式盐。阴离子相同时，稀土离子开始沉淀的 pH 值由 La→Lu 依次减小，不同阴离子时，稀土离子开始沉淀的 pH 值不一致。如 SO_4^{2-} 介质中，稀土离子开始沉淀的 pH 值从 7.41 到 6.18，而 NO_3^- 介质中 pH 值从 7.82 到 6.30。pH = 4 时，Al^{3+} 水解成氢氧化铝，但颗粒很小，难以沉降和过滤分离，需要将 pH 提高到 5 以上，甚至 6 以上时，产生的沉淀才易实现固液分离。pH 值升高，增加了稀土与铝形成共沉淀的趋势，将增加稀土的损失。一般来说，pH = 8 以前，钙和镁不考虑生成氢氧化物沉淀。但在实际除杂中，钙镁浓度也会降低一些。有研究表明，用氨水中和除杂，pH = 5.27 时，稀土的损失就达到了 3.55%，若要控制稀土损失率在 5% 左右，需要控制溶液的 pH 在 5.5~6.0 之间。

（2）硫化物沉淀分离

硫离子是软碱，极化能力强，可以与许多金属粒子形成难溶硫化物沉淀，是从溶液中去除金属离子最有效的沉淀剂。例如，当溶液中的 pH 值为 5 时，溶液中的重金属离子 Cu^{2+}、Pb^{2+}、Zn^{2+} 和 Fe^{2+} 等都已经形成了硫化物沉淀，只有 Mn^{2+} 与稀土离子仍留在溶液中。

硫化物沉淀法一般以气态的 H_2S、Na_2S 或 $(NH_4)_2S$ 作为沉淀剂，使水溶液中的金属离子以硫化物的形式沉淀析出。H_2S（$K_{a1} = 1.07 \times 10^{-7}$，$K_{a2} = 1.3 \times 10^{-13}$，298K 室温下，水溶液中 H_2S 饱和浓度为 0.1mol/L）及其盐在溶液中的硫离子浓度可以通过控制溶液的 pH 值来实现，因此可以通过控制溶液中 H^+ 浓度来实现金属离子的沉淀或分步沉淀。

$$M^{2+} + S^{2-} \Longrightarrow MS \downarrow \qquad K_{sp} = \alpha_M^{2+}\alpha_S^{2-}$$

$$H_2S \Longrightarrow 2H^+ + S^{2-} \qquad K_a = K_{a1}K_{a2} = \alpha_S^{2-}(\alpha_H^+)^2/[H_2S]_{饱和}$$

$$K_{sp} = \alpha_M^{2+}K_{a1}K_{a2}0.1/\alpha_S^{2-} = \alpha_M^{2+}10^{-21}/\alpha_S^{2-}$$

两边同时取对数得：

$$\lg K_{sp} = \lg(\alpha_M^{2+}10^{-21}) + 2pH$$

$$pH = 1/2(\lg K_{sp} - \lg\alpha_M^{2+} - \lg10^{-21}) = 10.5 + 0.5\lg K_{sp} - 0.5\lg\alpha_M^{2+}$$

同理，对于一价和三价的金属离子，也可以推导出类似的关系式。

Na_2S 及 $(NH_4)_2S$ 在水中易水解和电离，溶液呈碱性；在酸性介质中生成极臭的 H_2S 气体。因此，在实际应用时，要先用氨水调节母液的 pH 值，既可以除杂又可以使母液 pH 值上升，再使用 Na_2S 及 $(NH_4)_2S$ 沉淀金属离子时，可以减少分解出 H_2S，同时降低硫化物沉淀剂的用量。稀土浸出液中加入硫化钠时，很快有黑色沉淀析出，使重金属形成硫化物沉淀而得到分离。

（3）草酸盐沉淀分离

草酸沉淀稀土是以草酸为沉淀剂从浸取液中富集和提纯稀土应用最广泛的一种传统方法。将过量的草酸加入稀土浸取液中可以析出白色稀土草酸盐沉淀，组成通式是 $RE_2(C_2O_4)_3 \cdot nH_2O$，可与大多数非稀土元素分离，反应方程式如下：

$$2RE^{3+} + 3H_2C_2O_4 + nH_2O === RE_2(C_2O_4)_3 \cdot nH_2O \downarrow + 6H^+$$

由上式可知，随着反应的进行，溶液中 H^+ 不断增加，不利于草酸稀土的进一步生成。同时，稀土草酸盐虽难溶于无机酸，但溶解度会随着酸度的增大而增大。不同稀土草酸盐的溶解度随着镧系元素原子序数的增大而增大。由于重稀土草酸盐溶解度比较大，会造成稀土的损失，导致重稀土草酸盐沉淀回收率比轻稀土要低一些。理论上，可以通过加入碱来调节溶液 pH 值，降低草酸稀土在酸性条件下的溶解。但在实际应用中，氨水和碱都会对稀土生产带来不利影响。例如，碱金属特别是 Na^+ 和 K^+ 可与稀土生成不溶的 $xNa_2C_2O_4 \cdot yRE_2(C_2O_4)_3$ 的草酸复盐难溶物沉淀，影响产品纯度。草酸在不同的无机酸中的溶解度不同（盐酸＞硝酸＞硫酸），但在实际情况中，整个体系构成一个缓冲体系，不加酸碱的情况下，体系的 pH 值保持在 1.64 左右。

草酸稀土沉淀也可继续与草酸反应生成草酸稀土配离子，造成稀土的损失。因此，稀土草酸盐的溶解度在草酸-草酸钠的缓冲体系中会随着草酸浓度增加呈先降低后升高的趋势，存在一个最低值。草酸溶解度增大，杂质离子的沉淀量也增大，导致产品纯度降低。在实际应用中，需要根据稀土沉淀率和产品纯度来确定草酸的最佳用量。选择合适的沉淀比（草酸与氧化稀土的质量比为 2∶1 时），可除去部分杂质离子，得到纯度高的产品。

许多杂质离子可与草酸生成难溶的草酸盐或可溶的配合物，如 Fe^{3+}、Al^{3+} 和 Si^{4+} 与稀土生成 $RE[Al(C_2O_4)_3]$、$RE[Fe(C_2O_4)_3]$ 和 $RE[Si(C_2O_4)_3OH]$ 等可溶性复盐，导致草酸用量增大，稀土沉淀收率下降。因此，草酸沉淀稀土前，先净化除杂，减少杂质离子的含量，这样既能节省草酸用量，又能提高产量和产品纯度。在实际应用中，一般按 $RE_2O_3 : H_2C_2O_4 \cdot 2H_2O$ 质量比为 $1 : (1.8 \sim 2.2)$ 的比值，在不断搅拌的条件下加入草酸，避免草酸稀土包括草酸，在母液中陈化 $6 \sim 8h$，使晶粒长大，减少过滤损失。过滤的沉淀用 1% 草酸洗涤，干燥得到含结晶水的草酸稀土。

（4）碳酸盐沉淀分离

由于草酸有毒会污染环境，沉淀稀土成本高，因此使用碳酸氢铵代替草酸沉淀稀土具有代表性。碳酸氢铵在水中易溶解，呈碱性，与稀土离子反应如下：

$$2RE^{3+} + 6HCO_3^- === RE_2(CO_3)_3 \downarrow + 3CO_2 \uparrow + 3H_2O$$

由于 NH_4HCO_3 是两性物质，溶液的酸度会影响碳酸根的含量，从而影响稀土的沉淀率。因为稀土碳酸盐比草酸盐在水中的溶解度更低，所以碳酸氢铵沉淀稀土比草酸沉淀稀土的沉淀率更高，收率更高，成本更低。

碳酸氢铵沉淀稀土包含预处理除杂、稀土沉淀、过滤洗涤和干燥煅烧、母液及洗涤水循环利用等环节。首先是往稀土料液中加入碳酸氢铵和氨水中和处理至 pH 在 5.2～5.5 之间，使杂质和部分稀土先行沉淀，上清液转入沉淀池。在此过程中，铁、铝以氢氧化物沉淀，部分稀土、钙、镁以碳酸盐沉淀或碱式碳酸盐及复盐等沉淀而被除去。实际应用中，采用碳酸氢铵除杂时稀土损失较大，实际控制的 pH 在 5.2～5.6 之间，主要生成氢氧化铝胶状沉淀，颗粒小，过滤慢，常加入聚丙烯酰胺絮凝剂助滤。

在预处理后的料液中，按稀土∶碳酸氢铵质量比 1∶(3～4) 加入 5%～10% 的碳酸氢铵沉淀稀土，加入少量聚丙烯酰胺絮凝剂，陈化 1～2h，上清液转入回收池。若加入过量碳酸盐，则稀土可生成一系列溶解度更大的碳酸稀土复盐，造成稀土损失。

沉淀用清水洗涤 1～2 次后，通过离心或压滤洗涤，洗涤水返回回收池，固体经过干燥或煅烧后得到合格的氧化稀土产品。

4.4.3 分级沉淀分离

分级沉淀是利用物质溶解度不同的分离方法。在稀土分离时，通过在稀土溶液中加入不足量的沉淀剂，使不同的稀土离子按溶解度、溶度积或沉淀的 pH 不同来进行分级沉淀。例如，稀土硫酸复盐、草酸盐等难溶化合物的溶解度依稀土元素原子序数的增加而增大，但增加幅度不大，工业上曾利用这一原理分离稀土。由于在稀土元素之间分离时，条件控制非常严格，才能利用稀土离子不同的价态及半径的差别（即碱性的差别）来实现稀土元素间的沉淀分离，目前这种方法应用逐渐减少，主要用于个别元素的分离或者稀土分组分离。

（1）硫酸复盐沉淀法

在一定温度下，向含有硫酸稀土的料液中缓慢加入硫酸钠，使轻稀土元素沉淀完全。生成的硫酸复盐沉淀中含有少量的中、重稀土元素。若溶液中 H_2SO_4 浓度足够，加入适量氢氧化钠，生成的硫酸钠与硫酸稀土生成稀土硫酸复盐：

$$x\mathrm{RE}_2(\mathrm{SO}_4)_3 + y\mathrm{Me}_2\mathrm{SO}_4 + z\mathrm{H}_2\mathrm{O} \longrightarrow x\mathrm{RE}_2(\mathrm{SO}_4)_3 \cdot y\mathrm{Me}_2\mathrm{SO}_4 \cdot z\mathrm{H}_2\mathrm{O}$$

式中，Me 为 Na、K、NH_4^+ 等。

在不同的反应条件下，生成的复盐 x、y、z 的大小是不同的。通常在较低的碱金属硫酸盐溶液中，x、y、z 为 1、1、2 或 1、1、4，也可以有其他的比例。稀土硫酸复盐的溶解度从 La 到 Lu 逐渐增加，La～Sm 的轻稀土硫酸复盐在水中溶解度很小，重稀土硫酸复盐在水中溶解度很大，可用作轻、重稀土分组分离。硫酸复盐在其碱金属饱和硫酸盐溶液中的溶解度随着温度的升高而下降，且在不同复盐中按如下顺序下降，即：$(NH_4)_2SO_4 > Na_2SO_4 > K_2SO_4$。

稀土硫酸复盐铵溶解度可以分为三组：

①难溶性的铈组元素：La、Ce、Pr、Nd、Sm；

②微溶性的铽组元素：Eu、Gd、Tb、Dy；

③可溶性的钇组元素：Y、Ho、Er、Tm、Yb、Lu。

获得的硫酸稀土复盐可以用 NaOH 转化为稀土的氧化物，再用硫酸溶解成硫酸稀土溶液，而后重复上述过程 10～15 次，可以把沉淀中含有的少量中重元素与轻稀土分离。每次沉淀后得到的溶液以同样的方法也可以分离出中稀土与重稀土。

此外，在硫酸稀土溶液中，以四价形态存在的铈与硫酸钠不形成难溶的硫酸复盐。在氟碳铈矿处理中，可以利用这一性质采用氧化焙烧→硫酸浸出→硫酸钠沉淀的工艺方法，一次沉淀后焙烧得到纯度达到98%的氧化铈。

（2）草酸盐分级沉淀法

草酸是常见的稀土元素分组试剂，稀土与草酸反应生成不溶于水和酸的草酸盐 $RE_2(C_2O_4)_3 \cdot nH_2O$（$n = 10$，也可以为6、7、9、11）。

$$2RECl_3 + 3H_2C_2O_4 + nH_2O \longrightarrow RE_2(C_2O_4)_3 \cdot nH_2O + 6HCl$$

$$2RE(NO_3)_3 + 3H_2C_2O_4 + nH_2O \longrightarrow RE_2(C_2O_4)_3 \cdot nH_2O + 6HNO_3$$

稀土草酸盐在草酸铵、草酸钾、草酸钠等溶液中的溶解度随着稀土原子序数和酸度的增加而增大，且重稀土草酸盐溶解度明显比轻稀土草酸盐大得多（表4-2）。此外，稀土草酸盐在酸中的溶解度为 $HCl>HNO_3> H_2SO_4$。

表4-2　稀土草酸盐在水中的溶解度（25℃）　　　　单位：g/L

稀土草酸盐	溶解度	稀土草酸盐	溶解度	稀土草酸盐	溶解度
$Sc_2(C_2O_4)_3 \cdot 6H_2O$	7.40	$Ce_2(C_2O_4)_3 \cdot 10H_2O$	0.41	$Sm_2(C_2O_4)_3 \cdot 10H_2O$	0.69
$Y_2(C_2O_4)_3 \cdot 9H_2O$	1.00	$Pr_2(C_2O_4)_3 \cdot 10H_2O$	0.74	$Gd_2(C_2O_4)_3 \cdot 10H_2O$	0.55
$La_2(C_2O_4)_3 \cdot 10H_2O$	0.62	$Nd_2(C_2O_4)_3 \cdot 10H_2O$	0.74	$Yb_2(C_2O_4)_3 \cdot 10H_2O$	3.34

因此，利用钇组和铈组稀土草酸盐这种溶解度的差别，可以将稀土分组分离。例如，在热的草酸盐（NH_4^+、K^+或Na^+）溶液中缓慢加入稀土溶液，将轻稀土沉淀完全，使轻稀土与中、重稀土初步分离。得到稀土草酸盐沉淀在800~900℃灼烧成氧化物，再用盐酸溶解氧化物得到氯化稀土溶液，重复上述过程多次，可将轻稀土与中、重稀土分离。此外，钍在草酸盐中的溶解度非常大（2663g/L），通过这一方法也可以将钍从稀土体系中除去。

为避免出现沉淀剂局部过浓的现象，草酸盐沉淀分级常采用均相沉淀法，先加入络合剂使稀土生成络合物，然后将溶液加热或酸化，破坏络合物，使难溶化合物沉淀。其中，首先被破坏的是稳定常数较小的络合物。如EDTA与氨三乙酸可形成可溶性络合物，这些络合物的稳定性随镧系元素的离子半径减小而增大，当络合剂存在时，镧系元素草酸盐的沉淀次序与原子序数一致。例如，将稀土草酸盐溶于EDTA铵盐溶液中，生成$(NH_4)_3[RE(EDTA)C_2O_4]$络合物，再以6mol/L盐酸溶液酸化，直至出现沉淀为止。最先得到的是镧富集物沉淀，进一步酸化可以逐步得到Pr-Nd、Nd-Sm-Eu和重稀土元素的各种富集物沉淀。镧富集物沉淀经过二次沉淀分离，可得到纯度达95%的镧。

4.4.4　分级结晶

分级结晶法是基于稀土元素相似盐类在溶解度上的差异而进行的分离过程，通过溶液本身的浓缩或温度的改变，使结晶慢慢地析出，是稀土分离的经典方法。分级结晶法要求分离的晶体要有大的溶解度和温度系数，相邻元素间的溶解度差别要大，且在加热浓缩的过程中要稳定和不分解。例如，在硝酸稀土溶液中加入NH_4^+，将生成稀土硝酸复盐，其溶解度随着原子序数的增加而变大，通过溶液蒸发浓缩或温度的变化可以使溶解度小的稀土复盐结晶析出，而溶解度大的稀土元素富集在溶液中，可实现稀土元素间的初步分离。此法使不易溶的组分和较易溶的组分处于分级结晶系列的一头一尾，可进一步分级制备单一稀土化合物。

$$RE(NO_3)_3 + 2NH_4NO_3 + 4H_2O \longrightarrow RE(NO_3)_3 \cdot 2NH_4NO_3 \cdot 4H_2O$$

因镧的硝酸复盐溶解度最小，在结晶时首先析出，其余按 Ce^{3+}、Pr^{3+}、Nd^{3+}、Sm^{3+}、Gd^{3+} 的次序依次析出，钇组稀土（Tb 除外）均不能生成硝酸铵复盐结晶。当硝酸镧的浓度范围在 40%～50%，硝酸铵的浓度为 14%～22% 时，可从溶液中析出 $La(NO_3)_3 \cdot 2NH_4NO_3 \cdot 4H_2O$ 结晶；当硝酸镧浓度更大时析出镧、铵的硝酸盐固溶体。利用硝酸复盐分级结晶方法可制备纯度为 99.995% 的 $La(NO_3)_3 \cdot 2NH_4NO_3 \cdot 4H_2O$，煅烧得到纯的氧化镧。

由于不同稀土化合物的溶解度差别不大，不同稀土之间还易于生成异质同晶，因此在分离过程中，只经一次分离往往达不到产品纯度的要求，需要反复将析出的稀土复盐溶解后再结晶析出，直至达到产品纯度要求。分级结晶还无法连续自动进行，溶液浓缩—冷却—析晶的过程很耗时、费材料，收率和纯度也不理想，目前很少使用。分级结晶法的优点是设备简单，单位设备体积处理量很大，结晶过程中也不需要另加试剂，晶体与母液分离容易，不必过滤。

4.5 稀土与铝的分离

在稀土湿法冶炼过程中，稀土和铝均以三价状态存在于溶液中，或被沉淀、被萃取、被吸附。它们的价态相同，都属于硬酸，都能够发生水解形成氢氧化物。铝的离子半径为 0.57，而稀土离子的半径从镧到镥缓慢减少，从 1.17 减少到 0.78。钇的离子半径为 0.89，居于重稀土钬铒之间。钪的离子半径为 0.67，在镧系元素之外，更接近铝。

由于稀土与铝的离子半径不同，产生沉淀所需的 pH 不同。铝相对较小的离子半径和高的电荷密度，使铝离子在中性水溶液中的浓度非常低，因为它可以形成难溶性的氢氧化铝。稀土在 pH7 左右的溶液中的游离浓度较高，对环境的危害更大。另外，铝既能够形成可溶性羟基配合物，又能发生聚合。当溶液 pH 小于 3 时，铝将以水合铝离子存在，提高溶液 pH 到环境中性范围，可形成不溶的氢氧化铝，继续提高 pH 到大于 9，将形成铝的羟基络合物或铝酸盐，进而溶解。铝在溶液中存在形态的多样性、性质的差异性和过程的时效性导致一些萃取剂萃取铝的能力居于稀土元素之间，且飘忽不定。因为铝的水溶液化学非常复杂，除了水解过程和产物的 pH 和温度依赖性，还有配位和水解过程的时间依赖性。在 pH 2.5 以下，可以认为是以纯粹的三价水合铝离子存在，随着 pH 的升高，一些聚合羟基铝配合物相继形成，而且其百分比分布也在不断变化。在 pH 范围 2.5～3.35 之间，主要存在形式及其含量大小次序为 $Al^{3+} > Al_2(OH)_4^{2+}$；而在 pH = 3.35～3.55 的微小变化范围之内，又产生了一些新的物种，浓度大小次序为：$Al^{3+} > Al_2(OH)_4^{2+} > Al_6(OH)_{15}^{3+} > Al_{13}(OH)_{24}^{7+}$。继续提高 pH 到 4，那些水解聚合形态的量增加，而游离铝离子分数降低，其含量次序为 $Al_{13}(OH)_{24}^{7+} > Al_6(OH)_{15}^{3+} > Al_2(OH)_4^{2+} > Al^{3+}$。因此，对于以酸性阳离子交换反应为基础的萃取体系，对铝离子的萃取能力随 pH 的依赖性必定受这种存在形式的变化而产生大的变化，包括它们的萃取能力大小及其次序均会发生变化。当聚合羟基铝中的羟基数占比较高时，还将发生无机粒子的胶体化和有机溶剂的乳化，影响萃取分相和分离效果。

当然，与稀土离子之间的性质相比，铝与稀土的差别还是非常明显的。例如，在草酸沉淀和氢氧化物沉淀体系，利用铝可以更容易形成可溶性配合物而与稀土分离。只是由于所需的沉淀剂浓度较高、消耗大、成本高，以及过量原料的使用导致的污染物增多而不愿使用。

4.5.1 沉淀分离

稀土与铝的沉淀分离方法主要是基于它们在氢氧化物和草酸盐沉淀体系中，形成沉淀和可溶性配位化合物的差别来完成的。一些有机沉淀剂，例如 8-羟基喹啉等也能与铝发生沉淀而用于沉淀分离。由于铝更容易形成氢氧化物沉淀而非硫化物和碳酸盐，所以在硫化物和碳酸盐沉淀体系，涉及的仍然是铝的氢氧化物与稀土碳酸盐和硫化物的分离问题，其差异性比单纯的氢氧化物要小。稀土和铝的磷酸盐是难溶的，已用于去除环境水中的磷，或高磷血症的治疗。对于含多种杂质离子的低浓度稀土溶液，前面讨论的预处理除杂方法是基于不同金属离子水解沉淀 pH 不同来进行的。调节 pH = 5～6，使溶液中的大部分铝、铁及铀、钍等沉淀下来。但在预处理沉淀过程中，部分稀土也会共沉淀下来，造成稀土的损失。尤其是当使用碳酸盐沉淀铝时，由于稀土产生碳酸盐沉淀所需的 pH 比形成氢氧化物的要低，致使稀土与铝之间实现分离的 pH 范围收窄。所以需要严格控制 pH 范围，以减少稀土共沉淀损失。

草酸沉淀稀土得到广泛工业应用，是因为大部分金属离子不在酸性条件下产生沉淀，选择性高，而且结晶性能好，过滤快。但当有较多的铝和铁存在时，可溶配合物的形成需要消耗大量的草酸，成本增加。

4.5.2 萃取分离

酸性磷类萃取剂在萃取分离稀土与铝时，由于半萃 pH 相近，使得稀土与铝难以有效分离。在 P507 萃取体系中，铝与轻稀土的萃取能力差别小。在高相比和高萃取剂浓度下，过量自由萃取剂的存在导致铝被共萃。例如，在 P507-煤油-盐酸萃取体系分离 LaCe/PrNd 工艺条件下，铝离子属于易萃元素，会在反萃段 PrNd 出口中积累富集，这就造成了镨钕溶液中铝离子偏高的问题。为此，在 P507-煤油-RECl$_3$-HCl 的萃取体系中只好采用分步反萃法来实现铝的去除，即首先将 80%～90% 的负载镨钕有机相反萃，得到 Al$_2$O$_3$/REO 小于 0.05% 的料液，再对有机相二次反萃，得到其余 10%～20% 镨钕的 Al 含量高的反萃液。贾江涛等报道了铝在稀土萃取分离流程中的分布及分离方法，证明铝在 Sm/Eu/Gd 和 Sm-Gd/Tb/Dy 两个分离段中广泛分布，铝的走向与难萃稀土组分一致，主要富集于氧化钐或钐铕钆富集物中。

环烷酸萃取金属元素的顺序为：Fe^{3+} > Th^{4+} > Zr^{4+} > U^{4+} > In^{3+} > Tl^{3+} > Ga^{3+} > UO$_2^{2+}$ > Sn^{2+} > Al^{3+} > Hg^{2+} > Cu^{2+} > Zn^{2+} > Pb^{2+} > Ag$^+$ > Cd^{2+} > RE^{3+}。在相同条件下，铝离子先于稀土离子从浸出液中被萃取出来。在这一萃取体系中，铝常常会以 Al(OH)$_2^+$ 为核心形成悬浮颗粒，使有机相出现乳化现象。为此，众多学者对环烷酸萃取分离稀土料液中的铝离子进行了大量研究。李剑虹等研究发现铝和稀土的分离系数受 pH 的影响很大，pH 增大不但会导致羧酸的溶解损失增大，而且会引起铝离子发生水解乳化，分离系数 $\beta_{Al/RE}$ 随着料液 pH 值的升高急剧减小。因此，调节溶液的酸碱度也可以有效地将稀土浸出液中的铝离子去除。对于稀土与铝的分离，氯代环烷酸比环烷酸更具优越性，可以有效避免乳化现象的发生。但稀土与铝的分离系数受皂化度、料液酸度及铝离子浓度等因素影响较大。最常用的方法是环烷酸萃取法除铝，环烷酸萃取法萃取金属离子的顺序为 $Fe^{3+} > Al^{3+} > RE^{3+}$，所以稀土料液中的 Fe 杂质会被优先除去。环烷酸萃取除铝的缺点是易产生乳化，导致静置时间长，甚至产生冻胶，使工艺不能继续进行。而且环烷酸需要加入异辛醇作为相改良剂，易造成酯化而使得有机相浓度下降。

伯胺属于给受电子型有机溶剂，其分子中的氮原子和氢原子分别具有给电子性质和受体性质。从已有的研究看来，酸性条件下金属以络阴离子形式被 N1923 萃取，属于离子缔合萃取机理。伯胺对稀土与钍的分离系数较高，可以高效地从硫酸体系中分离钍、稀土和铁，而且对稀土元素表现出"倒序"萃取现象。研究发现，N1923 对杂质离子的选择性较高，且在富集低浓度酸性稀土溶液方面具有明显的优势。

4.5.3　吸附及多重平衡分离

由于铝和稀土的电荷、尺寸和水化焓的相似性使铝与酸性阳离子交换树脂吸附的稀土相竞争。所以，单纯依靠树脂或简单的以非化学吸附为特征的吸附剂来分离稀土与铝是十分困难的。从乙二醇胺酸中提取的配体在稀土和铝之间具有较高的选择性，这为稀土/铝的选择性吸附分离提供了依据。将这些官能团合成到树脂上，可以从含高浓度铝的稀土溶液中提取稀土，而几乎没有铝的共吸附。在柱层分离的洗脱过程中，稀土通常比铝保留得更长。因此，基于多重平衡原理，共吸附的铝可以通过有机配体的选择性洗脱来分离，或者在吸附体系中加入可以优先与铝配位的有机配体，来提高稀土与铝的分离选择性。一些能够与铝形成络阴离子的有机配体，可以与阴离子交换树脂构成优先吸附铝的分离体系。在柠檬酸等有机酸及其盐的介质中通过阳离子交换纤维来优先吸附铝，而稀土吸附很少，控制酸性范围，可实现稀土与铝的分离。

4.6　稀土与钍铀铝的分离

用水解沉淀法来去除铝离子及含硅铝泥沙的方法，主要是利用水解形成的正电性胶体聚合铝离子来去除浸出液中的大量悬浮泥沙，同时又利用部分稀土与铝的共沉淀来去除剩余的少量铝。在硫酸盐介质中，三价铁的水解范围在 pH = 2.5～4 之间，铝在 4 ～5 之间，三价稀土氢氧化物（钪除外）的沉淀 pH 在 6.8～8.0 范围。氯化物溶液中，钍沉淀物主要发生在 2.5～5.5 的 pH 范围内，铀（Ⅵ）沉淀发生在 5.5～7.0 的 pH 范围内。由于稀土与钍水解 pH 相差较大而与铀沉淀的 pH 相近，可以利用水解法沉淀分离钍，但无法分离铀。稀土与铝的水解 pH 有较大的差别，但它们共存时仍然存在交叉共沉淀而降低分离的效果。

新萃取试剂的设计合成，应该针对具体的料液及其分离要求来考虑。对于低铝含量稀土溶液的处理，应该采用优先萃取铝离子的萃取体系，例如羧酸类萃取剂。设计目标应以提高稀土与铝的分离选择性和抗乳化能力为主。孙晓琦等合成了一种对正丁基酚异丙酸，并比较了它在非皂化和皂化状态下萃取分离稀土与铝的效果，证明比环烷酸具有更好的分离和分相效果。采用两步连续萃取分离方法，可以完全将稀土与铝分开，不发生乳化现象。

对于有大量铝离子存在下的低浓度稀土料液，应选择或设计合成能优先萃取稀土的萃取试剂。N1923 是用于这一目标的有效萃取试剂，适合于在硫酸介质中优先萃取稀土。采用酰胺酸或在中性磷类化合物中引入含氮配位基团，是寻找优先萃取稀土而不萃或少萃铝的萃取剂的一条可靠途径。

基于萃取分离方法的保障，我们就可以用铝盐来浸取离子型稀土以提高浸取率。为此，提出了基于铝资源回收利用的离子型稀土高效浸取新流程，其特点是将铝盐用于离子型稀土的浸取，与浸出液中铝与稀土的萃取分离相结合，实现稀土与铝及其他元素的高效低成本分离，开发低铝矿山产品，满足稀土分离企业无放射性废渣分离流程的要求，并解决矿山氨氮污染的问题。这一以硫酸铝作为新一代绿色浸取剂的离子吸附型稀土提取新工艺同时考虑了消除氨氮污染和提高稀土收率、稳定尾矿等问题，其浸取效率最高，尾矿更稳定。因为铝离子被黏土稳定吸附，尾矿 zeta 电位绝对值趋于 0mV，可以减少水土流失和滑坡塌方风险。

采用先沉淀富集再萃取分离的组合方法，可以与多种浸取方法相结合，形成一系列的浸取和富集分离流程。例如，前面已经介绍的硫酸铵-硫酸铝、硫酸镁-硫酸铝、氯化钙镁-硫酸（氯化）铝等两段浸矿方法，铝盐与低价无机盐的协同浸取方法。结合萃取和沉淀富集流程，可以生产出能够满足高质量、低铝矿山产品的开发要求，与分离企业的稀土串级萃取分离耦合，构建无放射性废渣清洁分离新流程。用萃取方法来分离稀土与铝、铀、钍，是构建无放射性废渣稀土萃取分离流程的重要内容。除 N1923 外，N235 对铀和铁的萃取选择性高，而 P227 萃取剂则可以优先萃取重稀土，在实现轻重稀土分组之后，可以直接进行重稀土的分离。因此，以 N1923 萃取剂为主体，结合 N235 和 P227 萃取剂的使用，可以实现稀土浸出液和沉淀渣中稀土与铀、钍、铁、铝元素的分离与回收。最近，廖伍平等报道了用其合成的 2-乙基己基氨基甲基膦酸二(2-乙基己基)酯萃取剂，直接从浸出液中萃取铀、钍，再用 N1923 萃取分离稀土与铝，实现稀土与铀、钍和铝分离。杨帆课题组合成的新型萃取剂 *N*,*N*-二异辛基-3-氧戊酰胺酸（D$_2$EHDGAA）和 *N*-[*N*,*N*-二(2-乙基己基)氨基羰基甲基]甘氨酸（D$_2$EHAG），都可以在高铝条件下优先萃取稀土，可以用于稀土与铝的高效分离。

福建省长汀金龙稀土有限公司自主开发了一种新型萃取剂，二苯氨基氧亚基羧酸。该萃取剂合成极其简单，不使用易燃易溶溶剂和制毒化工原料，成本低廉，与精制烷酸产品相当。萃取剂无毒，不易燃，无臭味，配制的有机相亦无臭味。用于稀土分离时，皂化液碱可以快速加入，含有该萃取剂的有机相不乳化；有机相分相速度快，液-液界面清晰，无第三相生成；不需要加相改良剂异辛醇，有机相可循环使用，长期使用后有效浓度不下降。

4.7 稀土材料前驱体与物性控制

4.7.1 稀土材料前驱体定义

为满足材料制备要求而准备的前端稀土产品都可以称为稀土材料前驱体。对这些前驱体产品的质量要求除了一般的化学指标外，还有更为重要和难以控制的是产品的物理性能指标，例如颗粒度、形貌、密度、比表面积、孔洞等等。这些指标的控制需要通过上述分离过程的控制来实现。其中，物性指标主要由最后的沉淀工序控制。因此，稀土材料前驱体产品的生产需要从分离过程以及随后的沉淀、干燥以及煅烧过程来综合控制。图 4-3 为萃取分离后从稀土料液中获得微纳米稀土化合物前驱体的基本过程及其需要考虑的问题。

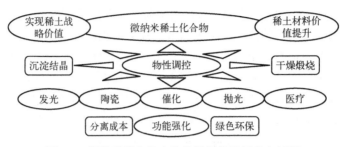

图 4-3　微纳米稀土化合物物性调控的目的与过程

4.7.2　高纯特种物性稀土材料前驱体

超高纯或特殊物性稀土化合物是晶体、光纤、光学玻璃、荧光粉等材料的关键基础材料。目前普遍使用的溶剂萃取法规模生产的产品纯度难以达到 5N（99.999%）以上，特别是 Al、Si、Ca 等杂质，质量含量分别在 5×10^{-6} 左右。但如果产品的物理特征参数的调控手段不足，目标不明，则难以满足高端应用产品的需求。这样的话，一些有特殊要求的稀土化合物材料就不得不从国外高价进口，相关应用器件技术也受制于国外。针对这一难题，南昌大学重点研究了稀土化合物的沉淀结晶技术和物理性能控制技术，分别开发出适合于荧光材料、激光材料、医疗和核材料应用所需的高纯度和特殊物性的氧化稀土及氟化稀土等前驱体产品。从氯化稀土料液中直接沉淀法生产低氯根、高纯度、细颗粒均匀荧光材料前驱体技术在 20 世纪 90 年代就已经在全国得到推广应用，为中国稀土高纯化产品进军国际市场做出了重大贡献。高纯稀土产品中氯根含量控制是南昌大学最早研发的一项应用广泛的技术，其关键是选择能确保沉淀剂在稀土离子配位圈优先配位或占据的反应区域，调谐沉淀颗粒表面电性，减小结晶过程氯根吸附和夹带；用同步加料反应模式以避免过饱和度的大跨度变化，有效控制成核和结晶生长速度，保证沉淀的粒度分布均匀，实现对氯根和颗粒度的同时调控。与改用硝酸体系中沉淀相比，每吨产品成本减少 6000 元以上。

草酸是从溶液中分离稀土的传统沉淀剂，但价格高、毒性大。而碳酸盐和氢氧化物沉淀稀土时结晶困难，对杂质离子的选择性差，产品物性调控困难，技术难度很大。要满足稀土的低成本生产要求，用碳酸盐和氢氧化物代替草酸来沉淀稀土是最好的选择。为此，南昌大学等单位通过碳酸稀土结晶机理的研究，发现不同稀土元素的结晶活性及其区域范围有显著差异和规律性，确定了基于不同区域结晶产物的结构、形貌和颗粒大小差异来调控结构和物性的科学方法，创立了碳酸稀土结晶沉淀方法和氯根含量与物性同步控制沉淀技术，在解决与大量氯离子分离的同时，获得具有特殊物理性质，满足功能材料制备的高端稀土原材料。碳酸稀土结晶沉淀方法采用与结晶活性区域相匹配的同步加料反应模式，在晶种（核）的诱导下实现碳酸稀土快速连续结晶，解决了各种浓度稀土溶液的碳酸盐快速结晶难题。其突出特点是从多个维度（加料比、pH 和温度）来调控产品晶相组成、结晶速度、氯根含量和颗粒度，适合于连续、半连续和间歇式沉淀结晶。该技术的关键是配制与反应区域相匹配、符合加料比和 pH 值要求的由晶种、添加剂、料液或沉淀剂组成的"悬浮底料"，在选定的温度和搅拌条件下以类似"吃火锅"的同步加料出料模式来实现反应连续结晶，且允许使用高浓度的料液和高浓度的碳酸铵+氨水混合沉淀剂，有利于降低高盐废水的处理成本和循环利用。

近年来，南昌大学与赣州湛海稀土新材料股份有限公司合作，开发了一系列高纯度和特殊物性的稀土新产品，如超高纯度纳米氧化钇，取代了进口产品，满足了核能和核医学材料的应用要求。其中，高分散纳米氧化钇满足了在锂电池电极材料、功能陶瓷、功能晶体生产的苛刻要求，形成了长期供货能力，增长势头强劲。针对特殊用途，如稀土陶瓷粉体材料、稀土硫化物颜料、纳米稀土抛光液、红外成像用高性能复合稀土氟化物镀膜材料，开发新型稀土化合物材料，满足高端应用器件需求的超细/特殊物性稀土化合物关键共性制备技术，是未来稀土新材料领域的主要发展方向。

将稀土氢氧化物、碳酸盐和有机酸盐单晶制备与萃取分离技术配合，并经控制和超声辅助煅烧来生产超高纯和高分散的纳米、亚微米高端稀土原材料，同时达到稀土相对纯度和绝对纯度的超高纯化（≥99.999%）；满足《中国制造 2025》发展规划及工信部《重点新材料首批次应用示范指导目录（2019 年版）》第二款稀土功能材料、第 263 序对《高纯稀土化合物、超高纯稀土化合物、高纯稀土氟化物镀膜材料、超细粉体稀土化合物》的性能指标要求。高分散氧化钇等高纯超细稀土粉体产品主要应用于晶体材料、电子材料、新能源、核能等高技术领域的高端应用。南昌大学与赣州湛海科技合作，实现了该类稀土产品的国产化，年均增长率达 43%，价格是普通产品的 2~10 倍；用于核能的超高纯氧化钇已经实现国产化，其销量与核能发展保持同步持续增长。

4.7.3 稀土材料物性控制

材料是具有一定功能性质，能够满足人们生活需要和提高人类精神享受的物质。稀土材料包括各种具有一定功能性质的稀土金属、合金和多种多样的稀土化合物，以及由它们与其他元素组成的不同结构和功能的聚集态，包括单晶、多晶、非晶、玻璃、陶瓷、涂料、低维化合物、复合材料、超细粉末、金属间化合物和高分子化合物等等。

材料的性能由其化学成分及其显微结构决定，它取决于生产过程的控制。材料性能的控制包括对物性和化学成分的控制，稀土产品的质量控制也包括物性和化学指标的控制，因为这两方面的指标在大多数情况下是相互关联的。作为一种材料，其应用的依据主要是物理性能，而化学指标则是保障其基本物理性能的前提条件。目前，稀土产品的化学指标的控制技术已基本成熟，纯度为 5N～6N 的，且杂质含量小于百万分之三甚至百万分之一的高纯稀土化合物都可以实现大规模的工业化生产，为稀土新材料的开发奠定了基础。但在与稀土材料性能关系密切的物性指标控制方面仍有很大的潜力。

稀土材料的物性指标包括两个层次的内容：一是材料的内在物性即材料的光、电、磁、强度和硬度等指标；二是稀土产品的表观物性如粒度、比表面积、孔隙度、晶型、分散性等等。所以，在稀土分离水平提高到一定程度之后，稀土精加工水平的提高将主要依靠稀土产品的物性控制，即根据用户要求生产出具有特定要求的稀土产品的能力，它与高新技术材料的开发紧密相关，是稀土冶炼加工的最后一步，也是稀土材料制备的开始，因而是连接稀土冶炼与稀土应用的桥梁。其重要性可以从各种稀土材料性能与其物理性能的关系上得到充分的证明。例如，在稀土发光材料方面，无论是彩电荧光粉还是三基色荧光粉，影响发光性能的因素除化学指标外还有物性指标。它们的光通量、光衰和涂屏涂管性能与其粒度大小和分布、结晶性、分散性及密度的关系密切。基于这一点，国内荧光粉厂也曾纷纷把精力集中到荧光粉的粒度、分散性和结晶性的控制，从原料制备到产品后处理加工整个生产过程加以控制，开发出各种新产品，如超细颗粒荧光粉、不球磨荧光粉、包膜荧光粉等等，使国内荧光粉质量得到进一步的提高，产量翻番。其技术关键就在于产品的物性控制。关于稀土抛光材料，我们知道大多数用于生产抛光粉的稀土原料并不需要很高的纯度，但最终产品的晶型、硬度、粒度和悬浮性对产品质量指标影响很大。从抛光能力来讲，铈含量的增加是有利的，但即便用高铈稀土，若其物性指标如晶型、硬度、粒度和悬浮性等未控制好，所得产品的抛光能力也很低。为满足高速抛光的要求，需做到产品的价格与材料晶型、硬度、粒度和悬浮性等多方面的统一。当今稀土用量较大而又引人注目的催化剂首推汽车尾气净化催化剂，目前在欧美和日本等发达国家已形成了颇具规模的消费市场。这类催化剂的活性不仅与其组分有关，还与物性和制备过程有关，且关系更大。为保证催化剂组分在高温下仍保持高活性，要求它们在高温下仍保持高分散性的高比表面积状态，其晶粒尺寸在纳米级范围。为此，人们开发了一系列适合于制备催化剂的氧化铈涂料，它们有非常小的颗粒和高度的分散性，能以纳米级状态涂覆在载体表面形成高分散的高活性组分，并有很高的高温稳定性。对于磁性材料，成分的改变在其发展史上起了重要作用，然而其粒度和晶粒取向也非常重要。为此，人们研发了多种加工工艺。不管是采用何种工艺，在成型前（如烧结、热压、黏结、热变形等）都必须使磁性合金满足一定的粒度要求。例如，在烧结法制备永磁材料时，必须将粗粒合金研磨到合适的尺寸，完成制粉目的之后再在磁场下取向。对于钕铁硼永磁体要求粒径在 $3\sim5\mu m$，使每一个颗粒都是单晶，且要求粉末尺寸均匀，颗粒外形接近球状，表面光滑，缺陷少。储氢合金的组分对其应用性能有相当大的影响，因此人们研究确定了多种多样的合金组成配方。一些厂家所用的配方虽然类似，但性能却有较大的差别。导致这一差别的原因就在于它们在物性控制方面有明显差距。稀土在陶瓷中的应用主要是作为添加剂来改进陶瓷的烧结性、致密性、显微结构和相组成等，以满足在不同场合下使用的陶瓷材料的质量和性能要求，但要取得理想的效果，则需对所加稀土的物性有严格要求。在氮化硅、氮化铝和碳化硅中作为烧结助剂用的氧化稀土粉末，要求纯度高且有弥散性，并要达到超细的小粒径。用于制作透光性陶瓷的稀土粉体，不仅要求化学纯度高，吸收光的杂质尽可能少，还要求其粒径小于 $1\mu m$，大小均匀。

自20世纪90年代以来，我们一直强调并与国内一些主要的稀土企业围绕稀土产品的物性控制技术开展工作，使中国在稀土发光材料、磁性材料、抛光材料、储氢材料、陶瓷材料及相关应用领域的研究开发方面取得了一些很好的成绩。但在产品应用性能的提高和生产成本降低等方面仍有许多工作要做。在中国的基础性研究计划中，"材料制备过程中的基础研究"被列为材料科学的优先发展领域，应用广泛的稀土材料自然包括在其中。只有深入研究稀土材料的制备方法和过程，掌握其规律，发现好的制备条件（甚至生产工艺条件），才能生产各种高附加值的稀土新材料，才能满足国民经济和国防建设以及现代科学技术不断发展对稀土材料的需要。在本章中，我们拟先对稀土材料合成的一些基本方法和技术做一个系统的介绍。在后续各章节中，我们还将讨论各种稀土材料的具体合成方法和性能。

4.7.4　高纯稀土金属及靶材

高纯稀土金属生产及应用主要集中在日本和美国。2016 年底，日矿金属、东曹、霍尼韦尔等企业已实现大尺寸 4N 级高纯稀土金属溅射靶材的生产，垄断了面向电子信息配套的高端大尺寸稀土靶材的供应。

国内高纯稀土金属及靶材的研发和生产起步相对较晚。在产业化方面，广东惠州最早形成了高纯稀土金属和靶材的生产集散地。"十二五"以来，在科技部支持下，有研稀土和湖南稀土金属材料研究院合作开发出 16 种 4N 级超高纯稀土金属提纯技术和装备，并具有了小批量生产能力，相关单位也具备了小尺寸高纯稀土金属靶材（直径约 200mm）的产业化能力。但总体而言，产业规模、技术水平等与国外均有明显差距。为减小中国与欧美国家之间的差距，需要重点开发满足 12 寸晶圆生产用的高纯稀土靶材，以及第三代半导体及新型通信器件用的高端靶材，建立中国高端大尺寸靶材的供应能力。提升国产电子装备整体水平，摆脱高性能功能薄膜器件受制于日、韩、美等国家的现状，支撑"中国制造 2025""互联网+"等国家重大战略的实施。

4.7.5　稀土材料前驱体产品的绿色低成本生产问题

中国稀土提取和冶炼水平国际领先，以北京大学等单位完成的稀土萃取分离技术为中国稀土主导国际市场做出了巨大贡献。但生态文明建设国家战略的实施对稀土冶炼分离的环境保护提出了更严格的要求。尽管联动萃取等一些新技术的应用已经大大降低了酸碱消耗，但氨氮超标等问题仍然突出。而采用价格高或质量差的非铵原料代替氨水皂化和铵盐沉淀方法的仅仅通过简单改用原料的"源头方案"拉高了成本，降低了质量，排放了大量含磷量和 COD 超标的高盐废水，污染依然严重。另外，如何根据材料应用的组分要求灵活调整分离方案，也是降低酸碱消耗、促进高丰度稀土大量应用的关键。因此，迫切需要研发绿色化低成本"源头技术"来实现节水降耗、循环利用和减排目标！

稀土环境化学主要研究稀土元素本身及其生产过程产生的三废对环境的影响程度和机理，提出能够有效降低三废产生量的稀土冶炼和材料制备新流程新工艺，发展能够从稀土企业的三废物质中回收利用有价元素，减少污染物排放和环境影响程度甚至完全消除其环境影响的新方法、新技术和新设备，开发出能够用于大气和水中其他污染物处理的稀土新材料。新的稀土工业污染物排放标准不仅对废水中污染物的含量提出了更严格的要求，而且对废水排放量也有具体要求。为此，很多单位都开展了废水处理技术研发工作。其中，将源头控制与末端治理相结合是稀土冶炼废水综合治理的主要方向。源头控制涉及两个主要思路：一是通过工艺过程的优化来减少酸碱消耗；二是依靠改用非铵原料来实现铵减排。末端治理的目的是将污染物转化为有价资源回收利用，实现循环生产，每年可以产生数千万元以上的经济和社会效益。

2010 年以来，包头地区研发的稀土废酸回收产业化技术，为包头稀土产业由资源优势向产业优势迈进起到了重要的推动作用，是"包头稀土集中冶炼"及"黄河流域包头段稀土行业废水治理"国家重点环保项目的保证。北方稀土资源开发中尚需面对的主要问题是高温硫酸法中的钍渣放射性污染问题以及低温硫酸法和碱法中钍产品的出路问题。

甘肃稀土新材料股份有限公司分别对碳酸稀土沉淀废水、稀土萃取含盐酸性废水、稀土草酸沉淀废水进行综合处理。通过对稀土冶炼废水进行集中分类，分别治理，最终达到无害化和循环利用，并对其中的有价元素进行回收利用。所得的硫酸钙渣，主要用于水泥的生产。氨氮废水经蒸发浓缩处理后产出氯化铵产品，母液回用于碳酸氢铵溶解工序；稀土萃取含盐酸性废水经处理后回用于离子膜电解制酸碱；草酸沉淀废水处理后达标排放。与此同时，甘肃稀土引进有研稀土和五矿稀土研究院的技术，包括新的萃取和皂化技术，联动萃取分离等等，进一步优化了稀土分离和废水处理的工艺流程。

离子吸附型稀土开采过程的环境保护问题主要体现在矿山水土流失、植被破坏、含铵和低浓度稀土废水的排放；分离企业皂化和萃取废水、沉淀废水和洗涤废水的处理等方面。寻乌南方稀土有限责任公司和赣州有色冶金研究所将稀土分离废水分类，进行了稀土分离工序和稀土矿山废水综合利用工艺的研究。研发出稀土分离废水综合利用及火山熔岩离子型稀土矿原地浸矿关键技术，实现了稀土分离与矿山开采的有机结合。这套技术形成了集环保、废物综合利用于一体的、完整的稀土分离工艺体系，达到了节能减排的效果。通过对地质条件极为复杂的火山熔岩离子型稀土矿进行原地浸矿工业开采，完善了原地浸矿工艺且扩展了应用范围。与此同时，赣州稀土矿业有限公司等单位还对离子型稀土矿进行了无氨浸矿剂的浸矿试验研究，开发出适合的无氨浸矿剂、浸矿工艺技术及母液无氨沉淀工艺技术；通过对稀土萃取分离无氨在线皂化和沉淀的试验研究，开发出无氨在线皂化工艺技术及相应设备，以及无氨沉淀工艺技术。

广州有色金属研究院等单位完成了南方离子吸附型稀土矿放射性元素高效清洁分离技术、稀土元素的高效清洁萃取分离提纯技术、离子膜电解技术制备氧化铈、草酸沉淀稀土废水循环利用等系列工艺技术。通过对原有生产工艺进行改造，形成了新的工艺体系。为了遏制东江源水质的恶化，国家水污染控制与治理科技重大专项设立了"东江源头区水污染系统控制技术集成研究与工程示范"课题。环境保护部南京环境科学研究所等单位研究了果园、农田、生猪养殖、矿山等来源的水体污染物控源、减排和净化技术，提出了东江源头区水污染系统控制总体策略，集成研发了东江源面源污染控制整装成套技术和东江源矿区生态修复与重金属风险控制关键技术，为保护源头区自然产流生态环境、满足高功能水质要求提供了技术与工程基础。

南昌大学与虔东稀土集团合作，对离子吸附型稀土高效绿色提取技术开展了系统的攻关研究，开发了多项从废水中回收稀土和铝的新技术。回收得到的稀土铝渣经酸溶和 N1923 萃取，实现了稀土与铝的全回收利用。分离稀土后的硫酸铝用于稀土尾矿中残余稀土的浸出，大大提高了稀土浸出率；尾矿经护尾处理，在雨水淋浸下的铵离子和金属离子释出量大大降低，可以直接满足废水排放要求。同时，南昌大学研究开发了稀土尾矿生态修复技术，在堆浸尾矿上的应用效果证明了该套技术的可行性。同时，对于低浓度稀土废水的处理与物质回收利用，南昌大学提出了以黏土矿物作吸附剂来回收废水中的稀土，并与脱氨脱油技术耦合，实现了废水减排。

南昌大学与全南包钢晶环合作，将沉淀与萃取和溶料相结合，创立了酸性络合萃取有机相的稀土皂化方法，构建了皂化和酸解反应的分区域、分阶段的连续快速反应模式，并使水相循环；实现了萃取有机相的连续皂化，减少皂化废水 90% 以上，酸碱消耗 13% 以上。该技术解决了原有技术中反应速度慢、有机相损失大、皂化废水量多、不能实现连续化皂化等诸多技术难题。南昌大学还研发了草酸沉淀废水和洗涤废水的高值化回收利用技术，实现了废水处理与萃取和沉淀结晶工序的有效衔接，使所有的酸和水以及残留的草酸和稀土都能够得到高值化利用，回收的高纯盐酸和水均实现了高值化回收利用。为回收利用冶炼分离过程产生的高浓度氯化物废水，以分离厂的高浓度氯化物废水处理和物质循环利用为目标，通过硫酸与废水反应来制取高纯盐酸和复合浸矿剂的新技术，完成了盐转化制高纯盐酸并副产离子吸附型稀土高效浸取试剂的工业试验。回收的盐酸为 4～6mol/L 的高纯度盐酸，可以直接用于高纯稀土的萃取分离；回收得到的硫酸氢盐可以直接用于矿山浸取离子吸附型稀土。可实现连续或半连续反应制酸，并用钽二效热交换器来解决热交换和腐蚀问题。

南昌大学与甘肃稀土新材料合作研发的高堆密度细颗粒低氯根稀土碳酸盐和氧化物生产技术则是巧妙地利用不同反应和温度区域碳酸稀土结晶物性指标的差异，通过相态转变来调谐产品物性并降低水用量，使产品的稀土总量提高 20% 以上，且颗粒小 [D_{50} 在 1.0～2.0μm、分散性好 $(D_{90} - D_{10})/(2D_{50})$ 为 0.74]、堆密度大（由 0.8 以下提高到 1.1～1.2kg/L 之间）、氯根含量低（由 1000mg/kg 以上降低到 <100mg/kg）。该工艺节约了用水、提高了产品质量，产生的废水盐浓度高，可以直接按成熟的石灰蒸氨法、多效蒸发法处理。

碳酸稀土沉淀结晶技术在南方离子吸附型稀土矿山和分离企业得到广泛的推广应用，实现了大规模连续结晶生产，不仅减少废水量 30% 以上，提高废水盐含量到 12% 以上，还大大降低了高盐废水的回收成本。在北方稀土、内蒙古包钢稀土和甘肃稀土等企业建设了年产万吨以上碳酸稀土连续结晶生产线。与此同时，有研稀土新材料和五矿稀土研究院分别以碳酸氢镁和碳酸钠盐为沉淀剂的碳酸稀土生产工艺进行了研究，提出了相应的技术方案，并实现了工业化应用。

北京大学和五矿稀土研究院提出了"二组分多出口工艺"理论及其设计方法，在一套分离工艺中同时获得高丰度稀土的多规格产品，可灵活适应不同市场需求。该工艺中间出口的设立又增加了设备生产能力，降低了稀土产品的单耗和分离成本。针对包头稀土开发的抛光材料，用纯铈、镧铈和镧铈镨多规格碳酸稀土前驱体，解决了包头稀土镧铈过剩问题；针对四川稀土开发的稀土硅铁生产用铈富集物，解决了四川氟碳铈矿冶炼产出富铈优溶渣长期大量积压问题。这些工艺显著降低了抛光材料和稀土硅铁的生产成本。

在江苏，2012 年底完成了多项关键技术的开发，集成了除重脱氮预处理技术、稀土及有机相回收的预处理技术；研究了稀土废水末端催化氧化、有机磷去除工艺及装备，可使稀土废水的出水达《稀土工业污染物排放标准》中"水污染物特别排放限值"，打破了制约稀土行业发展的环保"瓶颈"。

4.8 稀土微纳米粉体材料

4.8.1 定义

（1）稀土纳米材料

基质粒子尺寸在 1～100nm 范围内且包含稀土元素的材料被称为稀土纳米材料。将稀土材料纳米化在原有特性的基础上赋予其一系列新的性质，例如表面效应、小尺寸效应、量子尺寸效应和宏观量子隧道效应，进而使稀土纳米材料能在光学、催化剂、陶瓷、燃料电池和储氢等领域具有优异的表现，发现及合成更多的新型材料。因此，稀土纳米材料的研究、应用及开发对于我国具有重要意义。

（2）稀土超细粉体材料

一般来讲，粒径为 1～100μm 之间的粉体为微米粉体，0.1～1μm 之间的为亚微米粉体，1～100nm 之间的为纳米粉体，而将粒径小于 10μm 的粉体称为超细粉体。在超细粉体材料中加入稀土元素即可称作稀土超细粉体材料。目前，稀土超细粉体通常采用球磨法、机械粉碎法、喷雾法、爆炸法和化学沉积法等方法制备。应用较为广泛的稀土超细粉体材料包括氧化钇等稀土化合物超细粉体、钕铁硼超细粉体、$RE^{3+}(Nd^{3+},Ce^{3+})$:YAG 超细粉体、氧化铈超细粉体、$Nd:Y_2O_3$ 透明陶瓷超细粉体、$Y_3Fe_5O_{12}$（YIG）超细粉体等。

4.8.2 稀土微纳米粉体材料的类型

（1）稀土纳米发光粉体材料

发光是物体不经过热阶段而将其内部某种方式吸收的能量直接转换为非平衡辐射的现象。在各种类型激发作用下能发光的物质称为发光材料。其中，凡是含有稀土元素的纳米发光材料均可称作稀土纳米发光材料。

稀土纳米材料的发光起源于稀土元素具有特殊的电子层结构及优异的能量转换功能。稀土离子位于内层的 4f 电子可以从基态或较低能级跃迁至较高能级，期间吸收激发能量并产生光辐射。辐射的光能取决于电子跃迁前后所在能带（或能级）之间的能量差值。稀土纳米发光粉体材料按发光材料中稀土的作用不同可分为以下两种：

① 稀土作为激活剂的发光材料。在基质中作为发光中心而掺入的稀土离子称为激活剂。以稀土离子作为激活剂的发光体是稀土发光材料中最主要的一类，根据基质材料的不同又可分为两种情况：一是材料基质为稀土化合物，如 $Y_2O_3:Eu^{3+}$；二是材料的基质为非稀土化合物，如 $SrAl_2O_4:Eu^{2+}$。可作为激活剂的稀土离子主要是 3 价稀土离子（Sm^{3+}、Eu^{3+}、Tb^{3+}、Dy^{3+}）以及 2 价的 Eu^{2+}，其中应用最多的是 Eu^{3+} 和 Tb^{3+}，而 Pr^{3+}、Nd^{3+}、Ho^{3+}、Er^{3+}、Tm^{3+} 和 Yb^{3+} 则能作为上转换材料的激活剂或敏化剂。

② 稀土化合物作为基质材料。常见的可作为基质材料的稀土化合物有 Y_2O_3、La_2O_3 和 Gd_2O_3 等，或将稀土与过渡元素共同组成为化合物，如 YVO_4 等。稀土纳米发光粉体材料能呈现丰富多变的荧光特性、发光的色纯度高、吸收激发能量的能力强、转换效率高、激发态寿命长且物理化学性能稳定，可承受大功率的电子束、高能射线和强紫外光的作用。

（2）稀土纳米催化粉体材料

稀土元素因具有高的氧化能和高电荷的大离子，能与碳形成强键，因此很容易得失电子，进而促进化学反应。稀土催化材料具有较高的催化活性，几乎涉及所有的催化反应，无论是氧化-还原型的，还是酸-碱型的，均相的还是多相的，相对传统催化材料，稀土纳米催化材料因尺寸小、表面的键态和电子态与颗粒内部不同、表面原子配位不全，均会导致表面活性位置增加，故具有催化活性高、比表面积大、稳定性好、选择性高、加工周期短的特点。

稀土纳米催化粉体一般用在石油催化裂化和汽车尾气的净化处理等方面。

① 石油裂化催化剂。在石油化工中，由于稀土离子能稳定 X 型沸石和 Y 型沸石结构，保持氯传递（裂化）性能比旧的非晶态氯化硅和氯化铝催化裂化要好，常用来制备石油裂化的催化剂。目前，我国常用的稀土裂化催化剂体系包括如下 2 种：

稀土 Y 型沸石催化剂：工业化生产的半合成稀土 Y 型沸石催化剂性能良好，而该材料的全白土型属于大堆密度、低比表面积、大孔径和高强度催化剂，具有足够的结构稳定性和优良的抗水热减活能力，抗金属减活能力也比较突出；

稀土氢 Y 型催化剂：该材料的性能介于稀土 Y 型和超稳 Y 型沸石催化剂之间，既具有良好的焦炭选择性，又具有较高的活性和稳定性，适合于多数 FCCU 掺炼重油，得到了业内的广泛认可。

② 汽车尾气净化处理。稀土气体净化催化材料具有价格便宜、原料易得、工艺稳定等优点，采用含有稀土的催化净化器是治理燃油机动车尾气的重要途径。稀土净化催化纳米材料同样包含多种类型。

按催化剂活性组分的晶相可分为晶型结构和无定形结构，具体有 $LaMO_3$ 型（M = Co、Ni、Mn、Fe、Cr 等）、$LnCoO_3$ 型（Ln = La、Pr、Nd、Gd、Ho 等）、$La_{1-x}A_xCoO_3$ 型（A = Sr、Ce 等）、$La_{1-x}A_xMnO_3$ 型（A = Sr、Pb、K、Ce）、$LaMn_{1-x}M_xO_3$ 型（M = Co、Ni、Mg、Li 等）、$A_xB_{1-x}LO_3$ 型（A = La、Y、Ce、Pr、Nd 等，B = Mn、Co、Fe、Sr 等，L 为过渡金属或碱金属）、$La_xSr_{1-x}Fe_yMn_{1-y-z}Pd_zO_3$ 型（$x = 0.6 \sim 0.8$，$y = 0.5 \sim 0.8$，$z = 0.01$）；

按催化剂活性组分含量，包括稀土等碱金属氧化物、稀土等碱金属氧化物加微量贵金属；

颗粒状催化剂，通常以 $\gamma\text{-}Al_2O_3$ 为载体，负载 10%～20%稀土等碱金属氧化物。

（3）稀土纳米抛光与陶瓷粉体材料

近年来，稀土元素逐渐被用于生产抛光材料、磨料及陶瓷彩色釉。据统计，稀土及其化合物在玻璃和陶瓷工业中的用量占稀土总用量的 25%～30%。

① 稀土抛光粉是由稀土碳酸盐、草酸盐、碳酸钠复盐、硫酸盐及氢氧化物等中间体化合物经高温焙烧后生成的具有一定物理性质的稀土氧化物抛光粉。在稀土氧化物中，氧化铈（CeO_2）主要起抛光作用。稀土抛光粉中 CeO_2 的含量、抛光粉的粒度及其分布对抛光粉的性能起着决定性的作用。因此，根据 CeO_2 含量的高低可将稀土抛光粉分为铈组混合稀土抛光粉（成本低、初始抛光能力强）和高铈稀土抛光粉（化学活性好、粒度细而均匀、多棱角、抛光性能更优）。

② 陶瓷彩色釉是涂布在陶瓷半制品表面上的一种粉末状或浆状的着色物料。经烧成后，呈鲜艳的色彩。利用稀土作为着色剂或助色剂能提高现有颜料和色釉的品种和质量，尤其是为釉下高温颜料及高温颜色釉新品种的开发提供了可能性。此外，由于 3 价镧离子的半径在稀土元素中最大，极化系数高，可提高釉料的折射率，故氧化镧通常被作为陶瓷釉料的光泽剂。CeO_2 则可作为优秀的失透剂，掩盖瓷质中的杂质颜色，显著提高产品白度。在稀土高温陶瓷颜料中，以高温锆黄色釉和钕变色釉为主。

（4）稀土纳米磁性材料

永磁材料中最新、性能最好的是稀土永磁材料，它是由稀土元素尤其是轻稀土元素与过渡族金属 Fe、Co、Ni、Cu、Zr 等或（和）非金属元素如 B、C、N 等组成的金属间化合物经适当加工处理后得到。至今，世界稀土永磁材料的年产量已超过 10 万吨，可分为两大类：

① 第一类是稀土-钴合金（RE-Co 永磁），其中，第一代稀土永磁体是 $SmCo_5$（磁能积典型值为 200 kJ/m³），第二代则是 Sm_2Co_{17}（磁能积 300kJ/m³）；

② 第二类是钕铁硼合金粉末（RE-Fe-B），即 $Nd_2Fe_{14}B$（磁能积为 400 kJ/m³），当 Nd 原子和 Fe 原子分别被不同的 RE 原子和其他金属原子所取代可发展成多种成分不同、磁性能不同的 RE-Fe-B 永磁材料。目前烧结 $Nd_2Fe_{14}B$ 稀土永磁材料已进入规模生产。作为黏结永磁体材料的快淬 NdFeB 磁粉，晶粒尺寸为 20～50 nm，为典型的纳米晶稀土永磁材料。稀土永磁纳米粉体材料已成为高新技术、新兴产业与社会进步不可缺少的新材料。

4.8.3 稀土微纳米粉体材料的合成

近年来，人们在稀土微纳米粉体的制备方面做了大量极有成效的工作，涌现出了多种制备微纳米粉体的方法，如干法和湿法、粉碎法和造粒法、物理法和化学法。各项制备技术的基本原理大致分为两种类型，一是将大块固体粉碎变为纳米粒子；二是在形成颗粒时通过控制晶体生长，使其保持在纳米粒子尺寸范围内。下面就各种物理和化学方法做简要介绍。

（1）物理法

① 机械合金化法。该方法是一个无外部热能供给的、干的高能球磨过程，是一个由大晶粒变为小晶粒的过程，即将不同的粉末在高能球磨机中进行球磨，粉末经磨球的碰撞、挤压、重重地变形、断裂、焊合，原子间相互扩散或进行固态反应而形成合金粉末。该法工艺简单、制备效率高，能制备出常规方法难以获得的稀土金属化合物纳米材料。

② 惰性气体冷凝法。该方法的原理是将大块材料在真空中加热蒸发，主要过程是在真空蒸发室内充入低压惰性气体（Ar 或 He），将蒸发源加热蒸发，产生原子雾，与惰性气体原子碰撞而失去能量，凝聚形成纳米尺寸的团簇，并在液氮冷却的冷阱上聚集起来，随后即可将聚集的粉状颗粒刮下。这种方法具有高纯度、样品粒径分布窄、结晶性好、物料成分和粒度易于控制等诸多优点，理论上适用于任何可蒸发的元素以及化合物纳米粉末的制备。

③ 非晶晶化法。该方法是将非晶态样品经一定的退火工艺晶化成具有一定晶粒尺寸的部分或完全晶化的纳米材料。目前常用于稀土磁性纳米材料的研究中。

④ 低温粉碎法。该方法主要针对各种脆性材料，在液氮温度下，进行粉碎来制备纳米材料。此法需预先将粗粉制成原料，以降低杂质并控制粒子的形状。

（2）化学法

① 沉淀法。沉淀法是制备纳米材料常用而有效的方法，包括直接沉淀法、均相沉淀法、共沉淀、碳酸盐沉淀法等。碳酸盐沉淀法制备稀土氧化物纳米粉末具有操作简便、成本较低等特点，适于工业化生产。这种方法已用于氧化钇等纳米材料的生产。

② 溶胶-凝胶法。该方法的工艺过程是将金属醇盐或无机盐经水解得到溶胶，然后使溶质聚合凝胶化，再将凝胶干燥、煅烧，最后得到纳米材料。采用溶胶-凝胶法已制得了多种稀土纳米材料，如 CeO_2、$LaMnO_3$（M = Fe、Cr、Mn、Co）、$La_{1-x}Sr_xFe_2O_3$ 复合氧化物纳米粉末等。

③ 水（溶剂）热法。该方法是制备稀土微纳米粉体材料的有效方法，而由于水热法只适用氧化物材料或少数一些对水不敏感的硫化物的制备，因此，以有机溶剂代替水，在新的溶剂体系中设计新的合成路线，可以扩大水热法的应用范围。水（溶剂）热法可制得单一产物，

制备范围广、合成温度低、条件温和、含氧量小、体系稳定。

④ 固相热分解法。采用该方法制备稀土纳米粒子，通常是将盐类或氢氧化物加热，使之分解，便可得到各种化合物纳米粉末。如用稀土草酸盐在水蒸气存在下，加热分解可制得 14 种稀土的氧化物纳米粉末。此外，用热分解稀土柠檬酸或酒石酸配合物也已获得一系列稀土氧化物纳米粉末，如 Y_2O_3 和 La_2O_3 等。

⑤ 燃烧法。用燃烧法制备稀土纳米材料相对于其他方法是一种很有意义的高效节能合成方法，且合成温度低，燃烧的气体可作为保护气体防止 Ce^{3+} 和 Eu^{3+} 等掺杂离子被氧化。

⑥ 喷雾高温分解法。该方法是先以水、乙醇或其他溶剂将原料配成溶液，再通过喷雾装置将反应液雾化并导入反应器中，在那里溶液迅速挥发，反应物发生热分解或同时发生燃烧反应和其他化学反应，生成与初始反应物完全不同的具有新化学组成的稀土纳米粒子。

⑦ 化学还原法。用该方法可以制得一些单分散的纳米粉末，在较高温度和压力的条件下，使用含有稀土金属离子的盐、还原剂、分散剂等，可以获得稀土元素纳米粉末。

4.8.4 稀土微纳米粉体材料的应用

（1）稀土纳米发光粉体材料

该材料按应用范围可以分为灯用稀土荧光粉、阴极射线发光材料（平板显示材料）和高能量光子激发发光材料（X 射线或 γ 射线激发）等。下面将对上述粉体材料做简要介绍。

①稀土光致发光粉体。该材料起源于 20 世纪早期，当时，铈、铕和钐等稀土离子被用作碱土金属硫化物的激活剂，进而获得了高效长余辉光致发光材料和红外荧光体。时至今日，赋予稀土光致发光材料生命力的当属灯用稀土三基色荧光粉和紧凑型荧光灯的发展。目前，灯用稀土三基色荧光粉的主要成分包括发红光（峰值 611 nm）的铕激活氧化钇（Y_2O_3:Eu^{3+}）、发蓝光（峰值 450 nm）的铕激活的多铝酸钡镁（$BaMg_2Al_{16}O_{27}$:Eu^{2+}）以及发绿光（峰值 543 nm）的铈、铽激活的多铝酸镁（$MgAl_{11}O_{16}$:Ce^{3+}, Tb^{3+}）。稀土三基色荧光粉作为最重要的发光材料之一，在照明领域具有划时代意义的应用。

②稀土阴极射线发光粉体（平板显示材料）。该材料主要用于电子显示器件中的阴极射线管，其作为能量转换媒介，负责将电信号转变为光信号。阴极射线管用稀土发光粉体通常由作为主体的化合物（基质）和少量作为发光中心的掺杂离子（激活剂）组成，其中的稀土激活元素包括 Ce、Pr、Nd、Sm、Eu、Tb、Dy、Ho、Er、Tm 等。典型的稀土阴极射线发光粉材料按照颜色可分为红色（Y_2O_3S:Eu^{3+}、Y_2O_3:Eu^{3+}）、绿色（$Y_2Al_5O_{12}$:Tb^{3+}、$Y_3(Al,Ga)_5O_{12}$:Tb^{3+}）、蓝色 [$(Sr,La,Ba)_3MgSi_2O_8$:Eu^{2+}、$(Sr, La, Ba)_5(PO_4)_3Cl$:Eu^{2+}、$LaOBr$:Ce^{3+}]。

③ 稀土 X 射线发光粉体。由于 X 射线不同于光激发，其作用在发光材料上的光子能量非常大。因此，作为 X 射线发光材料最宜采用含有重元素的化合物。稀土元素通常具有较大的原子序数，并且，其化合物密度高，非常适合用作 X 射线发光材料。X 射线拍照用的增感屏荧光粉中会采用稀土元素，其作用在于缩短辐照时间和降低辐照剂量。Buchanan 报道的稀土 X 射线增感屏临床数据表明，与传统的 $CaWO_4$ 增感屏相比，稀土增感屏明显降低了 X 射线辐照剂量，不久稀土 X 射线增感屏就实现了商品化，从而使得 X 射线影像领域取得了重大突破。

（2）稀土纳米催化剂粉体

① 在典型化工反应中的应用。在氨合成、水煤气转化的催化剂中，以稀土代替部分铬；在氨氧化制硝酸中，以含稀土的 ABO_3 型催化剂代替昂贵的铂金属催化剂；在硫酸生产中，可用硫酸铈及铈组混合稀土硫酸盐作氧化硫的催化剂；在有机合成中，烃类的氧化、甲烷选择性氧化、甲烷的氧化偶联、醇类氧化以及甲苯的完全氧化等都可用稀土氧化物或复合氧化物作催化剂，一氧化碳的加氢反应、乙烯加氢反应也可用稀土催化剂；在烷烃类和醇类脱氢、烯烃芳香化、环烷烃脱氢转化为芳烃、醇类脱水、酯化反应等方面也可用稀土氧化物作催化剂。

② 在尾气净化中的应用。20 世纪以来，国外学者首先研究了钙钛矿型稀土复合氧化物（ABO_3，A 代表稀土离子，B 代表过渡族金属离子）在尾气净化中的应用，发现稀土催化剂比铂催化剂具有更高的活性、化学稳定性、高温稳定性和更长的寿命，同时也是还原 NO_x 的有效催化剂。随后，日本和欧洲各国将稀土（主要是 Ce）加入催化剂中，降低了成本，提高了性能，大大促进了稀土催化剂的应用。本国学者也研究了可应用于汽车尾气净化的纳米稀土复合氧化剂，即负载在蜂窝体堇青石上的含镧和铈的 ABO_3 型复合氧化物催化剂，其平均粒径为 50nm，在汽车正常行驶时，对 CO、HC 和 NO_x 的转化率都很高。

（3）稀土纳米抛光与陶瓷粉体

① 稀土纳米抛光粉。该材料主要用于提高玻璃材料的抛光质量，它不但具有最佳的抛光能力，而且其中的稀土材料可循环使用。白粉（高铈）的抛光能力是黄粉（混合稀土氧化物）的 1.6 倍，是红粉（氧化铁）的 2.8 倍。使用稀土抛光粉后的玻璃具有更好的光泽度。中国、日本、法国、韩国、美国及俄罗斯等国家都有很多稀土抛光粉生产厂家。早期稀土抛光粉最大的消费市场是彩色电视机的阴极射线管，目前已经转移到手机盖板抛光和面板、液晶显示屏的抛光上。稀土抛光粉还被广泛用于光学玻璃、平板玻璃、眼镜玻璃、光掩膜、电子和计算机元件的抛光等众多领域。目前，中国的抛光粉产品占国际市场的 80%～90%。其中，淄博包钢灵芝和包头天骄清美所产的抛光粉已占到市场的半壁江山。

② 稀土高温彩色釉。稀土元素独特的电子层结构，其中不饱和电子层受到不同波长的光照射时，表现出对光的选择吸收和反射；或吸收一定波长的光后，又放出另一种波长的光。由于这种特性。可以利用稀土作为着色剂、助色剂或光泽剂来制造各种陶瓷颜料和色釉粉体，能提高现有颜料和色釉的品种质量。例如高温锆黄色釉，该材料色泽鲜艳、稳定、呈色均匀、釉面光泽度好、耐热耐腐蚀，使用温度范围广。再者就是高温钕变色釉，该材料具有双色效应，在不同光源的照射下，能呈现不同的色调，是一种性能优异的陶瓷高温色釉。

（4）稀土纳米磁性粉体

由于稀土永磁材料具有高磁能积和高矫顽力等优异性能，给永磁材料的应用带来了革命性的变化。稀土永磁材料尤其是钕铁硼的出现和应用对现代高新技术的发展起着巨大的推动作用。稀土永磁材料在现代工业和高新技术领域中的应用范围不断扩大，它作为永磁材料中的最新和最高磁性能的材料，已被广泛应用于电机、计算机、电声器件、微波器件、仪器仪表、磁分离、磁悬浮、磁力机械、核磁共振、医疗器械等许多工业技术领域以及军事和科研中。

4.9 稀土薄膜和涂层材料

4.9.1 稀土纳米薄膜

随着科学技术的发展，对产品的性能要求也愈来愈苛刻，要求产品超细化、超薄化、超高密度化及超充填化。为了满足用户需求，使材料复合化，可在材料表面涂覆一层粒径约10nm的微粉，且根据需要可以多层涂覆，各层的厚度从数纳米至数十纳米不等。薄膜材料有金属、非金属、高分子材料和复合材料等，经过沉积、喷涂和涂覆等手段，将不同性质、不同尺度的材料组合在一起，使其表面物理和化学性能得到提高而产生新的力学、热学、光学、电磁学及催化、敏感等性能，实现改性与功能化。如在制备稀土纳米NdFeB双相复合永磁材料时，就应用了现代薄膜工艺中多种取向方法，在两相复合纳米薄膜中，既保持两相纳米结构，又使得硬磁相获得高度取向，从而实现高性能的各向异性纳米复合磁体。永磁薄膜在集成微波和磁光隔离器中，尤其在微型通信器材中发挥着重要作用。另外利用永磁薄膜制作的电磁型微型马达也将推动以微型机器人为代表的微电子机械系统的研究与开发。综上所述，包含稀土元素的纳米薄膜材料可统称为稀土纳米薄膜。

4.9.2 稀土涂层材料

涂层材料是涂料一次施涂所得到的固态连续膜，是为了防护、绝缘、装饰等，涂布于金属、织物、塑料等基体上的塑料薄层。涂料可以为气态、液态、固态，通常根据需要喷涂的基质决定涂料的种类和状态。由于稀土元素具有特殊电子构型，即4f轨道的特殊性和5d轨道的存在，因而具有光、电、磁等优异性能。稀土离子具有丰富的电子能级，离子半径较大，电荷较高，又有较强的络合能力，这为化学合成稀土新材料提供了更多途径。将稀土元素应用到功能涂层，即可合成稀土涂层材料，从而可以对各种材料进行针对性的保护。更重要的是，稀土元素的加入能有效改善涂料和涂层的各种性能，特别是高温抗氧化和耐腐蚀性能，对要求在严酷条件下工作的工件和零件上有很好的应用前景。

4.9.3 稀土薄膜和涂层材料的类型

当前的稀土纳米薄膜和涂层主要分为两大类：稀土配合物纳米膜层、稀土氧化物纳米膜层。

（1）稀土配合物纳米膜层

稀土配合物膜层是以稀土配合物为主的薄膜或涂层材料。其主要类型包括：

① 离子配合物。稀土离子与无机配位体主要形成离子配合物，稳定性较弱，可制成溶液，涂覆于基体之上形成膜层；

② 螯合物。由于螯合物的环状结构比其他类型配合物稳定，且分子型螯合物难溶于水，易溶于有机溶剂，如苯或三氯甲烷。因此，在此类材料中掺杂稀土元素，可获得稀土配合物发光薄膜材料，在显示领域得以广泛应用。

（2）稀土氧化物纳米膜层

稀土氧化物膜层以稀土元素相关的氧化物为主要成分，除铈、镨、铽外的稀土氧化物可

用通式 RE_2O_3 表示外，Ce、Pr、Tb 的氧化物分别为 CeO_2、Pr_6O_{11} 和 Tb_4O_7。稀土氧化物薄膜在新材料中有着广泛的应用，例如，钕、钐、铕、钇等的氧化物薄膜常用于发光材料、永磁材料和超导材料中。此外，含氧化镧的膜层材料因具备较高的折射率，可用于光学玻璃之上。

4.9.4　稀土薄膜和涂层材料的组装与应用

（1）稀土薄膜和涂层材料的制备（组装）

稀土薄膜和涂层的制备（组装）方法分火法和湿法两大类。火法有磁控溅射法、喷雾热解法、惰性气体冷凝法、氢或惰性气氛 CVD 法等，采用等离子、激光、电子束、电弧等加热；湿法有溶胶-凝胶法、水热法、超临界水热合成法、沉淀法等。前者设备投资大，成本高，但制备的薄膜化学稳定性及机械稳定性高；后者设备投资少，成本低，易于操作。下面就一些典型的稀土薄膜（涂层）制备方法做简要介绍。

① 溅射镀膜法。溅射镀膜是指在真空室中，利用高荷能粒子（通常是由电场加速的正离子）轰击材料表面，通过粒子的动量传递打出材料中原子及其他粒子，并使其沉积在基体上形成薄膜的技术。溅射技术的成膜方法较多，具有代表性的有直流溅射、磁控溅射、射频溅射和反应溅射等。溅射镀膜技术可实现大面积、快速地沉积各种稀土功能薄膜，且镀膜密度高、附着性好。

② 真空蒸发镀膜法。该方法是在 $10^{-4}\sim10^{-3}Pa$ 的真空条件下，用蒸发器加热镀膜材料，使其汽化并向基片输运，在基片上冷凝形成固态薄膜。蒸镀法的设备要求相对简单、沉积速度快、工艺容易掌握，可进行大规模生产。

③ 等离子喷涂技术。等离子喷涂是以等离子弧为热源，喷涂材料以粉末的形式送入焰流中制备涂层的一种方法。由于等离子弧的能量集中，温度很高，焰流速度快，几乎可以喷涂所有难溶的金属材料。工业生产中以气稳等离子喷涂的应用最广。近年来，等离子喷涂技术飞速发展，又开发出低压等离子喷涂、计算机自动控制等离子喷涂、真空等离子喷涂、超声速等离子喷涂等技术，在现代工业和尖端科学领域的应用日益广泛。

④ 化学气相沉积（CVD）。该方法属于气相沉积法，它是将含有薄膜元素的化合物或单质气体通入反应室内，利用气相物质在衬底表面发生化学反应而形成固态薄膜的工艺方法。原则上，采用 CVD 法可以制备各种材料的薄膜，如单质稀土、稀土氧化物膜、稀土复合薄膜等。CVD 法也具有很多优点，如薄膜成分和性能可灵活控制、成膜速度快、可在常压或低压下沉积、沉积温度高、膜层与基体结合好等。

⑤ 溶胶-凝胶法。该方法是根据胶体化学原理，以适当的稀土盐类为初始原料制成溶胶，涂覆于基材表面，经水解和缩聚反应等在基材表面凝胶成薄膜，再经干燥、煅烧与烧结获得表面膜。溶胶-凝胶法制备薄膜的途径有很多，最简单的是刷涂法，但最常用的方法是浸渍提拉法和旋转法。溶胶-凝胶法制备稀土薄膜的突出优点是：制备的材料化学纯度高、均匀性好、工艺简便、烧结温度低。

⑥ 涂装工艺。涂装工艺的工序可分为涂前表面预处理、涂料涂覆、涂膜干燥固化。一般的涂装方法包括刷涂法、浸涂法、淋涂法、空气喷涂法和高压无气喷涂法。近年来兴起的静电喷涂则是以接地工件为阳极，以涂料雾化器作为阴极接负高压（60～100kV），同时，在两级间形成高压静电场，在阴极上产生电晕放电。当涂料以一定的方法雾化喷出后，立即进入强电场

中使涂料粒子带负电，带负电的涂料粒子迅速"奔向"被涂物体并吸附在物体表面，干燥后便形成一层牢固的涂膜。此外，电泳涂装和粉末喷涂等新型喷涂方法的应用也越来越广。

（2）稀土薄膜材料的应用

目前已经制备出 CeO_2、Y_2O_3、La_2O_3、Nd_2O_3、Eu_2O_3、Gd_2O_3、Dy_2O_3、Er_2O_3、Ho_2O_3、Tm_2O_3 等稀土氧化物纳米薄膜，CeO_2-ZrO_2、Y_2O_3-ZrO_2 复合物及 NdFeB 永磁材料等薄膜。在信息产业、催化、能源、交通及生命医药等方面，稀土纳米薄膜也都起着重要的作用。纳米薄膜技术最大的市场为数据存储器件。

① 纳米 CeO_2 吸收紫外线薄膜。以 $Ce(NO_3)_3 \cdot 6H_2O$ 和 $CO(NH_2)_2$ 为原料，采用水热法在玻璃基质上制备了 CeO_2 纳米膜，制备的薄膜厚度达 100nm，晶型较好，膜表面平整度较高，且具有优异的可见光透过性和紫外吸收特性。

② 纳米 Ni-La_2O_3 复合薄膜。在镍表面沉积纳米 Ni-La_2O_3 复合薄膜，提高了镍材的耐高温、抗氧化性，阻止了镍离子短路扩散，改善了氧化层的生长机制和力学性能，延长了高温时的使用寿命。

③ 稀土纳米合金热电转化薄膜。Ce/Si 超点阵纳米薄膜的热电功率系数比常规的 SiGe 薄膜和 SiGe 合金高很多倍，是很有前途的热电转化材料，已用于制备仪器仪表及热电厂所需的热电转化材料。

④ $YBa_2Cu_3O_7$/$PrBa_2Cu_3O_7$ 纳米多层膜材料。$(YBCO)_n$/$(PrBCO)_m$ 多层膜，用高压纯氧（$p_{O_2}=300Pa$）连续溅射制备，膜沉积在 $SrTiO_3$（100）衬底上，多层膜总厚度约为 250nm，即 PrBCO 厚度约 10nm，YBCO 层厚度各为 3.75nm、7.5nm、20nm、30nm、37.5nm、56.2nm、62.5nm，测得高温临界温度 T 为 81.5～90.5K。超导磁体产生 6T 磁场，可制作电动机、输电线等。

⑤ 磁性记忆薄膜。在 Ni-Fe 合金中复合 Eu_2O_3 微粒（0.5～0.8μm），可用来制取磁性薄膜，提高部件 Ni-VO_2、Ni-ThO_2 复合涂层的记忆密度，用于制备核燃料元件、控制材料、原子能反应堆燃烧室装置及零件。

⑥ 铝酸镧和镧铝氧氮薄膜。可代替 SiO_2 制作场效应绝缘层，使器件尺寸缩小到数十纳米大小。

⑦ 稀土纳米电致变色材料。据有关资料报道，将双层玻璃中的一层涂上氧化钨，另一层涂上氧化钛铈（厚度均为 200nm），未通电时该玻璃为透明状态，通电后变成深蓝色。这种纳米涂料超硬，耐划痕。可用于建筑材料及各种车辆的玻璃上，已实现产业化。

⑧ 稀土纳米 Y_2O_3 红外屏蔽涂层。粒度为 80nm 的 Y_2O_3，可做红外屏蔽涂层，反射热效率高，可用于隐形飞机、潜艇、导弹等。

⑨ 稀土纳米掺杂的电、光致发光材料。在纳米 ZnS 中掺杂稀土纳米 La、Ce、Nd、Tb、Eu、Tm、Ho、Er、Y 等元素，用不同方法可制出性能不同的发光材料及薄膜，用于制取电致发光、光致发光和阴极射线等光显示屏，还可用于涂料、橡胶、玻璃的染色过程及光学器件、透镜等。

⑩ 纳米光转化材料。有 Pd/Y、Pd/La 纳米材料复合膜等。

（3）稀土涂层材料的应用

① 稀土在有机涂料中的催干作用。有机涂料在材料保护中被大量应用，有机涂料在使用中往往需要添加催干剂。传统的催干剂主要是钴、锰、铁、铅、锌、钙等金属的有机酸皂，

但它们却存在明显的缺点，如钴皂价昂，锰皂色深，铅皂毒性大、污染大。稀土金属皂催干剂作为一类新型催干剂，不仅具有毒性低、颜色浅、价格适宜等优点，而且兼具活性催干剂和辅助催干剂的作用，可部分代替钴催干剂，全部取代锰、铁、铅、锌、钙等催干剂，有利于降低成本，消除铅毒及污染，并提高漆膜质量。稀土元素由于具有特殊的外层电子结构，以它制成的皂类催干剂不仅能通过自身的价态变化将油中天然抗氧化物氧化或结合成络合物沉淀析出，消除抗氧化剂的抗氧性，加速不饱和脂肪酸的吸氧速度，促进油中不饱和脂肪酸的表层氧化聚合干燥，而且还可通过其空轨道与醇酸、酚醛、氨基、环氧等树脂中的羟基、羟甲基等极性基团形成配位键，增加分子结构的交联度，生成更大分子量的配位络合物，从而使中、底层涂层产生配位聚合干燥。例如以稀土元素 Ce 和异辛酸为主要原料，采用有机酸皂化法可制备高效稀土涂料催干剂，该催干剂能通过所含铈离子的价态变化促进自由基产生，加速有机涂层的氧化聚合干燥，同时还可与有机分子中的羟基、羟甲基等极性基团形成配位键，使有机涂层产生配位聚合干燥。

② 稀土在功能有机涂料中的应用。在有机涂料中加入稀土盐的凝胶可以提高涂料的光泽。采用不同的稀土盐制成的涂料其光反射率（光入射角为 $60°$）分别为：醋酸镧为 72%，氯化镧为 69%，硝酸镧为 74%，醋酸铈为 71%，醋酸镨为 71%，醋酸镝为 71%，醋酸钆为 65%，硝酸钆为 71%。稀土水性有光涂料一般由含稀土盐的凝胶（2%～20%）、高分子乳胶树脂（10%～20%）和含各类添加剂的膏状基料（60%～80%）三大组分调制而成。该类涂料可用于木材、金属、陶瓷、纸张等固体物质的喷涂，起到增加光洁度及防腐等作用。在内墙涂料的制备中加入稀土盐，可以产生对人体有益的负离子。这是因为稀土元素的原子最外层电子结构相同，都是 2 个电子，次外层结构相似，而倒数第 3 层具有未充满的 4f 电子层结构。4f 轨道上有未成对电子，最外层的 2 个电子发生电子跃迁，由此而产生多种多样的电子能级，在稀土元素的原子表面产生空穴，使之与水、空气组成的体系发生催化反应，产生 O_2 和 $\cdot OH$ 活性氧自由基，将空气中的分子电离，从而增加空气中负离子的浓度。稀土元素具有特殊的电子结构以及独特的光、电、磁等性质，是构成光、电、磁等新型功能材料的重要元素。稀土激活碱土金属铝酸盐发光材料是指以稀土特别是以 Eu 为激活元素，以碱土金属铝酸盐为基体的一类发光材料。当前最具代表性且性能最好的铝酸盐基长余辉发光材料是稀土离子掺杂的 $MAl_2O_4:Eu^{2+},RE^{3+}$，其中 M 是碱土金属元素，RE 是稀土元素，Eu^{2+} 是发光中心，RE 能导致缺陷能级的形成，从而形成长余辉。不同的 M 使得 Eu^{2+} 所处的晶体场强度发生明显的变化，从而产生不同的发光和余辉颜色。浦鸿汀等人研究了以铝酸锶铕为发光体，分别以过氯乙烯、环氧树脂和丙烯酸树脂为基料的发光涂料，研究表明，铝酸锶铕的含量以 20%～30% 为最佳，以丙烯酸树脂为基料的发光涂料，其发光强度、附着力、耐水性、耐候性、化学稳定性较好。美国专利介绍了一种水性高速公路发光涂料，该涂料含有铕及其他稀土离子共激活的 MAl_2O_3（M 为 Sr、Mg、Ca、Ba 中的一种或多种）发光物质，以水溶性聚氨酯树脂为基料，是一种环境友好型路面涂料，而且还可以用于室内外的夜间指示。稀土保温涂料是以硅酸盐纤维为主料，以膨胀珍珠盐为填料，掺杂适量的表面活性剂、稀土和高低温黏合剂制备而成。稀土元素加入保温涂料以后，可以生成稀土氧化物、稀土硅酸盐、稀土化合物以及稀土夹杂物并放出某些气体物质，提高保温涂料的微孔结构。通过 X 射线荧光分析仪的检测证实，稀土元素和它的氧化物、盐类等是大量多元共存的。采用电子扫描显微镜对两种保温

涂料进行观察，加入稀土元素的保温涂料，其纤维呈网状排列；而不加稀土的保温涂料，其纤维呈混杂片状排列。由于稀土元素的"晶体惯态"大部分是"密排六方"体，部分是"密排六方"和"面心立方"共存，其原子本身又存在着空价键轨道，因而它的化学性能活泼，并和其他原子接触面大，在物理化学反应后形成以它为中心的网络结构，因而增强了涂料纤维之间聚合力。此外，稀土添加剂具有微量的放射性，能放射出 γ、β 射线，这些射线能使涂料中的黏结剂改性，也有助于提高其黏结力。将二氧化硅、碳化硅、硼酸、双氧水、氧化铅按照一定的比例混合反应制备原料组分 A；再将石墨粉、稀土氧化物按照一定的比例混合制成组分 B；将 A、B 组分按比例混合，加入溶剂，可调制成黏稠的导电涂料，可对冬季混凝土的施工进行高效、安全的加热保温，保证冬季混凝土系统的正常水合反应，满足了混凝土的强度设计要求，从而有效防止混凝土的早期冻害。

③ 稀土在防腐蚀涂层中的应用。金属材料的腐蚀不仅带来巨大的经济损失，同时还导致生态环境的破坏。全世界每年因腐蚀而报废的钢铁设备相当于钢产量的 30%，因腐蚀造成的停产、效率降低、成本增高、产品污染和人身事故等间接损失更为惊人，可见腐蚀问题已经成为亟待解决的问题。电弧喷涂长效防腐是目前最受重视的热喷涂技术之一，有着重要的应用领域。日本公布了在日本沿海进行的不间断海水环境下的浸蚀和腐蚀现场试验结果，电弧喷涂铝涂层的防护性能达到了 A 级。目前铝涂层和锌涂层是金属构件腐蚀防护的主要材料之一，它作为牺牲阳极，起到阴极保护作用，而且能使金属制品与外围腐蚀介质隔离，防止腐蚀发生。对含有稀土元素的几种铝和铝合金材料的电弧喷涂层的防腐性能进行测试，表明加入稀土可以有效地改善涂层的性能。这主要是由于稀土不仅可以细化晶粒，改善合金的抗蚀能力，而且可以提高涂层结合强度，降低孔隙率，使孔隙变细小。涂层孔隙率的降低对提高涂层的耐腐蚀能力有重要的作用。实际应用中，涂层孔隙的存在减弱了涂层的隔离作用，腐蚀介质会从孔隙穿过涂层到达基体，发生涂层下腐蚀。当钢铁构件全部覆盖涂层后，在涂层寿命经验公式 $T = 0.64d/S$（T 为设计寿命，年；d 为涂层厚度，μm；S 为裸露钢铁面积百分数）中，S 取决于涂层的孔隙率，涂层孔隙率降低，S 数值减小，涂层寿命延长。于兴文等人报道了稀土元素对铝合金表面转化膜的耐腐蚀作用。在铝合金表面形成稀土转化膜，抑制了氧和电子在铝合金表面与溶液之间的扩散和迁移，使腐蚀的动力消失，能起到更好的钝化保护作用。文九巴等人对富 Ce 混合稀土铝合金的热浸镀渗工艺及渗铝后的耐腐蚀性进行了实验研究，结果表明稀土对于热浸镀渗铝具有良好的催渗作用，钢表面热浸镀渗稀土铝后，具有良好的耐腐蚀性，其中含 0.13%的富 Ce 混合稀土的铝合金具有更好的耐腐蚀性，其耐腐蚀性是纯铝的 2～3 倍。环氧树脂有优异的附着力、柔韧性以及较好的耐腐蚀性，但其耐酸性及耐有机溶剂性差、吸水率高等弱点限制了其应用，可加入酚醛树脂对环氧树脂基体进行改性。酚醛树脂的加入使两种树脂的活性官能团间产生交联反应，所得改性涂膜既有环氧的附着力强、柔韧性大、抗碱性好的优点，又具有酚醛树脂的耐水性、耐溶剂性和耐酸性优良的特点。在环氧树脂粉末涂料的基本配方基础上，添加稀土元素，由于稀土元素一般易失去 3 个电子，呈+3 价，其反应活性极高，是参加反应的高活性剂，也是自身催化剂，而与树脂反应后所得化合物键能极强，因此树脂的耐热、耐磨、耐腐蚀等性能得到进一步提高。该类涂料由腐蚀抑制剂（稀土化合物）和能产生中性至微酸性的填料所组成。将腐蚀抑制成分与其他成分（如填料、氨基酸和氨基酸衍生物、凝胶和凝胶衍生物、有机交换树脂及其组合）相结合，可提

高所得涂膜的耐腐蚀性,对底材(如金属,包括铝和铝合金)附着力好,例如用环氧聚酰胺、分散剂、2-丁醇、高岭土和硝酸铈制备的涂料,具有良好的腐蚀抑制性。

④ 稀土在耐高温涂层中的应用。改善材料的耐高温氧化性仅从材料本身考虑往往是不够的,实践证明,高温材料本身要做到既有好的高温强度,又具备优良的抗氧化、耐腐蚀性能十分困难,而研制和使用耐高温涂层,其经费要比耐高温材料低得多。近年来,人们研究了各种耐高温涂层,已经得到了很大的发展,从传统的铝化物涂层到热障涂层,从单层涂层到多层涂层。耐高温涂层的涂覆方法很多,不同类型的耐高温涂层有不同的制备方法。

在材料表面改性层内添加微量稀土元素,可以改善改性层的致密性以及与基体的结合力,降低氧化速率,提高氧化膜的抗剥落性能,从而显著改善改性层的高温抗氧化性。微量稀土元素所起的作用,称为反应元素效应。在耐高温涂层制备过程中,稀土的加入可以采用不同的方法,如在化学热处理、激光熔覆或热喷涂中一般是加入稀土化合物,而在离子注入或等离子体镀膜中,可把稀土加入靶材中。稀土对表面改性层性能的影响,首先与其微量固溶和合金化有关。理论分析和测试结果均证明,"固溶稀土"主要富集于晶界上或其他晶体缺陷(如位错、空位等)处,通过与缺陷或其他元素的交互作用,引起晶界的物理、化学环境或界面能量的改变,影响其他元素的行为和产生新相的析出,最终导致改性层组织与性能的变化。其次利用稀土元素可以控制改性层中第二相或夹杂物,进而改善改性层的性能,细化组织与结构。稀土可以使渗镀层或涂层组织细化且致密,这是它改善改性层力学性能和抗氧化耐腐蚀性的重要原因之一。在化学热处理中一般认为,稀土元素与氧、氢等杂质元素有较强的亲和力,能抑制这些杂质元素促进组织疏松,从而使渗镀层组织致密,而且稀土可使新相的形核率增加,有利于渗镀层组织的细化。王引真等人研究了 CeO_2 对等离子喷涂 Cr_2O_3 涂层抗热震性的影响,发现适量的 CeO_2 使微裂纹呈网状分布于涂层薄片内,具有释放涂层内应力的作用,可延缓裂纹产生和扩展,并使涂层内贯穿性孔洞减少,从而提高涂层的抗热震性。热障涂层由于其优异的隔热性能而广泛用于保护航空发动机高温部件。在热障涂层陶瓷材料中,纯 ZrO_2 由于自身存在的相变问题不能直接用于热障涂层,而经过稳定化处理的 ZrO_2 以其良好的综合性能而成为热障涂层陶瓷层的首选材料。稀土氧化物涂层的主要组成一般是 La_2O_3、CeO_2、Pr_2O_3 和 Nb_2O_5。HanshinChoi 等人对等离子喷涂 CeO_2-Y_2O_3-ZrO_2 热障涂层研究表明,由于等离子喷涂过程中由 Ce^{4+} 转化的 Ce^{3+} 会重新被氧化为 Ce^{4+},减少了涂层中的氧空位,从而降低了立方相向单斜相转化的驱动力,使得该涂层具有比其他涂层更好的相稳定性、更低的热导率及热疲劳寿命。稀土元素对陶瓷涂层的高温性能有很好的改善作用。何忠义等人讨论了稀土高温结构陶瓷的应用,掺杂 La、Y 的 Si_3N_4 陶瓷工作温度可达 1650℃,主要用在高温轴承和高温燃气轮机上,La、Y 主要起到助熔剂和改善晶界的作用。掺杂稀土 ZrO_2 增韧陶瓷可作为高温耐磨材料,材料中 Y_2O_3 或 CeO_2 作为稳定剂。杨柳等人研究表明:在 Si_3N_4 陶瓷中添加 Yb_2O_3 和 CeO_2 后,晶间析出大量 $Yb_2Si_2O_7$ 晶体,提高了晶粒连接处在高温下的强度。M. Yoshimura 和 KimYoung-Wook 等人均发现,在 SiC 陶瓷中添加 Y_2O_3 使材料的高温强度提高到 630~750 MPa。对于 Al_2O_3 陶瓷,A. Yoshikowa 等人的研究表明,加入适量 Y_2O_3 可提高其高温强度,而 Mitsuoka 等人则发现,加入 0.105%(摩尔分数)的 Yb_2O_3 可使其强度达到 560MPa。

⑤ 稀土在其他功能涂层中的应用。稀土改性碳纳米管宽带吸波材料以碳纳米管为雷达波

吸收剂进行稀土掺杂后，与环氧树脂充分混合，制成复合吸波涂料并涂覆在铝板上制成吸波涂层。使用反射率扫频测量系统检测碳纳米管的吸波性能，结果表明：用适量稀土氧化物改性后，碳纳米管的吸波性能大幅提高。在远红外陶瓷粉中加入稀土氧化物时，因远红外陶瓷粉中含大量的 TiO_2，TiO_2 是光催化剂的半导体，充满电子的价电子带由能传导电子的传导带和不能传导电子的禁带构成。由于稀土元素外层的价电子带存在，当一定能量的光照射到远红外陶瓷粉时，稀土元素的价电子带会俘获光催化电子，所以 TiO_2 产生的电子大部分被稀土元素的外层价电子带（为+3 价）所俘获，这样便产生更多的空穴，故加入稀土氧化物的远红外陶瓷粉所产生的电子、空穴浓度远远高于未引入稀土氧化物的远红外陶瓷粉，因陶瓷材料大部分为多晶体介质材料，而介质晶体材料的红外辐射特性在远红外短波范围主要与电子或电子空穴有关，所以电子-空穴浓度的增加，会使材料的红外辐射加强。

4.10 稀土块体材料

4.10.1 定义

三维结构材料通常被称为块体结构材料，这类材料的基体内分布有多种尺度的颗粒、线、管或片层。若其中加入或掺杂了部分稀土金属元素，则可称为稀土块体材料。一般而言，稀土块体材料中包含了稀土元素与其他元素复合而成的微纳米晶粒，就这些微纳米尺度的晶粒、亚晶粒或位错胞结构而言，块体结构材料可以由不同取向的、具有微纳米尺度的晶粒或具有低角度位相差的亚晶粒及位错胞所组成。同样，三维的稀土块体结构材料既可以由一种或多种化学元素组成，也能是复合材料，或由微纳米片层叠加而成，再或是合金、陶瓷等材料。稀土块体材料的性能取决于其微观结构，即化学成分、原子结构及其结构单元。下面将以稀土块体材料的结构特征和应用领域划分简述。

4.10.2 稀土块体材料的结构类型

（1）稀土合金材料

稀土元素由于具有独特的核外电子排布，在金属及合金材料中有其特殊的作用。它可以净化金属及合金溶液、改善合金组织、细化晶粒、除去晶界间的微量杂质的影响和缺陷，提高合金在室温及高温下的力学性能、增强合金耐腐蚀性能等。因此，稀土作为主合金元素或微合金元素，被广泛应用在钢铁及有色金属合金材料中。

截至目前，稀土合金块体材料主要包括：稀土金属合金（即混合稀土金属）、稀土合金钢以及稀土的镁、铝、铜、钛、钨、钼、钴、镍、贵金属合金等。

（2）稀土磁性合金块体材料

稀土磁性合金材料是以稀土合金化合物为基体，如稀土-铁系合金是由 4f 稀土族元素和 3d 过渡族元素组成的金属间化合物。稀土金属原子的顺磁磁化率高、各向异性场强度高，但原子交换作用弱，居里温度低；而 3d 过渡族金属原子的原子交换强、饱和磁化强度高、居里温度也高，但各向异性场强较低。况且，铁磁性金属原子与稀土原子都存在原子磁矩。在稀土合金化合物中，稀土金属原子与磁性原子的磁矩构成铁磁性耦合，产生较高的饱和磁化强度。因此，将 3d 过渡元素的强磁性和稀土元素的高各向异性结合，通过适当工艺，就可获得具有高磁能积、高矫顽力、高剩磁和高居里温度的磁性能优异的稀土磁性合金材料。

（3）稀土储氢合金块体材料

稀土储氢合金材料是众多储氢材料中的一种，一般为含有稀土金属元素的合金或金属间化合物。由于稀土储氢合金具有吸氢量大、易活化、不易中毒、吸放氢快等优点而成为具有代表性并且已实用化的一类重要储氢材料。

自 $LaNi_5$ 二元储氢合金问世以来，人们从未停止过对新型稀土储氢合金的研究与开发。为提高稀土储氢材料的性能，已在二元合金的基础上开发出三元合金、四元合金、五元合金乃至多元合金。这些合金采用 AB_5 化学通式表示。A 元素为混合稀土金属（Mm），是容易形成稳定氢化物的发热性金属，B 元素是难以形成氢化物的吸热性金属，如 Ni、Fe、Co、Mn、Cu、Al 等。

（4）稀土结构陶瓷块体材料

结构陶瓷具有耐高温、耐磨、耐腐蚀、耐冲刷、抗氧化等一系列优异性能，可以承受金属材料和高分子材料难以胜任的严酷工作环境。稀土元素在结构陶瓷中的应用，主要是以稀土氧化物的形式掺加到陶瓷原料中，从而起到改进陶瓷的烧结性、显微结构和相结构以及各项物理、力学性能的作用，以满足现代科学技术发展的不同需要。

4.10.3 稀土块体材料的制备

（1）稀土金属及其合金块体材料的制备

稀土金属和合金的制取通常是以稀土化合物为原料利用熔盐电解法和金属热还原法等火法冶金工艺技术来实现的，该过程包括了化学冶金过程和物理冶金过程。其中混合稀土金属和低纯度的单一稀土金属一般用熔盐电解法来制取，而高纯度稀土金属则采用金属热还原法来制取。

在熔盐电解法制取稀土金属及合金方面，早在 1875 年，W. Hillebrand 和 T. Norton 首次对电解熔融氯化物制取稀土金属进行了研究；1940 年左右，奥地利 Treibacher 公司以 Fe 为阴极、碳素或石墨作阳极、$RECl_3$-NaCl 作熔盐，实现了电解 REM 的工业化生产。在稀土氧化物氟化物熔盐电解方面，1902 年 W. Munthman 首先提出，用稀土氧化物溶于熔融氟化盐作电解质稀土的熔体，1960 年以后 E. Morrice 等对此做了大量工作。我国自从 1956 年始也做了大量的相关研究，并取得了一定的成就。

稀土火法冶金技术的发展是缓慢的。到 20 世纪 40 年代末，英国的 Morrogh 和威廉斯开发了金属铈和铈合金用于熔炼球墨铸铁，从而开发了稀土金属在冶金领域的新用途，推动了稀土火法冶金技术新一轮的发展，随着稀土金属用途及应用研究领域的不断增加，所用稀土金属品种、纯度及数量不断地增加，不断地促进制备工艺的发展，从而逐渐使熔盐电解和金属热还原法成为制备稀土金属的主要工艺技术方法。到 20 世纪 80 年代后，随着稀土金属及合金在新型稀土功能材料应用中的迅速增加和商品化，又一次推动了制备稀土金属熔盐电解和金属热还原工艺技术的发展，使稀土火法冶金制备稀土金属及合金工业化技术逐渐成熟。

（2）稀土磁性合金块体材料的制备

稀土磁性合金材料的制备方法中应用最为广泛的是真空感应熔炼法。真空感应熔炼是利用电磁感应在金属炉料内产生涡电流，涡电流加热炉料并获得足够高的温度，使炉内多种金属或合金原料熔化，然后通过原子扩散形成合金。由于真空感应熔炼的合金纯度高，合金成分准确。因此，能保证合金的性能、质量及其稳定性，从而成为了无法被其他技术所取代的合金化基本手段。

真空感应熔炼工艺主要包括装料、熔化、精炼、浇铸等工序。在操作程序上大致为装料—关闭真空室—抽气—加热—充氩气—熔化—精炼—保温—浇铸—冷却—出炉—清炉等步骤。

真空感应熔炼稀土永磁合金时要注意几点，首先为了确保熔炼合金的成分准确，原材料选择要恰当，同时要通过一定的处理使其洁净。其次，在配料时要考虑合金元素在熔炼过程中的变化，设计合理的配方，并在实际工艺中加以调整。最后，为了减少合金成分的偏析，在熔炼时要有充分的电磁搅拌，并应提高精炼温度和在较低温度下急冷浇铸，以获得成分均匀且具有良好柱状结晶的铸锭。

（3）稀土储氢合金块体材料的制备

稀土储氢合金块的制取工艺主要有电弧熔炼法和高频电磁感应熔炼法。

电弧熔炼法是利用电能在电极与电极或电极与被熔炼物料之间产生电弧来熔炼金属的电热冶金方法。电弧可以用直流电产生，也可以用交流电产生。当使用交流电时，两电极之间会出现瞬间的零电压。在真空熔炼的情况下，由于两电极之间气体密度很小，容易导致电弧熄灭，所以真空电弧熔炼一般都采用直流电源。稀土储氢合金一般在真空状态下熔炼，因为真空电弧熔炼杜绝了外界空气对合金的污染——降低了合金中的含气量和低熔点有害杂质的含量，从而提高了合金的纯净度，还可以克服使用粉末法不致密的特点，得到致密的、杂质少、含气量小的铸锭。

目前工业上最常用的稀土储氢合金的制备方法是高频电磁感应熔炼法。该法制取储氢合金一般都在惰性气氛中进行。制备稀土储氢合金的过程操作简单、生产效率高、加热快、温场稳定且易于控制，合金成分准确、均匀、易于调节，不仅广泛应用于实验室制备各种稀土储氢合金，也是工业生产中比较实用的熔炼方法。其熔炼规模从几千克到几吨不等，因此它还有可以成批生产、成本低等优点。

（4）稀土结构陶瓷块体材料的制备

稀土结构陶瓷块体材料的制备需要经历成型和烧结两个阶段。

成型就是将分散体系（粉料、塑性物料、浆料等）转变成为具有一定几何形状和强度的素坯。再通过高温烧结变成致密的固体。先进的稀土陶瓷坯体的成型方法有很多，总的来说可归纳为干法成型和湿法成型。

干法成型是以稀土粉料即固体颗粒和空气的混合物为原料进行成型。为了减少摩擦和增加成型坯体的强度，粉料中可能含有少量液体包裹在颗粒外面，如水、黏结剂、润滑剂等。为了致密化，通常需要将颗粒之间的空气尽可能地排除出去，一般采用加压的方法迫使颗粒互相靠近而排除空气。

为了满足制备复杂形状的稀土陶瓷制品的要求，人们开发和研制了多种湿法成型技术。不同于干法成型，湿法成型的成型对象是陶瓷粉料和水或其他有机介质混合形成的胶态体系，成型的目的是使该胶态体系具有一定的形状和强度，并尽可能地排除坯体中的水或其他有机介质。因此，湿法成型也可称作胶态成型。湿法成型可成型大尺寸、复杂形状的部件，并可通过特殊的成型工艺很好地控制成型过程中坯体内部的各种杂质，从而制备出高性能的稀土陶瓷部件。

在精细的稀土陶瓷材料的制备过程中，烧结是制品初加工的最后一道工艺。在原料组成选定后，材料的性能主要取决于其显微结构，而烧结过程即是材料获得预期显微结构的过程。因此，烧结技术是制造无缺陷、高强度、高性能且质量波动小的精细陶瓷制品最重要的工艺。

烧结的目的是把稀土粉状材料转变为块体材料，并赋予材料特有的性能。烧结过程直接影响显微结构中晶粒的尺寸和分布、气孔的尺寸和分布以及晶界的体积分数等，从而影响稀土材料的性能。

在烧结过程中会发生一系列的物理化学变化，主要体现在陶瓷晶粒和气孔尺寸及其形状的变化，从而最终决定稀土陶瓷的质量和性能。在不同烧结时期，陶瓷晶粒及气孔尺寸和形状有着很大的不同，为了能更好地把握和理解烧结不同时期的特点，有必要将整个烧结过程进行不同阶段的区分。一般地，整个烧结过程包括：颗粒之间形成接触、烧结颈长大、连通孔洞闭合、孔洞圆化、孔洞收缩和致密化、孔洞粗化、晶粒长大等过程。

常用的烧结方法包括常压烧结、压力烧结、反应烧结、气氛加压烧结、微波加热烧结、自蔓延高温烧结、爆炸烧结。

4.10.4 稀土块体材料的应用

稀土金属及合金的板、箔、丝、棒、管材是现代冶金工业、电子工业、原子能工业、精密仪器等诸多技术领域的新型实用材料，且应用范围仍在不断扩大。

① 混合稀土合金棒用作钢铁和有色冶金的添加剂，可以除去氧、硫、磷、砷等杂质，净化金属并细化晶粒，从而改善金属的力学性能与加工性能。

② 铸造行业提升产品质量，稀土不可或缺。稀土不仅可使铸铁中片状石墨的类型得到改善，而且能把铸铁中的片状石墨改变成蠕虫状石墨和球状石墨。在某些钢中还能有微合金化的作用，稀土能提高钢的抗氧化能力、高温强度和塑性、疲劳寿命、耐腐蚀性及抗裂性等。

③ 镧与铈可用作难溶金属焊接的添加剂、新光源材料及真空管的消气剂。消气剂吸收由于电极受轰击和热扩散作用所释放出的一些有害气体如氮、一氧化碳、二氧化碳等，进而保持电子管的高真空度。

④ 各种稀土金属及其合金片被广泛用于核工业中的中子能谱探测与中子照相，以及 X 射线能谱测试。此外，钇还能被用作原子能技术与宇宙技术中的结构材料。

⑤ 稀土镁合金除具有传统镁合金质轻、减振降噪、抗电磁辐射、回收无污染等特点外，还具有耐热耐蚀、高强高韧、阻燃耐磨、易成型加工、抗高温蠕变等综合性能，是目前国际上最先进的新型结构材料，也是汽车结构件轻量化、提高节能性和环保性的首选材料。可广泛应用于航空航天、汽车工业、轨道车辆等领域，稀土镁合金的应用呈快速上升趋势，为稀土在有色合金中的应用展示了可喜的前景。

⑥ 稀土铝合金可用于生产稀土高铁铝合金电力电缆，可以大大降低煤、电等高耗能资源用量，减少了温室气体排放，十分有利于社会经济与生态环境的和谐发展。实现不延燃、不滴落，低烟无卤，从而大大降低了火灾风险和人身安全隐患。稀土高铁铝合金电力电缆采用

30 多项专利技术，通过添加微量稀土元素、铁元素以及特殊的工艺处理，使产品在导电性、柔韧性、延伸性、抗蠕变性、抗腐蚀性等方面均优于铜电缆。导体的柔韧性比铜电缆提高了 30%；抗蠕变性比铜电缆小 40%；延伸性比铜电缆提高了 50%。外层采用先进的金属连锁铠装技术，具有优异的抗压、抗冲击、抗弯曲、防虫鼠咬等特性。为弥补铝合金导电性比铜弱的不足，国内企业采取增大导体截面和线芯紧压技术，满足或者优于铜的载流量、电阻及电压损失。成品外径略高于铜电缆，但不会增加工程造价。

稀土在有色金属中的应用表明，稀土在有色合金中的变质改性、细化晶粒的作用是不可忽视的。因此，重视稀土在金属结构材料中应用的推广力度和研究开发深度，值得业界的高度关注。

稀土磁性块体材料也常被用于各类音响、影像等消费电子器件中，主要包括扬声器、耳机等。扬声器的磁路构造分内磁式和外磁式两种。应用稀土磁性钕铁硼可大幅缩小器件的尺寸和质量，且扬声器的灵敏度也能获得提升。此外，稀土磁性块体材料还能用在微波器件中。由于使用的环境温度较高，一般采用 Sm-Co 系稀土永磁体。如 $SmCo_5$ 永磁行波管与 Al-Ni-Co 行波管相比，不仅体积小、质量轻，而且轴向峰值场高，再者，$SmCo_5$ 合金做成的正交场放大器永磁铁的质量仅有 1.35kg，是 Al-Ni-Co 的 1/6。由此可见，稀土系 $SmCo_5$ 磁性合金的应用，不仅满足了雷达、卫星通信、电子跟踪、电子对抗等技术领域的要求，而且使整个微波系统的体积和质量大大减少。

稀土储氢合金材料作为一种新型功能材料，广泛应用于氢的储存、运输、氢气的分离和净化，合成化学的催化加氢与脱氢、镍氢电池、氢能燃料汽车、金属氢化物压缩机、金属氢化物热泵、空调的制冷、氢化物热压传感器和传动装置等，其中部分已形成产业，而有的应用领域则还在不断发展。

稀土元素独特的 $4f^n5d^16s^2$ 电子层，结构较紧密、高电价、大半径、极化力强、化学性质活泼、还原性强、能水解等性质使稀土陶瓷具有特殊的结构系列，使其在结构陶瓷中有着重要的应用。如目前广泛使用的氮化硅陶瓷（如 Si_3N_4）和氧化锆陶瓷（ZrO_2）等，稀土氧化物在这些陶瓷中的应用，主要是作为添加物来改进陶瓷的烧结性、致密性、显微结构和相结构等以满足不同用途对陶瓷材料的质量要求和性能要求。

例如，在氮化硅陶瓷中添加 Y_2O_3 和 La_2O_3 后可改善氮化硅的烧结性，形成高黏度、高熔点玻璃相并促进玻璃相析晶以及提高晶界耐火度。同时，也可提高材料的致密性、弯曲强度和断裂韧性，降低蠕变性，对增加氮化硅陶瓷材料的高温强度起到重要作用。此外，为了促进烧结和提高 AlN 陶瓷的热导率，使用助烧剂和添加剂是十分必要的。AlN 陶瓷常用的助烧剂和添加剂稀土金属氧化物包括 Y_2O_3、Eu_2O_3、Sm_2O_3 和 Dy_2O_3。再者，稀土氧化物作为添加剂在 ZrO_2 陶瓷中的应用主要以 ZrO_2 相变增韧陶瓷和 ZrO_2 固体电解质材料为主，所添加的稀土主要是 Y_2O_3、CeO_2 和 La_2O_3 等。将稀土金属氧化物添加到 ZrO_2 中，可以降低 ZrO_2 的相变温度。所得到的 Y-ZrO_2 固体电解氧敏感陶瓷制成的传感器可用于环境保护废气含氧量控制。目前，我国自行研制的炉用和金属表面渗碳处理控制使用的 Y_2O_3 增韧的氧化锆传感器已在工业生产中应用。

第5章
稀土配位：萃取分离与功能配合物

5.1 引言

5.1.1 配位化合物

配位化合物（简称配合物，也称络合物）是由一定数目的配体结合在中心原子（离子）周围所形成的具有一定组成或构型的化合物。配合物可以是中性分子，也可以是带电荷的物种，如配离子。带正电荷的配离子被称为配阳离子；带负电荷的配离子为配阴离子。在配合物中，配位原子和中心离子之间产生的化学结合力，称为配位键。配位键不同于一般的共价键。配位键是由配位原子提供孤对电子给中心离子的空轨道形成的，而共价键是由成键的两个原子各提供一个电子形成电子对形成的。

图 5-1 配合物的组成

配合物一般由内界和外界两部分组成（图 5-1）。内界，即配位单元，由简单的正离子（或原子）和一定数目的配体（阴离子或中性分子）以配位键相结合形成的复杂离子（或分子），一般在溶液中以一个相对稳定的整体存在，用方括号标明。内界可以是配阳离子或配阴离子。配离子的电荷等于中心离子（原子）与配体电荷数的代数和。在配合物中，除了内界外,距中心离子较远的其他离子称为外界离子,构成配合物的外界。内界与外界之间以离子键相结合,所带电荷的总量相等,符号相反。电中性的配合物没有外界。

配合物中，给出孤对电子或多个不定域电子的离子或分子称为配体，如 NH_3、H_2O 和 Cl^-、Br^-、I^-、CN^-、CNS^- 等。具有接受孤对电子或多个不定域电子的空位的原子和离子称为中心原子或离子，一般是金属离子，特别是过渡金属离子,如 Cr^{3+}、Fe^{3+}、Cu^{2+}等，也可以是中性原子和高氧化态的非金属元素。如图 5-1 所示，稀土 Sc^{3+}位于配合物的中心，具有空的价层电子轨道，能接受电子，是配合物的中心离子。SCN^-中的 S 原子提供孤对电子给中心 Sc^{3+}形成配位键，SCN^-是配体，而 S 原子是配位原子。配体中的配位原子数目可以是一个也可以是多个。只含有一个配位原子的配体为单齿配体；含有两个或两个以上配位原子的配体为多齿配体。若多齿配体中的配位原子与一个中心离子配位，则称为螯合配体或螯合剂。若多齿配体连接一个以上的中心离子，则称为桥联配体。

184　　稀土概论

在配合物中，与中心离子（或原子）配位的配位原子的数目等于中心离子的配位数。在配离子$[Sc(SCN)_6]^{3-}$中，一个稀土Sc^{3+}与六个SCN^-配体中的S原子形成配位键，故中心Sc^{3+}配位数为6。

5.1.2 配位化学与稀土配合物

研究配合物的形成、组成、结构、稳定性和反应性以及在各领域中的应用技术的学科方向被称为配位化学。它是无机化学中一个既古老又极具创新潜力的、非常重要的分支学科。

稀土元素最外两层的电子组态基本相似，除La^{3+}、Lu^{3+}、Y^{3+}、Sc^{3+}外，其余三价稀土离子都含有未充满的4f电子。通常将以稀土为中心原子或离子的配合物称为稀土配合物。稀土配合物具有许多自身的特点和规律。早期的稀土配合物主要研究在溶液中的形成特性和应用，目前主要集中在稀土配合物的合成、结构和性能及其在光、电、磁等功能材料领域中的应用。

稀土配合物在稀土元素的提取分离、高纯稀土化合物和稀土材料的制备中都具有非常重要的意义。例如，水溶液中稀土配合物的性质，不仅仅影响稀土离子的交换和萃取分离过程，也关系到稀土元素在生物化学中的作用。在稀土分离和分析中广泛利用稀土配位的作用，促进了稀土配合物溶液化学的发展。

稀土元素作为一类典型的金属，金属性仅次于碱金属和碱土金属，能够与元素周期表中的大多数非金属形成化学键。在金属有机或簇合物中，有些低价稀土元素还能与某些金属形成金属-金属键，但由于稀土离子很强的正电排斥作用，至今还未见到稀土-稀土金属键的生成。对于稀土配合物中化学键的性质和4f电子是否参与成键的问题，曾经有过很多的争论。目前，人们比较普遍接受的观点是稀土配合物的化学键具有一定的共价性，4f轨道参与成键的成分不多。稀土配合物价键中的共价性成分主要来自稀土原子的5d和6s轨道，而4f轨道是定域的。

5.2 稀土离子的配位性能

稀土元素与d过渡元素配位性能的差别在于稀土离子都具有未充满的4f电子。由于4f电子的特性致使稀土离子配位性质有别于常见的d过渡金属元素，并表现在以下几个方面：

① 由于4f电子处于原子结构的内层，受到外层$5s^2$、$5p^6$对外场的屏蔽，故受配位场效应较小，配位场稳定化能也小（一般只有4.18 kJ/mol）；而d过渡金属d电子在外层，受配位场影响较大，配位场稳定化能较大（一般大于418 kJ/mol），是前者的100倍，因此稀土离子的配位能力比d过渡金属离子的配位能力弱。

② 稀土离子的体积较大，离子势较小不易极化，故可以认为稀土离子与配位原子是以静电引力相结合，以离子键为主。又由于配位体的成键原子的电负性不同，配合物的键又呈现不同的弱共价程度，稀土配合物中配体的几何分布主要取决于空间效应。

③ 根据软硬酸碱规则，稀土离子不易变形，属于硬酸类，它们与属于硬碱的配位原子如F、O、N等有较强的配位能力。它们配位能力的大小次序是O > N > S；F > Cl > Br > I。

氧是稀土配合物的特征配位原子，很多含氧的配位如羧酸、β-二酮、冠醚及含氧的磷类萃取剂都可以与稀土形成配合物。因此，H_2O对稀土离子来说是一种较强的配体，在配合物的制备中，如果配体的配位能力比 H_2O 弱，则一般不能用水作为溶剂。单齿配位体的配位能力顺序为 $F^- > OH^- > H_2O > NO_3^- > Cl^-$。由于 P、S 等原子的配位能力较弱，它们的稀土配合物一般只能在无水溶剂中得到，并且只有带负电荷的阴离子配体形成螯合物时才是较稳定的。稀土离子易与许多含 O 配体（如有机羧酸、β-二酮、含氧磷类和冠醚等）形成稳定的配合物。含 RE—O 键的化合物不但数量多，而且它们与 RE—N、RE—C、RE—S、RE—H、RE—P 等化学键可以同时存在于一个化合物中。

④ 稀土离子的价态越高，核电荷数越大，静电引力越大，配位能力越强。稀土离子配合物的稳定性随着价态的升高而增强，$RE^{2+}<RE^{3+}<RE^{4+}$。因此，稀土离子随着价态升高，半径减小，生成配合物的稳定性增大。当稀土生成螯合物时，由于螯合环的形成，比非螯合物的稳定性要高得多。

⑤ 稀土配合物具有较大的配位数。一般来说，稀土配合物的配位数在 3～12 之间，其中以 8 和 9 的配位数最多，约占总数的 65%。这是由于一方面稀土离子具有较大的离子半径，有多变的配位数；另一方面稀土配合物的晶体场稳定化能小，键的方向性不强，配位数可在 3～12 之间变动。

⑥ 钇虽然没有适当能量的 f 轨道，但 Y^{3+} 半径处在镧系离子中间，当离子半径成为形成配合物的主要影响因素时，钇的配合物相似于镧系配合物，其性质在镧系中参与递变。当与 4f 轨道有关的性质为形成配合物的主要影响因素时，钇与镧系元素的配合物在性质上有明显的差异。由于钪没有适当能量的 f 轨道，Sc^{3+} 半径比镧系元素半径小得多，并属于 d 轨道过渡元素，离子势较大，其配合物具有较强的共价性，因此钪和镧系元素的配合物在性质上有明显的差异。

5.3　稀土配合物的主要类型

稀土配合物有许多不同的分类方法。其中，最常见的分类方法是按照配体属性和配位原子来分。首先是从大类上来分，包括有机配合物和无机配合物。每一大类里又按配体原子类型分成若干个小类。还有一种常见的分类方法是按照配合物的结构特点来分。表 5-1 是按结构和组成特点来分类的主要稀土配合物类型。

表 5-1　按结构和组成特点分类的稀土配合物类型

类型		价态	实例
离子配合物		+3	REX^{2+}（X = Cl^-、Br^-、NO_3^-、NCS^-、ClO_4^-），$RESO_4^+$ $REC_2O_4^+$，$RE(CH_3COO)_n^{(3-n)+}$（$n = 1 \sim 3$）
		+4	$Ce(SO_4)_n^{(4-2n)+}$，$Ce(OH)_2^{2+}$
螯合物	分子型	+3	$RE(oxine)_3$，$RE(diket)_3 \cdot xH_2O$（$x = 1 \sim 3$）
		+4	$Ce(oxine)_4$，$Ce(diket)_4$
		+2	$Eu(EDTA)_2^-$，$Eu(CyDTA)_2^-$
	离子型	+3	$RE(EDTA)^-$，$RE(HEDTA)(OH)^-$，$RE(Cit)_n^{(3-3n)}$（$n = 1 \sim 3$），$RE(C_2O_4)_3^{3-}$，$RE(S_2O_3)_3^{3-}$，$RE(Mal)^+$，$RE(P_2O_7)_n^{(3-4n)}$（$n = 1$、2）
多元络合物	混配型	+3	$Dy(EDTA)tiron$，$Eu(TTA)_3Phen$，$Tb(Sal)_3(Phen)_3$
	离子缔合型	+3	$RE(GMTR)_2(CTAB)$，$Y(MTPB)(DPG)$

类型	价态	实例
疏水加合物	+3	$RE(NO_3)_3 \cdot 3TBP$，$RE(ClO_4) \cdot 4DMA$，$RECl_3 \cdot xCH_3NH_2$（$x = 1 \sim 5$），$REX_3 \cdot 6ap$（$X = SCN^-$、I^-、ClO_4^-），$RECl_3 \cdot xNH_3$（$x = 1 \sim 8$）
其他	+3	$(OA)_3RECl_3$，$(OP)_3RECl$
	+4	M_2REF_6，$(OP)_2CeCl_6$，$(OA)_2RECl_6$

注：oxine 为 8-羟基喹啉；diket 为 β-二酮；Cit 为柠檬酸根；Mal 为苹果酸根；TTA 为噻吩甲酰三氟丙酮；tiron 为钛铁试剂；Phen 为邻菲啰啉；Sal 为水杨酸根；GMTR 为甘氨酸甲酚红；CTAB 为溴化十六烷基三甲基铵；MTPB 为甲基百里酚蓝；DPG 为二苯胍；OA 为有机胺；OP 为有机磷。

5.3.1 稀土有机配合物

稀土配合物按配体的不同，大致可以分为稀土有机配合物和稀土无机配合物两大类。有机配体主要包含氧、氮、磷三类，如图 5-2 所示。

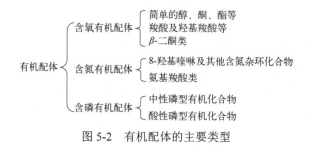

图 5-2　有机配体的主要类型

5.3.1.1 稀土与含氧配体生成的配合物

（1）羧酸及羟基羧酸

羧酸与羟基羧酸都能与稀土离子形成比较稳定的配合物。一元羧酸与稀土配合物的稳定性随着脂肪酸碳链的增加而减少，其顺序为醋酸>丙酸>异丁酸。其中，乙酸与稀土离子形成的配合物的研究和应用最为广泛，其稳定常数按 La 到 Sm 依次增加，Eu 和 Sm 接近，以后的重稀土变化不大。

羟基羧酸与稀土形成的配合物稳定性比羧酸强，因为这类羧酸中的氢氧基团有助于产生更稳定的螯合型配合物，其中以 α-羧酸的稀土配合物稳定性最强。羟基羧酸中，随着 R 基团中支链的增多，与稀土形成络合物的稳定性增大，其顺序如下：α-羟基异丁酸 > 乳酸 >> α-羟基醋酸。葡萄糖酸、柠檬酸、乙醛酸、乳酸、苹果酸、水杨酸和酒石酸等羟基羧酸都能与稀土离子形成稳定的配合物。稀土与羟基三羧酸（柠檬酸）可以形成稳定的配合物，最早用于离子交换分离稀土中。在酸性介质中，柠檬酸（H_2Cit）与稀土可以生成配阳离子$[RE(H_2Cit)]^{2+}$和$[RE(HCit)]^+$，在 pH = $6 \sim 8$ 且 $H_3Cit/RE = 1$ 时，可生成中性盐 RECit 沉淀，当柠檬酸过量时还可生成配阴离子 $RE_2Cit_3^{3-}$ 和 $RECit_2^{3-}$。

二元羧酸稀土配合物的稳定性强于一元酸，如草酸稀土的稳定常数比醋酸稀土大约两个数量级。许多二元羧酸，乙二酸、丙二酸、丁二酸、丁烯二酸、戊二酸、己二酸、邻苯二酸等都能与稀土离子生成多种稳定的配合物（如 1:1 配阳离子，1:2 配阴离子等）。因为草酸是重要的稀土离子沉淀剂，广泛用于稀土离子与杂质离子的分离，且草酸稀土 $RE_2(C_2O_4)_3 \cdot (5 \sim$

10)H_2O 受热分解产物为很纯的稀土氧化物原料,在稀土材料制备中有重要应用。重稀土的草酸配合物稳定性大于轻稀土。

（2）β-二酮类

乙酰丙酮及其衍生物在非极性溶液中主要以烯醇式存在,因此在适当条件下,它们会失去一个氢离子成为具有两个配位点的一价阴离子。当与稀土离子配位时,失去 H^+ 的 β-二酮形成共轭 π 键,形成稳定的六元环螯合物。稀土 β-二酮配合物在脂肪族、芳香族以及络合型溶剂中具有良好的溶解性,适合用作润滑油和内燃机烃类燃料的添加剂。许多稀土 β-二酮类配合物由于具有优良的萃取性能、协萃性能、发光性能、激光性能、挥发性能和作为位移试剂的性能,而备受关注。例如,稀土的二酮化合物如 $Eu(fod)_3$ 等可用作核磁共振的位移试剂,它们也是目前已知的挥发性最大的稀土化合物。

乙酰丙酮、丙酰基丙酮和苯酰基丙酮等可以和 La^{3+}、Pr^{3+}、Nd^{3+} 和 Y^{3+} 等稀土离子形成配合物,稳定常数在 $10^{20} \sim 10^{41}$ 数量级之间,稳定性次序为:苯酰基丙酮>丙酰基丙酮>乙酰丙酮。同时,配合物稳定性随稀土原子序数增大而增大。

（3）螯合物

β-二酮、8-羟基喹啉等在稀土萃取分离中,得到广泛应用。因为它们能够形成具有螯合环的螯合物,比其他类型的稀土配合物稳定。分子型稀土螯合物难溶于水,易溶于有机溶剂。

氨基多羧酸同 RE^{3+} 也易于生成 1:1 组成的螯合物,如 EDTA（二钠盐,Na_2H_2L）广泛应用于镧系元素的分离和分析。稀土-EDTA 螯合物易溶于水,其稳定性随着溶液酸度的增大而减小,随稀土离子原子序数的增大而增大。

（4）稀土醇合物

稀土与醇生成溶剂合物和醇合物。在溶剂合物中,醇上的氢离子并未失去,通过醇氧原子与稀土配位;在醇合物中,稀土取代了醇基中的氢与氧配位。醇的溶剂合物的稳定性低于水合物,因此在醇水溶剂体系中,当水量增大时,稀土离子的溶剂化壳层中的醇将逐步被水分子取代。

稀土无水氯化物易溶于醇而溶剂化,其饱和溶液在硫酸上缓慢蒸发可析出溶剂化的稀土晶体 $RECl_3 \cdot nROH$。碳链的增长和存在支链都会使 n 值减小。稀土无水氯化物在醇溶液中与碱金属醇合物之间发生交换反应可以生成稀土醇合物,如已经制得甲醇、正丁醇、DiOH、THF 等固体稀土醇合物。但 $pK_a > 16$ 的脂肪族一元醇只能存在非水溶剂中,在水中将会分解,生成稀土氢氧化物沉淀。具有更明显酸性的多酚也能与稀土生成醇合物。

5.3.1.2 稀土与含氮配体生成的配合物

由于稀土与 N 原子配位能力弱于氧原子,因此在水溶液中,弱碱性的含氮给予体不能与水竞争取代水,而强碱性的含氮给予体又易与水作用生成稀土氢氧化物沉淀,因此难以制得稀土的含氮配合物。但在 20 世纪 60 年代之后,在适当极性的非水溶剂中得到了系列以氮为配体的稀土配合物,近几十年来得到新的发展。这类配体主要包括如下两类。

（1）稀土与弱碱含氮配体生成的配合物

二氮杂菲、联吡啶和酞菁等弱碱性配体在适当的溶剂中都可以与稀土离子配位形成配合物。早在 1963 年,人们就已经用稀土水合盐与过量配体在温热的醇溶液中反应,制备出了稀土与联吡啶和二氮杂菲的配合物。表 5-2 给出了部分稀土与弱碱性含氮配体生成的配合物。这些配合物的组成与无机阴离子的性质密切相关，阴离子不同，配位数常常不同。例如，当阴离子是 Cl^-、NO_3^- 等时，2 个双齿含氮中性配体 dipy 配位，得到配位数大于 6 的配合物 $RE(dipy)_2(NO_3)_3$；当阴离子是 SCN^- 时，生成含有 3 个双齿含氮中性配体 dipy 的配合物 $RE(dipy)_3(SCN)_3$；当 ClO_4^- 为配位离子时，生成含有 4 个双齿含氮中性配体 dipy 的配合物 $RE(phen)_4(ClO_4)_3$。

表 5-2 以氮原子配位的稀土有机配合物

类型	配合物组成	阴离子（X）或稀土离子（RE）
强碱配体	$RE(phen)_2X_3 \cdot n(H_2O$ 或 $C_2H_5OH)$	X = Cl、NO_3、SCN、SeCN，$n = 0 \sim 5$
	$RE(phen)_4X_3$，$RE(tepy)_4X_3$，$[RE(tpt)_2X_2]X_4$	X = ClO_4
	$RE(dipy)_3X_3$	X = SCN、SeCN
	$RE(dimp)_2X_2(H_2O)_2$	X = Cl
	$RE(terpy)X_3(H_2O)_n$	X = Cl、Br、NO_3；$n = 0 \sim 3$
	$RE(terpy)_2X_3$	X = Cl、Br、ClO_4
	$RE(tpt)_2X_3 \cdot H_2O$	X = NO_3
	$[RE(en)_4NO_3](NO_3)_3$	RE = La、Nd、Sm
	$[RE(en)_4](NO_3)_3$	RE = Eu～Yb（Tm 除外）
	$[RE(en)_3(NO_3)_2]NO_3$	RE = Gd～Ho
	$[RE(en)_4Cl]Cl_2$，$[RE(en)_4Br]Br_2$，$[RE(en)_4](ClO_4)_3$	RE = La、Pr、Nd
	$[RE(pn)_4NO_3](NO_3)_2$，$[RE(pn)_4]Cl_3$	RE = La、Nd
	$[RE(pn)_4](NO_3)_3$	RE = Gd、Er
	$[RE(pn)_4](ClO_4)_3$	RE = La、Nd、Gd
	$[RE(dien)_3](NO_3)_3$	RE = La、Pr、Nd、Sm、Gd
	$[RE(dien)_3(NO_3)_2]NO_3$	RE = La、Pr～Sm、Gd、Dy、Er、Yb
	$[RE(trien)_2](NO_3)_2$	RE = La、Pr、Nd
	$RE(trien)(NO_3)_3$	RE = La、Pr～Sm、Gd、Dy、Er、Yb

（2）稀土与强碱含氮配体生成的配合物

稀土与胺及其衍生物生成的稀土化合物（含 RE—N 键）是典型的含强碱性含氮配体的稀土配合物，根据含氮配体的性质又可分为无机胺化物和有机胺化物。

① 稀土无机胺化物。在稀土无机胺化物中，含氮配体不含有机基团，通常为—NH_2、—$NHNH_2$，由于稀土氢氧化物溶解度非常小，无法在水中制备一元胺或氨的配合物。但是在真空中，无水稀土盐与气体胺相互作用可以直接制取无水固体配合物，如 $RECl_3(NH_3)_n$（$n = 1 \sim 8$）和 $RECl_3(CH_2NH_2)_n$（$n = 1 \sim 5$）。

② 稀土有机胺化物。含有机基团的含氮配体 [—NR_2、—$N(SiR_3)_2$、—NC_5H_5 等] 与稀土形成的胺化物。无水稀土氯化物在乙腈中与多齿胺，如乙二胺（en）、丙二胺（pn）、二乙三胺（dien）、三乙四胺（trien）等反应可以得到粉末状配合物。这些配合物对热稳定，但在空气中容易发生水解。

人们合成了许多新的稀土有机胺化物，如三甲基硅氨基稀土配合物在有机溶剂中具有良好的溶解性能，可作为理想的反应前驱体，与各种试剂反应合成相应的稀土金属衍生物，尤其是合成纯的烷氧基稀土金属化合物，用于电子及陶瓷材料的制备。其合成可由无水稀土氯化物与 LiN(SiMe₃)₂ 在四氢呋喃中制得。

$$RECl_3 + 3LiN(SiMe_3)_2 \longrightarrow RE[(SiMe_3)_2]_3 + 3LiCl$$

其中 RE = La～Gd、Ho、Yb、Lu。在生成的配合物中，稀土离子直接与 3 个 N 原子配位。这类配合物易溶于有机溶剂，遇水水解，从戊烷中得到针状结晶，在 $1.33 \times 10^{-2}Pa$ 压力下，70～100℃即可挥发。

以空间位阻很大的二(三甲基硅基)氨基或者取代芳氨基为配体合成中性均配三价稀土胺化物，通过高真空升华，可以方便、高产地得到非溶剂化的稀土胺化物。以空间位阻小的二(异丙基)氨基配体与稀土以 3∶1 反应时，得到阴离子型稀土胺化物。利用配合物的升华特征差异，可以分离提纯稀土，获得高纯稀土产品。

5.3.1.3 稀土与含氮、氧配体生成的配合物

稀土与含氮单齿配体生成的配合物不太稳定，容易分解。但与含有氧和氮原子的多齿配体如氨基羧酸配体配位时，能够生成稳定 1∶1 或 1∶2 的配合物。这类多齿配体包括 EDTA（乙二胺四乙酸）、HEDTA（羟乙基三胺三乙酸）、DTPA（二乙三胺五乙酸）、NTA（氨基三乙酸）、DCTA（反式-1,2-环己二胺四乙酸）等。这类配合物的稳定性，与配位原子的种类、配体和配合物的结构有关，规律如下：

① 配体配位能力顺序为：

$$DTPA > DCTA > EDTA > HEDTA > NTA$$

② 配体中 N 原子的配位能力小于氧原子，配位原子越多越稳定，如 EDTA 中有两个氮原子和四个羧酸，比 NTA 的配位原子多，因此稀土-EDTA 配合物的稳定性比相应的稀土-NTA 配合物的要大。

③ 稀土生成螯合物，稳定性增大，形成的螯合环越多，稳定性越强，如上述排序中 DTPA 螯合环最多，生成的稀土配合物稳定性最大。

在同一种氨基羧酸配合物中，α-氨基酸比 β-氨基酸稀土配合物的稳定性更高，因为后者增大了螯合环的元数而增大了环的张力。此外，苯环也可以参与配位增加配合物的稳定性。如稀土邻氨基苯甲酸配合物与 β-丙氨酸稀土配合物相比，两者同样生成六元螯合环，但前者的稳定性更高。含杂环的氨基酸也有类似的情况。

5.3.1.4 稀土与含磷配体生成的配合物

稀土湿法冶金中经常用含磷有机配体作为萃取剂，例如当正磷酸上羟基完全被烷基 R 或烷氧基 RO 所取代时，称其为中性磷型萃取剂；仍保留 1 个或 2 个羟基时，称其为酸性磷型萃取剂。

中性磷型萃取剂与稀土元素通过 P═O 键上具有孤对电子的氧原子与稀土原子配位，其配位能力随着萃取剂中 R 数量的增大而增大。若萃取剂含有两个以上磷酰基，将形成更加稳定的螯合物。酸性磷型萃取剂失去羟基上的氢离子后，通过磷酰基上氧原子与稀土离子形成螯合物。例如，烷基磷酸酯的稀配合物是研究最早的含磷稀土配合物。磷酸三丁酯（TBP）、氧化三丁基膦（TBPO）、四异丙基亚甲基膦酸酯（MP）、四异丙基亚丙基膦酸酯（BP）与稀土盐（高氯酸盐、硝酸盐）的配合物也都已经制备出来了。其中 MP、BP 配体含有两个 P-O 基团，可以形成螯合或者桥联结构的稀土配合物。

除了含氮、氧、磷配位原子的配体之外，还有含硫、砷等配位原子的有机配体。但硫、

砷等配位原子与稀土离子的配位能力较差，只能从无水且配位能力较弱的有机溶剂中进行制备，且所采用的稀土盐的阴离子和稀土离子的配位能力也要比较弱才行。

5.3.1.5　稀土金属有机化合物

稀土金属有机化合物最早见于 1954 年诺贝尔化学奖获得者 Wilkinson 关于环戊二烯基-稀土金属化合物的报道，是含有"稀土金属-碳键"化合物的总称，在 20 世纪 80 年代得到快速发展。稀土金属有机化合物具有很多重要的物理和化学性能，尤其是在有机合成和高聚物合成中独特的性能引起了人们的广泛关注，也广泛用于制备高技术材料。

（1）稀土环烯配合物

环烯配体带有 π 电子，如环戊二烯、环辛四烯及其衍生物可与稀土离子成键，是目前研究较多的一类稀土金属有机化合物。

利用无水稀土氯化物与环戊二烯钠在四氢呋喃（THF）溶液中反应，可以制得 $RE(C_5H_5)_3$，其反应方程式为：

$$RECl_3 + 3Na(C_5H_5)_3 \longrightarrow RE(C_5H_5)_3 + 3NaCl$$

其中稀土离子 RE = La～Nd、Sm、Gd、Dy、Er、Yb、Sc、Y 等。也可以用稀土金属与环戊二烯在液氨中直接反应制得：

$$2RE + 6C_5H_6 \longrightarrow 2RE(C_5H_5)_3 + 3H_2$$

稀土环戊二烯配合物和过渡金属环戊二烯配合物不同，被认为是离子型键。稀土环戊二烯的性质如表 5-3 所示。由表可知，稀土环戊二烯配合物对热稳定有固定的熔点，在空气中（除 Ce 外）是稳定的，在减压条件下，200℃左右升华。这些配合物可溶解于具有配位能力的溶剂，如四氢呋喃、吡啶、氧杂乙烷等，稍溶于芳香族的烃类化合物，但可被二硫化碳、氯代有机物溶剂分解，遇水水解成稀土氢氧化物和环戊二烯。

表 5-3　稀土环戊二烯配合物的性质

RE(C₅H₅)₃	颜色	升华温度（10⁻⁴～10⁻³mmHg）/℃	熔点/℃	有效磁矩（BM 值）
$La(C_5H_5)_3$	无色	260	395（略分解）	反磁
$Ce(C_5H_5)_3$	橘黄	230	435（略分解）	2.46
$Pr(C_5H_5)_3$	淡绿	220	415（略分解）	3.61
$Nd(C_5H_5)_3$	蓝色	220	380	3.63
$Pm(C_5H_5)_3$	橙色	145～260	稳定剂 250	—
$Sm(C_5H_5)_3$	橙色	220	365	1.54
$Eu(C_5H_5)_3$	橙色	分解	—	3.74
$Gd(C_5H_5)_3$	黄色	220	350	7.98
$Tb(C_5H_5)_3$	无色	230	316	8.9
$Dy(C_5H_5)_3$	黄色	220	302	10.0
$Ho(C_5H_5)_3$	黄色	230	295	10.2
$Er(C_5H_5)_3$	粉红	200	285	9.44
$Tm(C_5H_5)_3$	黄绿	220	278	7.1
$Yb(C_5H_5)_3$	深绿	150	273（略分解）	4.0
$Lu(C_5H_5)_3$	无色	180～210	264	反磁

（2）稀土环辛四烯配合物

环辛四烯能接受 2 个电子形成二价阴离子，在四氢呋喃中与稀土离子作用，得到不同的稀土环辛四烯配合物，其反应如下：

$$RECl_3 + 2K_2C_8H_8 \longrightarrow K[RE(C_8H_8)_2] + 3KCl$$

式中，稀土离子为 Ce～Sm（除 Pm 外）、Gd、Tb。

$$RECl_3 + K_2C_8H_8 + THF \longrightarrow 1/2[RE(C_8H_8)Cl\cdot2THF]_2 + 2KCl$$

式中，稀土离子为 Ce～Sm（除 Pm 外）。

$$ScCl_3\cdot3THF + K_2C_8H_8 \longrightarrow Sc(C_8H_8)Cl\cdot3THF + 2KCl$$

此外，环辛四烯阴离子与稀土能生成氯桥二聚形式的配合物，也能生成含有四氢呋喃溶剂分子的氯桥二聚物。

稀土环辛二烯配合物也是以离子型为主的化合物，其光学和磁性数据表明，化合物中 4f 轨道分布与未成键前没有发生明显变化。

（3）稀土环烯混配物

在四氢呋喃和乙醚的混合溶剂中，低温下（-78℃）稀土与环戊二烯、丙烯形成混配物 $(C_5H_5)_2RE(C_3H_5)$，RE 为 Sm、Er、Ho、La，反应如下：

$$(C_5H_5)_2RECl + C_3H_5MgBr \longrightarrow (C_5H_5)_2RE(C_3H_5) + MgBrCl$$

这些配合物不稳定，对空气、水汽特别灵敏，接触后立即分解，但在氩气中加热到 200℃ 也不熔化。

1974 年，Jamerson 在四氢呋喃中首次制得了中性稀土环戊二烯、环辛四烯混配物，反应如下：

$$(C_8H_8)RECl(THF)_2 + NaC_5H_5 \longrightarrow (C_8H_8)RE(C_5H_5)(THF)_2 + NaCl$$

式中，稀土离子 RE 为 Sc、Y、Nd。

$$(C_5H_5)RECl_2(THF)_3 + K_2C_8H_8 \longrightarrow (C_8H_8)RE(C_5H_5)(THF)_3 + 2KCl$$

式中，RE 为 Y、Sm、Ho、Er、Nd、Pr、Gd。这些配合物中配位的溶剂分子可在真空加热的情况下除去，对氧气敏感，与空气接触能燃烧。

（4）稀土与茚类配体的配合物

茚基钠与无水稀土氯化物在四氢呋喃溶液中反应，可以制得 $RE(C_9H_7)_3\cdot THF$ 配合物，反应如下：

$$RECl_3 + 3NaC_9H_7 \longrightarrow RE(C_9H_7)_3\cdot THF + 3NaCl$$

这些配合物与稀土环戊二烯一样，也是通过茚基中五元环上的 π 电子与稀土金属离子配位。

5.3.1.6　稀土金属有机碳硼烷配合物

碳硼烷种类繁多，且化学性质独特，与传统烃基化合物非常不同，类似于其母体硼氢化合物。这类化合物部分虽然含有 C—H 键，但其仍属于无机化合物。另外，碳硼烷与稀土离子的化合物通常也归属于金属有机配合物。

（1）含 C_2B_4 体系的稀土金属有机碳硼烷配合物

早在 1992 年，Hosmane 就将 C_2B_4 体系的碳硼烷配体与稀土配位，合成了稳定性好的半夹心型稀土碳硼烷化合物 $[\{\eta^5\text{-}[(Me_3Si)_2C_2B_4H_4]RE\}_3][\{[(Me_3Si)_2C_2BH_4]Li\}_3(\mu_3\text{-}OMe)][Li(THF)]_3$，其中 RE 为 Sm、Gd、Tb、Dy、Ho 等。当 $SmCl_3$ 与等物质的量的 $[(Me_3Si)_2C_2B_4H_4]Li_2$ (THF)$_4$ 在苯溶液中反应，然后再在混合溶剂 $^tBuOH/THF/$己烷中重结晶时会得到钐的碳硼烷配合物 $\{[\eta^5\text{-}(Me_3Si)_2C_2B_4H_4]Sm(O^tBu)(^tBuOH)_2\}\{Li(THF)\}$。

（2）含 C_2B_9 体系的稀土金属有机碳硼烷配合物

碳硼烷（$C_2B_9H_{11}^{2-}$）与环戊二烯具有相似的前线分子轨道，都能与金属离子形成 η^5-π 键，但是稀土金属有机碳硼烷配合物直到 20 世纪 80 年代才开始有研究。Hawthorne 最先将碳硼烷 $[C_2B_9H_{11}^{2-}]$ 与稀土离子配位合成了半夹心型结构的 $(\eta^5\text{-}C_2B_9H_{11})RE(THF)_4$ 配合物（RE = Sm、Yb）。

近 10 年来，得益于大量新颖结构的配合物合成及鉴定，发现碳硼烷配体可以将 η^5、η^6、η^7 以及 σ 键与稀土离子配位，但这类化合物对反应条件比较敏感，少许条件改变就可能得到结构完全不同的产物。这些大量合成的稀土有机金属碳硼烷配合物有望在电子、纳米材料、催化及高能燃料助剂等方面得到应用，推动了相关研究的快速发展。

5.3.1.7 稀土大环配合物

常见的大环配体有冠状配体，如冠醚和环聚胺；穴状配体，如聚环聚醚；多节配体，如非环状的开链冠状配体和穴状配体的类似物。这些配体可以与稀土离子在非水溶剂中形成配合物。稀土离子可以封装在腔体内，也可以在腔体外，并与阴离子或溶剂分子配位。配合物中稀土与配体的组成可以为 2∶1、3∶2、4∶3、1∶1、1∶2 等，在溶液中还可以是 1∶3，这取决于离子直径与腔的直径比；阴离子的性质，特别是它与稀土离子的配位能力和空间位置；大环的柔软性，是否能容纳稀土离子。

值得注意的是 RE^{3+} 大环配合物的光化学还原性质，当甲醇中存在 18C6 时，用 351~363nm 的氩离子激光照射能使 $EuCl_3$ 还原，Eu^{2+} 的 320nm 带增强 10 倍。当溶液中存在 18C6 和（2,2,2）用 KrF 准分子激光器的 248nm 激光辐照 $SmCl_3$，能使蓝色的 Sm^{2+} 的寿命从几秒增加到 3~4h。

RE^{2+} 的大环配合物难以制备，易于氧化，产物中只有 30%~60% 的 RE^{2+}。

5.3.2 稀土无机配合物

稀土离子与大部分无机配体，如 H_2O、OH^-、Cl^-、NO_3^-、SO_4^{2-} 等，生成离子键的配合物，但存在含磷的配体时，生成的化学键具有一定的共价性。

水是稀土离子较强的配体，在水溶液中有其他配体存在时，配体与水会发生与稀土离子的配位竞争，通常情况下只有那些含氧配体或螯合配体才能与稀土离子生成相应的配合物，并且从水溶液中制备的稀土化合物（稀土离子与各种无机酸、有机酸等形成的配合物）大多含有水。

一般来说，稀土离子与无机配体配位时有如下基本规律：

① 在水溶液中，三价稀土离子不与 NH_3、NO_2^-、CN^-等发生配位，也不与亚硝酸盐生成复盐，与卤素离子、ClO_4^-、NO_3^-等只生成不稳定的 REX^{2+} 配合物。对于 $RENO_3^{2+}$、$RECl^{2+}$ 配合物，其轻稀土离子稳定性略高于重稀土离子。

② 高价稀土离子比低价稀土离子生成配合物的能力更强，四价稀土离子可以与 SO_4^{2-}、CO_3^{2-}、Cl^-等配体生成负配离子。

③ 稀土离子与无机配体配位能力顺序如下：

$$PO_4^{3-} > CO_3^{2-} > F^- > SO_4^{2-} \approx S_2O_3^{2-} > SCN^- > NO_3^- > Cl^- > Br^- > I^- > ClO_4^-$$

因为磷酸配体与稀土离子形成螯合物，相比于单齿配位的其他无机离子配合物稳定性更高。稀土含磷无机配合物稳定性次序为：

$$PO_4^{3-} > P_2O_7^{4-} > P_3O_{10}^{4-} > P_4O_{12}^{3-} > P_3O_9^{3-} > H_3PO_2^{3-}$$

当磷酸含有质子时，其稳定性低于不含质子的配合物，环状的低于直链的配合物（随链增长而稳定性下降）。

由于稀土元素配位特性导致稀土配合物的类型和数目与 d 过渡金属配合物相比更少，稀土配合物类型还可以分为以下几种：

① 离子配合物。稀土离子与无机配体主要形成离子配合物，但稳定性不高，只能存在于溶液中，在固体中不存在。稀土与无机配体配位时，稳定次序如下：

$$PO_4^{3-} > CO_3^{2-} > F^- > SO_4^{2-} > SCN^- > NO_3^- \approx Cl^- > Br^- > I^- > ClO_4^-$$

② 不溶的加合物或疏水加合物。这类配合物亦称为不溶的非螯合物，仅有安替比林衍生物的稀土配合物在水中稳定，其他如氨或胺类配合物的稳定性均差。用磷酸三丁酯（TBP）萃取稀土时，在有机相中生成 $RE(NO_3) \cdot 3TBP$ 的中性配合物。

③ 其他稀土配合物。这类配合物主要指卤素配合物。其中，三价稀土离子生成卤素配合物的倾向小，四价稀土离子，如铈（Ⅳ）、镨（Ⅳ）及铽（Ⅳ）等生成卤素配合物的倾向大。

5.3.3 稀土配合物的合成

随着稀土配位化学的蓬勃发展，人们从早期的含氧稀土配合物发展到一系列含 C、N、P 和 π 键的有机、无机以及金属有机配合物；从简单的单齿或双齿配合物到大环、原子簇配合物；从零维的单核、双核配合物到一维、二维乃至三维的金属有机框架聚合物。随着这些重要的研究进展，人们总结了稀土配合物一些常用的合成方法：

（1）直接法

利用稀土盐（REX_3）与配体（L）在溶剂（S）中直接反应。

$$REX_3 + nL + mS \longrightarrow REX_3 \cdot nL \cdot mS$$

或
$$REX_3 + nL \longrightarrow REX_3 \cdot nL$$

稀土氧化物与酸（H_nL）直接反应：

$$RE_2O_3 + 2H_nL \longrightarrow 2H_{n-3}REL + 3H_2O$$

（2）交换反应

$$REX_3 + M_nL \longrightarrow REL^{-(n-3)} + M_nX^{(n-3)}$$

利用配位能力强的配位体 L′或螯合剂 Ch′取代配位能力弱的配体 L、X 或螯合剂 Ch。

$$REX_3 \cdot nL + mL' \longrightarrow REX_3 \cdot mL' + nL$$

或

$$RE(Ch)_3 + 3HCh' \longrightarrow RE(Ch')_3 + 3HCh$$

也可以利用稀土离子取代铵、碱金属或碱土金属离子：

$$MCh^{2-} + RE^{3+} \longrightarrow RECh + M^+$$

（3）模板反应

在配合物自组装过程中，从原料直接原位合成配体，例如稀土酞菁配合物的合成过程：

在稀土配合物的合成过程中，稀土与配体物质的量的比将影响生成配合物的组成和配位数，介质的 pH 将决定配位反应及配合物的形式。常用的介质可以是水，也可以是非水有机溶剂。当反应体系是水溶液时，必须控制溶剂 pH 值，否则容易生成难溶的稀土氢氧化物沉淀。使用非水溶剂，将有如下优点：

① 有利于强碱性配体与稀土离子配位，并防止稀土及配合物的水解；

② 对有机配体及稀土有机衍生物原料具有更好的溶解性；

③ 可获得不含配位水分子、固定组成的稀土配合物；

④ 可利用各种方法和在较宽的温度范围内进行合成。

在稀土配合物的合成中，人们已经广泛采用溶液挥发法、扩散法、水热法、溶剂热法、超声合成法、研磨法等各种方法，并获得了结构新颖、性能良好的大量功能材料。

5.4 稀土配合物的配位数和几何构型

稀土配合物中的配位数是指与中心离子配位的 σ 配体的配位原子数或 π 配体所提供的 π 电子对数，其本质是中心离子形成的配位键数目。稀土离子与 d 过渡金属离子配合物相比，前者具有更高的配位数和更复杂的几何构型（表 5-4）。

表 5-4　4f 和 3d 金属三价离子对比

性能参数	镧系元素	第一过渡系金属
轨道	4f	3d
离子半径	106～85pm	75～60pm
配位数	6～12	4、6

性能参数	镧系元素	第一过渡系金属
典型配位多面体	三棱柱、四方反棱柱 十二面体	平行正方体、正四面体 正八面体
轨道相互作用	金属、配体轨道相互作用弱	金属、配体轨道相互作用强
键的方向	键的方向性不明显	键的方向性很强
键的强度	单价配体形成的键强度按电负性的次序： $F > OH^- > H_2O > NO_2^- > Cl^-$	键的强度按轨道相互作用的大小决定， 按配位场强次序：$CN^- > NH_3 > H_2O > OH^-$
溶液中配合物	离子型，配体交换快	共价型，配体交换慢

配位数 4 和 6 是 d 过渡元素的特征配位数，稀土配合物是多种多样的，配位数可从 3 到 12。配位数为 11 的配合物虽很少见，但也已见报道。稀土配合物的键型特点（以离子型为主）和较大的稀土离子半径是决定配合物高配位数的主要因素。

离子半径的大小和配体性质影响着配体的排布，空间因素在配位数方面起着主要作用。稀土配合物在配位数上有如下特点：

① 较高的配位数。稀土元素的配位数一般大于 6，以配位数 7~10 较为常见，尤其是 8~9，这一数值接近 6s、6p 和 5d 轨道的总和。稀土离子具有高配位数的原因有两个：一方面是稀土具有+3 价的正电荷，从满足电中性的角度来说有利于生成高配位数的配合物，并且高配位数多见于轻稀土；另一方面是稀土离子半径大，空间因素有利于形成高配位数的配合物。一般来说，稀土离子的有效离子半径越大，配位数越大，稀土离子与配体之间的平均键长越长。当配位数相同时，稀土价态越高，有效半径越小。

② 由于外层 $5s^2 5p^6$ 轨道的屏蔽作用，4f 轨道受配位场的影响较小，配位场稳定化能只有 4.18kJ/mol，成键主要是静电相互作用，以离子键为主。d 过渡金属配合物正好相反，稳定化能大于 418kJ/mol。

③ 在一些双核和多核配合物中，同一种稀土中心离子可以具有不同的配位数或配位环境。例如，有些多核稀土元素配合物具有混合的配位数和混合的几何构型，如 $Eu_2(mal)_3 \cdot 8H_2O$，两个 Eu(Ⅲ)的配位数不同，其中一个 Eu 处于变形正方及棱柱中，另一个处于 9 个氧配位的三帽三棱柱中。

④ 稀土离子的配位数与离子半径大小和配体的大小有关。随着稀土离子原子序数增大，离子半径减小，配体位阻增大，配位数减小。配位数大小也与配体的种类、大小及所带电荷有关，含有硬碱配位原子的配位体易与稀土离子生成具有高配位数配合物。中性配体分子因不带电荷，分子间没有斥力，而与稀土离子以较大配位数配位。例如，随着 La^{3+} 半径 116pm 到 Lu^{3+} 半径 97.7pm，配合物周围配体之间的位阻增大，配位数随着离子半径的减小而减小，并可能发生结构的改变，在一定的范围存在多晶现象。

⑤ 由于稀土配位数较大，稀土配合物的几何构型也不同于 d 过渡金属离子。稀土配合物的几何构型很多，可以有三棱柱、四方反棱柱、十二面体、三帽三棱柱等。而 d 过渡金属离子常形成四面体、平行四边形、八面体等几何构型。

决定稀土配合物配位多面体的主要因素是配位体的空间位阻,配体围绕稀土离子成键时,要使配体间排斥力最小,从而使结构稳定。如上所述,稀土配合物的几何构型决定于金属离子的体积、配体的体积、阴离子的性质,甚至是采用的合成方法。实际上,大多数稀土配合物的几何构型与高配位数配合物的理想几何构型仅仅是近似,很多情况下配合物会自发发生畸变,得到扭曲的几何构型。表 5-5 给出了不同价态稀土离子配合物的配位数和常见的几何构型。图 5-3 是配位数为 7~10 的配合物理想的几何构型。

表 5-5　不同价态稀土离子配合物的配位数和常见的几何构型

氧化态	配位数	实例	几何构型
+2	6	EuTe,SmO,YbSe	NaCl 型
		YbI_2	CaI_2 型
	8	SmF_2	CaF_2 型
+3	3	$RE[N(SiMe_3)_2]_3$(RE = Sc~Eu、Ho、Yb)	棱锥型
	4	$Lu(C_8H_9)_4^-$（阴离子是 2,6-二甲苯）	变形四面体
	5	$La_2O_2[N(SiMe_3)_2]_4(OPPh_3)_2$	
	6	$[RE(NCS)_6]^{3-}$,$[Sc(NCS)_2bipy_2]^+$ REX_6^{3-}(X = Cl^-、Br^-)	八面体
	7	$Ho(C_6H_5COCHCOC_6H_5)_3 \cdot H_2O$	单帽八面体
		$Yb(Acac)_3 \cdot H_2O$,$Dy(DPM)_3 \cdot H_2O$	单帽三棱柱体
		CeF_7^{3-},PrF_7^{3-},NdF_7^{3-},TbF_7^{3-} $Er(DPM)_3 \cdot DMSO$	五角双锥体
	8	$Y(Acac)_3 \cdot 3H_2O$,$[Y(C_5H_5)_2]_3 \cdot 3H_2O$ $Eu(DPM)_3(PY)_2$	四方反棱柱体
		$Ho(Acac)_3 \cdot 4H_2O$,$(HoCH_2COO)_3 \cdot 2H_2O$	十二面体
	9	$Nd(H_2O)_9^{3+}$,$RE_2(C_2O_4)_3 \cdot 10H_2O$ (RE = La~Nd)	三帽三棱柱体
		$RE_2(C_2O_4)(HC_2O_4) \cdot 10H_2O$(RE = Er、Y)	单帽正方棱柱体
	10	$H[La(EDTA)] \cdot 7H_2O$	双帽正方 反棱柱体
		$La(NO_3)_3 \cdot 4DMSO$	十二面体
		$La(NO_3)_3(bipy)_2$	双帽十二面体
		$Gd(NO_3)_3dpac$	变形五角双锥体
	11	$La(NO_3)_3L$(L = 1,8-萘并-16 冠 5)	
	12	$La(NO_3)_6^{3-}$,$La(18$ 冠 $6)(NH_3)_3$	二十面体
+4	6	$[CeCl_6]^{3-}$	八面体
	8	$Ce(Acac)_4$	阿基米德反棱柱体
		$(NH_4)_2CeF_6$	变形四方反棱柱（链）体
	10	$Ce(NO_3)_4(OPPh_3)_2$（NO_3^-双齿）	
	12	$(NH_4)_2[Ce(NO_3)_6]$	变形二十面体

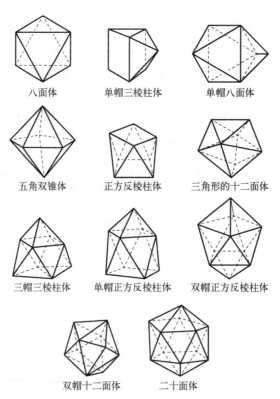

八面体　　　　　　　单帽三棱柱体　　　　　　单帽八面体

五角双锥体　　　　　　正方反棱柱体　　　　　三角形的十二面体

三帽三棱柱体　　　　单帽正方反棱柱体　　　双帽正方反棱柱体

双帽十二面体　　　　　　二十面体

图 5-3　配位数为 7～10 的配合物理想的几何构型

5.5　稀土配合物的稳定性

根据配位平衡原理，稀土离子形成配合物时，其逐级配合反应及逐级稳定常数 K_i 为

$$RE^{3+} + L^{m-} \Longrightarrow REL^{3-m} \qquad K_1 = \frac{[REL]}{[RE][L]}$$

$$REL^{3-m} + L^{m-} \Longrightarrow REL^{3-2m} \qquad K_2 = \frac{[REL_2]}{[REL][L]}$$

$$\cdots$$

$$REL_{n-1}{}^{3-(n-1)m} + L^{m-} \Longrightarrow REL_n{}^{3-nm} \qquad K_n = \frac{[REL_n]}{[REL_{n-1}][L]}$$

其总反应为：

$$RE^{3+} + nL^{m-} \Longrightarrow REL_n{}^{3-nm}$$

总稳定常数　　　　　　　　　　$$\beta_n = K_1 K_2 \cdots K_n$$

由热力学函数 $\Delta G = RT\ln\beta_n = \Delta H - T\Delta S$ 可知，通过测定热效应 ΔH 和熵 ΔS 可以计算出配合物的稳定常数。

稀土配合物的稳定性可以用稳定常数来表征。稀土配合物的稳定性随着中心离子电荷的增加而增加，不同价态稀土离子配合物稳定性大小为 $RE^{2+} < RE^{3+} < RE^{4+}$。稀土元素配合物的

稳定性不是单一地随原子序数变化而变化。一般来说，同类型的轻稀土配合物稳定性随原子序数的递增而递增；重稀土元素配合物的稳定性的变化则依赖于配体，按同类型配合物形成可分为三种情况（图 5-4）：

① 轻稀土元素随着原子序数的增加，呈上凸曲线，配合物稳定性增加；重稀土元素的稳定常数在 Tb 或 Er 处有最大值（如 DTPA、EEDTA）。

② 无论轻、重稀土配合物稳定性都随着原子序数增大而增大，在 Gd 附近，配合物的稳定常数有转折（如 EDTA、NTA、CDTA、磺基水杨酸等）。这种变化趋势在稀土配合物中最常见。值得注意的是，几乎所有配位体与 Gd 的配合物稳定性都很小，称之为钆断现象。

③ 在轻稀土配合物中，稳定常数呈上凸曲线，在重稀土处是常数（吡啶二酸），或有最小值（如氧撑二乙酸），或兼具最大和最小值（如 EGTA）。

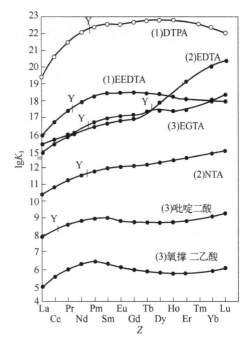

图 5-4　稀土配合物的稳定常数与
原子序数 Z 的关系

重稀土配合物稳定常数随原子序数变化的情况更加复杂，原因是随着原子序数的增加，稀土发生"镧系收缩"，导致空间位置增大，而使稳定性减小出现最小值；当配位数发生变化后，空间结构改变，稳定常数有可能再次增加。

上述这些现象表明，影响稀土配合物稳定性的主要因素是静电引力，但配位场作用、位阻效应等也是非常重要的影响因素。

① 静电效应。假设稀土离子 RE 和配位体阴离子 A 和 B 都看作点电荷，它们之间以纯粹的静电作用结合成离子键时，可以利用相关软件来计算配合物的生成能，以此来估计配合物的稳定性。一般来说，离子电荷越高，静电作用越强。

② 空间效应。体积较大的多齿配体，因为位阻效应而导致配合物的稳定性有可能下降。例如，EDTA 和 NTA 与金属离子 M^{2+} 配位时，位阻太大要形成 $[M(EDTA)_2]^{6-}$ 和 $[M(NTA)_2]^{4-}$ 的配合物比较困难。

③ 反馈 π 键。配体与中心离子形成配合物时，配体中给予体原子的未共用电子对，进入中心离子外层电子空轨道上，形成配位键。若中心离子存在未成对电子，配位存在合适的空轨道，也可能形成反馈 π 键，从而提高配合物的稳定性。三元配合物中配体间的协同效应，就是通过 σ-π 配键来实现的，也由此提高了配合物的稳定性。

④ 配体竞争。当存在两种配体时，假设它们对金属离子的配位能力相同，由于配体的竞争，从统计的角度来看，形成三元配合物的概率比二元配合物的概率高。若配体配位能力有区别，根据软硬酸碱理论，金属离子优先与配位能力强的配体配位；同时，辅助配体，尤其是多齿螯合配体，将取代配位的溶剂分子，得到稳定性更高的配合物。

5.6　稀土配合物稳定性的"四分组效应"

由于电子依次填充到镧系元素的 4f 轨道中,稀土配合物的许多性质都会随之呈现规律性变化。20 世纪 70 年代,人们对稀土元素的一些物理化学性质进行了深入的研究,发现电离势、标准氧化还原电位、配位常数及光谱学参数等与稀土的原子序数有关。表 5-6 给出了三价镧系元素离子基态电子排布、基态光谱项及电子排斥能的数值等有关参数。从表中可知,以 Gd^{3+} 为界,钆离子前后的镧系离子 La、Ce、Pr、Nd、Pm、Sm、Eu 和 Lu、Yb、Tm、Er、Ho、Dy、Tb 具有一样的基态光谱项符号。

表 5-6　RE^{3+} 离子基态电子排布、基态光谱项及电子排斥能计算的有关参数

离子	4f 电子	总轨道角动量量子数 L	基态光谱项	E^1/eV	E^3/eV	e^1	e^3
La^{3+}	0	0	$^1S_0$	—	—	—	—
Ce^{3+}	1	3	$^2F_{5/2}$	—	—	0	0
Pr^{3+}	2	5	$^3H_4$	0.56387	0.0579	−9/13	−9
Nd^{3+}	3	6	$^4I_{9/2}$	0.58758	0.0602	−27/13	−21
Pm^{3+}	4	6	$^5I_4$	0.61019	0.0652	−54/13	−21
Sm^{3+}	5	5	$^6H_{5/2}$	0.68152	0.0689	−90/13	−9
Eu^{3+}	6	3	$^7F_0$	0.69095	0.0691	−135/13	0
Gd^{3+}	7	0	$^8S_{7/2}$	0.71420	0.0722	−189/13	0
Tb^{3+}	8	3	$^7F_6$	0.74655	0.0755	−135/13	0
Dy^{3+}	9	5	$^6H_{15/2}$	0.75782	0.0756	−90/13	−9
Ho^{3+}	10	6	$^5I_8$	0.79851	0.0774	−54/13	−21
Er^{3+}	11	6	$^4I_{15/2}$	0.83938	0.0802	−27/13	−21
Tm^{3+}	12	5	$^3H_6$	0.88552	0.0836	−9/13	−9
Yb^{3+}	13	3	$^2F_{7/2}$	—	—	0	0
Lu^{3+}	14	0	$^1S_0$	—	—	—	—

注:e^1 为 E^1 的系数;e^3 为 E^3 的系数。

如果以三价镧系离子的基态总轨道角动量量子数 L 对原子序数作图,可得到呈现 W 形的变化曲线。因此,"四分组效应"也可以看作是 4f 电子组态变化的一种反映(图 5-5)。

虽然"四分组效应"发现的时间比钆断效应要晚,但能够更清晰地体现稀土化合物随原子序数变化的规律。其中,由 Peppard 等人在 1969 年总结某些稀土离子液-液萃取体系的分配比或分离因素时提出的"四分组效应"是体现稀土配合物性质变化最重要的规律之一。

"四分组效应"是指 15 个镧系元素的液-液萃取体系中,用四条平滑的曲线将图 5-5 上展示出来的 15 个元素分为四组(第一组:La、Ce、Pr、Nd;第二组 Pm、Sm、Eu、Gd;第三组:Gd、Tb、Dy、Ho;第四组 Er、Tm、Yb、Lu),Gd 是第二组和第三组的交点。其中,第一和第二组曲线延长线在 60 和 61 号元素间区域相交,第三和第四组曲线延长线在 67 和 68 号元素间区域相交。图 5-6 是一组典型的四分组效应曲线。

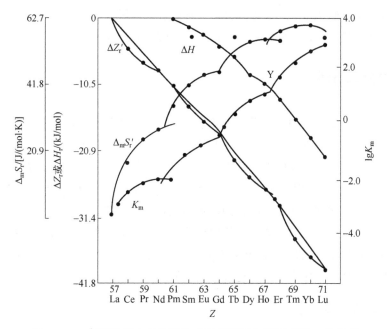

图 5-5　RE^{3+}离子基态总轨道角动量量子数与原子序数 Z 的关系

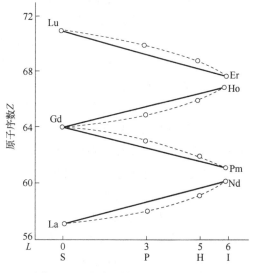

图 5-6　一组典型的四分组效应曲线

从图 5-5 可知，当纵坐标分别为 $\lg K_m$、ΔH、ΔZ_r 或 $\Delta_m S_r$ 等热力学函数时，稀土也具有典型的四分组效应。稀土元素的许多性质，如离子半径、单位晶胞体积、配合物生成自由能等与原子序数关系也都存在四分组效应。Nugent 和 Siekierski 认为稀土元素的四分组效应与稀土离子的电子构型有关，Nd/Pm、Gd 和 Ho/Er 恰恰位于 4f 电子层的 1/4、1/2 和 3/4 充填位置；Kawabe 利用精细的自旋配对能理论，定量解释了稀土元素离子半径的四分组效应。此外，Peppard 在三价锕系元素中也发现了类似的变化，从而确定了四分组效应是 f 区的共同特性。在不同体系的实际测试过程中，"四分组效应"是整个体系变化的净结果，它们的表现形式不仅与镧系元素的电子结构有关，还受到外界条件的影响，因此我们很难对某一体系的四分组效应加以预测或定量计算，相关的理论还需要进一步深化和发展。

5.7 配位分离化学

在稀土的冶炼分离过程中，由于稀土元素之间的性质非常相近，采取一般的分级结晶、分步沉淀等常规方法从矿物中提取出高纯度的单一稀土元素非常困难。借助其他物质与稀土发生作用，增大不同稀土之间的差异性以达到分离的目的，是稀土分离化学最有效的途径之一。因此，利用配位化学原理，使需要被分离的物质与某些具有特定官能团的物质发生物理或者化学作用，从而实现物质分离的目的，我们把它归为配位分离化学。

在稀土分离中，萃取分离、离子交换色谱法、沉淀分离和吸附分离等多种分离方式都可以看作配位化学与稀土分离化学成功结合的例子。接下来，我们将围绕稀土分离应用，结合主要应用实例，并从配位化学角度讨论其分离的原理。

5.7.1 稀土萃取分离化学

萃取分离技术有着源远流长的利用历史。早期，人们利用萃取方法提取草药；随后在20世纪初，人们应用该技术从石油中提取芳烃、青霉素的纯化，目前广泛应用于石油化工行业。随着原子能利用的发展，人们开发了具有螯合配位功能的有机物作为萃取剂，并利用其与金属离子形成的憎水配合物的可萃性来分离铀、钍和其他放射性同位素元素。这是配位分离化学在溶液萃取技术中的首次应用。从20世纪40年代开始，人们将萃取分离应用于金属元素分离研究，到20世纪70年代，萃取分离稀土的技术已经得到了广泛的应用。

萃取分离包括物理萃取和化学萃取两大类。前者是通过相似相溶原理把溶质从两种互不相溶的液相中依据不同的分配关系分离开来。后者是利用溶质与萃取剂之间发生化学作用，使不同物质之间的差异性得以显现或扩大，从而达到分离的目的。

稀土萃取分离过程中，稀土与含有特定官能团的萃取剂反应，生成稳定性适中的配合物，从水相中转移到萃取相内；水相与萃取相（有机相）分离后，再进行稀土配合物的逆向分解反应，稀土进入水相与有机相分离，萃取剂得到回收循环使用。

大多数盐都是强电解质，在水中有较大的溶解度，当其与有机萃取剂生成一种在有机相比在水相中更易溶解的化合物时，才能从水相向有机相转移。因此，在稀土萃取分离中，金属离子配位是分离的根本基础。下面我们以中性磷氧萃取剂TBP（磷酸三丁酯）萃取稀土离子为例来分析萃取过程中应用到的配位原理。

在萃取过程中（以TBP为例），有机相中TBP萃取剂上的磷酰氧上未配位的孤对电子与水相稀土离子配位（硝酸体系），形成中性稀土配合物。

$$RE^{3+} + 3NO_3^- + 3TBP_{(有机相)} \longrightarrow RE(NO_3)_3 \cdot 3TBP_{(有机相)}$$

在硝酸稀土溶液中，稀土离子可以以 RE^{3+}、$RE(NO_3)^{2+}$、$RE(NO_3)_2^+$、$RE(NO_3)_3$ 等四种形式存在，其中中性的 $RE(NO_3)_3$ 最有利于配位萃取过程。我们知道，+3价稀土离子配位数可在6~12之间变化，假设3个硝酸根与稀土离子配位占去6个配位数，余下0~6个配位数被溶剂水分子配位占据，所以稀土离子在溶液中总是水化的，"亲水不亲油"，不能直接被有机溶剂（如煤油）等萃取。加入 TBP 后，由于 TBP 与稀土离子配位，占据原先水分子配位的位置，得到的配合物由"亲水"变成"亲油"，从而萃取进入有机相。

TBP 在萃取稀土的过程中，还会与硝酸发生反应，生成 $HNO_3 \cdot TBP$。一般来说，稀土、硝酸会与 TBP 发生竞争配位，且硝酸的配位作用比稀土离子强。因此，萃取之后的有机相加酸可以把稀土离子解吸出来，从而实现稀土分离和萃取剂的重复使用。但铕和原子序数大于铕的重稀土元素与 TBP 的配位能力比硝酸强，能够把 TBP 从 $HNO_3 \cdot TBP$ 中夺过来，从而释放出 HNO_3。如下式所示：

$$Eu^{3+} + 3NO_3^- + 3HNO_3 \cdot TBP_{(有机相)} \longrightarrow RE(NO_3)_3 \cdot 3TBP_{(有机相)} + 3HNO_3$$

目前广泛应用的 P507-HCl 全萃取分离稀土技术、环烷酸萃取分离制备 4N 氧化钇技术、萃淋树脂萃取色谱法分离稀土技术都是配位化学应用于分离技术的典型代表。绝大部分的萃取过程是配合物的形成过程，而研究萃取过程的化学，必须研究溶液中配合物的问题。因为液-液萃取化学所研究的问题实际上是两相间的配位化学。

稀土配合物化学发展较晚，早期研究较多的是 β-双酮类配合物。20 世纪 40 年代，在应用离子交换法分离裂变产物中的镧系元素时，人们发现不同的淋洗剂与各稀土离子配位能力的强弱有别。随后，萃取法应用于稀土分离，使得稀土配合物研究得以蓬勃发展。稀土作为典型的金属元素，能与大多数非金属，如卤素、氧族（氧、硫、硒、碲）、氮族（氮、磷、砷）、碳族（碳、硅、锗、锡）和氢等五类元素成键。根据软硬酸碱理论（HSAB），金属离子软硬度次序为：稀土元素（最硬酸）< 前过渡元素（Ti、Zr、Hf、V、Nb、Ta、Cr、Mo、W）< 中过渡元素（Mn、Te、Re、Fe、Ru、Os、Co、Rn、Ir、Ni、Pd、Pt）< 后过渡元素（Cu、Ag、Au、Zn、Cd、Hg）和过渡金属以后的金属（如 Tl、In、Pb、Sn、Bi 等）。稀土离子属于典型的硬酸，更倾向于与含氧配位原子的配体（硬碱）配位。

黄春辉院士曾经收录过 1391 个稀土配合物，按化学键分类表明，在这些稀土配合物中，含有 RE—O 键的化合物有 1080 个，占 77.6%；含 RE—S 键的化合物 46 个，占 3.31%；含 RE—Se 和 RE—Te 键的化合物只有 7 个和 10 个。稀土也能与氮族元素配位，在这些配合物中含 RE—N 的化合物有 318 个，占 22.86%；含 RE—P 键的化合物有 15 个，含 RE—As 键的化合物还未见报道。含有 RE—Si 键的配合物很少。这些数据也表明，有些化合物中稀土与同一种原子的连接方式不止一种，含 RE—O 键的化合物数量最多，并且 RE—N、RE—S、RE—H、RE—P 等化学键都可以同时存在于一个化合物中。正是由于稀土离子及过渡金属离子与不同配位原子的配位能力及配位数、配位模式的不同，使配位化学已经广泛应用于稀土分离技术。例如，在稀土萃取分离中，合适的萃取剂能将金属离子通过配位化学反应从水相选择性地转入有机相，又能通过另一类配位化学反应从有机相转到水相，借以达到金属纯化的目的。稀土配合物的稳定性与金属离子的半径、电荷、配体大小等因素有关，一般随着阳离子体积增大而下降，与稀土离子半径的倒数呈线性关系。当配合物主要为静电键合时，稳定常数与 Z^2/r 有关，其中 Z 和 r 分别为金属离子的电荷与半径。Pearson 就曾经根据金属离子（酸）与配位原子（碱）的软硬或交界属性的匹配原理，以原子（或离子）半径大小、正电荷多少、极化率大小及电负性高低来划分酸碱软硬，来确定合适的萃取体系及配体应用于分离提纯。因此，配位化学在稀土分离中具有举足轻重的地位，与稀土精密分离技术的发展密不可分。

溶液萃取分离是指被分离物质在两种互不相溶或部分互溶的液相之间，借助萃取剂的作用，使一种或几种组分进入有机相，而另一些组分仍留在水相从而达到分离目的。与其他化学分离方法，如沉淀法、离子交换法等相比较，溶液萃取分离法具有选择性好、操作和设备简单、快速、分离效果好、适应性强易于实现自动化和大规模连续生产等特点。

溶液萃取稀土分配规律的研究始于 1937 年对稀土氯化物在水溶液及醇、醚或酮之间的分配规律研究，但在很长时间内都没有得到实际应用。1949 年 Warf 利用磷酸三丁酯（TBP）从硝酸溶液中成功萃取了 Ce^{4+}，使其与三价稀土离子分离，萃取率达到了 98%～99%。随后在 1953 年，有人用 TBP-HNO_3 分离三价稀土元素。Peppard 在 1957 年首次报道了二(2-乙基己基)磷酸酯（HDEHP，P204）萃取稀土元素，在盐酸体系中相邻稀土离子的平均分配系数（β）为 2.5，比在硝酸体系中的平均分配系数 1.5 要大。20 世纪 60～80 年代，国家组织了一系列的联合攻关，根据国内稀土资源的特点，进行了系列稀土采选冶技术的开发。70 年代初，中国上海有机化学研究所成功地在工业规模上合成出 P507，中国科学院长春应用化学研究所提出了氨化-P507 萃取体系应用于单一稀土分离，最终在国内逐步建立了以 P507 为主体，结合环烷酸和氧化还原萃取多体系耦合，实现了 15 种稀土元素全分离的工艺流程。70 年代后期北京大学徐光宪院士提出了串级萃取理论优化的分离工艺，并在稀土湿法冶金工业中得到了广泛的应用。这些关键性的技术级开发使我国稀土工业技术水平得到了迅速提高，稀土萃取分离水平处于世界领先，奠定了中国稀土生产大国的地位。

萃取体系可按照萃取剂、被萃取元素和萃取相等不同方法进行分类。例如，磷型萃取体系、胺型萃取体系、螯合型萃取体系是依据萃取剂的种类来区分的。萃取体系也可按被萃金属元素的外层电子构型来划分，如 5f 区元素（锕系）萃取、4f 区元素（镧系）萃取等。也可根据不同的萃取液相分为酸性、中性萃取体系，或硫酸体系、盐酸体系、硝酸体系等。最常见的是根据萃取机理或萃取过程中生成的萃合物的性质分类，可以分为简单分子萃取体系、中性络合萃取体系、酸性络合萃取体系、离子缔合萃取体系、协同萃取体系和高温萃取体系等六大类型。溶剂萃取理论与实践的不断发展，新的萃取剂研究成功及新的萃取体系的建立，促进了它在稀土分离中的应用。溶剂萃取已用于稀土元素与非稀土元素的分离、稀土的分组以及某些稀土元素之间的分离。其中中性络合萃取体系和酸性络合萃取体系在国内稀土行业应用最广泛。

（1）中性萃取体系

中性萃取体系是无机物萃取中最早发现和利用，也是最早应用于稀土元素萃取的体系。在中性萃取体系中，被萃取物质、萃取剂本身都是中性分子，它们之间生成的萃合物也是以中性分子存在。其中萃取剂的官能团与中心原子或离子配位的称为一次溶剂化；通过与水分子形成氢键而溶剂化的称为二次溶剂化。

中性萃取体系所使用的中性萃取剂其配位基 X=O（X 可以是 N、P、S、C）中氧原子对中性金属离子的萃取能力顺序如下：$R_3NO \geq R_3PO \geq R_2SO \geq R_2CO$。当 R 基团相同时，萃取能力随着 X 原子半径增加、电负性降低而增加。中性萃取剂主要含有中性含磷萃取剂、中性含氧萃取剂、中性含硫萃取剂等。

中性含磷萃取剂是最重要的中性萃取剂，通式为 $G_3P{=}O$，G 表示为烷基氧或烷基 R—，有以下几类：

磷酸酯：$(RO)_3PO$（磷酸三烃基酯），如 TBP（磷酸三丁酯）；

膦酸酯：$R(RO)_2PO$（烃基膦酸二烃基酯），如 P350（甲基膦酸二甲庚酯）；

次膦酸酯：$R_2(RO)PO$（二烃基膦酸烃基酯）；

膦氧化物：R_3PO（三烃基氧化膦），如 TOPO（三辛基氧膦）。

中性含氧萃取剂主要是酮类、酯类、醇类、醚类，如仲辛醇、甲基异丁基酮（MIBK）。

中性含硫萃取剂包括亚砜 $R_2S{=}O$、硫醚 $R{—}S{—}R$，如石油亚砜。

（2）离子缔合萃取体系

离子缔合萃取体系是指由阳离子与阴离子相互缔合进入有机相而被萃取的体系。通常被萃取金属离子与无机酸根形成配阴离子，与萃取剂的阳离子以离子对的形式共存于有机相。被萃取离子与萃取剂间无直接键合。因此，离子缔合萃取体系中萃取剂可以阳离子（阴离子）形式、金属离子以及络阴离子（阳离子）或金属酸根形式存在；萃取反应是萃取剂阳离子和金属配阴离子相缔合过程。

离子缔合萃取体系采用的萃取剂可以是含氧或含氮的有机物。例如，胺类萃取剂、大环多元醚类萃取剂（冠醚、穴醚和开链醚等）和中性螯合萃取剂等。

离子缔合萃取体系中胺类-硝酸萃取过程可表示如下：

① 两相中和

$$R_3N + H^+ + NO_3^- \longrightarrow [R_3NH^+NO_3^-]_{org}$$

② 金属络阴离子

$$M^{m+} + nX^- \longrightarrow MX_n^{(n-m)-}$$

③ 离子交换反应

铵盐能与水相中的阴离子进行交换。

$$[R_3NH^+X^-]_{org} + A^- \longrightarrow [R_3NH^+A^-]_{org} + X^-$$

$$MX_n^{(n-m)-} + (n-m)[R_3NH^+X^-] \longrightarrow [(R_3NH^+)_{n-m}(MX_n)^{(n-m)-}]_{org} + (n-m)X^-$$

总的萃取反应为：

$$M^{m+} + nX^- + (n-m)[R_3N] + (n-m)H^+ = [(R_3NH^+)_{n-m}(MX_n)^{(n-m)-}]_{org}$$

（3）酸性配位萃取体系

酸性配位萃取体系也称作阳离子交换萃取体系，其萃取剂是一种有机酸 HA 或 H_mA，它既溶于水相又溶于有机相，且在两相间存在一个分配。被萃取的金属离子与萃取剂生成配合物进入有机相被萃取，或者说被萃取的金属离子与有机酸中的氢离子通过离子交换机理形成萃取配合物。

酸性萃取体系中使用的萃取剂主要有酸性含磷萃取剂、螯合萃取剂、有机羧酸等三种类型。其中，酸性含磷萃取剂比其他两种萃取剂的酸性更强，因此能在较酸性的溶液中进行萃取。就萃合物的稳定性而言，羧酸最差而含磷萃取剂次之。因为它们的萃取机理相同，所以萃取因素也类似。

① 酸性含磷萃取剂。一元酸：$(RO)_2POOH$，如磷酸二异辛酯，又称二(2-乙基己基)磷酸

酯，代号 P204；(RO)RPOOH，如异辛基膦酸单异辛酯，又称 2-乙基己基膦酸 2-乙基己基酯，代号 P507；R_2POOH，二烷基膦酸，它们在有机相中常以二聚体的形式存在，与金属配位后形成具有螯合环的萃合物。

② 螯合萃取剂。螯合萃取所用的萃取剂有含氧螯合剂（如 β-二酮类，水杨醛类和茜素等）；含氮螯合剂（如 8-羟基喹啉、偶氮化合物、羟肟类、异羟肟酸类等）；含硫螯合剂（如双硫腙、二硫酚等），它们有酸性和配位两种官能团。在萃取过程中，金属离子与酸性官能团作用，置换出氢离子，形成一个离子键；配位官能团与金属离子形成一个配位键，生成疏水的螯合物进入有机相。这种金属螯合物稳定且易溶于有机溶剂（如三氯甲烷、四氯化碳、苯）中并被萃取。在合适的条件下，稀土萃取很完全，且分离系数也很大，但萃取速率很慢，萃取剂价格较贵。

③ 有机羧酸。羧酸类萃取剂中应用最多的是异构酸和环烷酸。其中，环烷酸来源广泛，价格便宜，使用更加广泛。

酸性配位萃取剂萃取稀土的过程比较复杂，整个过程包含四个平衡过程：

a. 萃取剂在两相溶解分配平衡

$$HA \Longrightarrow HA_{org}, \quad K_d = [HA_{org}]/[HA]$$

K_d 为萃取剂两相间分配常数。

b. 萃取剂在水相解离平衡

$$HA \Longrightarrow H^+ + A^-, \quad K_a = \frac{[H^+][A^-]}{[HA]}$$

c. 稀土离子与萃取剂阴离子在水相中的配位平衡

$$M^{n+} + nA^- \Longrightarrow MA_{n(org)}, \quad \beta_n = \frac{[MA_n]_{org}}{[M^{n+}][A^-]^n}$$

d. 萃合物溶于有机相

$$MA_n \Longrightarrow MA_{n(org)}, \quad K_D = [MA_n]_{org}/[MA_n]$$

K_D 为萃合物在两相间的分配常数。

综合上述反应，总的萃取反应平衡常数为：

$$K = K_D\beta_n K_a{}^n/K_d{}^n$$

以上讨论的是最简单的情况，实际过程中还可能存在聚合平衡、萃合物的种类不止一种等情况。因此，萃取过程是一个多重平衡同时存在的复杂过程。

（4）协同萃取体系

当两种或两种以上的萃取剂合在一起萃取某一金属离子或化合物时，其萃取率大于单独使用一种萃取剂在相同浓度条件下萃取率之和，这种现象称为协同萃取。这种萃取体系称为协同萃取体系。如果萃取率小于单独使用每一种萃取剂萃取时萃取率的加和，则称为反协同萃取。如果萃取率的加和几乎没有变化，则无协同效应。

协同萃取体系所使用的萃取剂可以为酸性螯合剂+中性萃取剂（如 HTTA+TBP）、酸性含磷萃取剂、羧酸或磺酸+中性萃取剂（如 P204 + TBP）、中性萃取剂+中性萃取剂（如 TOPO +

TBPO）和酸性螯合剂＋酸性螯合剂（HTTA + HACAC）等。其中，研究最多的是酸性螯合剂 HX 与中性萃取剂 S 组成的萃取体系，反应为：

$$RE^{3+} + 3HX + bS \longrightarrow REX_3S_b + 3H^+$$

例如，$RE^{3+} + 3HTTA + bTBP \longrightarrow RE(TTA)_3(TBP)_b + 3H^+ \qquad b = 1 \text{ 或 } 2$

协同萃取体系具有协同萃取效应的直接原因是形成的萃取物更稳定，疏水性更强，从而油溶性更好。可以从以下几个方面的机理来解释。

① 配位饱和原理。在溶剂中的金属离子倾向于满足最大配位数的要求，形成稳定配合物的趋势。当只有一种萃取剂萃取时，由于配体的空间位阻影响，金属离子的配位达不到饱和，形成的萃合物稳定性不好，萃取能力弱。当两种以上萃取剂萃取时，可以克服空间位阻的限制形成配位数饱和的配合物，其稳定性和萃取性能大大提高，形成协同萃取效应。

② 疏水性原理。当一种萃取剂萃取时，溶剂水分子也可能参与配位，以满足萃合物最大配位数的要求。但是由于水分子的存在，萃合物的亲油性不够，萃取能力不够。当多种萃取剂参与萃取时，配位的水分子将被第二配体取代，形成稳定性和疏水性更好的萃合物，大大提高萃取性能。

③ 电中性原理。电中性的萃合物在有机相中被认为是稳定的。被萃取的萃合物的电荷越低，越分散，越容易被萃取。当一种萃取剂萃取金属离子时，易形成带电荷的萃合物，加入第二种萃取剂可以形成不带电的稳定配合物，使萃取体系的萃取能力得到提高。

④ 空间位阻效应。加入第二种萃取剂，克服空间位阻的影响，形成配位饱和的萃合物，使体系的萃取能力得到提高。

使用两种萃取剂进行萃取，有时不但可以发生协同萃取作用，改变萃取性能，还可以改善萃取时的分层情况，减少第三相的生成。例如，在稀土萃取中，常用 P204 + TBP 的混合萃取剂代替单一的 P204 萃取，虽然加入 TBP 会降低萃取率，但改善了萃取时的物理状态。

5.7.2 萃取剂类型

萃取体系中包含有机相和水相两部分。有机相主要包括萃取剂、稀释剂；水相包括含待萃取元素的水溶液（料液）、洗涤液和反萃取液等水溶液。萃取剂是一种能与被萃物生成不溶于水相而溶于有机相萃合物，从而使被萃物与其他物质分离的有机试剂。稀土常见的萃取剂如表 5-7 所示。萃取剂一般具有如下的特点：

① 萃取剂至少有一个具有萃取功能的官能团，可与金属离子相结合形成萃合物。常见的萃取官能团配位原子是 O、N、P、S 等四种原子。

② 萃取剂必须有相当长的碳氢链或苯环，使萃取剂本身或萃合物溶于有机相而难溶于水。萃合物的分子量一般也不宜大于 500，否则可能形成固体或使萃取容量减少。

③ 具有较高的选择性，对某些元素有很大的分离系数。有较大的萃取容量。

④ 有良好的物理和化学性质，如密度小、黏度低、表面张力较大、沸点高、蒸气压小、闪点高、水溶性小、不易水解、毒性小等。

⑤ 容易反萃取，不发生乳化，不生成第三相，容易再生，成本低，操作安全，经济性强。

表 5-7　稀土工业中常用的萃取剂

萃取剂	分子量	密度 /(g/mL)	水中的溶 解度/(g/L)	沸点/℃	燃点/℃	闪点/℃	黏度 /(mPa·s)
磷酸三丁酯（TBP）	266.32	0.9730	0.28	142（313.3Pa）	212	146	3.32
二(2-乙基己基)磷 酸酯（P204）	322.43	0.9700	0.012	393.4	233	206	0.42
2-乙基己基膦酸 2-乙基己基酯（P507）	306.4	0.9475	0.03	209（1.33kPa）	228	196	—
三烷基胺（N235）	349	0.8153	0.01	180～230（400Pa）	226	189	10.4
氯化甲基三辛基铵 （N263）	459.2	0.8951	—	—	170	160	2.04
仲碳伯胺（N1923）	312.6	—	1.4757	—	—	—	—
三辛胺（TOA）	353.6	0.8121	1.4459	180～202（399.3Pa）	226	188	8.41
环烷酸	200～400	0.953	—	160～198（常压）	—	149	—
甲基膦酸二甲庚酯 （P350）	320.3	0.9148	约 0.01	120～122（26.7Pa）	219	165	7.5677

注：密度和水中的溶解度是室温下的数值。

稀释剂是用于改善萃取剂物理性能（如减小密度、黏度、增加流动性等）的惰性有机溶剂，其本身不参与萃取反应。常见的稀释剂有煤油、液体石蜡和丁醇等（表 5-8）。

表 5-8　常用的稀释剂

类别	化合物	分子量	沸点	密度（20℃） /(g/cm³)	η/(mPa·s)	闪点/℃	ε
脂肪烃	正己烷	86.18	68	0.6594	0.326	−25.7	1.890
	煤油	—	200～260	0.7950	—	—	—
	石脑油	—	150～215	0.7750	—	—	—
芳香烃	苯	78.11	80.1	0.8787	0.652	−10.7	2.284
	甲苯	92.13	110.6	0.8669	0.590	4.4	2.438
	邻二甲苯	106.16	144	0.8968	0.810	27.3	2.568
	间二甲苯	106.16	139	0.8684	0.620	—	2.374
	对二甲苯	106.16	138	—	0.648	—	2.270
环烷烃	环己烷	84.16	80.7	0.7780	1.070（15℃）	−71.2	2.020
卤代烃	氯仿	119.38	61.2	1.4892	0.580	不易燃	4.806
	四氯化碳	153.82	76.75	1.5942	0.965	不易燃	2.238
硫化物	二硫化碳	76.14	45	1.2628	0.370	不易燃	2.641

料液是含有待分离元素的水溶液。如果料液中含有 A、B 两元素，A 生成萃合物的能力大于 B，则 A 为易萃组分，B 为难萃组分。

洗涤液是用于洗涤已萃有易萃组分（A）和少量难萃组分（B）的有机相，使其中的少量 B 回到水相并从水相出口得到回收，而有机相中 A 的纯度得到提高。

反萃液是使有机相中的被萃物质与萃取剂解离返回水相而使用的水溶液。

络合剂是为提高有机相萃取能力和分离效果而添加的化学试剂。其中，与金属离子生成的配合物难以被萃取的络合剂称为抑萃络合剂，反之则称为助萃络合剂。

目前常用的重要萃取剂有磷类萃取剂、胺类萃取剂和某些螯合萃取剂和有机羧酸萃取剂等。

5.7.2.1 磷类萃取剂

磷类萃取剂包含中性正磷酸盐、一元及二元酸类、中性或酸性焦磷酸盐类等。

① 中性正磷酸盐类：主要包括磷酸三丁酯$(n\text{-}C_4H_9O)_3PO$（TBP）、三辛基氧膦$(C_8H_{17})_3PO$（TOPO）和甲基膦酸二甲庚酯（P350）等。

② 一元酸类：主要包括二(2-乙基己基)磷酸酯（简称 HDEHP 或 P204）、二 2-乙基己基膦酸 2-乙基己基酯（简称 HEH 或 P507）、磷酸二丁酯$(C_4H_9O)_2PO(OH)$（简称 HDBP）等。

③ 二元酸类：$(RO)PO(OH)_2$ 或 $RPO(OH)_2$ 等。

④ 中性或酸性有机焦磷酸盐类：二辛基焦磷酸盐（简称 H_2OPP）和焦磷酸四丁酯等。

（1）中性磷氧萃取剂

以 TBP 为代表的含磷类萃取剂是研究最早和应用最为广泛的中性配位萃取剂，具有化学性能稳定、能耐强酸强碱、强氧化剂、闪点高，操作安全，抗水解和抗辐照能力较强等特点。

在低酸度下，使用中性磷氧萃取剂萃取稀土时，将与稀土形成溶剂化配合物萃入有机相。萃取剂（S）挤出稀土水合离子中配位的水分子，增大被萃取物的体积，有利于稀土萃入有机相。

$$RE^{3+} + 3X^- + pS \longrightarrow REX_3S_p$$

式中，X^- 为 NO_3^-、Cl^-、SCN^-、ClO_4^- 等阴离子。

由上式可知，中性磷氧萃取剂通过磷酰氧上未配位的孤对电子与中性稀土化合物中的稀土离子配位，生成中性萃取配合物，再被有机相萃取，阴离子也同时进入了萃合物组成中。这类体系往往可以借助盐析剂或同离子效应以提高萃取率。如用 TBP 萃取三价硝酸稀土的反应为：

$$RE^{3+} + 3NO_3^- + 3TBP \longrightarrow RE(NO_3)_3 \cdot 3TBP$$

影响中性磷氧萃取剂萃取稀土性能的主要因素：

① 萃取剂结构。中性磷氧萃取剂对稀土的萃取能力为 $R_3PO > (RO)R_2PO > (RO_2)RPO > (RO_3)PO$。一般认为，引入 RO—基团，可以使磷氧基团中氧原子上的电子密度减小，配位能力因而减弱，萃取能力降低。因此，P 原子上连接的 RO 基团增多，萃取能力将减弱。

② 无机酸。不同的无机酸体系对稀土离子的萃取分离有明显影响。例如，TBP 在酸中的萃取能力为：草酸 ≈ 乙酸 > $HClO_4$ > HNO_3 > H_3PO_4 > HCl > H_2SO_4。随着酸根阴离子水化能依次增大，TBP 萃取的能力减小。此外，在萃取体系中，由于无机酸也会被 TBP 萃取，因此存在着金属离子和无机酸的竞争萃取，所以无机酸的浓度对金属离子分配比的影响比较复杂。以 TBP-硝酸体系为例，HNO_3 的浓度对轻、重稀土分配比的影响也略有不同（图 5-7）。对轻稀土来说，在一定酸度范围（3～10mol/L）

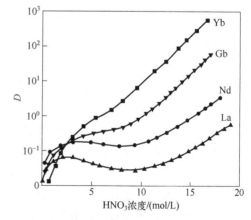

图 5-7　HNO_3 浓度对 TBP 萃取稀土
离子（Ⅲ）分配比的影响

内，随着酸浓度的增加，分配比下降，在整个酸度（1～16mol/L）范围内，分配比呈"S"形，且同系原子序数越小，其离子的分配比所呈现的"S"形越明显。对重稀土离子来说，TBP的萃取能力较强，在分配比与酸浓度的关系中未出现"S"形，但分配比与HNO_3浓度也不是3次方的关系。总的来说，高酸度时，TBP萃取稀土离子的分配比较大；在低酸度时，TBP萃取稀土离子的分配比很小，+3价稀土甚至难以被萃取；当体系酸度下降时，萃取分配比减少，甚至萃取反应将逆向进行，所以TBP萃取分离+3价稀土时一般在高酸度（>10mol/L HNO_3）条件下进行。另外，在高酸度条件下，TBP萃取RE^{3+}的机理会发生变化，TBP以离子缔合机理萃取稀土（Ⅲ）。高酸度时可促使$H_2[RE(NO_3)_5]$化合物形成，所以酸度高有利萃取。

不同中性磷氧萃取剂萃取酸的次序也稍有不同，并与酸的浓度有关。例如，TOPO在低酸度（<2mol/L）时，萃取酸的次序为$HNO_3 > HClO_4 > HCl > H_3PO_4 > H_2SO_4$。在较高的酸度（6mol/L）时，次序为$HCl > HNO_3 > H_2SO_4 > H_3PO_4$。

③ 盐析剂。盐析剂易溶于水，不与金属离子配位，也不被萃取，但会对萃取产生影响。对于中性络合萃取体系而言，盐析效应均较为明显，盐析剂的加入将促进萃取率的提高。由于盐析剂的水合作用，体系中自由的水分子数量减少，被萃取物在水相中的有效浓度增加，使分配比增加。也可认为自由水分子浓度降低，抑制了RE^{3+}的水合作用，降低了金属离子的亲水性，因而有利于金属离子的萃取。当盐析剂阴离子与被萃取物阴离子相同时，等于增加了被萃物阴离子浓度，从而使分配比D增大。在阴离子的类型和浓度相同时，阳离子的电荷越高，半径越小，则盐析作用越大。对主族元素来说，有如下次序：$Al^{3+} > Mg^{2+} > Li^+ > Na^+ > NH_4^+ > K^+$。但副族元素并不完全符合上述规律。

盐析剂还能降低水相介电常数，拟制水相金属离子的聚合作用，也有利于萃合物形成，使D增加。盐析作用一般随着离子强度的增加而增加，从而提高中性磷氧萃取剂的萃取率。当盐析剂的浓度相同时，阳离子价态越高，盐析作用越强。阳离子价态相同时，离子半径越小，盐析作用越强。提高料液中稀土浓度也可起到盐析作用，这称为自盐析作用。例如，在TBP萃取$RE(NO_3)_3$的体系中，加入硝酸盐（如碱或碱土金属硝酸盐等），一般能提高RE^{3+}的萃取率。

④ 其他因素。不同的稀土离子、萃取温度、萃取剂浓度和稀释剂等都会对中性磷氧萃取剂萃取效果产生影响。在给定温度、萃取剂和介质的情况下，金属离子的性质是影响萃取反应平衡常数和金属离子分配比的主要因素。稀土离子和TBP形成配合物的稳定性主要与稀土离子电荷和半径有关。一般来说，金属离子的价态越高，形成的配合物越稳定，+4价稀土离子的分配比总比相应+3价离子的大，如在4～5mol/L HNO_3介质中，TBP萃取铈（Ⅳ）和+3价稀土离子时，铈（Ⅳ）的分配比大于稀土（Ⅲ），它们之间的分离系数大于50。对于同价离子来说，半径越小，形成的配合物越稳定，分配比随原子序数的增大而增大，即随半径的减小而增大。如在10mol/L HNO_3介质中，TBP萃取镧系元素的次序为：$Lu > Yb > Tm > Er > Ho > Dy > Y > Tb > Gd > Eu > Sm > Pm > Nd > Pr > Ce > La$。

TBP萃取稀土离子虽然在室温或低于室温时是有利的，但从萃取操作考虑，低于室温时，有机相黏度加大，不易分层，对萃取操作不利，所以萃取一般在室温或稍高于室温下进行。

对于所有的萃取体系，分配比与自由萃取剂浓度的次方成比例。例如，TBP萃取$RE(NO_3)_3$时，其分配比与平衡时TBP浓度的+3次方成正比。TBP浓度越大，分配比越高。增加萃取剂的浓度虽对稀土离子的分配比有利，但对于相邻元素的分离并不一定有利，甚至萃取浓度增加，分离系数反而会下降。在稀土离子分离时，一方面要选择分离系数较大的萃取剂浓度，以便于相邻元素的分离；另一方面萃取剂浓度增加，会使其黏度增大，导致分层速度减慢，不利于萃取操作。因而萃取剂的浓度应适当。在实际操作中一般选择 TBP 的浓度为 60%～70%。

萃取剂也能萃取料液中的水。中性和酸性的萃取剂萃取稀土离子时存在协同效应等。

（2）酸性磷类萃取剂

酸性磷类萃取剂是具有液态离子交换性能的有机液态萃取剂。在分离过程中，料液中的稀土离子取代萃取剂中的 H^+ 形成配位萃合物而被萃取。例如，P204 是典型的酸性磷类萃取剂，具有良好的物理性能、耐酸碱的化学稳定性及较高的萃取容量，在酸性介质中基本上都是正序萃取。P204 在非极性溶剂中通常是二聚体，其萃取稀土的过程较为复杂，包含萃取剂在两相中的溶解分配平衡、萃取剂在水相中解离、水相中稀土化合物解离、稀土离子与萃取剂阴离子络合及在水相中生成的配合物溶于有机相等 5 个平衡过程。P204 分离因数最大达到8（Sm/Nd），最小为 1.3（Nd/Pr），但与铽之后的重稀土元素如铒、镱、镥结合能力强，反萃困难，给工业生产带来了很大的问题。因此，P204 目前主要用来萃取分离轻、中稀土元素。

$$(HDEHP)_2 \longrightarrow H[H(DEHP)_2]$$
$$RE^{3+} + 3H[H(DEHP)_2] \longrightarrow RE[H(DEHP)_2]_3 + 3H^+$$

当 P204 分子中一个 R—O 基团被 R 取代后就得到了另一个酸性磷类萃取剂 P507。由于分子中酯氧原子电负性影响的削弱，它的 pK_a 值增大，酸性比 P204 弱，因此萃取稀土时所需水相酸度和反萃液的酸度都比较低，在钪、钇和镧系元素的分离上优于 P204，氨化-P507 萃取分离稀土工艺流程广泛应用于稀土湿法冶金工业中。但 P507 萃取稀土的分配比低于 P204。

P204萃取剂   P507萃取剂

P507 在萃取过程中也受溶剂、温度、萃取速度和酸体系等因素的影响。例如，P507 在非极性溶剂中是二聚体，在极性溶剂中以单体形式存在；工业上萃取工艺是在常温下进行，但实际上分配比和分离系数与温度有关。在盐酸体系中，P507 萃取分离稀土达到萃取平衡的时间较长，萃取速率较慢，成为影响生产效率和经济效益的因素之一。在盐酸体系中，P507 萃取平衡时间随着稀土离子原子序数增大而增大，在一定温度下达到平衡后分离因素 β 值达到最大。研究表明在不同无机酸介质中，萃取 RE^{3+} 的平衡按下列次序变化：$HNO_3 < HCl < H_2SO_4$。

在硝酸体系中，随着平衡水相中 H^+ 的增加，RE^{3+} 的分配比（D）迅速减小，并达到一个最小值。当平衡水相中 H^+ 继续增大时，所有重稀土元素的 D 值随着 H^+ 的增加而增大，但轻稀土（包括 Gd）在实验条件下（2～11mol/L）基本不被萃取。

在低酸度下，用 P507（HL）萃取稀土时，也属于阳离子交换机理，大多数稀土较易反萃。Yb 和 Lu 不易于反萃的问题，已用 HCl 或 HNO₃ 反萃取解决。其萃取平衡反应如下：

$$RE^{3+} + 6(HL) \longrightarrow RE(HL_2)_3 + 3H^+$$

随着硝酸浓度的增加，P507 二聚体分子逐渐被破坏，萃取硝酸的能力也增大。在高酸度下，P507 萃取稀土离子按溶剂化机理进行：

$$H^+ + NO_3^- + H_2O + 1/2(HL)_2 \longrightarrow HNO_3 \cdot H_2O \cdot HL$$

$$RE^{3+} + 2(HL)_2 + 3NO_3^- \longrightarrow RE(NO_3)_3 \cdot 4HL$$

阳离子交换和溶剂化两种机理是逐渐过渡的。由于有机相中的 P507 单体分子可以看作是二聚分子逐渐溶剂化产生的，萃取反应可以用以下通式表示：

$$RE^{3+} + iNO_3^- + (3 - 1/3i)(HL)_2 \Longleftrightarrow RE(NO_3)_i(HL_2)_{3-i}(4/3)i(HL) + (3 - i)H^+$$

式中，$i = 0 \sim 3$。

在硫酸体系中，Sc^{3+} 在一定的酸度范围内，萃取率均大于 98% 且不随酸的浓度变化。其他稀土离子的萃取率均随原始水相硫酸浓度增加而下降。Y 的萃取率在 Ho 和 Er 之间。当萃取 Th^{4+}、Ce^{4+}、Sc^{3+}、Y^{3+} 及镧系元素且硫酸浓度大于 0.75mol/L 时，Ce^{4+} 的萃取能力高于 Th^{4+}，萃取的次序是 $Sc^{3+} > Ce^{4+} > Th^{4+} > Ln^{3+}$。由于 P507 对这些元素的萃取能力差别很大，可使 Th^{4+}、Ce^{4+}、Sc^{3+} 与其他稀土离子分离开来，萃入有机相中的 Ce^{4+} 可以通过还原反萃取与 Th^{4+} 和 Sc^{3+} 分离。

在盐酸体系中，P507 在不同酸度下萃取稀土的分配曲线与在硝酸体系相似，$\lg D$ 与原子序数 Z 的关系呈现"四组分效应"。

影响酸性磷类萃取剂萃取性能的主要因素：

① 萃取剂结构。酸性萃取剂萃取稀土离子时，是通过 OH—基团中 H^+ 与稀土离子发生阳离子交换来实现的，它的萃取能力取决于萃取剂酸性的强弱。当萃取剂的烷氧基减少，C—P 键增加时，萃取剂由于正诱导效应，酸性降低，萃取能力下降。反之，在与磷原子相连的烷基链上引入电负性强的取代基团，则由于负诱导效应，导致萃取剂的酸性增强，萃取能力增大。

② 无机酸。在萃取过程中，体系的酸度会升高；洗涤和反萃取的过程中，酸度将会降低，均不能保持稳定的酸度，从而影响稀土元素的分离效果。选择合适的萃取剂，可以使萃取过程中体系酸度基本保持稳定，获得比较高的分配比。例如，用皂化 P204 萃取剂进行萃取：

$$H_2A_{2(\text{有机相})} + NH_4OH \longrightarrow NH_4HA_2 + H_2O$$

$$RE^{3+} + 3NH_4HA_{2(\text{有机相})} \longrightarrow REHA_{2(\text{有机相})} + 3NH_4^+$$

萃取反应释放出 NH_4^+，缓冲溶液使体系的 pH 基本保持不变。

③ 稀土离子。一般来说，同价态的稀土离子半径越小，萃合物越稳定，分配比越高。受镧系收缩的影响，稀土元素离子半径随原子序数增大而减小，因此萃合物的稳定常数、分配比都随着原子序数的增加而增加。

④ 稀释剂。P204 萃取剂在常见的煤油、二甲苯等稀释剂中将生成二聚体，影响萃取的聚合度，还将对其萃取行为产生直接的影响。

⑤ 温度。温度会影响萃取平衡常数，从而影响分配比和分配系数。

5.7.2.2　胺类萃取剂

与磷类萃取剂相比，胺类萃取剂在 20 世纪 40 年代才开始在溶剂萃取分离中使用，但胺类萃取剂具有选择性好、稳定性强、能适用于多种分离体系等特点。胺类萃取剂有伯胺、仲胺、叔胺和季铵盐等 4 种类型，可以看作是氨分子的 3 个氢被烷基逐步取代的产物。在水相中，4 种类型的胺萃取剂都呈碱性，能够接纳 H^+ 生成铵盐。

可用作萃取剂的有机胺分子量通常在 250～600 之间，分子量小于 250 的烷基胺在水中溶解度太大会造成溶解损失，分子量大于 600 的烷基胺大多是固体，在有机稀释剂中的溶解度小，萃取容量也小，分相困难。此外，伯胺和仲胺含亲水基团，在水中的溶解度比分子量相同的叔胺大，且伯胺在有机溶剂中会使很多水进入有机相，对萃取不利。因此，最为常用的胺类萃取剂是叔胺，但带有很多支链的伯胺、仲胺也可以作为萃取剂。

可用作萃取剂的有机胺分子结构示意图（伯胺、仲胺、叔胺、季铵盐）

胺类萃取剂的不足是萃取剂本身并不是其稀土萃合物的良好溶剂，需要添加极性稀释剂与之形成混合溶剂，否则会出现第三相，影响萃取效果。例如有机羧酸和三辛胺缔合形成的萃合物不易溶于三辛胺-煤油中，需要加入醇类来增大萃合物在有机相中的溶解度，提高萃取剂的萃取能力。工业中常见的胺类萃取剂，如仲碳伯胺（N1923）、三辛胺（TOA）、三烷基胺（N235）和季铵盐（N263）等的物理化学性质见表 5-7。

萃取酸是胺类的基本性质。生成的铵盐可与水相中的阴离子进行离子交换，交换能力如下列次序所示：

$$ClO_4^- > NO_3^- > Cl^- > HSO_4^- > F^-$$

形成铵盐后还能萃取过量的酸，而被萃取的酸容易被水反萃取，因此可以用水来回收酸。

胺类萃取剂是具有阴离子交换性能的有机液态萃取剂，与水相中的适当的阴离子 X 接触，转化成铵盐。

$$R_3N + HX \longrightarrow R_3NH^+X^-$$

铵盐再利用 X^- 与稀土络阴离子发生离子交换而萃入有机相。例如，以硝酸甲基三烷基铵（Aliquot336 或 N263）萃取硝酸稀土时反应为：

$$RE(NO_3)_6^{3-} + 3/2(R_3CH_3N^+NO_3^-)_2 \longrightarrow (R_3CH_3N)_3^+[RE(NO_3)_6]^{3-} + 3NO_3^-$$

胺类萃取剂萃取率和稀土 Y 的位置受其自身结构、稀释剂、阴离子的种类、盐析剂等因素的影响。胺类萃取剂分子包含亲水和疏水两部分，其萃取能力取决于自身的碱性和空间效应。当烷基碳链增长或被芳香基取代时，由于烷基的诱导效应，氮原子带有更强的电负性，更易与质子结合，碱性增强，萃取能力增大。另一方面，烷基数目增加，萃取剂体积增大，由于空间位阻效应，对胺与质子的结合起到阻碍作用，使萃取能力下降，但增加了萃取剂的选择性。此外，烷基链增加会使萃取剂疏水性增大，也有利于萃取。在惰性的稀释剂中，胺类萃取剂容易发生自身的氢键缔合，萃取能力降低；在极性稀释剂中，胺类萃取剂的氢键缔合受限制，萃取能力增强。此外，萃取硝酸稀土时，加入 $LiNO_3$ 作为盐析剂，可增大稀土的萃取率。

烷基胺或季铵盐萃取稀土的过程一般认为有两种反应：

$$(n-m)\mathrm{R_3NH \cdot X} + \mathrm{REX}_n^{(n-m)} \longrightarrow (\mathrm{R_3NH})_{n-m} \cdot \mathrm{REX}_n + (n-m)\mathrm{X}^-$$

$$(n-m)\mathrm{R_3NH \cdot X} + \mathrm{REX}_m \longrightarrow (\mathrm{R_3NH})_{n-m} \cdot \mathrm{REX}_n$$

前一个反应是铵盐中的 X^- 和带负电荷的配合物 $\mathrm{REX}_n^{(n-m)}$（$m < n$）的交换过程；后一个反应表示的是中性稀土配合物 REX_m 加和在铵盐上的过程。

一般来说，胺类萃取剂只有在硫酸或硫酸盐溶液中才能有效萃取稀土。例如，中国科学院长春应用化学研究所开展了 N1923 从包头硫酸焙烧水浸液中萃取分离钍和稀土氯化物的全萃取流程研究，发现从水浸液到硝酸钍溶液，钍收率>99.9%，稀土收率>99.9%，稀土中 $\mathrm{ThO_2/REO} < 5{\times}10^{-6}$，表明 N1923 是在硫酸体系中萃取分离钍（Ⅳ）、稀土（Ⅲ）和铁（Ⅱ、Ⅲ）的高效萃取剂。但 N1923 萃取稀土时，平衡有机相中稀土浓度只有 8.3g/L，萃取容量比较低。

季铵盐 N263 是萃取稀土元素的重要萃取剂。在硝酸盐体系用 N263 萃取稀土元素时，表现出"倒序萃取"的现象，即镧系元素的分配比 D 会随原子序数的增加而减少。Y 的位置在 Er、Tm 之间，可利用这一体系使 Er 以前的所有镧系与钇分离，进行 Er/Tm 分组。

在硫氰酸盐体系用 N263 萃取稀土时，镧系元素的分配比 D 随原子序数的增加而增加，基本上呈正序萃取，但中稀土部分，次序较乱，Gd 的分配比 D 比左右的元素都要高。调控 $\mathrm{NH_4SCN}$ 为 3.77mol/L 时，Y 的位置在 Sm、Eu 之间；当 $\mathrm{NH_4SCN}$ 为 2.10mol/L 或 1.07mol/L 时，Y 在 Nd、Sm 之间，利用这一体系可使 Y 与其他重稀土分离，再结合 N263-硝酸体系，就能达到制取高纯氧化钇的目的。

5.7.2.3 某些螯合萃取剂和有机羧酸萃取剂

螯合萃取剂按其结构可分为羟肟萃取剂、取代 8-羟基喹啉、β-二酮、吡啶羧酸酯取代剂等。但工业上应用的螯合萃取剂仅在铜及少量稀有金属的萃取工艺中出现。

羟肟萃取剂　　　　β-二酮　　　　　　取代 8-羟基喹啉

有机羧酸萃取剂有水杨酸、马尿酸、苯酰胺基乙酸、Versatic 酸、异构酸和环烷酸等。

水杨酸　　　　　　马尿酸　　　　　　环烷酸

Versatic 酸，也称叔碳酸，其结构特征是羧基的 α-碳位上与 3 个烃基（最少一个甲基）相连。α-碳上叔碳化的高度支化结构，使 Versatic 酸具有良好的耐水解性和防腐性，是性能良好的金属萃取剂，在稀土分离、氨溶液中的镍钴分离中有较多的研究和应用。例如，Versatic 酸是 2,2,4,4-四甲基戊酸（质量分数 0.56）和 2-异丙基-2,3-二甲基丁酸（质量分数 0.27）及其他 9 个碳的叔碳酸异构体的混合物。Versatic 911 是叔碳酸（$C_9 \sim C_{11}$）的异构体混合物。

环烷酸是从石油精炼获得的一种黏度较高的液体副产品，化学稳定性高、无毒、价格低廉，萃取平衡酸度低，易于反萃，是一种有广泛应用前景的萃取剂。环烷酸可溶于煤油、烷基苯或芳香烃类等非极性溶剂中，也可溶于脂肪醇、醚和酯类的极性溶剂中。但由于氢键作用，环烷酸在非极性溶剂中会发生聚合。这是因为环烷酸与其他羧酸相似，当羧基上的氢解离后，羧基氧上所带的负电荷与羧基的 p 电子发生共轭作用，生成三中心四电子的 π 分子轨道，增加了羧基氧负离子的稳定性，使其羧基上的氢可以解离成为氢离子而呈弱酸性。由于羧基中碳基氧的电负性较强，电子云在氧原子附近密度较高，质子易与其接近。研究表明，羧酸在非极性溶剂中均有二聚体生成，而在极性溶剂中，由于极性溶剂与羧酸缔合，降低了二聚作用。环烷酸的缔合不利于稀土萃取，因此常添加混合醇等极性溶剂，阻断聚合高分子形成转而与醇缔合的单分子，来提高萃取剂的萃取效率。例如，在体积分数为 20%的环烷酸煤油中加入等物质的量的氨水，有机相呈胶冻状，再与稀土溶液萃取时也同样发生乳化，难于将两相分离。如果添加混合醇到环烷酸煤油溶液中，从稀土的硝酸、硫酸、盐酸溶液中萃取稀土，分层快，两相清。

大多数羧酸酸性随结构而异，大多为弱酸，pK_a 一般为 4~5，环烷酸的 pK_a 为 5.5。由于羧基和羧基间易于缔合，所以羧酸挥发性较低，其沸点较相同分子量的醇要高一些。但羧酸及其盐类，尤其是碱金属或铵盐在水中溶解度较大，易造成萃取剂损失。为了减少羧酸的水溶性，工业上常采用九个碳原子以上的羧酸，而碳链太长的脂肪酸凝固点低，K_a 值小不宜作为萃取剂。

环烷酸、异构酸等都是一元羧酸 HA，属于阳离子交换萃取剂，通过 H^+ 与稀土阳离子交换，生成中性稀土萃合物质进入有机相。

$$RE^{3+} + nHA \longrightarrow REA_n + nH^+$$

$$K = \{[REA_n][H^+]^n\}/\{[RE^{3+}][HA]_n\} = [(K_a^n)/(K_d^n)]\lambda\beta$$

式中，K 为萃取平衡常数；K_a 为酸解离常数；K_d 为萃取剂在两相中的分配常数；λ 为萃合物的分配常数；β 为萃合物的稳定常数。

$$D = [REA_n]/\{[RE^{3+}] = K[HA]_n/[REA_n]$$

$$\lg D = \lg K + n\lg[HA] - n\lg[H^+] = \lg K + n\lg[HA] + npH$$

由上式可知，分配系数 D 与自由萃取剂浓度[HA]的 n 次方成正比，与氢离子浓度的 n 次方成反比。若[HA]保持不变，则分配系数 D 随着 pH 值升高而增大，pH 每增加一个单位，分配系数就增大 10^n 倍，即对三价稀土离子，$n = 3$，D 增大 1000 倍。以 $\lg D$ 对 pH 作图得一直线，其斜率等于金属离子的电荷数 n。若溶液 pH 保持不变，则 D 随萃取剂的平衡浓度升高而增大。以 $\lg D$ 对 $\lg[HA]$ 作图得一直线，其斜率也等于金属离子的电荷数 n。

环烷酸在萃取稀土时，稀土离子与羧基上的氢难以直接发生交换，因此需先皂化转化为铵盐或钠盐，再与稀土离子进行萃取交换。

$$HA + NH_4OH \longrightarrow NH_4A + H_2O$$

$$RE^{3+} + NH_4A \longrightarrow REA^{2+} + NH_4^+$$

在环烷酸萃取稀土过程中，溶液酸度、稀土浓度、阴离子、盐析剂等都会影响稀土元素的萃取分配比和分离系数。

① 溶液酸度的影响。当 pH 接近金属离子水解度的时候，可达到金属的最高萃取率。可按照环烷酸萃取金属的 pH 的大小给出金属的大致萃取序列：

$$Fe^{3+} > Th^{4+} > Zr^{4+} > U^{4+} > In^{3+} > Ga^{3+} > UO_2^{2+} > Sn^{2+} > Al^{3+} > Hg^{2+} > Cu^{2+} > Zn^{2+} > Pb^{2+} >$$
$$Ag^+ > Cd^{2+} > RE^{3+} > Ni^{2+} > Sr^{2+} > Co^{2+} > Fe^{2+} > Cr^{3+} > Mn^{2+} > Ca^{2+} > Mg^{2+} > Cs^+$$

环烷酸萃取稀土元素的次序变化十分复杂，与 P204 和 P507 相差很大，水相平衡酸度稀土组成及浓度等均影响元素间萃取位置的改变。例如在 10%的环烷酸-10%混合醇-80%煤油-HCl（pH = 4.8～5.1）体系中萃取次序为：

$$Sm^{3+} > Nd^{3+} > Pr^{3+} > Dy^{3+} > Yb^{3+} > Lu^{3+} > Tb^{3+} > Ho^{3+} > Tm^{3+} > Er^{3+} > Gd^{3+} > La^{3+} > Y^{3+}$$

生产中利用环烷酸萃取稀土元素次序与 P204 和 P507 差异来提取高纯度的氧化钇。实验证明，pH 值升高时，重稀土元素的分离系数升高，轻稀土元素的分离系数降低；pH 值降低时，轻稀土元素的分离系数升高，重稀土元素的分离系数降低。在实际应用中，一般 pH 值控制在 pH = 4.7～5.1 范围内。

② 平衡水相稀土浓度对分离有明显的影响，稀土浓度的变化将改变反应的平衡常数。

③ 阴离子对萃取的影响。由于羧酸是弱酸性萃取剂，与被萃取金属离子形成的羧酸盐生成常数比较小，所以水相中阴离子对金属萃取的影响要比酸性磷类萃取剂大得多。在其他条件相同时，由于水相介质的不同，水相对稀土元素的分配比和分离系数都有不同程度的影响，在酸度较低的情况下阴离子对萃取的影响大小次序是 $NO_3^- < Cl^- < SO_4^{2-}$。

④ 盐析剂的影响。环烷酸-盐酸体系萃取稀土时，总的配分比随 NH_4Cl 的浓度增加而升高，但对不同元素的影响有所不同。

⑤ 添加剂的影响。有机相添加剂可以减少羧酸聚集，避免产生乳化现象。在环烷酸煤油溶液中常掺入一定量的添加剂 C_7～C_9 混合醇、磷酸三丁酯等极性溶剂来提高酸在有机相中的溶解度，改善萃取溶液的流动性。

⑥ 萃取剂浓度的影响。环烷酸与其他羧酸类萃取剂除了能萃取稀土以外，也可以萃取绝大多数的其他金属元素，其萃取能力首先取决于被萃取金属离子与环烷酸根形成配合物的稳定常数 K_n 的大小。K_n 的大小与金属离子价态和半径有关，高价离子比低价的更易于萃取。同价离子中半径小的更易于萃取。

异构酸由于 α 碳原子上支链的空间位阻效应，对萃取不同元素具有较好的选择性，且 α 碳原子支链化使羧基中的 π 电子进一步极化，促使羟基上的氢原子更易解离，因此萃取金属的酸度比直链脂肪酸或环烷酸要高一些。在有色冶金，尤其是钴、镍分离上得到广泛应用。

羧酸由于反萃酸度低，也常用于金属的萃取转型。例如，用浓硫酸高温焙烧分解白云鄂博稀土精矿得到稀土的硫酸浸出液，就是一定酸度下环烷酸萃取稀土后，再用盐酸反萃取而转型为稀土氯化物产品的。

5.7.2.4 醇、醚或酮类萃取剂

早在 1937 年，就有人研究过稀土氯化物在水溶液和不相混溶的有机溶剂醇、醚或酮之间

的分配，并利用乙醚萃取硝酸铈（IV）铵制得光谱纯的铈，其反应如下：

$$(C_2H_5)_2O + H^+ \longrightarrow (C_2H_5)_2OH^+$$

$$2(C_2H_5)_2OH^+ + Ce(NO_3)_6{}^{2-} \longrightarrow [(C_2H_5)_2OH]_2Ce(NO_3)_6$$

总反应为：

$$2(C_2H_5)_2O + 2H^+ + Ce(NO_3)_6{}^{2-} \longrightarrow [(C_2H_5)_2OH]_2Ce(NO_3)_6$$

$$K = \{[(C_2H_5)_2OH]_2Ce(NO_3)_6\}/\{[Ce(NO_3)_6{}^{2-}][(C_2H_5)_2O]^2[H^+]^2\} = \lambda\beta K_i{}^2/K_d{}^2$$

β 为萃合物的稳定常数：

$$\beta = \{[(C_2H_5)_2OH]_2Ce(NO_3)_6\}/\{[Ce(NO_3)_6{}^{2-}][(C_2H_5)OH^+]^2\}$$

λ 为萃合物的分配常数，是萃合物在有机相中的浓度与水相中浓度的比值：

$$\lambda = \{[(C_2H_5)_2OH]_2Ce(NO_3)_6\}_{有机相}/\{[(C_2H_5)_2OH]_2Ce(NO_3)_6\}_{水相}$$

K_d 为萃取剂在两相中的分配常数：

$$K_d = [(C_2H_5)OH^+]_{有机相}/[(C_2H_5)OH^+]_{水相}$$

K_i 为配离子的生成常数：

$$K_i = [(C_2H_5)_2OH^+]/\{[(C_2H_5)_2O][H^+]\}$$

由上可知，萃取反应的平衡常数 K 正比于 λ、β 和 $K_i{}^2$，反比于 $K_d{}^2$。K_i 越大，表明含氧溶剂生成配离子的能力越强，其氧原子给予电子的能力越大，则越易与 H^+ 生成配离子。含氧溶剂生成萃合物能力的次序如下：醚＜醇＜酸＜酯＜酮＜醛。此外，在含氧萃取剂中，碳链越短，电子密度移向氧原子越多，因此，氧给予电子的能力越强，氧的配位能力越大，生成萃合物的能力越大，使 β 值增大。如果碳链增长，亲水性减少，K_d 增大，萃取平衡常数将变小。

5.7.3 萃取过程及基本参数

5.7.3.1 萃取过程

稀土萃取过程是将一定量的萃取剂或溶剂（有机相）加入料液（水相）中，搅拌使原料液与萃取剂充分混合，溶质通过两相界面由原料液向有机相扩散。搅拌停止后，两相间因为不混溶和密度不同而分层。一层溶液含有较多的溶质（A），以溶剂和萃取剂（S）为主，称为萃取相，以 E 表示；一层以水相（B）为主，且含有未被萃取完的溶质和其他伴生组分，称为萃余相，以 R 表示。如果溶剂和水相部分互溶，则萃取相中含有少量的 B，萃余相中亦含有少量的 S。

因此，萃取之后并未得到纯净的组分，而是新的混合液 E 和 R，还需对这两相中的组分分别进行分离，得到产品 A 和回收溶剂循环使用。可采用蒸馏或蒸发的方法，但更多的是采用结晶或反萃后再沉淀或结晶的方法得到产品 A。分离 A 后的有机相可以循环使用。萃余液中的 B 也可用沉淀结晶等方法与水溶液分离，得到产品 B（图 5-8）。在萃取分离过程中，被分离的稀土离子进入有机相，但仍有部分金属离子留在水相，经过多次反复处理可达到完全分离的目的。

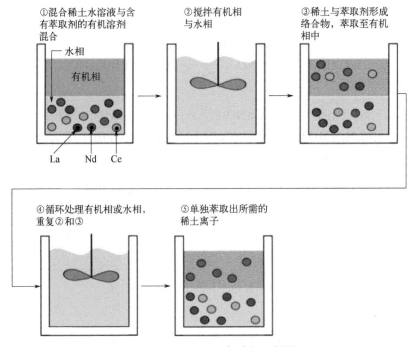

①混合稀土水溶液与含有萃取剂的有机溶剂混合　　②搅拌有机相与水相　　③稀土与萃取剂形成络合物，萃取至有机相中

水相
有机相
La　Nd　Ce

④循环处理有机相或水相，重复②和③　　⑤单独萃取出所需的稀土离子

图 5-8　稀土萃取分离过程示意图

5.7.3.2　萃取平衡及参数

（1）分配比

稀土萃取分离是基于平衡的萃取过程，通过溶质分子在两相间的分配达到平衡来实现分离。基本原理是当某一溶质 A 同时接触到两种互不相溶的溶液（水相和有机相）时，溶质 A 将按一定的比例分配于两种溶液中。1891 年 Nernst 提出了分配定律来阐明液液分配平衡关系。Nernst 分配定律基本内容为：某一溶质 A 溶解在两个互不相溶的液相中时，若溶质 A 在两相中的分子形态相同，在给定的温度下，两相接触达到平衡后，溶质 A 在两相中的平衡浓度的比值为一常数，且不随溶质的浓度变化而改变。

$$\Lambda = [A]_{org}/[A]_{aq} = C\text{（常数）}$$

式中，$[A]_{org}$ 为溶解在有机相中溶质 A 的浓度；$[A]_{aq}$ 为溶解在水相中溶质 A 的浓度；C 为分配常数。

然而，在萃取分离过程中，稀土离子常以多种配合离子状态存在且被萃取，很难在两相中以相同的形态存在；在实际工业过程中，被萃取组分在两相内的浓度比不可能保持常数，会随着被萃组分浓度的变化而变化；被萃取组分在两相内不可能是处于低浓度状态。因此，Nernst 分配定律不适合于实际萃取过程。通常，用水相或有机相中被萃物质总浓度的比值来表示该物质的分配关系，称为分配比或分配系数（D）。

$$D = \{[A_1]_{org} + [A_2]_{org} + \cdots + [A_i]_{org}\}/\{[A_1]_{aq} + [A_2]_{aq} + \cdots + [A_i]_{aq}\} = c_{org}(总)/c_{aq}(总)$$

式中，A_1、$A_2 \cdots A_i$ 为在两相中存在的多种形态。

分配比 D 一般由实验确定，其大小会随被萃物浓度、料液相的酸度和其他物质的存在、萃取剂浓度、萃取温度及稀释剂性质等建立分配平衡的条件变化而改变，也与被萃取物质与萃取剂相结合进入萃取相的能力强弱有关。通过比较在某一种萃取剂中几种金属离子 D 值的大小，可以排列出被萃取离子的顺序。例如，在某料液中含有 a、b、c、d 等溶质，若测定出溶质在此溶剂中的分配比为 a > b > c > d…… 则离子被萃取的次序为 a > b > c > d……

D 值越大，被萃取物质在萃取相中的浓度越大，表明被萃取物质越易进入萃取相中，萃取剂的萃取能力越强。控制萃取过程的一定条件，可以使 D 值增大，更好地实现萃取。反之，通过改变条件可使物质从萃取相进入水相，完成反萃取，实现物质的分离、富集和萃取剂的再生。

（2）萃取率

萃取率（q）表示萃取平衡时，萃入有机相中的被萃物量与萃取前料液中该物质总量的百分比。

$$q = (c_{org}V_{org})/(c_{org}V_{org} + c_{aq}V_{aq}) \times 100\% = (c_{org}/c_{aq})/(c_{org}/c_{aq} + V_{aq}/V_{org}) = D/(D + 1/R)$$

式中，$R = V_{org}/V_{aq}$，被称为相比。

由上式可知，萃取率的大小取决于分配比 D 和相比 R。D 越大，有机相体积越小，R 越大，则萃取率越高。

（3）萃取比

萃取比（E）是被萃取物质在两相分配平衡时，在萃取相中量与在水相中的量之比，可以用分配比 D 和相比 R 的乘积来表示。

$$E = c_{org}V_{org}/(c_{aq}V_{aq}) = DR$$

萃取比在萃取过程的工艺参数计算中经常使用。

（4）分离因数

上面讨论的是单一物质在两相间的分配。若含有两种以上溶质的溶液在同一萃取体系、同样萃取条件下进行萃取分离，则其萃取分离效果可用萃取分离因数 β 来表示。分离因数（分离系数）表示两种元素自水相转移到有机相的难易程度的差别。对于含两种待分离的组分 A 和 B，分离因数 β 越大，说明 A 和 B 分离的效果越好。但分离因数并不能在所有情况下确切反映出分离效果。若 D_A 和 D_B 同时都足够大，由于 A 和 B 的萃取率都很高，此时 $\beta_{A/B}$ 值很高，也不能说明 A 和 B 的分离效果很好。若 D_A 和 D_B 相等，则 $\beta = 1$，表明该萃取体系完全不能把 A、B 两种物质分离。

通常情况下，把易萃物质的分配比 D_A 放在萃取分离因数表达式的分子位置，而把难萃取物质的分配系数 D_B 放在分母位置，所以，一般分离因数 $\beta > 1$。对于确定流量比的连续萃取过程有 $\beta_{A/B} = E_A/E_B$。

（5）萃余率

萃余率是指被萃物在萃余液中的量与起始量之间的比值。根据萃取平衡，萃取率和萃余率之和应为 100%。萃余率与分配比、萃取比及相比之间关系如下：

$$\Phi = 1 - q = 1 - D/(D + 1/R) = 1/(1 + DR) = 1/(1 + E)$$

（6）萃取等温线、饱和容量和饱和度

在一定温度下，萃取平衡时以有机相被萃取物浓度和水相中被萃取物浓度作图，可得

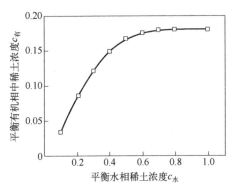

图 5-9　萃取等温线及饱和容量

到该温度下该有机相对被萃取物的萃取等温线（图 5-9）。萃取开始时，有机相随水相中被萃取物质浓度的增大迅速增大，但当水相浓度高到一定程度后，有机相的浓度趋向平稳，说明有机相对被萃取物质的萃取容量是一定的。这个趋于饱和的容量就是饱和容量。

在实际的萃取过程中，不会使有机相达到饱和萃取，因为此时不同物质间的分离选择性不高，且有机相密度和黏度增大，分相性能变差，对萃取分离过程不利。实际萃取容量一般是饱和容量的 50%～90%，被称为饱和度。在保证分相性能和分离系数最好的前提下，饱和度越大越好，可获得大的生产能力。

5.7.4　稀土元素的分组萃取分离实例

在实际应用中经常遇到将稀土元素分为铈组和钇组进行分组测定。但是铈组和钇组之间无明确的界限，需要依据具体的分离方法来确定分离的界线，也就是需要指明稀土分组的范围。常用的方法有：

（1）磷酸二丁酯（DBP）萃取法

用 DBP 萃取时，可将稀土分为铈组和钇组。当 Ce^{3+} 被氧化为 Ce^{4+} 时，在较强的酸度下 $[c(HNO_3) = 1.5mol/L]$ 用 DBP（0.5mol/L）萃取 Ce^{4+}，可与+3 价稀土元素分离。表 5-9 给出了 DBP 对稀土元素的萃取率。在硝酸浓度为 0.94mol/L 的体系中，用 0.3～0.4mol/L 的 DBP 的四氯化碳溶液萃取，铈组稀土留在溶液中，钇组稀土进入有机相，用 5mol/L 的盐酸溶液反萃有机相中的钇组稀土，然后分别用吸光光度法测定其分组含量。

表 5-9　DBP 对稀土元素的萃取率

元素	Ce	Pr	Nd	Sm	Eu	Gd	Tb
萃取率	9	12.9	13	49.4	71.2	75.3	79.8
元素	Dy	Ho	Er	Tm	Yb	Lu	Y
萃取率	87.9	93.8	91.7	94.8	97.5	99.2	99.3

（2）P204 萃取法

在 0.7～0.9mol/L 的硝酸溶液介质中，P204 可萃取钇组稀土而不萃取铈组稀土，但 Sm、Gd 部分被萃取。矿石样品中铈组和钇组的分离，先用 1-苯基-3-甲基-4-苯甲酰基-5-吡唑啉酮（PMBP）-苯萃取全部稀土，经反萃后再用 P204-苯（或二甲苯）溶液从总稀土中萃取钇组稀土，铈组稀土留在水相中。

表 5-10 为 P204 萃取稀土元素的分配比和分离系数，由表可知 $\beta_{Lu/La} = D_{Lu}/D_{La}$ 高达 3×10^5，两相邻元素之间的平均分离系数为 2.46。

（3）P507 萃取法

在 0.2～0.3mol/L 的硝酸介质中，P507 可萃取分离铈组与钇组稀土元素，水相用于测定铈组稀土，有机相用硝酸（[HNO$_3$] = 3mol/L）反萃取两次后测定钇组稀土。表 5-11 为 P507 萃取稀土元素的分离系数。

表 5-10　P204 萃取稀土元素的分配比和分离系数

稀土	D	lg$D$	β	稀土	D	lg$D$	β
Y^{3+}	1.00	0	—	Gd^{3+}	0.019	2.278	$\beta_{Tb/Gd}=5.3$
La^{3+}	1.3×10^{-4}	4.114	$\beta_{Ce/La}=2.8$	Tb^{3+}	0.100	1.000	$\beta_{Dy/Tb}=2.8$
Ce^{3+}	3.6×10^{-4}	4.556	$\beta_{Pr/Ce}=1.5$	Dy^{3+}	0.280	1.448	$\beta_{Ho/Dy}=2.2$
Pr^{3+}	5.4×10^{-4}	4.732	$\beta_{Nd/Pr}=1.3$	Ho^{3+}	0.62	1.792	$\beta_{Er/Ho}=2.3$
Nd^{3+}	7.0×10^{-4}	4.845	$\beta_{Pm/Nd}=0.27$	Er^{3+}	1.4	0.416	$\beta_{Tm/Er}=3.5$
Pm^{3+}	1.9×10^{-4}	3.279	$\beta_{Sm/Pm}=3.1$	Tm^{3+}	4.9	0.690	$\beta_{Yb/Tm}=3.0$
Sm^{3+}	5.9×10^{-4}	3.770	$\beta_{Eu/Sm}=22$	Yb^{3+}	14.7	1.167	$\beta_{Lu/Yb}=2.7$
Eu^{3+}	0.013	2.114	$\beta_{Gd/Eu}=1.5$	Lu^{3+}	39.4	1.468	

表 5-11　P507 萃取稀土元素的分离系数

元素对	β				元素对	β			
	HNO$_3$ 浓度/(mol/L)		HCl 浓度/(mol/L)			HNO$_3$ 浓度/(mol/L)		HCl 浓度/(mol/L)	
	0.1	0.3	0.1	0.3		0.1	0.3	0.1	0.3
Pr/La	2.7	2.3	—	—	Y/Dy	1.7	2.4	1.1	1.7
Nd/Pr	1.2	约 1	1.8	约 1	Er/Y	2.3	2.1	约 1	—
Sm/Nd	6.6	1.6	9.8	9.0	Er/Dy	4.0	5.0	2.0	1.6
Gd/Sm	3.0	1.9	2.8	1.9	Yb/Er	—	7.3	—	10.6
Dy/Gd	17.3	12.0	14.2	3.4					

（4）二(1-甲庚基)磷酸酯（P215）萃取法

P215 萃取剂除去稀土的性能类似于 P204 和 P507，在浓度为 0.4mol/L 的硝酸介质中，P215 可萃取钇组稀土，铈组稀土留在水相。有机相用 4mol/L 的硝酸反萃取，再分别进行分组测定。表 5-12 为 P215 萃取稀土元素的分离系数。

表 5-12　P215 萃取稀土元素的分离系数

元素对	β						元素对	β					
	HNO$_3$ 浓度/(mol/L)			HCl 浓度/(mol/L)				HNO$_3$ 浓度/(mol/L)			HCl 浓度/(mol/L)		
	0.1	0.3	0.5	0.1	0.3	0.5		0.1	0.3	0.5	0.1	0.3	0.5
Ce/La	5.2	3.7	1.4	8.4	3.7	1.8	Dy/Gd	6.5	12.2	12.0	1.6	10.1	8.9
Pr/La	7.2	3.2	—	6.9	2.1	—	Y/Dy	1.6	2.8	3.0	0	2.4	2.4
Nd/Pr	1.2	约 1		1.4	约 1.8	约 1	Er/Dy	—	—	4.3	—	3.6	3.7
Sm/Nd	6.6	7.7	—	7.4	5.0	5.7	Yb/Er	—	—	2.9	—	2.7	7.9
Gd/Sm	4.0	3.2	3.2	3.4	3.2	2.4							

5.8　稀土吸附与离子交换分离

吸附分离技术是指利用固体吸附的原理从液体或气体中除去杂质成分或分离回收目标产

物的一种方法和手段。吸附中所用到的固体材料一般为具有大比表面积的多孔微粒或多孔膜，为吸附剂或吸附介质；被吸附的物质为吸附质。吸附分离具有操作简单、安全，设备简单，成本低，适用面广等特点，常用于化学化工、湿法冶金、环境保护和生物分离过程。按照吸附剂和吸附质间作用力的不同，吸附可以分为物理吸附、化学吸附和交换吸附。吸附剂可以分为有机吸附剂，如淀粉、聚酰胺、纤维素、大孔树脂等；无机吸附剂，如白土、硅胶、氧化铝和硅藻土等。

其中，离子交换色谱法是吸附分离最常见的一种分离技术。在 20 世纪 50 年代中期，离子交换色谱法是分离混合稀土制备单一稀土产品的主要方法，而后逐渐被生产周期短、效率高、成本低的溶剂萃取法所代替。但离子交换色谱法仍然是稀土元素分离、制备单一稀土元素尤其是高纯稀土的重要方法。

（1）离子交换色谱法

离子交换色谱法是在树脂交换法的基础上发展起来的，在 20 世纪 50 年代中期成为分离混合稀土制取单一稀土产品的主要方法，后被萃取法所取代。

离子交换色谱法分离稀土元素的过程包括吸附和淋洗（分离）两个步骤。吸附过程是指混合稀土通过装有树脂的圆形柱（吸附柱）时，稀土水合离子与树脂上的阳离子（如 NH_4^+）发生交换。此时，原子序数较小的稀土离子比原子序数大的稀土离子优先吸附在树脂上，通过稀土离子之间反复发生的吸附、置换，导致吸附柱上层原子序数小的稀土离子略多，而吸附柱下层原子序数大的稀土离子略多，但由于相邻稀土元素间吸附系数接近于 1，分离作用很小，主要作用是将待分离的稀土元素吸附到树脂上，而不是分离。

淋洗过程是一个配位解吸、配位交换及配位分离的过程。我们以 EDTA 络合剂的淋洗为例，来分析其分离过程中的配位原理。我们知道，EDTA 与稀土元素的络合稳定常数较大，且随着稀土元素原子序数的增加而增大，相邻稀土的分离系数达到 2 以上时，稀土分离成为可能。

EDTA 是四元酸，在溶液中可以解离成 H_3Y^-、H_2Y^{2-}、HY^{3-}、Y^{4-} 阴离子，并与不同价态阳离子反应均生成 1∶1 络合物。在生产中，一般用氨水调节溶液 $pH = 7.5 \sim 8.5$，EDTA 转变成铵盐 $(NH_3)_3HY$ 使用。当一定 pH 值和浓度的 EDTA 首先经过吸附柱时，与吸附树脂上的稀土离子发生配位交换，稀土离子形成 REY^- 进入溶液。

$$RE_R^{3+} + (NH_3)_3HY \longrightarrow 3NH_{4R}^+ + H^+ + REY^-$$

式中，R 表示树脂；RE_R^{3+} 表示被树脂吸附的稀土离子。

淋洗下来的原子序数小的稀土离子 RE_Z^{3+}，从上往下流动时，又会与树脂上原子系数较大的稀土 RE_{Z+1}^{3+} 发生配位置换，原子序数小的重新吸附到树脂上。

$$RE_ZY^- + RE_{Z+1R}^{3+} \longrightarrow RE_{Z+1}Y^- + RE_R^{3+}$$

这一置换过程反复进行，导致相邻稀土离子发生初步分离。自吸附柱流出的淋洗液进入吸附有 Cu^{2+} 的分离柱（Cu-H 型树脂），此时因为 Cu^{2+} 与 EDTA 的稳定常数大于稀土离子与 EDTA 的稳定常数，所以发生如下配位置换反应：

$$2H_R^+ + 2Cu_R^{2+} + 2NH_4(REY) \longrightarrow 2RE_R^{3+} + (NH_4)_2(CuY) + H_2(CuY)$$

$$Cu_R^{2+} + H^+ + H(REY) \longrightarrow RE_R^{3+} + H_2(CuY)$$

溶液从分离柱流出时，先出来 $H_2(CuY)$，当 Cu^{2+}-H^+ 色带在柱上消失时，流出原子序数大的稀土离子，然后依原子序数降低次序陆续流出，分别收集单一稀土溶液可获得不同的产品。

（2）沉淀分离

沉淀分离是利用溶解度不同来分离物质的方法。在稀土溶液中加入不足量的沉淀剂，使不同的稀土按溶解度或 pH 的不同进行分级沉淀。沉淀过程中常使用的沉淀剂包括氢氧化物、碳酸氢铵、硫化物、氟化物和草酸。但沉淀过程中，容易发生载带与共沉淀，需要反复溶解、沉淀和过滤等操作，这限制了它在稀土分离中的应用。

草酸是常见的有机螯合配体，可以利用邻近的羧基氧与金属离子螯合配位，生成溶解度小的稳定螯合物。从草酸的分布曲线图可知，溶液中草酸存在 $H_2C_2O_4$、$HC_2O_4^-$ 和 $C_2O_4^{2-}$ 等三种物种，在不同的 pH 值下，以不同的草酸形式存在。从表 5-13 可知，二价金属离子的溶度积不是太小，可以通过调节 pH 值实现与三价稀土离子的分离。

表 5-13　一些草酸盐的溶度积常数

草酸盐	溶度积	草酸盐	溶度积
$Bi_2(C_2O_4)_3$	4.0×10^{-36}	PbC_2O_4	4.8×10^{-10}
$Y_2(C_2O_4)_3$	5.3×10^{-29}	CaC_2O_4	4.0×10^{-9}
$La_2(C_2O_4)_3$	2.5×10^{-27}	$MgC_2O_4·2H_2O$	1.0×10^{-8}
$Th_2(C_2O_4)_2$	1.0×10^{-22}	CuC_2O_4	2.3×10^{-8}
$MnC_2O_4·2H_2O$	1.1×10^{-15}	ZnC_2O_4	2.7×10^{-8}
$Hg_2C_2O_4$	2.0×10^{-13}	BaC_2O_4	1.6×10^{-7}
NiC_2O_4	4.0×10^{-10}	$FeC_2O_4·2H_2O$	3.2×10^{-7}

目前稀土沉淀分离中最实用、最有效的沉淀方法是草酸沉淀。该工艺是以草酸（$H_2C_2O_4·2H_2O$）作为沉淀剂，将过量的草酸加入稀土浸出液中，生成白色的稀土草酸盐沉淀 $RE_2(C_2O_4)_3·nH_2O$（n 一般为 5、6、9、10）。

$$2RE^{3+} + 3H_2C_2O_4 + xH_2O \longrightarrow RE_2(C_2O_4)_3·xH_2O \downarrow + 6H^+$$

从上面配位反应可知，随着稀土配合物的不断沉淀，溶液中的氢离子浓度不断增大，会抑制反应的进行。并且，草酸稀土盐在酸中的溶解度随酸度的增大而增加，原子序数大的重稀土草酸盐的溶解度比原子序数小的稀土草酸盐大，一般会造成稀土的损失。

（3）吸附分离

吸附是溶质从液相或气相转移到固相的现象，包括物理吸附、化学吸附和交换吸附等三种类型。常见的吸附剂有无机吸附剂如白土、氧化铝、硅胶等，以及有机吸附剂如聚酰胺、纤维素、大孔树脂等两大类。其中，树脂类吸附剂含有特定的官能团，能够与稀土离子发生配位、交换等相互作用，从而实现吸附分离。

5.9　稀土配合物的功能性质及其材料应用

稀土配合物在稀土湿法冶金领域和分析中具有重要的应用。将配合物引入稀土分离是稀土产业化高速发展及精密分离技术的重大突破之一，使稀土分离化学得到迅猛的发展。人们开展了大量稀土溶液配位化学研究工作，是稀土配位化学的起源，也是配位化学和分离化学的成功结合。

此外，随着新技术和高科技的不断发展，稀土配合物在发光材料、核磁共振成像、催化材料、磁性材料等领域也有着广泛而重要的应用。

（1）稀土配合物发光材料

稀土离子的 f-f 跃迁吸收强度低，发光效率和强度都比较低。将稀土离子与含有合适硬质碱类配位原子（F、O、N、S 和 P 等）的配体直接配位形成稀土配合物，可提高其发光强度，前者归因于晶体场的作用能打破一些禁阻，而后者是基于配体敏化稀土发光的"天线效应"。所谓的"天线效应"是指具有大共轭芳香环的配体能有效吸收和传递能量给稀土离子，从而极大提高稀土离子发光效率和强度。稀土配合物发射谱带丰富、覆盖范围广、发光谱带窄、荧光寿命长和发射线清晰等特性，是一种优良的发光材料。

此外，引入第二配体（常用邻菲啰啉、β-二酮和联吡啶等），配体通过相互作用修饰、保护稀土离子不受周围环境的影响，也能使稀土配合物保持良好的发光效率。

稀土配合物的发光现象很早就被人们观测到。20 世纪 60～70 年代，随着人们对激光材料的研发，稀土光致发光材料得到了系统性的研究。如果说稀土萃取分离是稀土配合物应用的第一个重要的里程碑，那么稀土光致发光材料的系统研究和发展，不仅仅使稀土配位化学从溶液配位化学研究扩展到了固体化学研究的领域，并且成为了稀土配位化学的第二个里程碑。大量的新颖结构和发光性能的稀土配合物被合成和研究，至今仍然是研究的热点。例如，稀土配合物被用于 OLED 器件的发光材料，具有发射谱带尖锐、半峰宽窄（<10nm）、色纯度高、内量子效率高、荧光寿命长等优点，用于制作高纯度的彩色显示器。黄春辉等采用 ITO/TPO（40nm）/Tb(PM/P)$_3$(TPPO)$_2$（40nm）/Alg（40nm）/Al 的结构可制备出最大亮度为 920cd/m^2 的高亮度绿光发光器件。Christon 报道了最大发光亮度可达 2000cd/m^2 的新型 β-二酮型配合物 Tb(PMIP)$_3$POTPPO。

稀土配合物光致发光、电致发光、近红外发光、非线性光学等性能可以广泛应用于照明、光通信、显示成像、太阳能电池等领域，具有广阔的前景。例如，发光稀土配合物可用于荧光探伤、用于检查集成电路块上不同部位的温度分布、制成发光油墨用于商品防伪、制成太阳能荧光浓集器用于太阳能电池、用于荧光免疫分析和稀土荧光探针、用于农用光能转换薄膜等各个领域。

（2）稀土配合物核磁共振成像材料

早在 20 世纪 70 年代，人们就相继开展了稀土配合物作为位移试剂应用于核磁共振谱的研究。其中，稀土 β-二酮 RE(fod)$_3$ 为已知的挥发性最大的稀土配合物（fod 为 1,1,1,2,2,3,3-七氟-7,7-二甲基-辛二酮），被用作核磁共振位移计。

近年来，由于核磁共振成像或磁共振成像安全无损伤，具有可任意方位扫描、高对比度的技术优势，已成为医药诊断的重要手段。但在实际应用中，约有 1/3 的诊断需要使用造影剂来改变局部组织或细胞中水质子的弛豫速率，来提高正常部位与病灶部位的成像对比度或显示器官的功能状态。造影剂均为顺磁性物质，通常为多齿配位与顺磁性金属离子，其形成的物理化学性质稳定，弛豫率高、对靶组织有选择性，体内化学活性低，无毒、易排出体外。这些材料进入人体后，能显著增加弛豫速率 $1/T_1$ 和 $1/T_2$（T_1 和 T_2 均为弛豫时间），改善程度取决于造影剂本身的性质和外在的磁场。

在众多的顺磁性配合物中，稀土钆配合物成像效果特别好。这是因为 Gd^{3+} 是唯一含有 7 个不成对电子的离子，具有较大的磁矩，电子对称分布的 S 态使轨道角动量为零，电子弛豫很慢（约 $10^{-9}s$），适合作造影剂。如选择合适的配体与 Gd 配位，使其具有高的稳定性和靶向选择性，易被吸收，就能得到一种优良的核磁共振反差增进剂。自从 1988 年临床应用以来，Gd(DTPA)在全球医疗诊断中得到了广泛的应用（稳定常数 $>10^{22}$），用量估计已超过 30t。$(NMG)_2[Gd(DTPA)]$（NMG 为 N-甲基葡糖氨根）是第一个应用于人体的磁共振成像造影剂。Gd(DTPA)和 Gd(DOTA)均属于非特异性细胞外液间隙造影剂，静脉注射后分布于血浆和细胞间隙中，体内滞留 1h 后经肾排出。镧系元素的金属杂冠醚配合物在 MRI 领域也有应用前景。例如，Gd(15-MC-5)的弛豫能力要比 Gd(DTPA)和 Gd(DOTA)强，已有靶向传递和 Gd 配合物与生物大分子相结合进一步增强其弛豫度的相关研究。

（3）分子磁体

分子基磁性材料一般指通过有机、有机金属、配位化学及高分子化学方法合成的分子或分子聚集体磁体构成的磁性材料。与传统的无机磁性材料相比，分子磁体具有密度小、可塑性及透光性好、易于加工成型、低温合成、易于与材料的其他性质如电性、光学性质等结合的优越性能，也因而广泛受到人们的重视。

① 单分子磁体。如果一种分子基材料中每个磁性金属离子的自旋都定向排列，那单个的分子就有可能具有大块磁体类似的磁结构，从而表现出大块磁体才具有的磁性质，这种材料被称为单分子磁体。单分子磁体磁性来自于分子自身，即使组装到其他材料中也能保持其特殊的磁行为，是真正意义上的分子磁体，其研究受到人们的广泛关注。

单分子磁体最早起始于 1993 年，Gatteschi 及其合作者发现 Mn_{12} 簇合物具有异常的单分子慢磁弛豫效应，从而开启了分子磁体研究的一个崭新领域。从目前研究的结果来看，合成单分子磁体一是分子要具有来自特定拓扑结构的自旋阻挫或者体系内金属中心离子间的强铁磁相互作用，产生较大的基态自旋（S）值；二是要确保存在最大的自旋态能量最低的显著轴向磁各向异性（D）。上述两个条件可以使单分子磁体存在一个明显的翻转能垒，从而导致分子整体磁化强度在低温下的缓慢衰减，显示出宏观磁体的特性。稀土离子具有较多的成单电子，且与过渡金属离子间存在较强的铁磁耦合，有利于分子获得大的基态自旋值（S）；且除少数稀土离子（La^{3+}、Lu^{3+}、Gd^{3+}）之外，其余稀土离子具有较大的磁各向异性（D），是构筑新型单分子磁体的重要载体。

例如，2011 年，J. R. Long 课题组报道了一例基于 N_2^{3-} 自由基的双核稀土单分子磁体 $[Tb_2(\mu-\eta^2:\eta^2-N_2)((Me_3Si)_2N)_4(THF)_2]^-$，能垒达到了 326.7 K，并在 14 K 的温度下观测到磁滞回线和 13.9 K 的磁阻塞温度，这是当时多核稀土离子中所报道的最大值。该单分子磁体优异的磁性来自于铽离子的强各向异性，以及 N_2^{3-} 自由基传递的强铁磁耦合作用。

② 单离子磁体。人们在单核稀土（Tb^{3+}、Dy^{3+}、Ho^{3+}、Er^{3+}）配合物中也发现了一类非常新颖的分子磁体，表现出类似于单分子磁体的慢磁弛豫行为。因为这些单核化合物产生的慢磁弛豫与稀土离子的电子自旋磁矩、核自旋磁矩、轨道磁矩之间的相互作用等密切相关，与单分子磁体有所区别，被命名为单离子磁体，也为分子基磁性材料开辟了新的研究方向，

并取得了非常显著的成绩。

例如，2009 年，Ruben 向首例单离子磁体[TBA]$^+$[Pc$_2$Tb]$^-$中掺杂过量抗磁[(TBA)Br]$_n$盐，发现单离子磁体的能垒从掺杂前的 840K 提高到了掺杂后的 922K。此外，人们发现 D_{5h} 五重轴对称性三角双锥构型的单核稀土配合物具有很高的单离子磁体能垒。例如，2016 年，郑彦臻等报道的[Dy(O^{t}Bu)$_2$(py)$_5$][BPh$_4$]是当时具有最高能垒（1815K）的单离子磁体。

③ 磁制冷材料。磁制冷是以磁性材料为工作介质的一种新型物理制冷技术。当磁性材料等温磁化时，磁熵变降低，体系向外放热；当材料绝热撤去外加磁场时，磁熵变升高，对外吸热制冷，具有制冷效率高、可靠性好、体积小、噪声低以及绿色无污染等优点。分子基磁制冷材料已成为当前分子磁体研究领域中的热点。

要获得好的分子基磁制冷材料需要大的基态自旋值、尽可能小的磁各向异性、高的磁密度、低的自旋激发态，且金属离子间最好为亚铁磁或铁磁耦合。稀土离子中，各向同性的 Gd(Ⅲ)离子是磁制冷材料的理想金属离子载体。

例如，2015 年，人们等报道了一个具有磁制冷性能的配位聚合物{GdF$_3$}$_n$，在低温 T = 3.2K，外加磁场 ΔH = 9T 时的磁熵［528mJ/(cm^3·K)］接近于材料的理论值［570mJ/(cm^3·K)］。即使在较低的外场（ΔH = 2T），其磁熵变［321.2mJ/(cm^3·K)］也比商品化的镓钆石榴石（GGG）要大得多，是目前具有最大磁熵变的分子基磁制冷材料。

（4）稀土配合物催化材料

稀土配合物在催化方面有非常广阔的应用前景。例如，在羰基活化、饱和碳氢键活化、不饱和烃烷基化等方面都有非常重要的应用。

① 羰基活化。过渡金属配合物具有活化羰基的性质，是过渡金属络合催化中最有经济价值的重要反应。近年来，在研究稀土金属有机化合物时，人们发现 RE-Cσ 也具有羰基活化性能，CO 可以与配合物反应得到新的稀土酰基配合物，再进一步和 CO 反应可分离得到双核稀土配合物。

Cp$_2$Lu[(CH$_3$)$_3$](THF) + CO ⟶ Cp$_2$—Lu[(CH$_3$)$_2$(CO)] ↔ Cp$_2$Lu ← :C[(CH$_3$)$_3$]

2Cp$_2$Lu ← :C[(CH$_3$)$_3$] + 2CO ⟶

② 饱和碳氢键活化。Watson 首次发现(C$_5$Me$_5$)Ln-CH$_3$ 和(C$_5$Me$_5$)Ln-H 类金属有机配合物都在温和的条件下能够高效催化活化饱和 C—H 键，为均相条件下饱和碳氢键活化反应探索了新的途径。

③ 不饱和烃烷基化。研究发现稀土金属有机配合物，如己炔铒、己炔镱、(C$_5$Me$_5$)Sm(THF)$_2$、(C$_5$Me$_5$)SmH$_2$ 等可作为均相催化剂催化烯烃或炔烃在常温常压条件下氢化得到相应的烷烃或烯烃。其中，(C$_5$Me$_5$)SmH$_2$ 是目前已知最高催化活性的均相催化剂。在室温和 1Pa 的氢气压力下，(C$_5$Me$_5$)SmH$_2$ 使己烯氢化成己烷的转化数高达 120000/h。值得注意的是，氢化反应的活性与稀土离子性质、配体性质和溶剂有关，适当选择反应的条件、合理

设计催化剂就能得到具有工业价值的均相氢化稀土配合物催化剂。

    稀土配合物在均相聚合方面有重要应用，如$(C_5Me_5)Sm$ 可催化乙烯聚合、$Nd(C_8H_{11})Cl_2 \cdot 3THF$ 和$[Et_3Al, i\text{-}Bu_3Al(i\text{-}Bu_2)]$的混合催化体系可高效催化丁二烯聚合，获得高顺式的聚丁二烯。稀土顺丁橡胶具有链结构规整、线性好、平均分子量高、分子量分布可调的结构，性能优于镍系顺丁橡胶，具有高强度、耐屈挠、低生热、抗湿滑及滚动阻力低等特点，可提高轮胎使用的耐久性能和高速性能，尤其适用于子午线轮胎和斜交轮胎。早在 1963 年，我国科学家就进行了稀土充油顺丁橡胶的研究与开发，并成功进行了千吨级放大试验，但由于种种条件制约，稀土橡胶工业化生产没有进行下去。1988 年，意大利和德国的公司先后实现了稀土顺丁橡胶的工业化生产，此后稀土顺丁橡胶的优异性能引起了全世界的关注。1998～2004 年，长春应用化学研究所与锦州石化公司通过合作攻关，顺利形成了一套先进、成熟、完整的稀土顺丁橡胶工业化生产技术，并形成了年产 5 万吨的生产能力。

    随着稀土研究的不断深入和发展，许多结构新颖，具有光、电、磁及能量存储和转换的稀土配合物不断被设计、合成，成为了稀土新材料研究的关键。通过分子工程，对配位的配体进行分子裁剪，能够调控稀土配合物的结构和性能，为深入研究具有特殊性能的稀土配合物分子设计和新材料提供了坚实的基础，具有广阔的发展前景。

第 **6** 章
稀土生产：环境保护与质量管理

从 20 世纪 90 年代起，我国稀土基础原料生产规模不断扩大，包括稀土氧化物、金属、各种稀土化合物、稀土中间体合金等产品的生产量逐渐达到能够供应全球稀土基础原料需求量 95%以上的水平，并能提供 400 多个品种，近千个规格的多品种全谱系的稀土产品。到 20 世纪末，我国稀土永磁、稀土发光、稀土催化、稀土储氢等功能材料的产量也都居于世界之首；从 2005 年起，我国稀土消费量也多年稳居世界第一，成为资源、生产、消费、出口四个第一的稀土大国。自此之后，中国稀土产业的发展转移到以质量、环境和效益为主要目标的绿色化道路上来。

6.1 稀土环境化学

随着稀土生产和应用的日益普及，人们接触到稀土的机会也越来越多。稀土对人类及其赖以生存的自然环境的影响也引起了广泛的重视。为此，我们需要更全面地了解稀土对环境的影响，以及生产稀土过程中主要污染物的控制。

稀土环境化学的内容主要涉及稀土土壤环境化学、水环境化学、大气环境化学，稀土环境工程、稀土环境材料和稀土环境评价与检测等方面，以及与之相关联的稀土劳动卫生学、稀土生物医药、稀土农林应用、稀土放射化学、三废处理与物质回收利用工程等等。

6.1.1 概况

稀土环境化学的研究首先是针对稀土提取和生产加工过程的环境保护问题，以及加强对生产工人的劳动卫生保护要求来展开的。我国最早的稀土环境保护技术研究主要是围绕包头稀土资源开采过程的粉尘污染和放射性污染问题，以及由精矿到分离产品整个生产过程中涉及的废气、废渣和废水的产生与治理来进行的。这些工作在后来的南方离子吸附型稀土资源和四川稀土资源的开发过程中也同样得到了加强和拓展，取得了显著的成效。另外，由于稀土农用作为我国一个特殊的应用领域，且至今未证明稀土是人体的必需元素，其进入环境的安全性问题需要重点关注。为此，需要针对稀土农用的量和扩散的面，及时完成稀土农用的危险性评价。

6.1.2 稀土土壤环境化学

稀土土壤环境化学主要研究由稀土采选和冶炼导致的稀土尾矿处理、稀土农用导致的稀土在土壤中积累和迁移所引起的环境化学行为。在"六五"时期，我国曾组织了对稀土元素的毒理学及其在环境中的分布调查研究。1998年，国家自然科学基金委设立了"稀土农用的环境化学行为及生态、毒理效应"重大研究项目。该项目针对我国稀土农用的实际情况，采用先进的方法，系统地从稀土环境化学、稀土的土壤化学及稀土对农田生态的影响等多方面进行了研究，建立了稀土在不同类型土壤中的迁移动态模型，提出了稀土在土壤中存在形态及测定可给性的新方法。

（1）稀土地球化学行为

稀土地球化学行为主要研究和掌握稀土在土壤中的分布模式及其意义。稀土元素的分布模式首先取决于稀土元素之间的性质差异，包括离子半径大小、氧化还原特征、原子序数的奇偶等等。人们已经发展了多种方式来表达稀土的分异模式，包括轻重稀土的比值（$LREE/HREE = \Sigma La \sim Eu/\Sigma Gd \sim Lu + Y$）以及一些有指示意义的元素对比，如$La/Yb$、$Ce/Yb$、$La/Y$、$Nd/Y$、$La/Sm$、$Gd/Yb$等。基于这些指标的变化来研究稀土进入环境的迁移规律以及涉及的地球化学行为。

（2）稀土环境生物地球化学

稀土环境生物地球化学重点研究植物体内的稀土分布模式和含量与植物种群和与之相关的土壤中的稀土模式之间的关系。从已有的结果来看，不同植物间稀土含量的变化幅度是比较大的。稀土对不同植物的生长有着不同的影响，利用这些结果，可以指导稀土的探矿和生态修复技术的研发。

（3）土壤中稀土元素存在形态及生物可给性

土壤中稀土的形态分析及其与生物可给性的关系对研究稀土在土壤中的迁移特点及其对生物的影响非常重要。围绕稀土农用对植物和人体的影响，我国在这一领域开展了大量的工作。在农业应用技术和相关的基础理论研究上均取得了很好的成果。在内蒙古包头、四川凉山和南方离子吸附型稀土资源区，广泛开展了稀土进入土壤后的分布特征，如迁移、植物吸收、动物类消化吸收及其对人体的影响等研究工作。

（4）土壤化学修复

为了降低土壤中稀土给环境带来的负面影响，需要降低土壤中稀土的活泼性，通过调节土壤酸度和外加无机配体来降低稀土的可给性。利用稀土的水解特征和碳酸盐的难溶性使其形成氢氧化物和碳酸盐，可通过加入石灰和碳酸钙来降低稀土的活泼性。另外一种方法是加入磷酸盐，也即农用化肥，利用稀土磷酸盐的难溶特征来固定稀土。磷酸盐可以被植物直接吸收，促进植物生长和增加作物产量，也能促进植物吸收一些微量元素。

（5）土壤植物修复

利用绿色植物来转移、容纳或转化污染物使其对环境无害。稀土的植物修复主要研究了稀土的超累积植物和高累积植物对稀土的富集能力。例如，测定了江西稀土矿区表层土壤中主要生长的多种植物内的稀土含量，发现铁芒萁体内的稀土含量高达800 mg/kg，而且其地上部分的稀土含量（约750mg/kg）高于地下根部的稀土含量（约35mg/kg）；而其他植物中的稀土含量只有几十毫克每千克，尤其是芒草中的稀土含量低。表明土壤中的稀土迁移到铁芒萁叶茎中的能力非常强。因此，如果要修复含稀土高的土壤，铁芒萁是一种很好的选择，而如果是修复离子吸附型稀土矿山的尾矿，则铁芒萁的效果很差，因为尾矿中的稀土含量比原矿山的要低很多。此时,芒草则是很好的选择,因为它的生长不需要稀土。

6.1.3 稀土水环境化学

稀土水环境化学主要研究稀土矿区和冶炼厂周边的江河湖泊和地下水中稀土含量和分布与稀土资源的开采和应用的相互关系。在稀土资源开发的地区,开展了水环境背景值及其形态的研究工作。例如,赣江水系和珠江水系中的稀土含量监测值与资源开采量和季节的相互关系研究可以评价稀土资源开发对周边水环境的影响,包括对鄱阳湖水质和东江源水质的影响。与此同时,还需要研究水生植物与鱼类对稀土的摄取热力学和动力学问题,以及可能导致的水体营养化趋势及影响问题。

水体中的稀土元素来源除了通过矿区的排水产生外,也可以通过空气中的粉尘来传播。有很多研究结果表明,初始降雨中的稀土含量肯定比后续降雨中的稀土含量要高许多。因此,在露天开采或选矿场附近的周边水域,有相当多的稀土是通过大气来迁移的。

进入水体中的稀土不都是以离子态形成存在的。例如,上述的粉尘进入水体后将仍然以难溶形式存在。离子态的稀土能够被水系中共存的泥沙和胶体粒子所吸附,在水流动过程中进入沉积物,这是海洋底泥中含有稀土的原因之一。但是,不管是离子态的还是沉积态的稀土,可能都会被水生鱼类和水生植物吸收,产生环境影响。因此,研究水体-水生植物-水生动物-沉积物中的稀土元素含量变化是研究稀土水环境化学的主要方法。

6.1.4 稀土大气环境化学

稀土资源开发引起的粉尘会对大气中的稀土浓度与分布产生大的影响,对稀土矿区及周边人畜健康的影响是最为直接的。因此,在包头稀土资源的开发研究过程中,稀土粉尘的产生、迁移和影响规律的研究工作开展得比较早,积累的数据也多。至今为止,已经开展了一些地区的大气中稀土元素含量及其形态的研究工作,并通过稀土配分类型的分析,确定了大气中稀土元素的来源。这可以为减少大气中的稀土含量、消除环境影响提供直接的数据资料。

6.2 稀土工业生产过程的环境保护

6.2.1 稀土生产过程的废气和粉尘污染

采矿和选矿过程的粉尘和噪声污染一直是科研工作者十分重视的领域。在包头、四川、山东等轻稀土的采选过程中分别采取了露天开采、洞采和井采等方式,其选矿过程的第一步就是磨矿,这些过程都产生粉尘和噪声。而且这些轻稀土资源中均含有放射性元素,其扩散和被人吸入均会产生严重的环境影响。离子吸附型稀土开采过程的粉尘和噪声污染也还存在。堆浸和原地浸取稀土的尾矿如果没有及时修复,在干燥少雨季节也容易被风吹起而产生粉尘污染。北方稀土企业的废气主要是酸法工艺产生的含氟、含硫废气,还有煅烧炉燃气、稀土碳酸盐和草酸盐煅烧产生的二氧化碳废气。目前,含氟和硫的废气的排放量得到大大的抑制,而二氧化碳的回收需要强化,以实现碳减排目标。

包头稀土矿主要采用浓硫酸强化焙烧工艺,由于高温焙烧及提取稀土过程中产生的大量废气、废水及含钍的放射性废渣,其污染程度居冶金行业之首,给当地环境造成了严重的破坏和污染。2010 年以来,包头矿酸法分解产生的废气量已经得到很好的控制,含氟含硫废气的吸收与减排问题已经得到解决。例如甘肃稀土新材料股份有限公司完成了稀土高温酸法焙烧尾气的治理与综合利用工程,他们通过冷却喷淋、多效浓缩以及有机胺吸收、一转一吸工艺对稀土焙烧烟气中的硫、氟等有价元素进行回收,生产硫酸、氟化氢铵等产品,并回用于生产。

但对于废渣的处理,还是依靠尾渣库堆存方法。从 20 世纪末开始,中国科学院长春应用化学研究所与包头、四川等地的企业以及保定稀土材料厂研究了通过采用浓硫酸低温清洁焙烧工艺,对氟化物废气进行有效回收;通过分离水浸液中的放射性元素钍来消除放射性废水、废渣。浸出稀土经过转型和 P507 萃取,使有价元素(氟)得到回收并可消除废气以及放射性废水、废渣的污染。得到的钍产品是一个清洁的再生核燃料,但其销路问题制约了这一技术的推广应用。

6.2.2 稀土湿法冶炼废水

在稀土的湿法冶炼过程中,已经提出了许多有显著成效的环境保护技术,在高效绿色方面取得了很大进步,但仍需继续努力。例如,包头稀土高温硫酸焙烧后的水浸液经碳酸稀土沉淀后产生的大量低浓度硫酸铵废水或直接萃取稀土转型后产生的大量废水、后续稀土沉淀产生的含盐废水和酸性废水、皂化过程产生的皂化废水以及各种产品的洗涤废水等等,都是这些年重点关注的处理对象。针对这些废水的源头减量,高效低成本水处理技术的研发是实现废水达标减排的重点内容。尤其是 21 世纪以来,针对稀土工业环境保护技术,研究开发了能够减少原材料消耗和污染物排放的新流程新工艺,提出了能够回收利用车间废水中的有价元素甚至所有水的新技术。

新的稀土工业污染物排放标准不仅对废水中污染物的含量提出了更严格的要求,而且对废水排放量也有具体要求。为此,很多单位都开展废水处理工作。其中,将源头控制与末端治理相结合是稀土冶炼废水综合治理的主要方向。源头控制涉及两个主要思路:一是通过工艺过程的优化来减少酸碱消耗;二是依靠改用非铵原料来实现铵减排。末端治理的目的是将污染物转化为有价资源回收利用,实现循环生产,每年可以产生数千万元以上的经济和社会效益。

例如 2010 年以来,包头地区研发的稀土废酸回收产业化技术,为包头稀土产业由资源优势向产业优势迈进起到了重要的推动作用,是"包头稀土集中冶炼"及"黄河流域包头段稀土行业废水治理"国家重点环保项目的保证。甘肃稀土新材料股份有限公司分别对碳酸稀土沉淀废水、稀土萃取含盐酸性废水、稀土草酸沉淀废水进行综合处理。对稀土冶炼废水进行集中分类,分别治理,最终达到无害化和循环利用,并对其中的有价元素进行回收利用。所得的硫酸钙渣,主要用于水泥的生产。高氨氮废水经蒸发浓缩处理后产出氯化铵产品,母液回用于碳酸氢铵溶解工序;稀土萃取含盐酸性废水经处理后回用于离子膜电解制酸碱;草酸沉淀废水处理后达标排放。北方稀土资源开发中尚需面对的主要问题是高温硫酸法中的钍渣放射性污染问题以及低温硫酸法和碱法中钍产品的出路问题。

离子吸附型稀土开采过程的环境保护问题主要体现在矿山水土流失、植被破坏、含铵和低浓度稀土废水的排放；分离企业的皂化和萃取废水、沉淀废水和洗涤废水的处理。

例如，有研稀土和赣州稀土矿业有限公司等单位针对离子型稀土的开采进行了无氨浸矿剂的浸矿试验研究，开发出适合的无氨浸矿剂、浸矿工艺技术及母液无氨沉淀工艺技术。他们主要采用硫酸镁来代替硫酸铵浸矿，前者通过 P507 离心萃取方法从浸出液中富集回收稀土获得高浓度氯化稀土料液，与稀土萃取分离对接；后者则用氧化镁沉淀所有稀土和杂质，进入稀土分离企业再进行优溶、除杂、转型和萃取分离。但由于硫酸镁的浸取能力不如硫酸铵，所以需要使用较高浓度和计量比的浸取剂，试剂消耗量更多，生产 1t 稀土氧化物需要消耗七水硫酸镁 25～40t，成本也高，潜在的环境污染也始终存在。按照目前矿山废水排放钙镁含量（钙镁比值约为 10）小于 250 mg/L 的要求，镁的含量应该小于 25mg/L，这在矿山是很难达到的，需要开发将镁含量控制在 25mg/L 以下的低成本方法。与此同时，镁盐工艺仍需对浸出杂质离子的走向和处理提出科学合理的说明。为规避这些问题，南昌大学研发了以铝盐为新一代浸取试剂的基于与低价无机盐的协同或分阶段浸取新工艺，不仅能够提高稀土浸取效率，而且可以实现无铵化目标，减小浸取试剂的消耗和水土流失、滑坡塌方风险，具有广阔的推广应用前景。基于这一成果，南昌大学与虔东稀土集团合作，就离子吸附型稀土高效绿色提取技术开展的应用攻关研究，开发了多项回收稀土和铝的新技术。重点开展了浸出液水解稀土铝渣经酸溶和 N1923 萃取分离稀土与铝，实现稀土与铝全回收利用的工业实验。分离稀土后的硫酸铝用于稀土尾矿中残余稀土的浸出，大大提高了稀土浸出率；尾矿经护尾处理，在雨水淋浸下的铵和金属离子释出量大大降低，可以直接满足废水排放要求。同时，研究开发了稀土尾矿生态修复技术，在堆浸尾矿上的应用效果证明该套技术的可行性。提出了采-浸-修一体化高效绿色开采技术，在提高浸取效率的同时，消除水土流失和滑坡塌方风险。

为了遏制东江源水质的恶化，国家水污染控制与治理科技重大专项设立了"东江源头区水污染系统控制技术集成研究与工程示范"课题。环境保护部南京环境科学研究所等单位研究了果园、农田、生猪养殖、矿山等来源的水体污染物控源、减排和净化技术，提出了东江源头区水污染系统控制总体策略，集成研发了东江源面源污染控制整装成套技术和东江源矿区生态修复与重金属风险控制关键技术，为保护源头区自然产流生态环境、满足高功能水质要求提供了技术与工程基础。与此同时，中铝广西有色崇左稀土开发有限公司将矿山地质、水文研究与开采工艺技术研究相结合，提高了采矿回收率，减少开采过程对环境的影响；将矿山开采与复垦相结合，保护矿区生态，减少了费用支出；将历史堆浸区复垦技术研究与示范区建设相结合，研究废弃矿山复垦综合技术，取得了很好的效果。

在稀土分离企业，虽然已经通过对稀土萃取分离无氨在线皂化的试验研究，开发出了无氨在线皂化工艺技术及相应设备；通过对稀土无氨沉淀的试验研究，开发出了无氨沉淀工艺技术。但由于非铵萃取和沉淀体系对产品质量的影响，目前越来越多的企业准备重新回到氨水皂化和铵盐沉淀的生产技术体系。主张通过萃取分离过程的控制来分离各种非稀土杂质，以回收高质量的氯化铵产品，提高环境工程的附加值，实现增效增收目标。南昌大学与全南包钢晶环成功研发了酸性萃取剂有机相的连续稀土皂化技术，解决了原有技术中反应速度慢、有机相损失大、皂化废水量多、不能实现连续皂化等诸多技术难题，可以使皂化废水产生量降低 90%以上。研发了草酸沉淀废水和洗涤废水的高值化回收利用技术，实现了废水处理与萃取和沉淀结晶工序的有效衔接，使所有的酸和水以及残留的草酸和稀土都能够得到高值化利用；回收的高纯盐酸和水均实现了高值化回收利用。以分离厂的高浓度氯化物废水处理和物质循环利用为目标，完成了盐转化制高纯盐酸并副产离子吸附型稀土高效浸取试剂的工业试验。回收的盐酸为 4～6mol/L 的高纯度盐酸，可以直接用于高纯稀土的萃取分离；回收得到的硫酸（氢）盐可以直接用于矿山浸取离子吸附型稀土。

南方稀土资源开发尚需面对的主要问题是如何将地质勘探与原地浸矿技术相结合，研发出能够杜绝浸出液外泄和浸矿面不足带来的收率降低和环境污染问题产生的新技术。推广铝盐与低价无机盐的协同浸取新工艺，实现采-浸-修一体化目标。

6.2.3 稀土尾矿和工业废渣

（1）包头稀土资源冶炼分离生产体系中的环境问题

包头稀土资源开发中的废渣一是选矿产生的尾矿，堆弃在尾矿湖里。这是稀土的潜在资源，也是该地区的污染源；二是硫酸焙烧矿水浸后的矿渣，其中含有较高的钍，目前也是堆在尾矿渣库中。

（2）四川和山东稀土资源开发中的尾矿和废渣问题

四川稀土的采矿是露天开采，产生了大量的尾矿。重选后还会产生大量的黑泥，加上四川矿分解后产生的废渣，是四川稀土开采的主要污染物，其中也含有放射性元素钍。而且，该地区的铅含量高。这些铅在采矿过程的影响不大，但在选矿过程由于水和选矿药剂的加入会随药剂一起进入水体，污染环境。

（3）离子吸附型稀土开发与冶炼分离的环境问题

离子吸附型稀土矿山开采过程产生的废渣主要有两类。一是尾矿，所有经过硫酸铵等浸矿剂接触的矿物均可形成尾矿。每生产 1t 稀土氧化物，产生 2000～5000t 的尾矿。而且这些尾矿极易被水冲刷而产生水土流失。二是水冶过程产生的预处理沉淀渣，主要含铝，还有部分稀土和微量的铀钍。目前，南昌大学研发的新工艺新试剂，都包含针对这两类废渣的技术方案，可以推广应用并产生显著的经济社会效益。

6.3 稀土环保材料

6.3.1 稀土催化材料

稀土用作汽车和机动车尾气的催化材料已经得到广泛的应用。除此之外，在工业废气净化上的应用潜力也非常广阔。稀土催化剂用于发电厂和其他工业部分废气的脱硫脱硝也得到应用。

汽车尾气和工业废气的净化催化材料是稀土应用于环境保护领域的关键材料。目前，华东理工大学、四川大学、天津大学等单位相继开发了具有自主知识产权、达到国际先进水平的储氧材料与高性能载体的可控制备技术。

6.3.2 稀土无毒颜料和高分子助剂

用稀土代替一些含镉含铅有害材料的应用也具有显著的环境效益。例如用硫化铈颜料代替含铅的颜料用于儿童玩具等的着色；稀土塑料稳定剂用于替代含铅含镉稳定剂，用于高分子材料的加工；稀土染色剂用于布料的染色和皮革的整染，大大降低了铅镉材料的使用。

6.3.3 稀土水处理剂

利用稀土元素对废水中磷、砷和氟的亲和力，可以开发用于含氟、磷、砷废水的处理剂。氯化稀土是工业废水中 P、As、Sb 等元素的沉淀剂。利用稀土离子的水解沉淀特征，也可以去除水中的一些重金属离子，达到水处理的效果。为满足我国高氟地区饮水处理的实际需求，基于铝氧化物的高表面电位特性及稀土铈氧化物表面对氟的高亲和性，研制出一种以 Fe、Al、Ce 三种金属盐为原料的铝基稀土氧化物除氟剂（FAC）。利用可工业化颗粒化工艺开发得到了砂芯包覆、固化负载和黏结挤压三种颗粒吸附剂，制备得到的最佳颗粒材料吸附容量为 40mg/g（pH = 7），吸附容量为目前市场活性氧化铝除氟吸附容量的 5 倍。

6.4 稀土分析化学

稀土分析是研究稀土元素化学表征和测定的科学与技术。它不仅要进行稀土元素及其组成分析，还要进行状态、价态、结构、微区分析。

1981 年，武汉大学等单位编著的《稀土元素分析化学》奠定了我国稀土分析化学发展的基础。此后，合成了上百种稀土显色剂，并有十多种得到了实际应用。多元配合物的研究和应用，在增敏、增溶、增稳和增加选择性方面取得了很大进步。萃取色谱法分离稀土的发展实现了十几个单一稀土元素的化学法准确测定。电感耦合等离子体发射光谱分析成为稀土产品质量控制分析的主要方法，几乎所有高纯稀土产品都建立了 14 种稀土杂质的分析方法。X 射线荧光光谱是分析混合稀土、大量组分和多元素同时测定的主要手段。质谱分析、中子活化分析、化学光谱分析在高纯稀土分析方面都得到了很好的发展和应用。可以说，从稀土矿物原料、稀土中间产品和最终产品、各种稀土新材料以及环境样品中痕量稀土的分析方法都已经建立起来了，并编制了相关的国家或行业标准。

稀土分析技术主要有化学成分分析、物理性能分析与结构分析，对于化学成分分析，按照分析方法的原理进行分类，主要有化学分析法和仪器分析法。

6.4.1 化学分析法

以物质的化学反应为基础的分析方法称为化学分析法，这是分析化学的基础。主要的化学分析方法有两种：重量分析法与滴定分析法（容量分析法）。

重量分析法与滴定分析法主要用于常量元素的检测，如稀土总量、铈、铁等的测定。稀土总量即是十几种单一稀土的含量，如果以各稀土加和求算稀土总量则误差较大，因此，草酸盐重量法和络合滴定法测定稀土总量的经典方法，并一直沿用至今。

草酸盐重量法是依靠在弱酸性条件下稀土能够形成草酸盐沉淀，而大部分共存杂质离子，例如钙、镁、铝、铁等则可以在过量的草酸存在下不形成沉淀的性质。当这些杂质离子含量较高时，需要加入过量草酸，并且在加热条件下慢慢加入沉淀剂，以防止这些杂质离子被夹带。少量被夹带的杂质离子需要在后续热的条件下陈化，使沉淀重结晶，让夹带的杂质溶出，并生长成较大颗粒的纯净草酸稀土，便于过滤分离。草酸稀土经过滤洗涤，灰化滤纸，在800℃煅烧成氧化稀土后称量，所得纯净氧化物的量除以初始称重的量，乘以100%，即是纯度。重量分析宜在盐酸或硝酸介质中进行。在硫酸稀土溶液中，会有少量硫酸根进入沉淀而影响分析结果。

稀土分析技术人员对各种矿物、中间产品、最终产品中稀土的总量测定进行了基体成分的干扰及消除方法详细研究，建立了准确、可靠的草酸盐重量法。由于重稀土草酸盐的溶解度偏高，在稀土浓度 1~5g/L、草酸过量 2%左右、溶液 pH 在 1.5~1.7 之间时，重稀土的溶解损失达 0.1%~0.3%，比轻稀土的 0.03%~0.05%高；因此，对以重稀土为主的试样提出了配以 EDTA 滴定的方法以减少重量法带来的误差。重量法及 EDTA 滴定法是测定稀土总量最经典的方法。

EDTA 容量滴定法是在 pH 为 5.5 左右的缓冲溶液中用 EDTA 标准溶液滴定溶液中的稀土离子，其反应摩尔比为 1:1。指示剂为二甲酚橙，颜色由红色变成亮黄色为终点。有时调 pH 时要用溴甲酚绿，用六亚甲基四胺-磺基水杨酸作缓冲溶液并掩蔽铝的干扰，终点为黄绿色。EDTA 标准溶液的浓度常常用锌标准溶液来标定，用于混合稀土的测定时需要已知稀土的平均分子量。也常常用自己纯化的高纯度氧化稀土作为标样来标定 EDTA 溶液，此时可以直接用滴定度来表示 EDTA 的浓度，并用于计算稀土氧化物的纯度。

对于纯度不高的样品，需要先经过分离再进行滴定。除了上面的草酸沉淀分离法外，还可以用氢氧化物沉淀法分离。用氨水作沉淀剂时，可以分离掉大部分的碱金属和碱土金属离子，还有 Ni、Cu、Zn、Ag 等能与氨形成稳定配合物的金属离子；用氢氧化钠作沉淀剂时，还可以分离掉大多数的 Al 和 Si。Al 是影响 EDTA 滴定稀土的主要杂质离子。另外一种常用的沉淀分离试剂是铜试剂（二乙基二硫氨基甲酸钠，DDTC），它能与 Fe、Co、Ni、Cu 等 30种元素形成难溶的螯合物沉淀，而稀土不沉淀、不水解，过滤后再进行具体的分析步骤。萃取是稀土分析中常用的分离稀土与非稀土杂质的方法。例如，用萃取剂 PMBP 在 pH 为 5.5左右时萃取稀土，有机相中加入少量 PMBP-V(V)螯合物，将+3 价铈氧化为+4 价，先用0.01mol/L 盐酸反萃+3 价稀土，再用抗坏血酸+盐酸还原反萃+4 价铈，分别测定铈和稀土总量。在 pH 为 5.5 的盐酸介质中，以磺基水杨酸为掩蔽剂，可以从大量的 Fe、Al、Ca、Mg、Cr、Ti 中用 0.01mol/L 的有机相萃取稀土，用 pH 为 1.8 的盐酸溶液反萃稀土。

分离富集方法在纯稀土分析中的应用十分普遍，诸如沉淀、萃取、色谱、电泳等。稀土与共存的大量非稀土元素的分离常用于地质、生物、矿物试样的分析，以氟化物沉淀法、离子交换法和 PMBP 萃取法的使用最多；在高纯稀土分析中则常常需要富集被测的痕量稀土杂质和分离主体稀土元素，对此，离子交换法是常用的方法之一，淋洗剂有 α-羟基异丁酸和氨羧络合剂等，结合梯度淋洗法可以提高工作效率。萃取色谱法的分离效率更高、易于操作，使用者较多。其中较为普遍的萃取体系是 P204 和 P507（萃淋树脂主要使用 P507 进行稀土分离）。各种分离方法与流动注射和在线检测技术相结合，可以进一步提高分析效率。

包头白云鄂博稀土矿（俗称包头矿）是我国生产稀土的主要原料，大量数据表明，包头矿各矿带的稀土矿物中 CeO_2 含量比较稳定地占稀土氧化物总量的 50%（即 CeO_2/REO 为50%）。因此，在快速测定稀土总量时，测定 CeO_2 量就可以了，这是十分经济快速的检测方法。经过研究，建立了高氯酸-磷酸溶样、硫酸亚铁铵标准溶液氧化还原法测定 CeO_2 含量的方法，该方法将溶样、氧化、去氟集中于一个步骤，又便于将锰的干扰消除，这一有效的检测方法沿用至今。

6.4.2 仪器分析法

（1）分光光度法

分光光度法曾经是我国稀土行业中最常用的分析手段之一，因为仪器便宜，操作简单。基于稀土离子本身的吸光特性，该法也可用于某些单一稀土的测定。为对干扰进行校正，对多阶导数技术进行了深入研究，使之可用于测定 μg/mL 级的某些单一稀土。对有机络合剂、萃取剂存在下稀土元素的吸收光谱特性进行研究后发现，分光光度法也可用于不同稀土产品中部分单一稀土的测定。

在研究利用显色剂与稀土发生显色反应的分光光度法中，武汉大学和华东师范大学等单位在不对称变色酸双偶氮类显色剂的研制和应用方面取得了很大进展，合成了一系列性能超过国外合成的偶氮胂Ⅲ和偶氮氯膦Ⅲ的优良显色剂；发现多卤代变色酸双偶氮衍生物的分析性能更优越，摩尔吸光系数可达 10^5，对有严重干扰的常见元素（如 Ca、Ni、Cr、Fe、Al）的允许量可达毫克级；有的对轻稀土显色而重稀土基本不显色，有的对重稀土显色而轻稀土基本不显色。合成的显色剂有 10 多种偶氮胂系列、20 多种偶氮氯膦系列、近 10 种偶氮溴膦系列等。这些显色剂广泛用于钢铁、稀土合金或其材料、地质、环保等试样中微量稀土总量的测定，也曾用于轻、重稀土含量的分别测定。

对稀土与许多显色剂的不同类型（α、β 型等）显色反应和"共显色"现象进行了深入研究，考察了显色剂的结构、酸度、介质、温度、时间、显色剂及稀土浓度、稀土组成、试剂加入方式等因素的影响规律，从而建立了高灵敏度高选择性测定轻稀土、重稀土、个别单一稀土的方法。稀土元素多元络合物及胶束增溶反应机理的深入研究和各种表面活性剂的应用也曾是研究的热点，研究成果进一步提高了稀土显色体系的灵敏度和选择性。基于显色反应动力学的深入研究而建立的速差动力学分光光度法，不仅可深入研究稀土显色反应的机理，而且还可用于稀土元素的选择性测定。

分光光度法用于微量稀土含量的测定在一般实验室和简陋实验条件下的厂矿企业仍然广泛使用。随着稀土元素 ICP 光谱分析法的普及，其应用面在缩小。但在一些非稀土杂质的分析上仍然被广泛采用。例如，氯离子含量的测定、硫酸根含量的测定等等。

（2）荧光光度法

在荧光分析方面，基于铽离子在紫外区存在强烈的荧光特征，建立了可以用于冶金分析的具体方法；利用铈、镨、钐、铕、钆、铽、镝等离子的荧光及其导数光谱可以分析混合稀土试样。

利用稀土配合物体系的荧光特性，提出了一些荧光光度法。特别是钇、镧、钆等存在下对钐、铕、铽、镝等许多种有机配合体系荧光的增敏现象进行了深入研究，提出了"共发光"的观点，并将此类发光体系用于高纯稀土、医药、环境等试样的分析。

（3）原子吸收和原子荧光光谱法

原子吸收光谱法（AAS）主要围绕稀土元素的火焰原子吸收和石墨炉原子吸收测定方面

做了许多研究工作。对火焰原子吸收研究，主要集中在有机溶剂/有机试剂的增敏及其机理方面，取得了有理论和应用价值的成果。对石墨炉原子吸收的研究，不仅涉及了各种稀土的测定，而且在石墨管的研制（如钨钽石墨管）、原子化机理的研究方面都有特殊的成果。

原子荧光光谱法（AFS）是一种十分灵敏的痕量分析技术。对原子荧光的研究则主要集中在发展不同的激发光源和原子化器两个方面。目前，主要用于测定稀土产品中 As、Hg、Sb 等元素。另外，原子吸收光谱法在稀土冶金产品中，特别是高纯稀土中非稀土杂质的测定也有应用，其选择性优于分光光度法。若结合萃取分离富集后测定，方法的测定下限可以进一步得到改善。

（4）原子发射光谱法

1）火花源直读光谱、直流电弧光谱法

火花源直读光谱、直流电弧光谱法是测定稀土元素较有效的测试技术之一，也是 20 世纪 60～70 年代稀土产品质量控制的主要分析方法，在痕量稀土分析中获得了广泛应用，测定下限在 $10^{-4} \sim 10^{-6}$。研究提出的一些技术方法包括：

利用氩-氧控制气氛提高了线/背比，使方法的检出限改善近一个数量级；将载体分馏技术成功地用于高纯稀土氧化物中痕量非稀土杂质的测定，方法的测定下限达 10^{-7} 级。同时还发现，充分利用电弧放电过程中发生的高温电极化学反应，可以研究轻、重稀土元素之间的分馏效应。

据此，创立了有特色的 "电流浓缩法"。其基本原理是利用岩矿基体成分和待测难熔成分之间的分馏效应。在"缓冲指示剂"的作用下，使基体成分预先蒸发，而待测成分聚集在电极孔的底部得以浓缩，从而有效地提高了方法的灵敏度并降低了光谱干扰。

提出了以 α-羟基异丁酸为淋洗剂（流动相）的稀土元素分离技术，并成功地用于高纯稀土材料中痕量稀土杂质的测定，有分离速度快、富集倍数高等特点。随后，以 P507 萃淋树脂、环烷酸负载硅胶为固定相的稀土间分离体系相继在高纯稀土分析中获得了应用。

2）电感耦合等离子体发射光谱

电感耦合等离子体（ICP）具有作为物质蒸发/原子化/激发/电离源的优异性能，ICP 光谱技术的问世及仪器的商品化动摇了传统的电弧光谱法在稀土分析中的地位。将电感耦合等离子体与原子发射光谱联用（ICP-AES）技术应用于高纯稀土中的稀土和非稀土杂质的测定，在检测限、精密度、简便性、线性范围及抗干扰能力等方面均优于传统的直流电弧光谱法，并逐步取代了它。目前，ICP-AES 已成为高纯稀土和其他稀土材料例行分析中的主要手段，广泛服务于稀土生产及研究。从稀土检测的光谱仪器来看，不仅品种繁多，而且相当普及，从 20 世纪 80 年代的扫描式或多道直读型等离子体光谱仪到 21 世纪的以电荷注入器件（CID）或电荷耦合器件（CCD）为检测单元的全谱直读光谱仪。

对 ICP-AES 稀土分析领域的创新性研究，取得了一些颇具特色的研究成果，主要是采用旋流雾化系统，使雾滴导入 ICP 的质量显著改善，导致雾化效率的提高和稀土检出限的改善。将乙醇对稀土谱线的增敏机理归因于乙醇的导入，改善了试样的雾化效率和原子化效率；将流动注射进样体系引入 ICP-AES 稀土分析，并成功地用于高纯稀土、混合稀土及稀土富集物的快速分析。与常规的气动雾化相比，酸效应和基体效应显著降低，允许的盐分增大，精密度改善，试样体积减小及可以利用有机溶剂的增敏作用。发展了流动注射在线分离预富集技术，并使之与 ICP-AES 检测联用，用于解决复杂体系中痕量/超痕量稀土的测定；创立了以聚四氟乙烯（PTFE）悬浮体为化学改进剂的氟化辅助电热蒸发（FETV）新技术，并成功地将 FETV-ICP-AES 应用于生物、环境、高纯及难熔材料等固体材料试样中痕量稀土元素及其他难熔元素的直接测定。该法具有灵敏、快速、不需化学前处理、可直接分析微量固体或流体、消耗试样少、基体效应/粒度效应低等优点，是痕量稀土检测和固体试样直接分析的理想方法；将激光剥蚀（LA）技术与 ICP-AES 联用，可直接测定岩矿中的痕量稀土及其他难熔元素。

基于 ICP-AES 领域的大量研究，稀土国家及行业标准分析方法中建立了一整套 ICP-AES 法测定稀土元素的方法。

（5）X 射线荧光光谱法

X 射线荧光光谱法是混合稀土的配分及稀土富集物的分析主要手段之一，具有直接、准确、快速的特点，在地质、冶金分析中有广泛应用。分析工作者在 X 射线荧光光谱稀土分析研究中进行了大量卓有成效的工作，其技术进步包括：基体效应及其校正技术；制样技术或试样前处理技术；与化学分离/预富集技术联用；全反射 X 射线荧光光谱的研究及应用。另外，稀释技术（稀释剂、熔融试剂）、内标法及各种化学校正方法对提高分析结果的准确度非常有效。

制样技术一直是该领域中的一个研究热点，其中，以薄样技术在痕量稀土分析中的应用最为广泛。薄样技术的特点是可以与化学分离/富集技术有机结合；在薄试样中的基体吸收或增强效应显著降低；将薄样技术应用于全反射 X 射线荧光光谱新技术中。尽管 X 射线荧光光谱法有其自身的特点及应用领域，但由于受到检测能力的限制，它在痕量稀土分析的应用远远不及等离子光谱/质谱法。

（6）质谱分析法

以火花放电为离子源的火花源质谱法曾在高纯稀土分析中发挥过一定的作用。但是稀土分析的重要突破在等离子体质谱（ICP-MS）技术的问世及其应用，特别是在痕量/超痕量稀土检测方面。ICP-MS 兼有 ICP-AES 的许多优点（如高灵敏度、高选择性、多元素检测能力及线性范围宽等），而且，它还可用于同位素比的测定，特别是它极为出色的稀土检测能力（相对检出限为 pg/mL 级；绝对检出限为 fg 级），颇受分析工作者的青睐。

ICP-MS 检测稀土的特点有：理想的离子源；极好的检出限；各单一稀土的分析灵敏度十分接近；背景质谱干扰相对简单。

ICP-MS 存在的主要问题是：多原子离子质谱干扰、基体效应及不适于高盐试样的分析。此外，仪器昂贵及运行成本高也成为阻碍其广泛应用的重要因素。

应该指出，这一新技术在高纯稀土、地质、冶金、环保分析中获得了日益广泛的应用，成为超痕量稀土分析及稀土形态分析不可替代的分析手段。人们建立了许多高纯稀土氧化物（从 La_2O_3 到 Lu_2O_3）中痕量稀土杂质测定的方法，无需化学分离/预富集，可满足纯度从 4N（99.99%）至 6N（99.9999%）的高纯稀土产品的分析要求。

在地质试样分析方面，该技术所具有的突出检测功能，使之在地质试样稀土分析中具有强大的竞争力，应用十分广泛。对于地质试样（包括矿石、沉积物、土壤）不需化学分离/预富集，直接采用 ICP-MS 测定分解试样中各单一稀土的含量。

对于化学组成复杂或稀土含量极低的地质试样，分离富集的前处理步骤仍然是不可避免的。近几年来，有关 ICP-MS 在生物/环境试样中稀土分析的应用报道日益增多。为了解稀土元素的毒性及生物可利用性，稀土形态分析正在引起分析工作者的关注，通过高效/高选择性的色谱分离技术与高灵敏度的 ICP-MS 检测技术相结合，有效地解决了稀土形态分析问题。

对 ICP-MS 稀土分析中的质谱干扰和基体效应、产生原因及消除或降低方法的系统研究结果表明，引入适当的内标是克服试样化学组成变化及工作参数波动的有效途径，特别是在高纯稀土分析中得到了实际应用。工作参数的优化、外加气体或挥发性有机物质、合理选择溶剂介质、改进试样引入技术以及必要时进行高效的化学预分离前处理则是消除或减小质谱干扰的重要方法。此外，采用同位素稀释法对提高分析结果的准确度有实际意义。

2010 年以后，ICP-MS 在稀土分析领域的应用发展快速，开发了许多新技术、新仪器的应用研究，使我国的稀土分析水平提高一大步。针对多原子离子干扰，加入碰撞池/反应池，使得 Ca、Fe、As、Hg 等的测定成为可能。ICP-MS/MS 仪是在传统的 ICP-MS 仪的八极杆反应池系统（ORS3）前面，增加了一个主四极杆（Q1），只允许具有目标分析物质量数的离子才能进入反应池，所有其他质量数则被排除，从而精准控制反应池内的反应，使得原本基体干扰复杂的样品的直接测定成为可能。固体进样技术与质谱技术的结合是仪器技术发展的另一重要方向，此类技术具有操作简便、快速、实时、多元素同时测量的特点，LA（激光剥蚀）-ICP-MS 广泛应用于地质、矿冶领域的稀土分析，克服了样品难以消解的问题；GD-MS 利用辉光放电源作为离子源与质谱仪器连接进行质谱分析，具有极高灵敏度，可达到 pg/g 的测定下限，适用于 >5N 的高纯稀土分析。此外，镧系元素编码的生物分子和细胞的电感耦合等离子体质谱分析也正在兴起。

（7）其他检测技术

基于测量放射性核变的半衰期或射线能量的中子活化的分析法是一种高灵敏度、无需进行定量分离及非损坏性分析的检测技术，在生物学，地球学和考古学等领域可以发挥作用。然而，由于受仪器和实验室的限制，这一技术只有我国极少单位在特定的情况下才能使用。电化学分析法用于单一稀土测定主要集中在极谱吸附波、离子选择电极和化学修饰电极的研究方面，用该法也做出了一些颇有特色的工作。用于稀土测定的其他分析方法还包括光声光谱法、热透镜光谱法及染料激光内腔吸收增强法。这些非常规、超高灵敏度的稀土检测技术，正处于实验室研究阶段。

6.5 稀土标准化工作

6.5.1 冶金部标准

1973 年，冶金情报研究所组织包头冶金研究所、北京有色冶金设计研究总院、广州有色金属研究院、上海耀龙化工厂、广东珠江冶炼厂、湖南冶金研究所、江西南昌 603 厂、包钢稀土一厂、中山大学、内蒙古大学等 23 家单位共同提交草案，由包头冶金研究所汇总定稿，负责起草了第一部较完整的《稀土产品化学分析方法》冶金部标准。该标准研究内容包括稀土产品中稀土总量、铁、钙、钍、铜、硅、钴等 26 个分析项目，28 个分析方法。

6.5.2 国家标准与行业标准

稀土标准内容包含基础标准、产品标准、检测标准及实物标准（标准物质）。截至 2016年 3 月底，稀土基础标准、稀土产品标准及检测标准共 249 项，基础标准 3 项、产品标准 98项、方法标准 148 项；其中国家标准 176 项、行业标准 73 项。稀土实物标准 52 个，包含化学元素检测、物理性能检测以及标准溶液。基础标准有稀土术语、稀土牌号表示方法及稀土冶炼加工企业单位产品能耗限额；产品标准涵盖了稀土精矿、单一及混合稀土盐类、稀土氧化物及金属、各种稀土合金、稀土功能材料及稀土应用材料；检测标准主要是配合稀土产品而建立的相应系列标准，如稀土精矿化学分析方法（GB/T 18114 系列）、《稀土金属及其化合物化学分析方法 稀土总量的测定》（GB/T 14635）、稀土金属及其氧化物中稀土杂质化学分析方法（GB/T 18115 系列）及非稀土杂质（GB/T 12690 系列）、氯化稀土、碳酸轻稀土化学分析方法（GB/T 16484 系列）、灯用稀土三基色荧光粉试验方法（GB/T 14634 系列）、稀土硅铁合金及镁硅铁合金化学分析方法（GB/T 16477 系列）、离子型稀土矿混合稀土氧化物化学分析方法（GB/T 18882 系列）、《镧镁合金化学分析方法》（GB/T 29916）、《镨钕镝合金化学分析方法》（GB/T 29656）、稀土铁合金化学分析方法（GB/T 26416 系列），针对稀土抛光粉化学分析方法（GB/T 20166 系列）及《稀土抛光粉物理性能测试方法 抛蚀量和划痕的测定 重量法》（GB/T 20167），稀土金属及其化合物物理性能测试方法（GB/T 20170 系列）。稀土检测的行业标准有钕铁硼合金化学分析方法（XB/T 617 系列）、钕铁硼废料化学分析方法（XB/T 612 系列）、钐钴永磁合金化学分析方法（XB/T 610 系列）、钆镁合金化学分析方法（XB/T 614 系列）、轧铁合金化学分析方法（XB/T 616 系列）、钕镁合金化学分析方法（XB/T 618 系列）等。2016 年 11 月，在全国稀土标准化技术委员会年会上稀土储氢材料化学分析方法系列（7个方法）行业标准及 2 个产品标准氢碎钕铁硼永磁粉、再生钕铁硼永磁材料通过审定。

6.5.3 稀土标准样品

稀土分析检测发展时间较短，只有 50 多年的发展历史，稀土相关标准样品非常短缺，远远满足不了检测质量控制、仪器设备溯源的要求。近年来，逐步发展起来的激光剥蚀-等离子质谱法及辉光放电-等离子质谱法也迫切需要稀土系列标准样品的开发与研制。

20 世纪 60 年代，随着稀土在钢铁中应用研究成果的推广，包头稀土研究院研制了全国第一套稀土钢标样（16 锰稀土、20 稀土、锋钢）；20 世纪 60 年代中期又研制了包头白云鄂博矿原矿、铁精矿、稀土精矿、无铬轴承滚珠钢、稀土硅铁合金及镁硅铁合金化学成分标准样品，同时还研制了硅锰钒、硅钼钒稀土钢光谱分析标样，于 1972 年通过冶金部鉴定，在全国范围内推广使用；1972 年，南昌 603 厂用离子交换法提纯单一稀土（镨、钕、钐、钆、铽、镝、钬、铒、铥、镱、镥、钇），为光谱分析提供标样；20 世纪 80～90 年代，北京有色金属研究总院成功研制氧化铈和氧化钇标样，21 世纪初，又研制了系列单一稀土标准溶液及混合溶液。近年来，包头稀土研究院研究了系列固体标准样品，用于测定稀土的纯度、配分稀土杂质及非稀土杂质，还有稀土精矿系列标准样品。

目前，稀土相关的标准样品共有 52 个，其中用于元素化学分析检测的固体标准样品 22个，有氧化物测定纯度、配分以及非稀土杂质的标准样品，稀土精矿标准样品；液体标准样品 20 个，有单一稀土元素、混合稀土元素以及阴离子标准溶液，另外还有 10 个测定荧光粉相对亮度的标准样品。

6.6 稀土行业质量管理

6.6.1 质量管理标准认证体系

稀土行业是一种高科技行业，其产品规格众多，质量要求千差万别，应用领域广阔，具有很高的技术含量和产品质量要求。因此，质量管理对于稀土行业至关重要。为确保产品的质量和符合国际、国内及行业标准，稀土行业通常采用以下质量管理认证体系：

ISO 9001：是国际标准化组织制定的通用质量管理标准，可以适用于任何行业。它涵盖了各个方面的质量管理要求，包括质量目标设定、流程管理、资源管理、持续改进等，有助于稀土企业建立完善的质量管理体系，提高产品的质量和客户满意度。

ISO 14001：是国际标准化组织制定的环境管理体系标准，可以帮助企业减少环境污染和资源浪费，促进可持续发展。稀土企业可以通过实施 ISO 14001 环境管理体系标准，保护环境和提高企业形象，以确保环境管理的合规性和持续改进。

OHSAS 18001：是一种职业健康安全管理体系标准，可以帮助企业保障员工的安全和健康，减少职业伤害和疾病。稀土企业可以通过实施 OHSAS 18001 职业健康安全管理体系标准，确保员工的工作环境安全，并降低事故和职业病的风险，保障员工的身体健康和生命安全。

IATF 16949：是一种针对汽车行业的质量管理标准，要求企业建立符合汽车行业标准的质量管理体系，强调质量管理、连续改进和供应链管理，以保证汽车零部件的质量和安全性。稀土企业如果供应给汽车行业，可以通过实施 IATF 16949 质量管理体系标准，满足汽车行业的质量要求。

精益生产：是一种以精益思维为基础的生产管理方法，旨在通过减少浪费、提高效率和优化价值流程来提高质量和降低成本。稀土企业可以应用精益生产原则来优化供应链、减少库存和提高交付效率。

全面质量管理：强调全员参与、持续改进和客户满意度。稀土企业可以采用全面质量管理方法来促进内部沟通、团队合作，以及实施持续改进的活动，以提高产品质量和客户满意度。

GMP 认证：是指药品生产质量管理规范认证，是保障药品质量和安全的重要措施。稀土企业如果生产医用或医疗器械用的稀土产品，需要获得 GMP 认证。GMP 认证确保企业在生产过程中遵循良好的制造实践，保证产品的质量、安全和有效性。

REACH 认证：是指对于欧盟市场销售的化学物质和制品需要符合的法规。稀土企业如果出口到欧盟市场，需要获得 REACH 认证。

6.6.2 质量管理

以上是稀土行业常用的质量管理认证体系，企业可以根据自身情况选择适合的认证体系，提高产品质量和企业形象。为了开展优质的质量管理，稀土企业可以从以下几个方面入手：

① 建立完善的质量管理体系。稀土企业需要建立符合国家标准和行业要求的质量管理体系，包括质量管理制度、流程规范、产品检验标准等方面的设计和制定，以确保产品质量符合要求。

② 加强产品设计和研发。稀土企业需要重视产品设计和研发，加强技术创新和质量改进，提高产品质量和竞争力。稀土企业需要关注市场需求，积极研发新产品，不断提升产品的质量和技术含量。

③ 严格产品生产过程控制。稀土企业需要严格控制产品生产过程，加强原材料采购、生产加工、质量检验等方面的控制，确保产品质量符合要求。稀土企业需要采用现代化的生产工艺和设备，提高生产效率和产品质量。

④ 建立完善的质量检测体系。稀土企业需要建立完善的质量检测体系，包括产品质量检测、生产过程监控、设备维护等方面的监测和检测，以确保产品质量符合要求。稀土企业需要定期开展质量检测和分析，不断改进产品质量和生产效率。

⑤ 培养高素质的人才。稀土企业需要培养一支高素质的质量管理和技术人才队伍，加强人才培训和技术创新，提高员工的专业素质和工作能力，不断提高产品质量和企业竞争力。

总之，稀土企业需要重视质量管理工作，建立完善的质量管理体系，加强产品设计和研发，严格控制产品生产过程，建立完善的质量检测体系，培养高素质的人才，不断提高产品质量和企业竞争力。

第 **7** 章

稀土科技：研发平台与特色领域

7.1　稀土科技发展的国家战略部署

我国稀土科技和产业发展始终得到党和政府高度重视，从 20 世纪 50～60 年代一直到近几年，从老一辈革命家邓小平、陈毅、聂荣臻、方毅等到江泽民、胡锦涛、习近平等都十分关注稀土科技及产业发展。邓小平同志南方谈话、江泽民总书记 1999 年视察包头稀土研究院时的题词、习近平总书记视察江西赣州和内蒙古发表的重要讲话。聂荣臻元帅对稀土研究发展的部署和批示，方毅副总理七下包头抓稀土科技和产业，历任国务院总理朱镕基、温家宝、李克强、李强等都对稀土事业发展作出指示并安排落实。

在党和国家高度重视和精心组织协调下，集中和调动了国内高校、院所和企业雄厚的科研队伍联合攻关。1975 年成立了国家计委牵头的全国稀土开发应用领导小组，1986 年 4 月，全国稀土开发应用领导小组办公室改设在国家经委重工业局。1988 年 9 月，国务院决定成立国务院稀土领导小组，办公室设在国家计委。2008 年 7 月国务院机构改革后，由工信部原材料司负责全国稀土管理工作。同时，全国大部分省份都成立了地方一级的稀土管理机构。中央和地方的齐抓共管，有力地促进了我国稀土产业和稀土科技的发展。

从 20 世纪 90 年代起，国家计委（现国家发改委）陆续在全国各地组建了 8 个稀土协作网，在稀土永磁、稀土电机、稀土发光、稀土催化、稀土农用、稀土钢铁、稀土助染助鞣、稀土信息等方面加大稀土推广应用的力度。在基础研究、工程化技术、检测平台、人才培养等方面加大了投入，设立了国家"863""973"计划、科技支撑计划、重点研发计划、国家重点实验室、国家工程研究中心、稀土转型升级项目等，安排了较充足的资金，组织了精干研发队伍开展攻关，促进了稀土科技成果转化为生产力。

随着稀土产业的发展，以及日益增长的对稀土原材料的需求，稀土生产企业也不断增加和扩大生产规模，设立了研发机构或部门，积极参加工程化技术的研发或与高校院所共同承担科技成果转化工作。继我国稀土地质学科研究处于国际领先水平之后，我国稀土选冶学科相继取得重大进展，从并跑到领跑，获得多项世界领先水平的成果并得到认可。最具代表性的如串级萃取理论在稀土湿法冶金中的应用，白云鄂博矿稀土选矿工艺的突破，南方离子型稀土矿采选技术开发，稀土湿法及火法冶金及环保工艺技术的创新等。与此同时，我国稀土功能材料的研究也从跟跑到并跑，有些领域已进入领跑阶段，最典型的就是近几年利用高丰度稀土铈研制的铈钕铁硼永磁材料的研究和大规模生产。

7.2 稀土科研国家重点实验室

我国国家重点实验室始于国家计委启动的国家重点实验室计划，1984年为支持基础研究和应用基础研究，国家计委组织实施了国家重点实验室建设计划，主要任务是在教育部、中国科学院等部门的有关大学和研究所中，依托原有基础建设一批国家重点实验室。

在稀土研究领域先后建立了多家国家重点实验室，包括建于1988年的"高性能陶瓷和超微结构国家重点实验室"，依托单位是中国科学院上海硅酸盐研究所。实验室以高性能陶瓷材料和无机功能材料的设计原理，合成制备过程中的物理和化学问题，材料的组成、结构与性能关系，以及材料的表征和评价性方法等方面的基础和应用基础研究为主要研究方向。研究领域涉及先进无机材料多层次结构设计与性能、结构研究；无机材料的制备科学与工艺研究；无机纳米材料和介孔材料研究；无机新材料探索与计算材料学研究。

1990年经科技部和中国科学院批准的中国科学院物理研究所磁学国家重点实验室，以磁性物理的基础研究为指导，以有重大应用背景的材料-稀土过渡族金属间化合物和氧化物、自旋电子学等为重点，开展物质的基本磁性和磁电、磁热、磁光等效应研究，探讨从微观电子结构、介观、界面及复合相到宏观磁性之间的内在联系，探索新材料和新的人工结构材料的磁性物理学。实验室分5个课题组开展相应的工作：散裂中子源设计；自旋电子学材料、物理及器件研究；磁性金属氧化物/化合物量子序调控及相关效应研究；磁性纳米结构与磁共振研究；新型磁性功能材料的探索和研究。

始建于1991年的北京大学稀土材料化学及应用国家重点实验室，为专业从事稀土基础和应用基础研究的国家重点实验室，是在北京大学化学系稀土化学研究中心和无机化学教研室稀土发光材料组基础上共同建立起来的。研究领域包括：在分子及其组装体、团簇、纳米和体相等多尺度结构下，研究稀土功能材料的宏观性质与其微观结构的关联规律，发展稀土功能材料的设计理论和可控合成方法；研究碳基纳米材料的制备、修饰和结构调控方法；开发新型光电转换、储氢、催化和高性能电池等能源材料体系，发展信息存储、输运、转换和显示等信息材料和器件，研究生物大分子和细胞结构与功能的多功能探针和标记材料；开展稀土高效、绿色分离方法、工艺设计理论及应用研究。设立的研究方向有：①稀土配位化学及分子基功能材料和器件；②稀土生物无机化学及生物探针和影像材料；③稀土纳米和体相结构固体化学及功能材料；④碳基功能材料化学及其应用；⑤稀土金属及金属间化合物功能材料；⑥镧系理论和稀土功能材料设计理论；⑦稀土分离化学、工艺设计理论及其工业应用。

1992年2月经国家计委批准的中国科学院福建物质结构研究所结构化学国家重点实验室，以结构化学研究为方向，开展现代结构化学研究方法在新功能材料探索中的应用，合理合成新型化合物，在原子和分子水平上研究新型化合物的分子和电子结构及与宏观性能之间的关系，探索其应用前景，为新材料的研制提供不竭的创新源泉。主要研究内容包括：原子团簇化学；功能化合物的分子设计；纳米材料的结构化学；无机-有机杂化材料及超分子化学；结构敏感材料的基础研究。

2007年批准筹建的稀土资源利用国家重点实验室依托中国科学院长春应用化学研究所，

由著名稀土化学家倪嘉缵院士和苏锵院士把握学术方向，在稀土理论、稀土功能材料、稀土分离和稀土生物学等领域取得了显著成就。研究领域包括：稀土有机-无机杂化光、电、磁功能材料；新型稀土及过渡金属纳米光电及催化材料的构筑与性能；稀土功能及结构材料的基础研究与应用；铝镁稀土合金及其多孔复合材料等。

2015 年由科技部批准成立的"白云鄂博稀土资源研究与综合利用国家重点实验室"依托包头稀土研究院建设。在稀土地采选、高效清洁冶炼技术、稀土轻质合金材料、稀土磁性材料及应用、稀土等有价资源综合回收利用等领域，开展应用基础研究和竞争前共性技术研究，制定国际、国家和行业标准，以提高我国稀土行业自主创新能力和整体技术水平，解决白云鄂博稀土资源综合利用中存在的重大技术难题，引领稀土科研和稀土产业快速发展。实验室对白云鄂博稀土资源做出更加科学的定位与评价，开展稀土采选、冶炼、材料、综合利用等应用基础与竞争前技术研究；寻求稀土元素应用不平衡的解决方案；研究方向有白云鄂博稀土资源绿色冶金技术和平衡利用、铌资源高效富集与绿色冶金技术、萤石高效富集及高值化利用、钍资源高效富集及高值化利用。稀土研究方向涉及稀土的采选新工艺、新技术研究，稀土矿资源高效提取清洁冶炼技术研究，稀土轻质合金材料及应用技术研究，稀土磁性材料及应用技术研究，稀土高效清洁综合回收利用技术研究 5 大领域。2022 年 11 月完成优化重组，更名为白云鄂博稀土资源研究与综合利用全国重点实验室。

2015 年由科技部批准设立的安徽大地熊永磁材料国家重点实验室是依托安徽大地熊新材料股份有限公司建设的一家国家级企业重点实验室，实验室将在稀土永磁材料的制备与防护技术研究方面开展前瞻性、战略性和原创性工作，突破一批行业的共性和关键难题。

7.3 稀土科研国家工程（技术）研究中心

国家工程中心包括两类：一类是国家发展和改革委员会设立的国家工程研究中心，另一类是科技部设立的国家工程技术研究中心。其中，国家工程研究中心是国家科技创新体系的重要组成部分，指国家发展和改革委员会根据建设创新型国家和产业结构优化升级的重大战略需求，以提高自主创新能力、增强产业核心竞争能力和发展后劲为目标，组织具有较强研究开发和综合实力的高校、科研机构和企业等建设的研究开发实体。

在国家的支持下，稀土行业内先后设立了两类国家工程中心多个。包括：1993 年由国家科委批准组建的"国家磁性材料工程技术研究中心"，依托北京矿冶研究总院下属的北矿磁材科技股份有限公司建立。研发重点为：高性能注射铁氧体磁粉的开发及应用；高性能轧制铁氧体磁粉的开发；高性能干压烧结铁氧体磁粉的开发；磁记录磁粉的开发；柔性稀土磁体的研制与产业化；各向异性钕铁硼、钐钴稀土磁粉及粒料的开发及产业化；电磁波吸收材料的研制及产业化；墨粉用四氧化三铁磁粉的研制；产品中与环境有关的有害物质的检测技术。

1995 年由国家计委批准利用世界银行贷款组建的"稀土材料国家工程研究中心"，依托北京有色金属研究总院建立。主要从事稀土矿石分解与提纯、高纯稀土化合物、稀土金属及合金、发光材料、磁性材料、稀土生物农用技术及其他功能材料的研究开发及生产工作。拥有高纯稀土化合物、稀土金属与功能材料两个专业实验室，并建设了具有相当生产规模的稀土金属及合金材料、稀土磁性材料、稀土发光材料、稀土化合物材料、稀土生物农用材料等生产线。

2001 年由国家计委批准的"稀土冶金及功能材料国家工程研究中心"，依托包头稀土研究院建立。设有稀土湿法冶金工艺及环境保护工程化实验室及中试生产线；稀土功能材料工程化实验室及磁致伸缩材料中试生产线；稀土分析检测中心；稀土信息服务中心；等等。重点研究稀土湿法冶金新工艺、新产品及环保技术、特殊粉体材料及稀土化合物、大型稀土熔盐电解工艺技术、成套设备、稀土金属中间合金、高纯稀土金属及稀土金属粉或丝或棒材、稀土永磁材料、稀土超磁致伸缩材料、稀土超高温电热材料、磁制冷材料等。同时，还开展稀土分析方法的研究及稀土信息技术的研究。

2002 年由科技部批准建立的"国家稀土永磁电机工程技术研究中心"，依托沈阳工业大学建立，着眼于稀土永磁应用和先进技术装备，主要研究开发各种高性能稀土永磁电机、电器和相关的控制系统。

2009 年由国家发改委批准成立的"先进储能材料国家工程研究中心"，依托湖南科力远高技术控股有限公司、湖南科力远新能源股份有限公司、中南大学资产经营有限公司、金川集团有限公司、湖南瑞翔新材料股份有限公司和泰邦科技（深圳）有限公司建立。重点研究开展镍系列电池材料、锂系列电池材料、超级电容电池材料、燃料电池材料以及新型传统电池材料等制备关键共性技术、工艺和装备的研究开发系统集成等领域。

2012 年由科技部批准建立的"国家离子型稀土资源高效开发利用工程技术研究中心"，依托赣州稀土集团有限公司、赣州有色冶金研究所、江西理工大学建立。着重开展离子型稀土产业关键、基础和共性技术研究，主要开展离子型稀土资源绿色高效提取、清洁分离冶炼及二次资源回收利用、稀土矿区生态恢复与环境治理、稀土元素均衡利用及新型稀土材料制备技术五大方向研究和成果转化应用。

7.4 稀土研发单位和生产企业

7.4.1 部分高校稀土科研平台及成果

高等学校是科学研究和技术创新的中坚力量，更是培养稀土专门人才的地方。北京大学不仅仅是做出了自己的科研成就，更为主要的是带领了全国的几代稀土人围绕稀土开展攻关，把科技成果转化为生产力，为中国稀土冲击国际稀土市场做出了重大贡献。徐光宪先生获得国家最高科技奖励是北京大学的光荣，也是全国稀土界稀土科技和生产技术人员的荣光。

北京大学的稀土研究在前面的"稀土材料化学及应用国家重点实验室"中给予了简单的介绍。下面将主要对其他高校的稀土科研平台和特色成果分别做简要介绍。应该说，每一个具有科研力量的高等学校都能够在稀土方面做出一些创新成果。例如南京大学的配位化学和地质地球化学、复旦大学的节能灯和生物纳米材料、武汉大学的稀土分析、哈尔滨工业大学的稀土材料与膜材料、浙江大学的稀土发光与生物纳米材料、华中科技大学的探测材料与装备、厦门大学的稀土发光材料与表面物理化学、北京工业大学的稀土磁性材料与固废处理，北京交通大学的磁性密封材料，大连理工大学的精密抛光，等等。限于篇幅限制，下面主要介绍的是在稀土产业化应用技术方面有专门研究的或者是在地域内有特色成果的一些研发平台。

（1）清华大学

2022 年 9 月 15 日，教育部下发《关于 2022 年度教育部工程研究中心建设项目立项的通知》，稀土新材料教育部工程研究中心获批立项建设。稀土中心将依托清华大学化学系，面向稀土产业发展的重大需求，打造稀土理论研发-稀土分离-新材料设计研发-终端应用的全链条科技创新体系，完成稀土新材料产业孵化与应用基地的拓展推广，提升稀土产业服务国家和社会能力。

清华大学的稀土研究以李亚栋院士牵头的纳米稀土化合物的合成与催化应用和张洪杰院士牵头的稀土发光与生物医学材料研究最为突出。同时在陶瓷、环境保护、微纳米界表面加工、摩擦学与抛光等领域也都有很好的研发团队。近日，清华大学化学系张洪杰院士团队在《先进材料》期刊上以长文的形式发表了题为"稀土富集微生物合成系统的构建及其材料应用"的研究论文，提出了一种新型生物合成系统，改造的稀土微生物底盘细胞实现了高纯度稀土产品的生物制造，建立了稀土矿生物分离工程技术及高值利用新范式，在稀土矿绿色可持续分离和高附加值稀土产品领域实现突破性进展。

（2）兰州大学

兰州大学依托稀土功能材料教育部工程研究中心，光转换材料与技术国家地方联合工程实验室、甘肃省光致无机发光材料行业技术中心。在光转换功能材料、自驱动纳米系统、新能源材料与器件、高品质石墨烯的机械化学反应剥离制备等方向的研究达到国际先进水平，超均匀纳米陶瓷颗粒的制备研究达到国际领先水平。根据国家自然科学基金委公布的 2022 年度项目评审结果，由兰州大学唐瑜教授牵头申请的创新研究群体项目"稀土功能材料"获批。"稀土功能材料"创新研究群体以中国科学院院士严纯华为学术顾问，以唐瑜为学术带头人，学术骨干包括张浩力、席聘贤、曹靖和汪宝堆。该群体依托兰州大学化学化工学院、功能有机分子化学国家重点实验室和甘肃省有色金属化学与资源利用重点实验室，历经长期发展，逐步形成了以分子设计合成—光谱理论研究—功能应用为发展目标的长衍生链稀土材料研究体系布局。群体面向国家重大战略需求，以稀土材料的合成、结构与功能调控为主要研究方向，将稀土功能化研究建立在分子设计和组装基础上，结合大数据分析和机器学习，深入理解构效关系，精准调控材料功能，发展稀土配位化学理论，创制新型功能材料，解决稀土科技发展瓶颈问题，引领稀土科研和产业快速发展，为建设世界稀土强国提供有力支撑。

（3）东北大学

东北大学在冶金和材料领域具备从地质勘探、矿物开采、矿物选分、元素分离、金属提取、材料制备与性能研究到材料加工的完整学科群体。经过近 80 年的发展，东北大学已形成了完整的稀土科学和工程技术的研究、教学机构。东北大学开设了稀土工程专业，为国家培养了大批稀土方面的专业人才。2022 年 5 月"白云鄂博多金属矿矿物重构强化分离基础研究"青年科学家项目由东北大学牵头，内蒙古科技大学、武汉科技大学共同参与。该项目立足难选铁、稀土、铌、萤石矿产资源选矿领域的科技前沿，将矿物加工、冶金、物理化学、矿物学等多学科深度融合，提出通过氢基焙烧重构矿石中矿物的物相及表面性质、改善矿物间可选性差异强化磁选/浮选分离的新思路，开展白云鄂博多金属矿矿物重构和界面调控强化分离新理论研究和前沿技术探索，实现矿石中铁、稀土、铌、萤石矿物的高效回收利用，为国家构建高质量的铁、稀土、铌、萤石战略性矿产资源保障体系提供科技支撑。

（4）南昌大学

南昌大学有组织的稀土研究开始于20世纪70年代末，由贺伦燕、冯天泽领导的课题组针对龙南重稀土资源提取工艺进行改进研究。完成了离子型稀土提取技术从氯化钠浸取工艺到硫酸铵浸取技术的跨越升级，实现了混合氧化稀土制取技术的大面积推广，共同获国家发明三等奖、江西省科技进步二等奖。成功推出了硫酸铵浸矿-碳酸氢铵沉淀法提取稀土工艺等技术，并在全国的离子型稀土矿山推广应用，成为离子型稀土矿山持续应用三十多年的经典工艺，是支撑中国稀土矿产品冲击国际稀土市场的代表性技术。基于这些标志性成果，1986年成立了江西高校历史上第一个稀土研究单位——江西大学稀土化学研究所。为龙南稀土矿、定南稀土公司、龙南稀土冶炼厂开办了有针对性的稀土技术培训班，开办了江西高校历史上第一个稀土化学专业班，培养了一批高素质稀土专门人才。2020年，依托南昌大学稀土与微纳功能材料中心和江西省稀土材料前驱体工程实验室，成立了南昌大学稀土研究院，重点开展离子型稀土资源的绿色提取、稀土化学、微纳功能材料制造技术及其工程化应用研究。主要的研发团队有：离子型稀土资源高效绿色开发、稀土材料前驱体制备与物性控制技术、稀土抛光与界表面调控加工技术、稀土轻合金与轻量化装备、稀土能源与环境催化材料、稀土吸波隐身隔热材料与涂层、稀土软磁和铁氧体材料与电子器件、稀土发光与磁共振造影探测试剂及成像设备、稀土矿山安全与尾矿生态修复、稀土纳米粉体与透明陶瓷等。同时依托化学、材料科学与工程、环境工程、机械工程、化学工程与工艺等博士点，开办了稀土实验班。

2019年5月20日，习近平总书记视察江西时从战略高度对稀土产业发展提出了新要求。以此为契机，南昌大学牵头组织全国离子型稀土研究的十家优势单位，成功获得国家重点研发计划项目"离子吸附型稀土资源高效绿色开发与生态修复一体化技术"，李永绣为项目负责人。

该项目已经通过了中国21世纪议程管理中心组织的项目综合绩效评价。

离子吸附型稀土是我国的特色资源。然而，现有的离子吸附型稀土开采工艺（铵盐原地浸取技术）存在生态环境破坏严重、浸出周期长、资源利用效率低等问题，制约了我国离子吸附型稀土资源的开采利用。亟需研发新一代高效、绿色的开采技术。项目团队创新以铝盐为新一代浸取试剂的高效绿色浸取新工艺与物质循环利用技术。首先突破了传统机理认识，从单纯的离子交换理论到双电层模式下的离子水化与阴离子配位吸附共同制约的浸取机理。以此为基础，选择了以铝盐为新一代浸取试剂的高效浸取体系和工艺方法。包括铝盐与低价无机盐的协同浸取体系、钙镁盐与铝盐的分阶段浸取工艺和柠檬酸盐与低浓度无机盐的分阶段浸取工艺等，并根据不同地区和矿物特征等基因信息来选择浸取体系和浓度。而且所用铝盐和钙镁盐都是从矿山生产过程中产生的废渣废水中循环利用的。这一创新开采技术的成功研发，为我国稀土资源的高效绿色利用探索出一条新路。

（5）上海交通大学

以国家战略需求为导向，在轻合金、金属基复合材料、材料热制造等传统优势方向聚焦核心技术攻关，推动材料、工艺及装备关键技术实现自主可控。率先实现稀土镁合金在我国航天飞行器、直升机等重大装备主承力部件应用，满足了国家战略亟需。铝基/钛基复合材料在C919大飞机、"玉兔号"月球车、嫦娥探测器、"天问一号"探测器、"祝融号"火星车、天和核心舱等装机应用万余件，打破国际封锁。铝合金架空导线技术支撑西电东送等重大工程建设，应用于国家16个特高压大跨越输电工程。碳纤维复合材料、吸声/隔声材料、热防护涂层技术在"蛟龙"号载人潜水器、大型运输机、"长征 6 号"运载火箭上装机应用。高温合金精密铸造、焊接与激光制造、锻压及热处理等热加工技术持续支撑"长江 1000"航空发动机、"华龙一号"核电装备、液化天然气运输船等装备自主研制。

瞄准区域和产业发展共性需求，深化政产学研合作，加速科技成果转化。与中国航天、中国航发、中船集团、宝武集团、华为等龙头企业建立战略合作关系，与 33 家重点企业共建校企联合实验室。与内蒙古、安徽、银川、洛阳、宜宾等 16 个省市自治区共建校地创新平台，支撑各地区累计新增产值百亿元，解决区域经济和社会发展"不平衡不充分"问题。通过专利许可、转让、作价投资等方式累计转化成果百余项，转化金额超过 2 亿元，推动镁铝合金、复合材料、精密铸造等一批优秀成果实现产业化发展。

2022 年 5 月 5 日上午，由上海交通大学牵头、董杰教授主持的国家重点研发计划稀土新材料重点专项"结构功能一体稀土合金设计与制备技术"项目启动会暨实施方案论证会以线上形式顺利召开。该项目由上海交通大学作为牵头单位，上海交通大学、包头稀土研究院、中南大学、中国科学院上海应用物理研究所作为下设课题负责单位，南昌大学、西安建筑科技大学、中铝科学技术研究院有限公司、中车青岛四方机车车辆股份有限公司、宁波金田铜业（集团）股份有限公司等单位参与研究。

（6）江西理工大学

从 1986 年起开始尝试稀土领域的硕士研究生培养，到 2002 年创办了涵盖稀土开采、提取、冶金、材料领域的稀土工程本科专业，再到 2012 年学校获批服务国家特殊需求的"离子型稀土资源开发利用博士人才培养项目"。在国内高校中率先开设稀土工程本科专业，构建起了本硕博完整的稀土人才培养体系。同时，还专门设立稀土领域的"学科特区"，在矿业工程、冶金工程博士点单列博硕士稀土专项招生计划，培养稀土领域高层次应用型人才。以离子型稀土高效开采与绿色提取新理论和技术为研究方向，重点培养基础研究创新型人才，着重解决离子型稀土绿色高效开采分离的科学问题；以离子型稀土矿山生态环境修复为目标，重点培养应用型创新人才，着重解决早期离子型稀土开采被破坏生态的修复问题；以稀土高端功能材料新理论与技术为研究方向，培养产业转型升级急需的创新型人才，着重解决高端稀土功能材料的制备与应用问题。牵头成立了中国稀土工程材料产业联盟，联合江铜、中国南方稀土集团等 11 家国内企业、16 家省内企业共建国家功能材料创新中心，与赣州市、鹰潭市、宜春市等 30 多个市县区签订战略合作协议。先后共建中国稀金（赣州）新材料研究院、稀土产业大数据产业研究院、高效智能永磁磁浮轨道研究院等一批研究院所，极大推动了政产学研博士人才培养联合体的建设。主要的研发团队有：稀土分子材料化学团队、稀有战略金属资源高效提取与高值利用团队、永磁悬浮轨道交通团队、稀土发光材料及器件团队、稀土功能材料及器件团队。

（7）内蒙古科技大学

内蒙古科技大学围绕优势学科方向，加强产教融合，建成了三个内蒙古自治区重点实验室、一个内蒙古自治区工程中心和一个内蒙古自治区工程实验室。同时还建成了一个国家万人计划重点领域创新团队、一个教育部创新团队、四个内蒙古自治区草原英才团队、四个内蒙古自治区高校创新团队。同时还成立了稀土产业学院，获批稀土材料科学与工程本科专业。

其中内蒙古自治区白云鄂博矿多金属资源综合利用重点实验室依托于内蒙古科技大学，是在白云鄂博矿稀土及铌资源高效利用省部共建教育部重点实验室基础上发展建设而来的，并于 2010 年 8 月被科技部批准为省部共建国家重点实验室培育基地。实验室围绕白云鄂博共伴生资源的清洁平衡高值化利用问题，服务国家战略性新兴产业集群和国防科技工业体系对于钢铁、稀土以及与之共伴生的铌、钛、钍等战略金属资源的重大需求，瞄准资源开发与利用过程中的关键科学问题和现代工程技术，在颠覆性技术创新上持续用力，积极开发冶金过程节能减排与二次资源、能源高效利用技术，研发绿色清洁冶金技术和智能冶金新技术，磁场强化共伴生矿物低温固态还原技术，稀土、氮化合金在钢中的应用技术，电磁场冶金新技术，稀土湿法冶金技术，努力在关键核心技术自主可控方面做出贡献。

白云鄂博共伴生矿废弃物资源综合利用国家地方联合工程研究中心是 2014 年 12 月经国家发改委批准，以国家和自治区中长期矿物资源综合利用发展规划为指导，面向矿产资源利用后剩余废弃物制备新材料的高新技术发展方向，将具有重要市场价值的科技成果进行有效的工程化研究和系统集成，使之尽快转化为适合规模生产所需要的工程化共性、关键技术或具有市场竞争力的技术产品。充分发挥中心技术优势和辐射带动能力，推动自治区乃至全国矿物资源综合利用的快速健康发展。

轻稀土资源绿色提取与高效利用教育部重点实验室是基于我国混合型轻稀土的资源和产业特色，紧密围绕混合型轻稀土资源的绿色提取和高效综合利用而建立。经过几年建设，实验室形成了一支政治素质高、业务能力强、职称年龄结构合理、治学严谨、专业配套的具有一流水平的教学和科研师资队伍。实验室主要从事稀土矿物选冶一体化新工艺及理论、稀土湿法冶金工艺及产品功能化、稀土功能材料制备及应用和稀土在金属材料中的高效利用四个方向的研究。

2017 年 11 月 21 日，内蒙古科技大学轻稀土资源绿色提取与高效利用教育部重点实验室顺利通过验收，该重点实验室是基于我国混合型轻稀土的资源和产业特色，紧密围绕混合型轻稀土资源的绿色提取和高效综合利用而建立。重点实验室长期以来针对包头轻稀土资源提取利用过程中存在的环境污染严重、资源利用率低、轻稀土利用失衡及附加值低等问题开展工作，并取得了多项标志性成果。

（8）中南大学

中南大学稀有金属冶金研究所历史悠久，其前身为成立于 1956 年的稀有金属冶金教研室，1955 年负责开办了我国第一个稀有金属冶金专业。稀有金属冶金研究所是一个以国家重点学科"有色金属冶金"为依托，集教学、科研、产业于一体的综合性教学研究机构，隶属于中南大学冶金与环境学院。建有"稀有金属冶金与材料制备"湖南省重点实验室和中国有色金属行业冶金分离科学与工程重点实验室，并且是难冶有色金属资源高效利用国家工程实验室的重要组成部分。近 30 年来，承担了多项国家重点科技攻关项目、国家 973 项目、国家 863 项目、国家科技支撑计划、国家科技重大专项、国家自然科学基金、湖南省自然科学基金等几十个国家或省部级课题，以及来自厂矿企业的几十项合作项目，研究领域以稀有金属冶金为主，涉及整个有色金属冶金和材料制备，包括冶金废水处理。在上述领域，特别在钨、钼、钒、钽、铌、钛、镍等金属的高效清洁提取冶金和相关材料制备方面取得了一批国际、国内领先的研究成果，为国内冶金企业创造了显著的经济效益。在国内和国际冶金界拥有广泛的学术影响并享有很高的学术声誉，已成为国内稀有金属冶金理论和工艺研究以及高层次人才培养的重要基地。

（9）中山大学

中山大学生物无机与合成化学教育部重点实验室经教育部批准于 2005 年建立。目前主要研究方向包括：生物无机化学与应用、稀土光电材料合成及其应用、配合物合成化学与晶体工程、配合物结构化学与理论化学。实验室总体定位是，面向国际前沿，结合国家重大需求和战略发展重点，以基础研究为主线，兼顾应用基础研究。形成以无机合成化学为基础，与物理化学、材料物理化学和化学生物学等紧密相关的交叉学科；强调无机化合物的国际前沿研究和结构与功能相关性研究，在功能无机化学领域形成特色，尤其是配合物合成与结构化学、晶体工程、生物无机化学与应用和稀土光电材料合成及其应用等方面形成国内领军研究单位之一，并在国际上形成了重要影响。其中稀土光电材料合成及其应用围绕先进稀土光功能材料在 3D-PDP 显示、纳米能源材料、太阳能电池和生物医学等领域的国家重大需求，系统开展了微纳稀土光电材料的设计、可控合成和光谱性质等应用基础研究。

（10）四川大学

四川大学材料科学与工程学院创建于 2001 年 7 月，由四川大学原材料科学系、金属材料系和无机材料系等三个实体系组建而成，2014 年设立了新能源材料系。主要从事材料科学与工程领域的人才培养、科学研究及社会服务。

材料科学与工程学院拥有的材料科学与工程为一级学科全国重点学科，是 211 工程、985工程重点建设学科和国家"双一流"建设学科。研究领域涵盖了材料学、材料物理与化学、纳米材料与纳米技术、新能源材料与器件、材料与化工、凝聚态物理等领域。学院注重保持和发挥传统学科优势，同时突出学院理、工、医结合及新兴交叉学科的特色，加强学科交叉与融合，不断开辟新的研究领域，形成了以下优势特色研究方向：稀土钒钛功能新材料、无机光电功能材料与器件、光伏发电系统与新型显示组件、高效能量转换与致密存储材料技术、材料基因工程与增材制造技术、高端装备关键材料技术、前沿新材料等。

7.4.2　中国科学院部分稀土科研平台及成果

（1）长春应用化学研究所

建所至今已 70 余年，积累深厚，为我国稀土事业的发展做出了重大贡献。创造了稀土研究国内 15 个第一。第一个分离出全部单一稀土；第一个建立了稀土分离中间工厂；第一个提出了处理包头矿工艺流程；第一个用醋酸铵离子交换法分离出高纯钇；第一个用熔盐电解法制备出稀土金属；第一个制成了稀土无机液体激光工作物质并生长出掺钕铝酸钇激光晶体（YAP:Nd）等；建立了国内第一个稀土固体化学实验室，全面开展了稀土光、电、磁性质及镧系理论研究；在配位化学中开辟了一个新的分支领域——稀土的生物无机化学，该部分内容从分子水平与细胞水平深入开展了稀土生物无机化学研究；第一个制备出高效率的稀土激光倍频晶体；第一个成为国防军工用稀土激光晶体生产的高纯稀土氧化物（99.9999%）供应基地；第一个在全国实现 16 种稀土的高纯化（99.9999%）；第一个发明高效、绿色分离流程应用到四川攀西矿；第一个制备出稀土纳米显示屏；第一个研制出稀土-镁中间合金。

近年来，在稀土固体化学、复杂晶体化学键理论、稀土生物效应、稀土绿色分离流程、稀土有机/无机杂化功能材料、稀土能源及电池材料、新型低价稀土发光材料等领域，做出了许多创新性工作，取得了一批有显示度的科研成果，有些成果已跻身于世界先进行列。在

20 世纪 60 年代发明了稀土顺丁橡胶催化剂，制备出国际上第一块顺丁橡胶，目前已经在新疆独山子建厂实现产业化。近几年又发明了稀土二氧化碳聚合催化剂，正在吉林省松原市建立 3 万吨的生产线。

1987 年经中国科学院批准依托长春应用化学研究所建立了稀土化学与物理开放实验室，同年通过验收并对外开放；2002 年更名为中国科学院稀土化学与物理重点实验室，2007 年由科技部批准筹建稀土资源利用国家重点实验室，并于 2010 年初通过专家组验收，正式成为国家重点实验室。2017 年获得国家认监委正式颁发《检验检测机构资质认定证书》，授权使用 CMA 标识。

（2）赣江创新研究院

中国科学院赣江创新研究院（简称赣江创新院）由中国科学院与江西省人民政府共同出资创建，于 2020 年 7 月由中央编办批准成立。在新的办院方针"三个面向""四个率先"的指导下，全面贯彻落实"率先行动"计划以来，中国科学院新增的第一个研究机构，也是江西省第一个中国科学院的直属科研机构。

赣江创新院探索"基础研究创造新需求、战略需求牵引新技术"的科技创新发展模式，坚持以人才为本的自由探索型基础研究和以实际应用为目标的基础研究，聚焦资源绿色高效分离、高端材料开发，开展相关领域基础性、战略性、前瞻性研究，突破领域前沿科学难题和关键核心技术。围绕资源利用的技术研究全链条，设置资源前沿与交叉中心、资源与生态环境研究所、材料与化学研究所、材料与物理研究所、系统工程与装备研究所等 5 个研究单元。

与国家重点实验室、工程技术中心、技术创新中心、中国科学院重点实验室和中国科学院工程实验室等创新平台，协同形成"物理-化学-化工-材料"等多学科的基础研发平台，构建"基础研究—技术开发—工程应用—技术装备"研发技术链，建设成为功能最全、规模最大、技术最先进、科技和服务为一体的综合性科技创新平台。一批稀土领域科研成果在赣江创新院涌现。2022 年 6 月 28 日，稀土重点实验室获得中国科学院正式批复；2022 年 1 月 1 日，"再生稀土永磁材料的研究与开发"3000t 生产线在江西赣州试生产成功；2022 年 5 月 12 日，铁氧体永磁材料万吨级生产线在赣江虔东磁业有限公司完成建设并一次性开车成功。

（3）大连化学物理研究所

中国科学院大连化学物理研究所创建于 1949 年 3 月，是一个基础研究与应用研究并重、应用研究和技术转化相结合，以任务带学科为主要特色的综合性研究所。70 多年来，通过不断积累和调整，逐步形成了自己的科研特色。在汽车尾气净化催化剂等领域取得突出成效。

中国科学院大连化学物理研究所以及荷兰乌特勒支大学研究人员设计并构筑了具有金属-酸"限域毗邻"结构的分子筛双功能催化剂，实现了无溶剂体系下由纤维素醇解平台分子乙酰丙酸乙酯"一锅法"高效制备戊酸酯类生物燃油的新路线。Ru/La-Y 催化剂中稀土 La 的引入可进一步促进金属 Ru 在分子筛孔道内分散，并稳定分子筛的骨架结构，有效抑制液相反应过程中的分子筛骨架结构坍塌，维持分子筛内"限域毗邻"活性结构，实现该催化剂优异的稳定性。该工作将分子筛催化中"越近越好"这一概念首次延伸至生物质催化领域，分子筛定制的"限域毗邻"结构实现"一锅法"高效耦合系列催化反应，并将推动工业化生产生物燃油的发展。

（4）海西研究院厦门稀土材料研究中心

2012 年 6 月 18 日，中国科学院海西研究院、厦门市人民政府、厦门钨业股份有限公司举行共建中国科学院海西研究院厦门稀土材料研究中心（厦门稀土材料研究所）和厦门市新能源材料工程技术研究中心（隶属厦门钨业股份有限公司）签约仪式。厦门稀土材料研究中心位于厦门集美区原华侨农场发展用地东南侧，占地面积97亩，总建设规模约11万平方米，与物质结构研究中心、材料工程研究中心、先进制造技术集成研究中心、泉州装备制造研究中心等5个研究中心共同组成海西研究院。

厦门稀土材料研究中心和能源材料中心立足于福建省稀土资源优势和厦门现有稀土企（产）业基础，以稀土功能材料开发应用为导向，前瞻布局稀土科技研发，有效聚集稀土科研力量，合力打造国家级稀土材料研发基地、稀土材料应用技术研发与产业化示范基地。厦门稀土材料研究中心侧重于稀土科学的基础理论和前瞻技术研究开发，能源材料中心侧重于工程化和产业化的研究开发。两者在科技研发和工程化开发的分工上做到优势互补、相互促进、共同发展，引领和带动全国稀土产业的健康快速发展。

7.4.3 部分国家和地方稀土研发与设计平台

（1）中国钢研科技集团（原北京钢铁研究总院）

中国钢研科技集团是国务院国资委直接管理的中央企业。2006年，经国务院同意，国务院国资委批准，原钢铁研究总院更名为中国钢研科技集团公司，冶金自动化研究设计院并入中国钢研科技集团有限公司，成为我国冶金行业最大的综合性研究开发和高新技术产业化机构。2009年5月，经国务院国资委批准改制为国有独资公司。

中钢集团副总工程师李卫，三十多年来始终坚守在稀土永磁新材料研发领域，经历了几代稀土永磁材料从实验室研究到产业化大生产的发展历程，是我国高性能稀土永磁材料研究领域的开创者和推动者。李卫和他的团队获得了低温度系数、高磁能积钕铁硼永磁材料，特殊取向稀土永磁环和新型铈永磁体等多项核心技术创新成果。负责建设了中国国防装备配套保障永磁生产基地，完成了多项国防配套重点项目，针对国防和航空航天领域对稀土永磁材料的特殊要求，研制出5大系列、16种类、近百规格的新产品，许多都是中国独有的、无法被取代的产品，保证了国家一些重点型号、重大工程如"神舟系列飞船""探月工程""天宫空间实验室"和导弹、潜艇等对永磁材料的需求。

中钢集团研究出稀土钽酸盐喷涂粉体及超高温热障涂层。针对新一代航空发动机用高温/超高温势障涂层而研制，可满足新型号航空发动机、燃气轮机、导弹发动机等关键部件的隔热等需求。新型稀土锂酸盐热障涂层使用温度达1500℃，显著高于现役YSZ（1200℃）以及稀土锆酸盐(1350℃)，同时相对于YSZ热障涂层隔热效果提高40℃，1150℃热循环提高65%，1500℃时CMAS侵蚀深度减少83%，1500℃抗热冲击提高近4倍，具有更优异的隔热性能、抗氧化性、高温稳定性、抗热循环性、抗热冲击性和抗CMAS侵蚀性。目前本技术产品已具备中试生产能力。

（2）中国有研科技集团（北京有色冶金设计研究总院，国家稀土功能材料工程中心）

中国有研科技集团有限公司（原北京有色金属研究总院，简称中国有研）成立于1952年，是中国有色金属行业综合实力雄厚的研究开发和高新技术产业培育机构，是国资委直管的中央企业。主营业务领域包括：有色金属微电子-光电子材料，有色金属新能源材料与器件，稀有-稀土金属特种功能材料，有色金属结构材料-复合材料，有色金属粉体材料，有色-稀有-稀土金属选矿冶金技术，环保与二次资源回收利用技术，特种制备加工与装备技术，有色金属分析检测评价，科技期刊出版，风险投资，研究生培养等。中国有研成员单位包括有研工研院、有研资环院、国合通测、国联研究院 4 家研究开发与科技服务实体，有研新材（沪市上市公司，600206）、有研粉材（科创板上市公司，688456）、有研半导体、火炬特材、有研复材等 20 余家高新技术企业，有研鼎盛、有科出版等专业从事风险投资、股权投资和期刊出版运营企业。

中国有研是国家有色金属行业技术开发基地、国家"大众创业、万众创新"示范基地、国家级国际联合研究中心、国家引才引智示范基地。在半导体材料、稀土材料、有色金属复合材料、有色金属新能源材料与制品、动力电池、智能传感功能材料、生物冶金、材料制备加工等领域拥有 10 余个国家工程研究中心、国家工程技术研究中心、国家重点实验室、国家工程实验室、国家制造业创新中心、国家分析检测中心。先后为"两弹一星""核潜艇""高新工程""国产大飞机""集成电路""载人航天""探月计划""点火计划""新能源汽车""高速轨道交通"等国家重大工程提供了一大批新材料、新技术，为中国有色金属工业的发展提供了强有力的支撑。

（3）中国恩菲（北京有色冶金设计总院）

中国有色工程有限公司暨中国恩菲工程技术有限公司（原中国有色工程设计研究总院，简称"中国恩菲"）成立于 1953 年，是中华人民共和国成立后，为恢复和发展我国有色金属工业而设立的专业设计机构，现为世界五百强企业中国五矿、中冶集团子企业，拥有全行业工程设计综合甲级资质。

70 年来，中国恩菲在 30 多个国家和地区参与了 1.2 万个工程项目，立足有色矿冶工程，依靠科技创新驱动，高端咨询引领，发展科学研究、工程服务与产业投资三大业务领域，深耕非煤矿山、有色冶金、水务资源、能源环境、新高材料、市政文旅、城市矿产、智能装备、房产经营 9 个业务单元，形成核心能力突出、竞争优势明显、国际化运作、特色鲜明的多元业务集群，能够提供总承包、项目管理、工程咨询、设计、造价咨询、监理、环境评价、供货等全生命周期服务，在产业领域，是国内少有的具备咨询、设计、建设、投资、运营"五位一体"服务能力的企业之一。

作为行业技术引领者，中国恩菲拥有地质、采矿、选矿、尾矿、冶炼、建筑、结构、电气、热工等工艺及相关公辅配套共计 40 多个专业的设计力量，形成了包括中国工程院院士和诸多国家级、行业级设计大师、百名博士团队在内的高素质人才团队，搭建了全专业技术研发平台，拥有硅基材料制备技术国家工程研究中心、国家金属采矿工程技术研究中心等 8 个国家级平台，院士专家工作站、2 个博士后科研工作站、恩菲研究院、矿业经济研究院、中冶低碳技术研究院、偃师研发基地和 23 个省部级平台，依托"833231"（8 国家级平台，3 站，3 院，23 个省部级平台，1 基地）研发平台，造就了一大批具有高市场价值的技术创新成果，获得了国家级、省部级奖项千余项，取得了近两千项授权专利，其中发明专利占比接近 50%，引领行业向智能、生态、智慧、绿色的方向持续发展。

（4）赣州有色冶金研究所（以下简称"赣研所"）

赣州有色冶金研究所（以下简称"赣研所"）正式成立于 1952 年，现隶属于江西钨业控股集团有限公司，是集采矿、选矿、冶金、分析、环保、自动化及设备、材料等多个专业研究开发、非煤矿山工程设计、测量、评估、安全生产检测检验、有色金属产品检验分析、咨询服务为一体的综合性研究所。赣研所主要以有色金属、稀有稀土为研发主体，重点研发钨、稀土、钽铌采、选、冶新工艺和新技术及设备自动化，着力研发钨、稀土、钽铌节约型、环保型新产品、新材料。下属四个控（参）股公司（江西南方稀土高技术股份有限公司、赣州金环磁选科技装备股份有限公司、江西华安安全生产检测检验中心、赣州科源稀土资源开发服务有限责任公司）。被国家、省市授予和认定为"国家重点高新技术企业""南方稀土行业生产力促进中心""江西省稀土行业生产力促进中心""国家商检局钨和稀土进出口商品检验实验室""中国有色金属工业钨及稀有金属产品质量监督检验中心""江西省有色金属产品质量监督检验站""国家'863'计划成果转化基地""国家高新技术研究发展产业化基地""南方稀土应用工程技术研究中心""江西省钢丝绳检测站"。

赣研所是南方离子型稀土及其工艺的命名单位和"离子型稀土原地浸矿新工艺"、"江西稀土洗提工艺"发明单位，解决了我国南方离子型稀土开发利用的一系列技术问题。"离子型稀土原地浸矿新工艺"被评为"八五"国家重大科技成果和十大国际领先技术之一，获国家发明三等奖和江西省科技进步奖一等奖。"离子型稀土冶炼技术与设备"获国家科技进步奖二等奖和江西省科技进步奖一等奖。拥有的金属钕、金属镨、金属镝等单一稀土金属冶炼生产技术水平及产品质量居全国领先地位，享有较高的国际知名度。稀土金属产品在 1998 年用于发现号航天飞机"阿尔法磁谱仪"永磁体中。赣研所磁选设备技术处于国际领先水平，迄今已发展到 SQC、SLON、SIC 和 GMGC 4 个系列 20 多个规格型号的磁选机。其中，SQC 系列湿式强磁选机和 SLON 系列高梯度磁选机，技术性能达国际先进水平，市场占有率较大，对提高我国红矿及钛铁矿的回收率和非金属矿除铁发挥了重要作用，被列为国家级新产品试制计划和国家重点推广项目计划，先后获国家发明奖、国家科技进步奖和省部级科技进步奖。赣研所强磁选技术和研制的产品，已在国内 20 多个省市（区）中的 50 多个大型企业和矿山得到推广应用。

（5）广州有色金属研究院

广州有色金属研究院成立于 1971 年，是根据周恩来总理批示成立的华南地区最大的从事资源综合利用及新材料研究开发的科研机构。先后隶属于原冶金工业部、中国有色金属工业总公司、国家有色金属工业局，1999 年 7 月划归广东省人民政府管理。2010 年 3 月经广东省机构编制委员会批准组建了广东省工业技术研究院，并保留广州有色金属研究院名称，实行一套人马两块牌子。广东省工业技术研究院是广东省工业领域集技术研究开发、成果集成转化、新兴产业孵化为一体的综合性科研机构，内设 16 个研究所（中心）和 7 个联盟院所，建有国家工程中心 2 个、国家重点实验室 1 个，国家级检测机构 3 个，省级重点实验室、公共实验室和重点科研基地 11 个，在广东省韶关、肇庆、清远、增城建有产业化基地，与深圳、南海等地建有产业技术联盟 13 个。

主要围绕资源与环境、材料与化工、先进制造、电子信息、生物技术、产业服务等六大研究领域从事科技服务业务，现有 18 个紧密层研究所（中心）和 7 个分布在珠江三角洲地级市的联盟层研究院。

依托该院建立的科技创新及基础条件平台有 19 个，其中国家级 6 个，省部级 13 个。建院近 50 年来，充分发挥在矿产资源综合开发利用、冶金技术和新材料等专业领域的科技创新优势，立足广东，面向全国，为国家重大资源的开发利用、社会经济发展、国防军工技术进步做出了重要贡献。

（6）湖南稀土研究院（长沙矿冶研究院，长沙矿山研究院）

湖南稀土金属材料研究院有限责任公司创建于 1958 年，属国务院 242 家转制科研院所之一，是"一南一北"国内两家最早从事稀土冶炼分离以及稀土材料应用研究开发的机构之一，是"两弹一星"成功研制的授勋单位、国家技术创新示范企业。2000 年下放到湖南省，2004 年 7 月 1 日由事业单位转制为科技型企业，2021 年 4 月完成公司制改革，现隶属湖南省高新创业投资集团有限公司。

湖南稀土金属材料研究院有限责任公司围绕高纯稀土金属及靶材、高性能稀土镁合金、高纯稀土化合物、稀土硼化物和稀土永磁材料等 5 个方向开展深入研究和产业布局。高纯稀土金属提纯及应用技术处于世界领先水平；高纯稀土硼化物材料制备技术打破国外技术封锁；建有国内品种最齐全的中子活化探测材料研制生产线和唯一的抗破碎储氢材料生产线；成功研制出 16 种单一稀土氧化物（光谱纯级）及高纯锆产品（4N 级），高纯锆制备技术填补国内空白，解决"卡脖子"问题，实现进口替代。为我国稀土工业和稀土新材料事业做出了重要贡献，多次受到中共中央、国务院、中央军委、工信部的表彰和嘉奖。在多年承担科研任务中，该院已逐渐形成自身特色和技术优势，尤其是在稀土型材，激光级稀土氧化物，稀土功能材料，稀土镁、铝合金等领域的技术研究处于国内领先水平或国际先进水平。

湖南稀土院各种稀土加工技术和手段齐备，从稀土采矿、分离、冶炼到材料加工都有较强技术储备。拥有多项世界领先的稀土材料制备技术。现建设有"湖南省稀土材料工程研究中心""湖南省稀土能源材料工程技术研究中心""中国有色金属工业协会稀土金属与合金工程中心""湖南省稀土分析检测中心"及"湖南稀土金属材料研究院企业技术中心"。

7.4.4 部分大型稀土企业

（1）中国稀土集团

中国稀土集团是由中国铝业、中国五矿集团和中国南方稀土集团于 2021 年共同组建的国有大型稀土企业集团。中国铝业是中国最大的铝生产企业之一，成立于 2001 年，总部位于北京。在成立稀土集团之前，中国铝业早在 20 世纪 80 年代就开始稀土矿资源的勘探和开采，具有丰富的经验和技术优势。中国五矿集团是中国的国有企业，在全球金属和矿产资源行业具有重要地位。五矿稀土是其下属的子公司，专注于稀土资源的勘探、开采和加工。五矿稀土在稀土行业拥有较强的矿产资源储量和技术实力。南方稀土成立于 1998 年，主要从事稀土矿山资源的勘探、开采和加工，并拥有全球最大的稀土加工基地之一。

2021 年 12 月 23 日，由中国铝业集团有限公司、中国五矿集团有限公司、赣州稀土集团有限公司、中国钢研科技集团有限公司、有研科技集团有限公司共同组建而成的中国稀土集团有限公司，在江西赣州正式成立。中国稀土集团在稀土行业具有重要地位，是中国政府负责稀土资源开发和管理的主要企业之一。该集团负责调控稀土矿产资源的开采、生产和出口，并对稀土市场进行监管。由于中国拥有世界上最大的稀土储量和产量，中国稀土集团在全球稀土市场中扮演着重要的角色。中国稀土集团主要从事稀土资源开发、冶炼分离、精深加工以及稀土产品进出口贸易等，业务范围涵盖科技研发、勘探开采、冶炼分离、精深加工、再生资源综合利用、新材料研发制造、成套装备、技术咨询服务、进出口及贸易等稀土全业务领域、全产业链条，产业遍及江西、广西、湖南、四川、江苏、山东、云南、广东和福建等地及东南亚有关国家和地区。该集团拥有多个稀土矿山和加工厂，能够提供多种类型的稀土产品，如氧化物、合金、磁材料等。这些产品广泛应用于电子设备、汽车制造、航空航天、新能源、照明等领域。近年来，中国稀土集团在国际稀土市场上的地位备受关注。由于稀土在许多高技术产业中的重要性，中国稀土集团的行为和稀土价格的波动对全球产业链和市场都产生了重要影响。中国政府也通过稀土出口配额和环境保护政策来管理稀土资源的开发和利用。

中国稀土集团的发展目标是要成为全国领先、国际前列的综合性、国际化大型稀土产业集团，肩负着保障国家稀土战略资源安全、维护稀土产业链供应链稳定的重要使命。中国稀土集团拥有显著的资源储备优势，集中重稀土和轻稀土为一体，有深厚的产业基础优势，在国内主要资源地布局建设了集稀土采选、冶炼分离、深加工、功能材料及下游应用于一体的稀土全产业链，全面拓展国际稀土资源开发和产业合作，致力构建绿色稳定可持续的先进稀土材料供应体系。中国稀土集团具有领先的技术研发优势，建成自主创新为主、政产学研用协同发展的集成创新体系，拥有国家工程技术研究中心，承建国家稀土功能材料创新中心，主导离子型稀土绿色高效开采和冶炼分离关键标志性技术研发，拥有自主知识产权的绿色无铵开采提取工艺体系以及国内领先的超高纯及特殊物性稀土氧化物制备技术。中国稀土集团拥有强大的综合服务优势，建有统一高效的贸易运营平台和遍及国内外的全球化贸易网络，打造良好国际化品牌和广泛国际影响力，产品畅销国内并远销美国、日本、欧盟等国家和地区。公司旗下的稀土研究院是公司稀土产品研发平台，主要从事稀土开采、分离环节节能环保的资源综合利用和工艺改进及稀土应用产品的研究与开发工作，系国家"863"和"973"计划承担单位。其已形成的核心技术主要包括稀土分离工艺优化设计系统、溶剂萃取法分离生产超高纯稀土技术、稀土分离生产过程物料联动循环利用环保技术等。公司旗下的定南大华与广州建丰主要从事高纯单一稀土氧化物、稀土富集物及稀土盐类产品的生产和销售，依托公司先进的技术以及研发支持，其生产的部分单一稀土氧化物纯度可达到 99.999% 以上，资源利用率达到 98.5% 以上，在产品质量、产品纯度、产品单耗、定制化产品供给及污染物排放标准等方面具有显著的竞争优势。

（2）北方稀土（包头稀土高科、甘肃稀土新材料、淄博包钢灵芝稀土）

中国北方稀土（集团）高科技股份有限公司，简称"北方稀土"。由原内蒙古包钢稀土（集团）高科技股份有限公司更名而来。公司建有"白云鄂博稀土资源研究与综合利用国家重点实验室""稀土冶金及功能材料国家工程研究中心"等多个国家级研究平台。

公司主要生产经营稀土原料产品（稀土盐类、稀土氧化物及稀土金属）、稀土功能材料产品（稀土磁性材料、抛光材料、储氢材料、发光材料、催化材料）和部分稀土应用产品（镍氢动力电池、稀土永磁核磁共振仪、LED 灯珠）。经过 50 多年的发展，北方稀土已拥有近 40 家包括直属厂（分公司）、全资、控股、参股公司，分布全国 10 个省（市）自治区，拥有稀土冶炼、功能材料、深加工应用产品的完整产业链，是跨地区、跨所有制、多领域的高科技企业集团。北方稀土坚持"做精做细稀土原料，做强做优稀土材料，做大下游终端应用产品"的发展思路，依托白云鄂博矿得天独厚的资源优势，北方稀土建立起全球规模最大的稀土原料生产基地和稀土功能材料制造基地，可生产各类稀土产品共 11 个大类、50 余种、近千个规格。目前，公司稀土原料产能位居全球第一；稀土材料生产主要以磁性材料、抛光材料、储氢合金、发光材料为主。在稀土应用产品领域，主要有稀土永磁磁共振成像仪、混合汽车用圆形镍氢动力电池、LED 器件等。

北方稀土下属包头稀土研究院是 1960 年按照聂荣臻副总理的指示筹建的。经国务院批准，1963 年 4 月 1 日成立包头冶金研究所，隶属冶金工业部；1985 年 8 月 1 日，经国家计委、冶金部批准，更名为"冶金工业部包头稀土研究院"；1992 年 6 月 11 日，包头稀土研究院进入包钢，是全国最大的综合性稀土科技研发机构。

包头稀土研究院是以稀土资源的综合开发、利用为宗旨，以稀土冶金、环境保护、新型稀土功能材料及在高新技术领域的应用、稀土提升传统产业的技术水平、稀土分析检测、稀土情报信息为研究重点的，多专业、多学科的综合性研发机构，下设金属材料研究所、湿法冶金研究所、稀土功能材料研究所、资源与环境研究所 4 个专业研究所和国内最大的稀土新材料中试基地。包头稀土研究院承担了"863 计划"等国家级、省级科技项目千余项，多次为"长征"系列运载火箭、"神舟"号系列飞船、"中国探月工程"和"载人航天"等诸多国家重点工程，研究生产了大量的关键材料和器件，为稀土发展和国防现代化做出重大贡献。

2015 年 9 月 30 日，经科技部批准，依托北方稀土包头稀土研究院建设白云鄂博稀土资源研究与综合利用国家重点实验室。该重点实验室全面开展白云鄂博矿中重稀土元素分布及生产流程迁移规律研究，查明了中重稀土元素在主、东矿空间分布及选冶流程规律，为北方稀土实施冶炼分离产能提升工程提供了重要依据，并为进一步转变对白云鄂博稀土资源的认识，发挥中重稀土资源优势夯实基础。研究成果获中国稀土科学技术基础研究一等奖。在稀土矿物清洁冶炼及伴生资源高值化利用技术研究方面，实验室开发了完全自主知识产权的酸碱浆化循环分解技术，该技术在提取稀土的同时，实现白云鄂博矿床共伴生氟、磷、硅、钍等资源综合回收及酸碱循环利用，解决了冶炼过程产生的"三废"污染、资源浪费等问题，实现稀土及共伴生资源的绿色高效提取。在稀土基磁制冷材料及磁制冷机研究方面，实验室针对稀土磁制冷材料及应用技术进行系统研究，设计研制了双环双组式复合室温磁制冷系列样机，在国内外首次将磁制冷机应用于冰箱和酒柜冷藏，成果达到国际先进水平，成果获内蒙古科学技术进步一等奖、中国稀土科学技术一等奖等。

2018 年之后，围绕国家重点实验室主要工作任务，继续开展稀土资源地采选新技术领域的"白云鄂博矿物成因及矿物分选性能研究""白云鄂博东矿体深部稀土资源勘查与分布规律研究""选铁尾矿分选高品位氟碳铈精矿及回收萤石工艺研究"等课题研究工作。在湿法高效清洁冶炼，开展"水浸渣中磷、稀土、铌等资源综合回收技术开发""高温酸法尾气氟、硅资源材料化应用技术开发""稀土分离用新型萃取剂与萃取装备开发"和"萃取过程中硫酸根、锰等杂质走向与控制技术研究"的课题研究工作。在火法高效清洁冶炼领域，主要进行"新型清洁节能稀土金属电解槽应用基础研究""稀土合金制备过程基础研究"项目研究工作。

2001 年注册成立的稀土冶金及功能材料国家工程研究中心（以下简称"工程中心"）拥有一支具备较高学术水平和丰富实践经验的稀土科研开发队伍，加之先进的仪器装备，使公司成为稀土行业的技术先导。工程中心下设稀土湿法冶金工艺及环境保护工程化实验室及中试生产线；稀土功能材料工程化实验室及磁致伸缩材料中试生产线；稀土分析检测中心；稀土信息服务中心。另外在控股的包头瑞鑫稀土金属材料股份有限公司建有稀土火法冶金工艺及环境保护工程化实验室和大型稀土熔盐电解示范生产线。

工程中心在稀土湿法冶金新工艺、新产品及环保技术方面不断取得新进展，研制的特殊粉体材料及稀土化合物广泛应用于各领域；在稀土火法冶金方面，不仅拥有和使用了大型稀土熔盐电解工艺技术，成套设备，而且在稀土金属中间合金、高纯稀土金属及稀土金属粉、丝、棒材的制备工艺方面处于国内领先水平；在稀土功能材料方面，重点研究稀土永磁材料、稀土超磁致伸缩材料，稀土超高温电热材料、磁制冷材料及各种稀土功能材料用稀土及非稀土合金等高新技术材料及器件的制备工艺和装备技术。同时，还开展稀土分析方法的研究及稀土信息技术的研究。稀土分析检测中心是国家认可的稀土产品进出口商品检验实验室，承担多项国家稀土标准分析方法的起草和标准样品的研制工作，是行业内最具实力的分析检测中心。稀土信息服务中心不仅为稀土研究院和公司的科研、生产、经营服务，而且是稀土行业和政府主管部门不可或缺的信息服务中心，承担着国家发改委机关刊物《稀土信息》的编辑、出版与发行。工程中心在稀土超磁致伸缩材料、稀土超高温发热元件和特殊用途稀土系列化合物、稀土磁性材料及应用等产品的开发方面，形成了稀土功能材料的主导产品系列。

北方稀土控股的甘肃稀土新材料股份有限公司是由原甘肃稀土公司改制发展而来的大型国有骨干企业。始建于 1969 年，是为保证国家"493"重点国防工程而建设的"三线"企业，代号"903"厂。原隶属于中国有色金属工业总公司，2000 年 5 月下放甘肃省人民政府管理，为甘肃省国资委监管的省属国有企业。按照国家关于组建大型稀土企业集团的政策指导，在工信部、甘肃省政府、内蒙古自治区政府及各级组织的指导、支持下，2018 年 5 月，公司完成了与北方稀土的整合重组，现为北方稀土的控股子公司。公司一直致力于我国稀土工业的工艺改进、技术创新、管理创新，推动了中国稀土冶炼、分离、应用工艺的日臻成熟，有效地解决了制约中国稀土工业发展存在的资源综合利用水平低等一系列瓶颈问题，提高了中国稀土产品在国际市场上的竞争能力。发展形成了稀土加工分离、稀土金属、稀土研磨材料、稀土储氢材料、稀土磁性材料、稀土发光材料、氯碱化工等七大较为紧密的产业链。可生产10 大系列、100 多个品种、200 多个规格的产品，是中国稀土行业产品品种多、产业链条长的骨干优势企业。

甘肃稀土新材料股份有限公司是集科研、生产、内外经贸于一体的现代化稀土企业。拥有院士工作站、国家认定企业技术中心、国家认可稀土产品检测中心、甘肃省稀土发光材料重点实验室、甘肃省稀土材料工程技术研究中心、甘肃省稀土应用材料工程研究中心等研发平台，先后研制了一批国家急需的具有国际先进水平的重大技术工艺，填补了国内空白。

北方稀土控股的淄博包钢灵芝稀土高科技股份有限公司创立于 1994 年 4 月，2003 年 6 月与中国北方稀土集团合作，成为中国北方稀土集团的相对控股子公司，2009 年 3 月进行股份制改造，并在天津股权交易所挂牌。国家工信部首批稀土行业准入企业，国家高新技术企业。公司拥有国内目前完整的从精矿处理、萃取分离、沉淀结晶、稀土深加工等完整产业链。主要产品有镧、铈、镨、钕各元素的盐类产品、氧化物产品，氧化镨、氧化铽、氧化镝、抛光粉、稀土助剂等。

（3）广晟有色（广东省稀土开发公司）

广晟有色金属股份有限公司（简称"广晟有色"）由始建于 1953 年的广东省冶金厅、1983 年成立的中国有色金属工业广州公司、2002 年改制而成的广东广晟有色金属集团有限公司沿革而来，公司是中国 500 强广东省广晟控股集团有限公司旗下以稀土和钨为主业，开拓稀贵金属，集有色金属采选、冶炼、科研、贸易、仓储为一体的大型国有控股、跨省地区经营的上市公司，是全球重要的中重稀土产品生产企业和供应商，是中国稀土行业重点企业、中国稀土行业协会常务理事单位、中国钨业协会副会长单位，是国家六大稀土产业集团之一的广东省稀土产业集团的核心企业。形成了涵盖采矿选矿、冶炼分离、精深加工、科研应用、进出口贸易流通为一体较为完备的稀土产业体系。2023 年，公司稀土业务并入中国稀土集团。

（4）厦门钨业（龙岩稀土开发公司，长汀金龙稀土有限公司）

厦门钨业股份有限公司前身始于 1958 年，1997 年整体改制为厦门钨业股份有限公司，2002 年在上海证券交易所上市。厦门钨业涉及钨、钼、稀土、能源新材料和房地产等五大领域，是国家首批发展循环经济示范企业，是国家组建的大型稀土企业集团牵头企业之一。建立了包括稀土开采、冶炼、应用和研发的完整体系，树立了以深加工带动产业发展的稀土开发模式之典范；培育了包括三元材料、钴酸锂、磷酸铁锂、锰酸锂等主流锂离子正极材料的研发和大规模制造能力，成为锂电正极材料领域的一流供应商。

公司研发实力雄厚，拥有国家级企业技术中心、博士后科研工作站，具有多项发明专利、实用新型专利和专有技术，多项核心技术处于国际领先水平，公司承担建设了多个科研项目。

金龙稀土是国家大稀土集团之一厦门钨业的控股子公司，是福建省稀土产业的龙头企业，主要从事稀土分离、稀土精深加工以及稀土功能材料的研发与应用。依托雄厚的资金和技术实力，通过消化吸收再创新，高起点发展稀土产业，实现快速高质量发展。目前已建成 5000t 稀土分离、3000t 稀土金属、2000t 高纯稀土氧化物、1300t 三基色荧光粉、12000t 钕铁硼磁性材料、5000t 钕铁硼表面处理生产线，总投资 57 亿元。形成了矿山开采—冶炼分离—稀土金属加工—三基色荧光粉—磁性材料完整的稀土深加工产业链，是稀土行业深加工比例最高、最具综合竞争力、最具发展潜力的后起之秀。

金龙稀土所生产的稀土功能材料产品广泛应用于冶金化工、功能陶瓷、光学玻璃、激光晶体、节能电灯、风力发电、汽车电驱、家用电器、IT 通信、节能电机、工业机器人等各大领域。公司树立了"打造世界一流的稀土材料产业基地"的愿景，秉承"以稀土科技创新，为人类创造美好未来"的使命，充分发挥资源优势、产业链优势、装备及技术优势、研发优势、专利优势五大优势，推进稀土向宽领域、长链条、高质量、绿色可持续方向发展，成为中国稀土材料产业标杆企业。2024 年，公司稀土业务并入中国稀土集团。

（5）虔东稀土（明达稀土，东利，科盈）

虔东稀土集团股份有限公司（简称虔东稀土），始创于 1988 年，现拥有控股子公司 14 家，致力于稀土资源及其应用产品开发和产业化，是稀土基础材料、稀土功能材料及应用、稀土加工装备等领域的高科技企业。集团已形成从稀土开采、稀土分离到稀土深加工的稀土产业链，已建立了较完整的科研、试验、生产、检测体系，具有国内先进水平的稀土分离、金属、磁性材料、结构陶瓷、发光材料、催化剂材料、资源回收和加工设备制造等生产线，主要生产稀土化合物、稀土金属、稀土合金、磁性材料、荧光粉、钇锆结构陶瓷、稀土催化剂和专业加工设备等60余种产品。公司已形成集稀土基础材料、稀土功能材料、稀土应用产品和稀土加工装备制造为一体的稀土应用开发产业链。紧紧依靠科技进步，先后组织实施了国家"863计划"、国家"星火计划"、国家"重点新产品计划"、国家"创新基金计划"等70多项国家、省、市级新产品的研制和开发项目。公司拥有生产稀土合金、磁性材料、稀土结构陶瓷，钇铝合金、高性能钐钴合金、镝钆合金、高性能钕铁硼薄片、高纯氧化钇铕和氧化钇锆等单一氧化物的先进生产线。主要产品有40余种，其中23个产品被江西省科技厅列为"高新技术产品"。

江西明达功能材料有限责任公司是虔东集团在赣州市安远县的子公司，是一家从事稀土分离产品和钇锆粉体开发、生产及销售并拥有自营进出口经营权的企业。公司现已形成年产混合稀土氧化物3000t、年产超细粉系列产品100t的生产规模。主要产品有氧化钇、氧化镝、氧化钕、氧化镧、氧化铽、钇锆超细粉等，各项技术指标达国际同类产品的先进水平。产品广泛应用于陶瓷、电子、汽车、机械、冶金和石油化学领域，远销日本、欧美等地。

赣州科力稀土新材料有限公司是由赣州虔东稀土集团股份有限公司、北京中科三环高技术股份有限公司和美国MQI公司于2001年6月出资组建的企业。"科力"品牌是"江西省重点培育和发展的出口名牌"。公司自创建以来，先后多次承担、实施了国家"星火计划"国家"重点新产品计划"等。拥有5条具有国内先进水平的稀土金属生产线，产品有金属钕、金属镧、金属镝、金属铽、金属钇、钕铁合金、镝铁合金等20多种。1998年公司通过了ISO9002质量体系认证，在稳定常规产品质量的同时，公司在熔盐电解工艺和真空冶炼工艺方面向设备大型化发展。

（6）盛和资源（晨光稀土，全南新资源）

盛和资源以稀土业务为核心，兼顾稀有、稀贵、稀散"三稀"资源。主要产品包括稀土精矿、稀土氧化物、稀土化合物、稀土金属、稀土冶金材料、稀土催化材料、锆英砂、钛精矿、金红石等，广泛应用于新能源、新材料、节能环保、航空航天、军工、电子信息等领域。

盛和资源成长于国内，着眼于全球，兼顾国内国外两种资源、两个市场，经营活动遍及亚洲、美洲、欧洲、澳大利亚和非洲。盛和资源以科技创新为依托，以共创共赢为理念，以绿色环保为准则，与合作伙伴一起致力于有序开发全球稀土和"三稀"资源，推动行业良性、绿色发展。盛和资源具有代表性的国际合作项目包括美国芒廷帕斯稀土矿、坦桑尼亚恩古拉稀土矿、格陵兰科瓦内湾稀土多金属矿、越南稀土冶炼分离厂项目等。

盛和资源构建了较为完整的稀土产品供应链，包括稀土精矿、稀土化合物、稀土氧化物、稀土金属等。盛和资源的江西板块处理离子矿等中重稀土资源，业务包括稀土分离、稀土金属加工和稀土废料回收等。主要企业有赣州晨光稀土新材料有限公司、全南县新资源稀土有限责任公司、赣州步莱铽新资源有限公司、赣州盛和新材料有限公司、盛和（全南）新材料有限公司等。

赣州晨光稀土新材料有限公司专业生产各种稀土氧化物、稀土金属、混合稀土金属、稀土合金等系列稀土产品及配套产品，拥有集稀土"分离—冶炼—应用—回收"为一体的完整产业链，是国内稀土冶炼、分离技术最先进的企业之一。

赣州晨光稀土新材料有限公司以金属事业部为母体，下辖全南县新资源稀土有限责任公司、赣州步莱铽新资源有限公司两家子公司。金属事业部主要产品有镨钕金属、镧铈金属、金属镧、金属钕、金属镨、金属镝、金属铽、金属钐、金属钇、金属钆、镝铁合金、钬铁合金、钆铁合金等，已形成年产 8000t 稀土金属和混合稀土合金的生产规模，现已成为国内稀土冶炼行业领军企业之一。

新资源事业部成立于 2008 年，专门从事稀土分离、高纯制取、科研开发及深加工，集成 15 种稀土元素全分离技术，拥有国内先进水平的稀土氧化物全萃取分离生产线，是国内最大的稀土分离企业之一。

步莱铽事业部成立于 2009 年，专门从事稀土废渣的回收利用处理，拥有国内先进的高科技钕铁硼废料回收及加工设备，采用国内先进水平、自主研发的溶剂萃取法和选择性氧化还原法综合回收等工艺技术，从钕铁硼废料及荧光粉废料中提取高质量的氧化镨钕、氧化镝、氧化铽等稀土氧化物，现已建成年处理 1 万吨钕铁硼废料的综合利用生产线。

（7）中科三环

北京中科三环高技术股份有限公司（简称"中科三环"）从事磁性材料及其应用产品研发、生产和销售。下纳五家烧结钕铁硼永磁体生产企业——宁波科宁达、天津三环乐喜（与台全金属合资）、北京三环瓦克华（与德国真空熔炼合资）、肇庆三环京粤、赣州三环和一家黏结钕铁硼永磁体生产企业——上海三环（与日本精工爱普生合资）；参股一家烧结钕铁硼永磁体生产企业——日立金属三环磁材（南通）有限公司（与日立金属合资），一家软磁铁氧体生产企业——南京海天金宁三环电子有限公司（与南京金宁电子集团和中钢天源股份有限公司）及一家非晶软磁带材生产企业——天津三环奥纳科技有限公司。中科三环的主打产品钕铁硼广泛应用于能源、交通、机械、信息、家电、消费电子等方方面面，尤其是近年来全球节能环保产业的快速发展，推动了在混合动力汽车、电动汽车、节能家电、机器人、风力发电等新兴领域的应用。中科三环是中国稀土永磁产业的代表企业，全球最大的钕铁硼永磁体制造商之一。

中科三环关注钕铁硼产业链的原料保障，在上游产业与我国稀土原料主产区紧密合作，参股两家上游原料企业，确保了稀土原材料的稳定供应。丰富的稀土资源、雄厚的研发力量、坚实的产业基础、务实的工作作风、顽强的开拓精神、独特的创新理念，中科三环正在成为世界一流的磁性材料和器件供应商。

（8）宁波韵升

宁波韵升股份有限公司自 1995 年以来专业从事稀土永磁材料的研发、制造和销售，是国家高新技术企业。公司在宁波、包头建有坯料生产基地，拥有达到国际一流水平的磁钢坯料生产、机械加工及表面处理生产线，具有年产坯料 21000t 的生产能力，是全球最大的稀土永磁材料制造商之一。

该公司依靠先进装备保障产品品质，通过加大技术创新力度，持续改进稀土永磁材料的工艺与装备，成为中国少数掌握稀土永磁材料全套装备制造的企业之一，使主要产品的品质一致性达到国际先进水平。高性能稀土永磁材料产业化项目被评为国家重大科技成果转化项目，YUNSHENG 牌钕铁硼稀土永磁材料被认定为浙江省名牌产品。

该公司是一家在行业内有重大影响力的企业，下辖 VCM 磁钢事业部、新能源汽车磁钢事业部、欧洲磁钢事业部、消费电子产业部、工业电机产业部、美洲产业部、磁组件事业部、黏结磁体公司、材料制造部、GBD 制造部、包头强磁、材料研究院等，致力于发展欧洲、美洲、亚洲及国内市场，已与众多国际知名企业建立了战略合作关系，产品广泛应用于汽车、航空航天、信息储存、移动智能、工业电机、伺服电机、医疗保健、白色家电、高级音响等领域。

（9）江西金力永磁科技股份有限公司

江西金力永磁科技股份有限公司是集研发、生产和销售高性能钕铁硼永磁材料于一体的高新技术企业，是全球新能源和节能环保领域核心应用材料的领先供应商。公司产品被广泛应用于新能源汽车及汽车零部件、节能变频空调、风力发电、3C、工业节能电机、节能电梯等领域，并与各领域国内外龙头企业建立了长期稳定的合作关系。

公司目前已具备全产品生产能力，具体涵盖产品研究与开发、模具开发与制造、坯料生产、成品加工、表面处理等各环节，并对各工艺流程进行全面控制和管理。公司掌握毛坯生产和晶界渗透技术等核心技术，可长期稳定地给客户供应高性价比的高性能稀土永磁体，并根据应用领域的需求，配备生产、检验和研发设备，建立完善的生产工艺流程和质量管理体系。目前已批量供应 N58、56M、56H、56SH、54UH、50EH、45AH、38VH 等牌号系列高性能烧结钕铁硼磁钢，同时可提供注塑磁和模压磁，产品种类齐全，稳定性强，综合品质及性价比较高，在行业中具有较强的竞争力。

公司总部位于重稀土主要生产地江西赣州，并在轻稀土主要生产地内蒙古包头投资建设一期 8000t 的高性能稀土永磁材料基地。截至 2020 年末，公司的毛坯产能已经具备年产 15000t 的生产能力。

（10）包头天骄清美

包头天骄清美稀土抛光粉有限公司于 1995 年 12 月 28 日成立，是由包头钢铁（集团）有限责任公司、日本清美化学株式会社、日本三菱商事株式会社共同出资经营并由包头钢铁（集团）公司控股的高新技术企业。

公司现具备年产稀土抛光材料 6000t 的生产能力，已形成 5 个系列 40 余种规格型号的抛光材料产品，是中国稀土行业协会抛光材料分会会长单位。拥有一支不断追求开拓创新的科技研发队伍，设有市级科技研发中心——包头稀土高新技术产业开发区稀土研磨材料研究开发中心。

公司主营"骄美"牌 H-500 系列、TE 系列、LCE 系列和 TCE 系列稀土抛光粉、抛光液、抛光膏等稀土抛光产品，兼营其他稀土化合物应用类产品。公司采用目前处于国际领先水平的日本清美化学株式会社专利生产技术，现已形成 4 个系列 26 种规格，可用于玻壳、液晶基板、导电玻璃、光学玻璃、镜片、电脑光盘、芯片、平板玻璃、饰品等领域的抛光以及其他稀土应用的高科技领域。

（11）四川新力

四川新力光源股份有限公司成立于 2004 年，是中国 500 强国有大型综合能源化工企业；拥有世界领先的稀土发光材料和 LED 照明技术，获得授权专利千余件，致力于先进的 LED 光引擎及 5G 通信光电智慧集成设备的研发、制造，具备专业亮化工程的规划设计与工程承包能力，提供智慧照明工程及城市公共交通工程的综合解决方案，广泛用于智能照明、光彩工程、轨道交通以及道路、机场、港口、码头以及办公楼宇等领域。

四川新力光源股份有限公司是一家专业从事 LED 照明产品研发、生产和销售的高科技企业。其主要产品包括 LED 灯、LED 显示屏、LED 照明模组等。目前公司已经成为国内 LED 照明产品生产领域的知名企业之一。

科研成果主要涉及 LED 光源设计与研发、数码显示技术、LED 照明应用技术等方面，并在国内外得到高度认可。先后承担了多项国家级科研项目，如"国家 863 计划项目""国家科技支撑计划"等。负责开发绿色环保型、高亮度和高效 LED 照明产品及其关键材料、器件和技术，提高国家节能减排水平。

（12）广东科恒

广东省江门市科恒实业股份有限公司（科恒股份）成立于 1994 年，是一家专业从事锂离子电池正极材料、智能装备和稀土功能材料（稀土发光材料、稀土储氧材料等）研发、生产、制造的国家级高新技术企业，产品广泛应用于新能源汽车、便携式通信、电子产品、照明及催化剂等行业领域。目前拥有二十多家全资子公司及参控股公司，江门、清远、深圳、珠海四大生产基地。

科恒股份的初创公司是一家以高性能稀土发光材料的研发、生产、销售及相关技术服务为一体的国家级高新技术企业。主要产品为节能灯用稀土发光材料和新兴领域用稀土发光材料。特别是在节能照明领域，自 2003 年来，公司连续多年保持节能照明用稀土发光材料市场第一，并且市场占有率稳步增长，目前已成为我国最大的稀土发光材料供应商。2013 年以后，主营业务主要为锂离子电池正极材料、锂离子电池自动化生产设备、稀土发光材料等。稀土发光材料广泛应用于节能照明、新型照明光源、信息产业、医药产业、现代农业、新能源、军事工业等领域。2017 年稀土发光材料收入 0.92 亿元，营收占比为 4.5%。科恒股份 2019 年主要研发工作重点包含高镍三元 9 系、富锂锰基正极材料、燃料电池、光学膜涂布设备等前瞻性技术的研发，动力高镍三元正极材料、高电压钴酸锂、高精度双层挤压涂布机、辊压机分切一体机等新型产品及性能提升，此外还包含常规产品性价比提升及满足客户定制需求类的研发工作等。

（13）淄博加华

淄博加华新材料资源有限公司（ZAMR）位于山东临淄，是由淄博世佳工贸有限公司与加拿大 AMR 公司联合投资创建的中外合资企业。主要从事稀土分离、稀土金属冶炼、稀土系列产品和碳酸锆、氧化锆、氢氧化锆等锆系列产品的生产、销售。产品有金属钕、氧化镨、氧化铈、氧化钕、氧化镧、钐铕钆富集物、碳酸铈、碳酸镧、硝酸铈、醋酸镧、醋酸铈、氧化钇锆、氧化铈锆、氢氧化锆、氢氧化铈、硝酸铈铵、碱式碳酸锆。产品 90%销往美国、日本、英国、韩国、德国、匈牙利等国际市场。

公司成立以来，坚持以市场为导向，以质量求生存，依靠科技创新，大力开展技术改造和新产品开发，几年来累计投资 800 万美元对氯化稀土分离生产线进行了大规模的技术改造，新上了锆系列产品生产线，先后引进和采用了国内外先进技术，使公司的生产工艺技术达到了国内领先水平。同时投资建立了新产品开发实验室，不断开发和研制出适合国际市场需求的新产品，在稀土深加工方面取得了可喜的成绩，进一步拓宽了国际市场，扩大了公司在国际市场的声誉。公司被山东省科技厅认定为"山东省高新技术企业"，被科技部确定为"新材料产业化基地骨干企业"。

公司成立初期，就全面推行了 ISO9002 国际质量标准，建立了质量保证体系，于 1996 年通过美国著名认证机构 UL 公司的审核认证。由此成为最早获得国际质量评审机构认可的国内稀土生产厂家。公司先后从日本、美国、澳大利亚等国家购进了先进的检测设备，完善了质量控制手段。公司的分析检测水平居国内领先地位，产品质量的分析手段已满足和超过国际客户要求。

（14）江阴加华

江阴加华新材料资源有限公司是由加拿大 AMR 和江阴市稀土材料厂于 1993 年 10 月 28 日合资组建，并由加拿大 AMR 控股的企业。公司专业生产高纯单一稀土氧化物及共沉物产品，主要产品有高纯氧化镧、高纯氧化钇、高纯氧化钇铽和高纯氧化钇铕，同时批量生产分析用各种高纯稀土基体（稀土相对纯度 99.99%～99.9999%）。公司产品 70% 以上直接出口，销售立足于国际市场，并由 AMR 直接销往中国、韩国、日本、印度、英国、法国、德国、荷兰、挪威、俄罗斯、奥地利、澳大利亚、美国等世界各地。

公司负责或共同负责氧化镧、氧化镨、氧化钇、氧化钇铕和微量钙、微量铈和稀土氧化比表面积测定等 9 个国家标准分析方法起草工作和其他十项国标方法的复核工作。公司有全套小试、中试设备的实验室，并与 AMR 英国阿宾顿和以色列的实验室共同为用户生产各种规格的新品。

（15）安徽大地熊新材料股份有限公司

公司成立于 2003 年，是一家集稀土永磁材料研发、生产、销售为一体的国家高新技术企业。主营产品高性能烧结钕铁硼永磁材料具有高磁能积、高矫顽力、高服役特性，主要应用于汽车工业、工业电机和高端消费类电子等领域，是新能源汽车、汽车 EPS、节能电机、机器人、风力发电、5G 和 3C 产品的重要功能材料，出口欧美、亚太等二十多个国家和地区。

公司拥有"稀土永磁材料国家重点实验室""国家企业技术中心""国家地方联合工程研究中心""国家博士后科研工作站"等国家级创新平台，拥有全过程气氛控制、晶界掺杂调控、晶界扩散调控、绿色高效表面防护、钕铁硼磁体再制造等关键技术，研发及产业化水平居稀土永磁行业前列。

（16）龙南龙钇

龙南龙钇重稀土科技股份有限公司，前两大股东为江西省龙钇控股有限责任公司和赣州工业投资控股集团有限公司（国有），是国家高新技术企业，国家级专精特新"小巨人"企业、国家知识产权优势企业，充分利用重稀土资源优势，以钇为源，专注钇的应用，已构建从稀土分离、重稀土合金制备、重稀土添加剂包芯线、智联喂线系统、高强耐热稀土轻合金与稀土耐热耐蚀合金的全产业链独特优势。

公司持续保持着重稀土在装备制造关键部件领域应用的领先优势；同时，发挥稀土在黑色与有色金属领域的应用优势，引领行业发展，成为重稀土在金属结构材料领域应用的领导者。

（17）吉安鑫泰

吉安鑫泰（华宏科技稀土事业部）是从城市矿山中再提炼稀土，实现循环再利用的稀土资源综合利用产业，并在内部实现产业链闭环。吉安鑫泰是一家集科研、生产、销售为一体的现代化稀土冶炼分离企业，具备年处理 60000t 钕铁硼回收料、年产 12000t 稀土氧化物、7000t 磁材的产能，稀土冶炼分离产能位居全国前列。

公司牵头组建了中国稀土行业协会稀土资源综合利用分会和江西省稀土资源综合利用产业技术创新战略联盟，是全国标准化技术委员会委员单位、中国稀土行业协会理事单位、中国稀土行业协会稀土资源综合利用分会副会长兼秘书长单位。

7.4.5　稀土相关学会、协会

（1）中国稀土学会（the Chinese Society of Rare Earths，CSRE）

中国稀土学会成立于 1979 年 11 月，是中国科协所属全国学会，2011 年被民政部首批评为 4A 级社会团体，是稀土科学技术工作者和相关单位自愿组成并依法登记的全国性、学术性、非营利性的社会组织，是党和政府联系稀土科技工作者的桥梁和纽带，是国家发展稀土科学技术事业的重要社会力量，是我国稀土行业的科技组织，是中国科学技术协会的组成部分。

中国稀土学会的宗旨是：坚持以党的基本路线为指导，团结和动员广大稀土科技工作者按照全面建设社会主义现代化国家、全面深化改革、全面依法治国、全面从严治党的“四个全面”战略布局，贯彻科学技术是第一生产力的方针，坚持把创新作为引领稀土行业发展的第一动力，把人才作为支撑稀土行业发展的第一资源，把创新摆到稀土行业发展全局的核心位置。认真履行为科技工作者服务，为创新驱动发展服务，为提高全民科学素质服务，为党和政府科学决策服务的职责定位；贯彻国家自主创新、重点跨越、支撑发展、引领未来的科技工作方针；弘扬尊重劳动、尊重知识、尊重人才、尊重创造的风尚，倡导创新、求实、协作、贡献的科学精神；密切结合稀土科技、生产建设和应用的需要，促进稀土科学技术的繁荣和发展，促进稀土科学技术的普及和推广，促进稀土科学技术人才的成长和提高，促进稀土科技与经济建设的有效结合，反映本会会员和稀土科学技术工作者的诉求与建议意见，维护本会会员和稀土科学技术工作者的合法权益，促进科学道德和学风建设，依法依章开展工作。

中国稀土学会坚定不移走中国特色社会主义群团发展道路，不断增强政治性、先进性和群众性，推动开放型、枢纽型、平台型组织建设，着力提供稀土科技类公共服务产品，融入国家创新体系，紧密团结在以习近平同志为核心的党中央周围，为稀土行业持续健康发展、实现中华民族伟大复兴贡献稀土力量。

中国稀土学会内设 6 个办事机构：综合部、学术部、科普部、国际联络部、奖励办公室、科技成果交流部。由江西、上海、南京、四川、内蒙古 5 个地方学会组织。主办《中国稀土学报》（中、英文版双月刊）、《稀土》（中文版双月刊）、《中国稀土信息》（英文版双月刊）四个刊物和中国稀土学会网站。下设 28 个专业委员会，具体如下：

序号	专业委员会	挂靠单位
1	地质矿山选矿专委会	包钢集团矿山研究院（有限责任公司）
2	稀土化学和湿法冶金专业委员会	有研科技集团有限公司
3	火法冶金专业委员会	有研稀土新材料股份有限公司

序号	专业委员会	挂靠单位
4	稀土钢专业委员会	内蒙古科技大学
5	铸造合金专业委员会	中国农业机械化科学研究院
6	理化检验专业委员会	有研科技集团有限公司
7	固体科学与新材料专业委员会	中国钢研科技集团有限公司
8	农医专业委员会	有研科技集团有限公司
9	稀土催化专业委员会	天津大学
10	光电材料与器件专业委员会	中国计量大学
11	环境保护专业委员会	中国恩菲工程技术有限公司
12	发光专业委员会	中国科学院长春应用化学研究所
13	永磁专业委员会	中国钢研科技集团有限公司
14	信息专业委员会	包头稀土研究院
15	技术经济专业委员会	包头稀土研究院
16	稀土晶体专业委员会	中国科学院深圳先进技术研究院
17	环境经济与政策专业委员会	中国科学院城市环境研究所
18	磁制冷材料与技术专业委员会	中国科学院物理研究所
19	稀土生物医学专业委员会	中国科学院海西研究院厦门稀土材料研究所
20	稀土分子材料与超分子器件专业委员会	兰州大学
21	稀土永磁磁浮技术及应用专业委员会	江西理工大学
22	热防护材料专业委员会	昆明理工大学
23	稀土抛光材料与界表面调控加工技术专业委员会	南昌大学
24	稀土材料化学与生物技术交叉专业委员会	清华大学
25	稀土矿产地质与勘查专业委员会	自然资源部第一海洋研究所
26	稀土轻合金专业委员会	南昌大学
27	稀土玻璃专业委员会	中建材玻璃新材料研究院集团有限公司
28	陶瓷专业委员会	中国科学院上海硅酸盐研究所

（2）中国稀土行业协会（Association of China Rare Earth Industry）

经中华人民共和国工业和信息化部审核、中华人民共和国民政部批准，于2012年4月8日在北京成立，杨文浩为协会二届理事会法定代表人。会员单位主要由稀土开采企业、稀土冶炼分离企业、稀土应用企业、事业单位、社团组织和个人自愿组成，是全国性非营利社团组织。

协会宗旨：遵守法律法规和政策，遵守社会道德风尚，坚持行业诚信自律，充分发挥协会在政府和企业之间的桥梁、纽带作用，为企业、行业和政府服务，促进国际交流与合作，维护会员单位合法权益和稀土行业乃至国家利益。

协会的主要任务：协助政府制订有关稀土行业政策和发展规划，引导会员单位加强自律，组织稀土行业开展共性和难点技术研究，协助政府制订和修订稀土行业团体标准、国家标准，协助政府对企业的资质审查和产品质量、环境、安全的监督检查，承担生产、经营许可证审查，开展行业损害调查，组织科技成果鉴定与推广应用，建立行业信息交流平台，加强对外宣传，开展业务培训、技术交流和技术咨询，开展与国外同行业和相关组织的友好往来，为稀土行业的健康和可持续发展作出应有的贡献。

秘书处是协会常设办事机构，秘书处下设综合部、信息中心、国内业务部、国际业务部、咨询服务部五个部门。目前，协会共成立了7个专业分会，分别是：光功能材料分会、储氢材料分会、催化材料分会、抛光材料分会、稀土合金分会、磁性材料分会、检测与标准分会。

参考文献

[1] 徐光宪. 稀土. 北京: 冶金工业出版社, 1995.

[2] 杨占峰, 马莹, 王彦. 稀土采选与环境保护. 北京: 冶金工业出版社, 2018.

[3] 中国科学技术协会主编, 中国稀土学会编著. 2014—2015 稀土科学技术学科发展报告. 北京: 中国科学技术出版社, 2016.

[4] 李永绣. 离子吸附型稀土资源与绿色提取. 北京: 化学工业出版社, 2014.

[5] 李永绣, 刘艳珠, 周雪珍, 周新木. 分离化学与技术. 北京: 化学工业出版社, 2017.

[6] 中国科协学会学术部. 稀土资源绿色高效高值化利用. 北京: 中国科学技术出版社, 2013.

[7] 郑子樵, 李红英. 稀土功能材料. 北京: 化学工业出版社, 2003.

[8] 刘光华. 稀土材料学. 北京: 化学工业出版社, 2004.

[9] 洪广言. 稀土化学导论. 北京: 科学出版社, 2014.

[10] 肖志国. 蓄光型稀土发光材料及其制品. 北京: 化学工业出版社, 2002.

[11] 黄拿灿, 胡社军. 稀土表面改性及其应用. 北京: 国防工业出版社, 2007.

[12] 刘光华. 稀土材料与应用技术. 北京: 化学工业出版社, 2005.

[13] 黄春辉, 李富友, 黄维. 有机电致发光材料与器件导论. 上海: 复旦大学出版社, 2005.

[14] 倪嘉缵. 稀土生物无机化学. 2 版. 北京: 科学出版社, 2002.

[15] 刘小珍. 稀土精细化学品化学. 北京: 化学工业出版社, 2009.

[16] 张思远. 稀土离子的光谱学: 光谱性质和光谱理论. 北京: 科学出版社, 2008.

[17] 盛达, 郭成会. 稀土铸铁. 北京: 冶金工业出版社, 1994.

[18] 洪广言. 稀土发光材料: 基础与应用. 北京: 科学出版社, 2011.

[19] 周寿增. 稀土永磁材料及其应用. 北京: 冶金工业出版社, 1995.

[20] 陈军, 陶占良. 镍氢二次电池. 北京: 化学工业出版社, 2006.

[21] 郝素娥, 张巨生. 稀土改性导电陶瓷材料. 北京: 国防工业出版社, 2009.

[22] 王常珍. 固体电解质和化学传感器. 北京: 冶金工业出版社, 2000.

[23] 倪嘉缵, 洪广言. 稀土新材料及新流程进展. 北京: 科学出版社, 1998.

[24] 苏锵. 稀土化学. 郑州: 河南科学技术出版社, 1993.

[25] 日本新金属协会三岛良绩. 稀土. 中国稀土学会, 包头钢铁稀土企业集团, 译. 中国稀土学会, 1991.

[26] 陈学元, 涂大涛, 郑伟. 无机纳米发光材料研究展望: 如何走出自己的舒适区?发光学报, 2020, 41(5): 498-501.

[27] 刘荣辉, 刘元红, 陈观通. 稀土发光材料亟需技术和应用双驱协同创新. 发光学报, 2020, 41(5): 502-506.

[28] 解荣军, 李淑星. 氮化物荧光粉的前世今生: 材料探索和应用的新启示. 发光学报, 2020, 41(6): 646-650.

[29] 谭海翔. 稀土材料产业现状及可持续发展分析. 世界有色金属, 2020(2): 267-269.

[30] 陈甲斌, 霍文敏, 李秀芬, 吴桐. 中国与美国和欧盟稀土资源形势对比分析. 中国国土资源经济, 2020(7): 8-12.

[31] 王春梅, 刘玉柱, 赵龙胜, 赵娜, 冯宗玉, 黄小卫. 中国稀土材料与绿色制备技术现状与发展趋势. 中国材料进展, 2018, 37（11）: 841-847.

[32] 郑国栋. 世界稀土产业格局变化与中国稀土产业面临的问题. 地球学报, 2021, 42(2): 265-272.

[33] 吴文远. 稀土冶金学. 北京: 化学工业出版社, 2005.

[34] 乔军, 侯睿恩, 王哲, 崔建国, 陈禹夫. 水合稀土硫酸盐的制备及热分解试验研究. 湿法冶金, 2020, 4: 317-324.

[35] 张秀凤. 微波固相法快速合成稀土卤化物. 石家庄: 河北师范大学, 2003.

[36] 余金秋, 彭鹏, 刁成鹏, 吴浩, 何华强. 闪烁晶体用高纯无水稀土卤化物的制备与表征. 人工晶体学报, 2016, 2: 322-327.

[37] 赵儒铭, 王桂玲, 周百斌. 不同温度和酸度条件下稀土草酸盐溶解度的研究. 稀土, 1995, 3: 12-16.

[38] 陈义旺, 李东平. 功能分子材料. 北京: 化学工业出版社, 2018.

[39] 彭安, 朱建国. 稀土元素的环境化学及生态效应. 北京: 中国环境科学出版社, 2003.

[40] Lewandowski C M. Critical material strategy. U.S.Department of Energy, 2011.

[41] US announces USD 6.9 million for research on rare earth elements [EB/OL]. [2017-6-10]. http: //www.newkerala.com/news/ fullnews-248441.html.

[42] National Energy Technology Lab. Rare earth element program-2016 projects portfolio. U.S. Department of Energy.

[43] 魏龙, 潘安. 日本稀土政策演变及其对我国的启示. 现代日本经济, 2014(2): 40-47.

[44] 黄健. 浅析日本稀土战略. 稀土信息, 2010(8): 21-23.